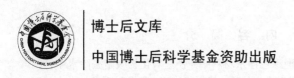

博士后文库

中国博士后科学基金资助出版

铁基氧化物吸附净水技术原理与应用

——以磷、铬污染物为例

吕建波　编著

科学出版社

北　京

内 容 简 介

本书主要介绍了新型绿色净水材料——铁基氧化物吸附去除水中污染物的原理与应用。本书以水中的磷、铬污染物为主要去除对象，以水处理常用的环境友好型吸附材料——铁基氧化物为核心，阐述了铁基氧化物特别是纳米铁基氧化物常见的制备和功能强化方法、性能表征、吸附特性与机理，并以铁基氧化物吸附技术用于水体除磷控藻的中试工程为实例，针对铁基氧化物用于水处理工程时的技术瓶颈，提出了独到的铁基氧化物工程应用方法和工艺技术，最后对金属氧化物在水处理中的应用进行了展望。本书内容具有较强的系统性、前沿性、启发性和工程实用价值，有望为铁基氧化物净水技术的发展提供助力。

本书可供环境工程、环境科学、给排水科学与工程等相关专业的科研人员、工程技术人员以及本科生和研究生参考使用。

图书在版编目（CIP）数据

铁基氧化物吸附净水技术原理与应用：以磷、铬污染物为例/吕建波编著. —北京：科学出版社，2020.6
（博士后文库）

ISBN 978-7-03-065211-9

I. ①铁⋯ II. ①吕⋯ III. ①铁-氧化物-吸附-净水 IV. TU991.2

中国版本图书馆 CIP 数据核字(2020)第 090118 号

责任编辑：霍志国　金　蓉　高　微/责任校对：杜子昂
责任印制：吴兆东/封面设计：东方人华

科 学 出 版 社 出版
北京东黄城根北街 16 号
邮政编码：100717
http://www.sciencep.com
北京中石油彩色印刷有限责任公司 印刷
科学出版社发行　各地新华书店经销
*
2020 年 6 月第 一 版　开本：720×1000 1/16
2020 年 6 月第一次印刷　印张：23
字数：461 000

定价：160.00 元
（如有印装质量问题，我社负责调换）

《博士后文库》编委会名单

主　任　李静海

副主任　侯建国　李培林　夏文峰

秘书长　邱春雷

编　委（按姓氏笔画排序）

王明政　王复明　王恩东　池　建　吴　军　何基报

何雅玲　沈大立　沈建忠　张　学　张建云　邵　峰

罗文光　房建成　袁亚湘　聂建国　高会军　龚旗煌

谢建新　魏后凯

《博士后文库》序言

1985 年，在李政道先生的倡议和邓小平同志的亲自关怀下，我国建立了博士后制度，同时设立了博士后科学基金。30 多年来，在党和国家的高度重视下，在社会各方面的关心和支持下，博士后制度为我国培养了一大批青年高层次创新人才。在这一过程中，博士后科学基金发挥了不可替代的独特作用。

博士后科学基金是中国特色博士后制度的重要组成部分，专门用于资助博士后研究人员开展创新探索。博士后科学基金的资助，对正处于独立科研生涯起步阶段的博士后研究人员来说，适逢其时，有利于培养他们独立的科研人格、在选题方面的竞争意识以及负责的精神，是他们独立从事科研工作的"第一桶金"。尽管博士后科学基金资助金额不大，但对博士后青年创新人才的培养和激励作用不可估量。四两拨千斤，博士后科学基金有效地推动了博士后研究人员迅速成长为高水平的研究人才，"小基金发挥了大作用"。

在博士后科学基金的资助下，博士后研究人员的优秀学术成果不断涌现。2013 年，为提高博士后科学基金的资助效益，中国博士后科学基金会联合科学出版社开展了博士后优秀学术专著出版资助工作，通过专家评审遴选出优秀的博士后学术著作，收入《博士后文库》，由博士后科学基金资助、科学出版社出版。我们希望，借此打造专属于博士后学术创新的旗舰图书品牌，激励博士后研究人员潜心科研，扎实治学，提升博士后优秀学术成果的社会影响力。

2015 年，国务院办公厅印发了《关于改革完善博士后制度的意见》（国办发〔2015〕87 号），将"实施自然科学、人文社会科学优秀博士后论著出版支持计划"作为"十三五"期间博士后工作的重要内容和提升博士后研究人员培养质量的重要手段，这更加凸显了出版资助工作的意义。我相信，我们提供的这个出版资助平台将对博士后研究人员激发创新智慧、凝聚创新力量发挥独特的作用，促使博士后研究人员的创新成果更好地服务于创新驱动发展战略和创新型国家的建设。

祝愿广大博士后研究人员在博士后科学基金的资助下早日成长为栋梁之才，为实现中华民族伟大复兴的中国梦做出更大的贡献。

中国博士后科学基金会理事长

前　言

　　饮用水水质与人体健康密切相关，是人们关注的重要热点问题。近年来因藻类过度生长引起的水体富营养化问题日益突出，富营养化引起水源水质变差，给自来水厂水处理工艺带来巨大压力。国内外水体富营养化控制的研究和实践表明，水中氮、磷等营养物质的超标是引起水体富营养化的重要因素。综合国内众多研究可以看出，与控氮相比，控磷是更为有效的防止水体富营养化的措施。因此，积极探索水体除磷和污水除磷技术具有非常重要的意义。

　　除此以外，地表水、地下水和家用水处理系统中的重金属污染也是人们关注的热点问题。其中，Cr(Ⅵ)是具有代表性的重金属污染物，是人们熟知的"五毒"水污染物之一，Cr(Ⅵ)具有"三致"效应，被世界卫生组织(WHO)列为优先控制污染物，美国环境保护局(US EPA)和欧洲联盟(EU)规定的饮用水中总铬的最大污染物浓度(MCL)分别为 100 μg/L 和 50 μg/L。2014 年 7 月 1 日，美国加利福尼亚州率先对饮用水中 Cr(Ⅵ)的 MCL 进行了修订，定为 10 μg/L。可以预见，在不久的将来，世界各国对 Cr(Ⅵ)的 MCL 要求会更加严格，因此，亟须开发有效的 Cr(Ⅵ)去除技术以满足水质要求。

　　吸附技术是一种有吸引力的水处理方法，具有低廉高效、操作简单、无二次污染等优点。吸附材料是吸附技术的核心，通过将吸附材料赋予多种功能(吸附、氧化还原等)，制备出新型高效吸附材料，可有效实现水中多种污染物的去除，包括重(类)金属离子、磷酸盐、氟离子、新兴有机物(如内分泌干扰物、药物类)等。

　　铁基氧化物是重要的环境友好型水处理吸附材料，表面有丰富的羟基基团，具有不同的尺寸、形状和晶型，易于制备和功能化，是具有良好应用潜力的水处理除磷除铬吸附材料。在国外，铁基氧化物已有市场化的专利产品，而我国在铁基氧化物吸附材料的研发和市场化应用方面仍相对滞后。因此，积极探索铁基氧化物吸附材料的合成方法、净水机理并推广其工程化应用，具有重要的环境意义和社会意义。

　　净水新材料的研发日新月异，很多科学技术问题尚待深入研究完善。本书内容主要是作者近十年来从事铁基氧化物净水材料研究成果的总结，包括作者的博士学位论文和博士后研究报告及作者所指导的研究生的学位论文的部分内容。在开展研究期间，承蒙作者导师中国科学院生态环境研究中心曲久辉院士和天津大学赵新华教授的悉心指导。中国科学院生态环境研究中心刘会娟研究员和南开大学刘东方教授在研究期间给予了悉心指导和帮助,作者所指导研究生进行了积极参与,包括硕士生郝婧、徐凯、王艺、杨金梅、李莞璐、司桂芳和博士生杨博凯等。在书稿行将付梓之际,作者谨对参与该项研究工作的老师和同学表示衷心感谢!

本书的主要研究成果是在国家自然科学基金、中国博士后科学基金、天津市自然科学基金等项目的资助下完成的,在此一并表示感谢!

由于作者水平所限,加之成书时间仓促,书中难免存在不足之处,敬请读者批评指正。

编 者

2020 年 5 月

目　录

第1章 水中磷铬污染及其控制技术

1.1 水体富营养化与磷去除技术

1.1.1 水体富营养化及其原因

富营养化是一个全球性的重大水环境问题，很早就引起了人们的广泛重视。特别是近几年来，随着全球水体富营养化问题的日益加剧，各国为控制富营养化一直在进行各种研究和实践。但是对富营养化发生的原因和条件仍未得到一致的结论，例如，有研究认为，湖泊和海洋中磷酸盐浓度大于 0.03mg/L 时，就会发生赤潮；也有研究认为，水体发生富营养化的总氮(TN)和总磷(TP)的临界浓度分别为 0.2mg/L 和 0.02mg/L。近 20 年来，我国对水体富营养化的产生原因也进行了一系列的研究探索与治理实践，但是，富营养化状况并未得到有效控制。富营养化理论研究方面，由于湖泊或水库具有复杂的生态系统，仅根据实验室藻类生长测定结果，难以识别富营养化限制因子；富营养化控制实践方面，国内外通常在湖泊或水库水华暴发造成后果后才予以高度重视和治理，但收效甚微。

在我国，许多湖泊、水库等水体作为水源地，都承担着向周边城镇水厂供水的任务，而由富营养化引起的饮用水污染问题，在各种水源地湖泊、水库经常发生。2007 年 5 月在我国无锡发生的太湖蓝藻水危机事件就是一个明证，水华的暴发是水体发生富营养化的重要标志。我国湖库众多，湖库富营养化问题已经非常突出。

纵观引起水体富营养化的主要原因，比较一致的结论是水体接纳了过量的营养物质(氮、磷等)[1]，从而导致藻类等浮游生物大量繁殖，引起水华的暴发，导致水体质量下降，功能减退，水生态系统失衡，特别是一些藻类能产生藻毒素，使水质产生色度、嗅味等问题，直接威胁到饮用水的水质安全。

最新的研究已经表明，为了控制藻类过度生长，控磷比控氮更有效[2]。水体中磷的来源主要有两个，一是外源磷，主要来自生活污水、工业废水等点源污染，以及因降水及地面径流引起的面源污染，这些污染源通常含有氮、磷等物质，进入水体后势必会造成水体营养盐浓度的升高；二是内源磷，来自水体沉积物，这些沉积物中积累了历年的氮磷污染物，在一定的环境条件下，如 pH 值、氧化还原电位(Eh 值)等的变化，氮磷污染物会释放造成水体二次污染。同时由于风浪等扰动作用,水-沉积物界面也经常处于不稳定状态,沉积物很容易发生再悬浮而释放营养物质。据估算,一次大的风浪过程会使得水体 TN 和 TP 浓度分别增加 0.12mg/L 和 0.005mg/L[2]。类似的研究结果在其他浅水湖泊也得到证实,如日本琵琶湖[3]、美国佛罗里达州的富营养化浅水湖泊 Apopka 湖等[4]。

关于富营养化的限制性因子,传统上认为的氮磷比假说现在看来并不可靠[2],最新的研究也表明,无论 TN 浓度高低,TP 浓度都是限制藻类生长的最重要因素,藻类总量取决于 TP 而不是 TN。因此,有效控制水体外源磷的进入和内源磷的释放,就有可能控制富营养化的发生,而如何高效去除水中的磷以控制水体富营养化也逐渐成为近年来水处理领域的研究热点。

1.1.2　水体富营养化控制技术

与国外相比,国内对湖泊富营养化研究工作的开展起步较晚,且主要围绕水体富营养化的形成机理及其评价体系方面开展工作,对富营养化防治技术的研究也是近几年才开始,国内所采用的防治方法主要包括内外源的控制、生态工程技术和管理技术等。

1. 控制营养盐法

控制水体营养盐浓度主要是基于限制因子原理,以实验室藻类生长测定结果为依据。对于外源性污染,可以采用截污、污水改道、污水除磷等措施;对于内源性污染,可以采用营养盐钝化、底层曝气、稀释冲刷、清淤挖泥、覆盖底部沉积物及絮凝沉降等措施。有研究认为,对于营养盐浓度较低的湖泊(如 TP≤0.2mg/L),藻类生长与 TP 有较好的相关性。而对于营养盐浓度较高的湖泊(如 TP>0.2mg/L),藻类生长与营养盐浓度已不存在正相关性,只要水体溶解性活性磷高于 0.01mg/L,磷浓度降低,藻类生物量也不可能降低。

为了控制进入水体的营养盐,有在水体入水口直接添加化学药品或向水体中直接投洒化学药品以钝化、沉淀湖水中营养盐(主要是磷)的先例,投加的化学药品一般是絮凝剂、吸附剂等。例如,1991 年通过投加明矾和铝酸钠的方法控制 Green 湖湖水营养盐,最终湖水透明度上升,TP 也有明显下降[5]。对于深水湖泊,采用铁盐、铝盐、石灰等药剂使磷钝化以减少磷释放,有时可以减少湖水磷的负荷。然而对于浅水湖泊的效果常常难以预测,美国关于 Liberty 湖的治理评估报告表明,该湖通过减少 34%的磷负荷、引水冲湖、清除底泥以及投放铝盐减少营养盐循环等方法进行富营养化控制均没有获得成功。

2. 生态调控法

作为营养盐控制的一种替代技术,生态调控是从生态系统结构和功能方面进行调整,从营养环节来控制富营养化,使营养物质转化为人类所需的终极产品(如鱼等水产品)而不是"水华"。利用滤食性鱼类吞食蓝藻可以作为一种生物防治方法,近年来关于藻类"水华"与浮游动物关系的研究报道较多[6],鱼类可以选择性地吞食浮游植物或浮游动物,而人类又可以通过捕捞鱼产品来消除污染。藻类和水生高等植物会对营养物质和光能进行竞争,在湖泊中种植莲藕、菖蒲等大型水生植物,可以抑制浮游植物的生长,对改进湖泊水质和感官性状有利,如上海的陈行水库曾尝试直接利用食藻鱼控制蓝藻水华。

在浅水湖泊,由于垂直空间上生物分布差异较小,因而生态调控法在一定时间内对某些浮游植物的控制效果较好。与传统的营养盐控制技术相比,生态调控法主要通过管理生物相组成、调控湖泊内较高层次的消费者生物来控制藻类,一般可采用直接放养浮游动物或者捕获、毒杀鱼类来增加浮游动物的方法来提高浮游动物的种群和现存量,以控制藻类暴发,实现水质管理目标。

近年来,国内外对水生植物在湖泊生态系统中的作用及其修复技术进行了大量的研究。水生植物修复主要是利用绿色植物及其根际的微生物共同作用以去除环境污染物的一种原位治理技术,该法旨在将以藻类为优势的浊水态水体转化为以水生高等植物为优势的清水态水体,生物调控的开拓者 Shapiro 也认为在进行生物调控之后,必须恢复水生高等植物才能较好地维持清水态湖泊生态系统[7]。很多研究表明,水生高等植物可将水体长期维持在清澈状态,水生高等植物是湖泊浊水态与清水态之间的转换开关及维持其清水态的缓冲器。

3. 扬水曝气法

湖泊、水库等水体流动性小,易产生上下层水体分层现象,这种特点有利于藻类的生长,使得藻类容易停留在水体表层,便于接受阳光并进行光合作用。底泥耗氧会使下层水体溶解氧减少,产生厌氧状态,使水生生态条件恶化;厌氧状态还会引起底泥中氮、磷、铁、锰和有机质等的溶解释放,引起水体内源污染,pH 值下降,水体色度及嗅味变大,藻类大量繁殖,水质状况恶化。

扬水曝气可以通过直接充氧和混合上下水层的作用,增加底层水体溶解氧,改善水体厌氧状态和水生生物生存环境,抑制底泥污染物释放和藻类生长,改善水源水质[8]。国内近年来已有采用扬水曝气进行水源地水质原位改善的研究和应用报道[9, 10]。而国外从 20 世纪 60 年代就已经开始进行相关的研究和应用,主要有三种技术：空气管混合、扬水筒混合和同温层曝气。空气管混合是在水体底部水平敷设开孔的空气管，压缩空气从孔眼释放至水中，形成的气泡在上升时将上下层水体混合，使表层藻类迁移到下层，藻类得不到光照而死亡。目前对气泡混合的研究已较充分，荷兰的 Nieuwe Meer 湖采用空气管混合上下水层，抑制了蓝藻的繁殖；英国的 Hanningfield 水库用空气管混合使浮游微生物降低了 66%。空气管混合的强度较小，影响范围较小。扬水筒为一种垂直安装在水中的直筒，利用压缩空气间歇地向直筒中释放空气，推动下层水体向上层流动，使上下层的水体循环混合，达到破坏水体分层、控制藻类生长的目的。韩国的 Daechung 湖就是采用扬水筒混合水体，用以控制湖泊浮游植物的生长。扬水筒混合的脉动性强，破坏水体分层时影响范围大，有时影响范围达几公里[8]。同温层曝气是只向下层水体充氧并不破坏水体分层的充氧技术，John 研究了同温层气泡动力学，建立了同温层曝气器充氧能力模型及扩散模型，形成了较为成熟的应用技术[8]。美国的 Prince 湖、Western Branch 湖和德国的 Tagel 湖均采用同温层曝气器来增加下层水体溶解氧，取得了良好的效果[10]。同温层曝气在水体中的循环范围小，不利于溶解氧向周围扩散，其只能解决底泥污染物的释放问题，不能直接控制藻类生长。

1.1.3 水中磷去除技术

去除水中磷的方法很多，常见的有化学沉淀法、微生物法、离子交换法、植物修复法和吸附法。这些方法各有优缺点，在不同的条件下适用不同的方法。以下对主要的除磷方法做简单介绍，吸附法将在 1.3 节阐述。

1. 化学沉淀法

化学沉淀法除磷是将某些易溶于水的金属盐投至含磷水中，然后磷与金属离子反应生成难溶性盐(沉淀物)，通过固液分离的方法把沉淀物分离出来，从而达到除磷的目的[11-13]。在化学沉淀法中，常用的金属盐有钙盐、铝盐和铁盐等。其中最常用的药剂是石灰、硫酸铝、三氯化铁、硫酸铁、硫酸亚铁和氯化亚铁以及聚铁、聚铝。

化学沉淀法除磷的主要缺点是药剂价格较高，污泥产量大，污泥处理难度大。因此，除严格控制污染源外，需要在降低药剂费用和减少污泥量等方面进行更深入的研究。

2. 微生物法

微生物除磷主要是利用聚磷菌(PAO)的摄/放磷原理，在厌氧条件下聚磷菌吸收水中有机物,以聚-β-羟基丁酸(PHB)或聚-β-羟基戊酸(PHV)的形式储存在体内,同时水解体内的聚磷酸盐产生能量,产生正磷酸盐释放到水中;在好氧条件下聚磷菌利用体内储存的聚羟基烷酸(PHAs)作为能源和碳源,同时过量摄取水中的磷,将磷以聚合的形态储存在体内,形成高磷污泥,通过剩余污泥的排放达到将磷从水中去除的目的。

生物除磷不需要投加药剂,污泥产量少,运行费用较低,但生物法除磷对所处理水的环境要求较高,对有机物浓度的依赖性很强,当废水中有机物含量较低,或磷含量较高时,对磷的去除效果不佳。另外,仅仅依靠生物法处理往往难以达到严格的污水排放磷限值要求。

3. 离子交换法

离子交换法被广泛用于去除水中的离子态成分,离子交换法除磷[14, 15]是利用多孔阴离子交换树脂选择性吸附污水中的磷。离子交换树脂填装在交换柱中,当工艺运行时,含磷废水以上向流或下向流方式经过交换柱。当出水磷浓度曲线达到穿透之前,需要利用再生溶液对树脂进行再生处理,或者直接更换新的树脂。离子交换树脂主要用于去除含磷阴离子(HPO_4^{2-} 和 $H_2PO_4^-$),水中的一些其他共存阴离子,如硫酸根、硝酸根、硅酸根和氟离子等通常具有较强的竞争作用,对磷酸根的去除影响较大。

4. 植物修复法

水生植物生长过程中,可通过光合作用、新陈代谢等生命活动,大量吸收氮、磷等营养物质以合成自身物质,利用植物的这一生化生理特性,可以在富营养化水体中有选择地种植水生植物,吸收水中的氮、磷等营养物质,净化水体,实现对水体的原位修复。研究表明,挺水植物、沉水植物、浮水植物等都可有效吸收水中的磷。植物修复法已成为水环境治理方面人们关注的热点问题,一般来说包括以下几种做法:氧化塘、人工湿地、生态浮岛以及组合生物净化修复等[16, 17]。

1.2　水中铬的来源、性质与去除技术

1.2.1　水中铬的来源及性质

铬及其化合物在工业生产中有着广泛的应用,含铬废水主要来自电镀、制革、机械冶金、金属加工、油漆、印染等行业[18]。由于涉铬行业众多,不可避免地产生大量的工业废水,铬也是地下水和地表水常见的有毒有害污染物。

　　铬在自然界中的常见价态是 0 价、+3 价和+6 价。根据铬的 Eh-pH 相图（**图 1-1**)[19]，铬在水中的主要形态为 Cr(III) 和 Cr(VI)。Cr(III) 主要存在于还原条件下，以 $Cr(OH)_3$ 和 Cr_2O_3 的沉淀物形式存在。Cr(VI) 能在较宽的 pH 值范围内稳定存在，如 CrO_4^{2-}、$HCrO_4^-$、$Cr_2O_7^{2-}$、HCr_2O_7 等形态，Cr(VI) 存在形态主要与水的 pH 值、氧化还原电位、有机物的种类和含量以及铬的初始浓度等条件有关。重铬酸盐如 $Cr_2O_7^{2-}$、$HCr_2O_7^-$ 等形态主要在较高 Cr(VI) 浓度时存在 [Cr(VI)>0.01mol/L][20]。由于氧化还原作用，Cr(VI) 可以被还原为 Cr(III)，Cr(III) 也可能被氧化为 Cr(VI)，二者可以互相转化。

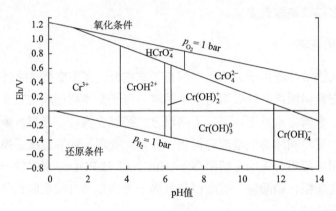

图 1-1　铬的 Eh-pH 相图[20]

1bar=10^5Pa

　　废水中的 Cr(VI) 在环境中不能自行分解，在水中具有很强的迁移性，在其迁移转化过程中，可以通过食物链进入生物体内，最终对人类产生毒害作用。铬被人体吸收后主要积累在肝、肾、内分泌系统和肺部，对人体具有致癌、致畸、致突变的危害[21]。

　　鉴于 Cr(VI) 具有强烈的毒性，各个国家和组织对水及废水中铬的含量都规定了明确的限值。欧盟规定工业废水和市政污水中 Cr(VI) 的限值为 200μg/L，饮用水中总铬的限值为 0.1mg/L[22]；世界卫生组织规定饮用水中 Cr(VI) 的限值为 0.05mg/L[23]；美国加利福尼亚州率先于 2016 年对饮用水中 Cr(VI) 的浓度制定了更为严格的标准，其限值为 0.01mg/L[24]。我国《污水排入城镇下水道水质标准》（GB/T 31962—2015）规定总铬的最高允许排放浓度为 0.5mg/L，《生活饮用水卫生标准》（GB 5749—2006）规定总铬的含量应小于 0.05mg/L。

1.2.2　水中铬去除技术

随着水质标准要求的日益严格，对含铬水与废水的处理也提出了严峻的挑战，不同的除铬技术被研究开发。目前，常用的除 Cr(VI) 技术主要有化学沉淀法、氧化还原法、电化学法、膜分离法、生物法、离子交换法和吸附法。离子交换法在前面已介绍，吸附法将在 1.3 节阐述，因此以下仅介绍其他主要除铬方法。

1. 化学沉淀法

化学沉淀法是处理含铬废水最为传统的方法，这种方法操作简单且相对成熟。化学沉淀法根据其沉淀机理的不同可分为两大类：钡盐沉淀法和还原沉淀法。钡盐沉淀法即向含 Cr(VI) 的废水中投加钡盐，与铬酸根形成铬酸钡沉淀从而去除 Cr(VI)。这种方法不改变铬酸根的氧化还原状态，但是，这种方法引入了钡离子污染物，而且钡的来源比较困难，所以这种方法已很少使用[25]。

还原沉淀法是在 pH 2.5~3 时向含 Cr(VI) 的废水中投加还原剂，将其还原成 Cr(III)，然后将水溶液的 pH 值调到 6.5~8 后向废水中投加氢氧化钠或者氢氧化钙生成 $Cr(OH)_3$ 沉淀物的方法。目前较为常用的还原剂有 $NaHSO_3$、$FeSO_4$、Na_2SO_3、Fe 等，这种方法操作简单，投资少，运行费用较低，是国内外采用最多的除铬方法。但这种方法需投加大量酸碱药剂，生成的 $Cr(OH)_3$ 沉淀量较多，还需进行脱水及进一步处理，以防止污泥对环境形成二次污染。

2. 电化学法

电化学法是处理含铬废水的另一个可能的选择，常用的电化学法是电解法。电解法常采用铁板作为阴阳极，通入直流电，阳极的铁板不断溶解，生成还原性较强的二价铁，二价铁离子将 Cr(VI) 还原成 Cr(III)，而电解过程中生成的 OH^- 可与 Cr^{3+} 反应，生成 $Cr(OH)_3$ 沉淀将 Cr(VI) 去除。电解法处理含铬废水除氧化还原作用外，还包括絮凝、吸附等作用[26]。

电解法操作简单、去除效率高，有可能回收重金属，但需消耗电能和极板，且引入的电解质 NaCl 使处理后的水盐度过高，使后续处理难度加大。以上因素限制了电解法的应用范围，电解法适于处理中小规模含铬废水，进水中 Cr(VI) 的浓度宜小于 100mg/L。

3. 膜分离法

膜分离法是利用膜的选择透过性，通过物质本身的渗透压或者外界推力的作用，使某些组分透过选择性膜从而达到分离净化的方法。目前，工业上常用的膜分离法主要是电渗析法、反渗透法、液膜法等。

电渗析法是一种电化学膜分离技术，通过将阴、阳离子交换膜交替布置于正负电极之间，并用隔板将其隔开，组成除盐和浓缩两个系统，在直流电场的作用下，以电位差作为推动力，利用离子交换膜的选择透过性，把电解质从溶液中分离出来，从而实现溶液的浓缩、淡化、精制和提纯。目前已有研究报道采用该法去除和回收电镀废水中的铬，但是，采用电渗析法处理电镀废水，存在耗电量大、浓差极化和膜结垢严重等缺点，限制了其在工业上的应用[27]。

反渗透法是在一定的外加压力下，通过溶剂的扩散，原水通过渗透膜而污染物被截留的方法。常用的反渗透膜是醋酸纤维素膜和聚氨酯膜。该方法主要用于水的局部回收和 Cr(VI) 的浓缩。反渗透法的优点是能耗较低、设备紧凑，可直接回槽使用，但是浓缩比有限，要得到高浓缩比的回收液必须大幅提高压力，运行成本相应提高。另外，高压操作容易导致膜孔道阻塞，需定时清理[27]。

液膜法于 20 世纪 60 年代开始被广泛研究，按其构型，液膜可以分为大块液膜、乳状液膜、支撑液膜和中空纤维更新液膜。液膜法在 Cr(VI) 污染治理中也有相关研究报道，但是有研究表明，乳状液膜和支撑液膜存在稳定性差、制乳与破乳困难等缺点[28]。

膜分离法净化效率高，操作简单，无废渣产生，能回收利用废水中的重金属，是一项应用前景广泛的技术[3]；但存在投资大、运行管理费用高、薄膜寿命短和更换成本高等缺点。

4. 生物法

生物法处理含铬废水主要是通过微生物及其代谢产物与铬发生物理化学反应，最终被吸附在细胞表面或是被转化为难溶于水的絮状沉淀物，从而达到去除废水中铬的目的。生物法处理含铬废水过程复杂，受到水温、Cr(VI) 浓度、废水的初始 pH 值、微生物的种类等因素的影响。

生物法除铬操作简单，耗能少，运行费用低廉。但生物法除铬也存在一些问题，如功能菌的选择和驯化过程烦琐复杂、操作条件较难控制等[27]。

此外，某些植物对 Cr(VI) 的富集能力较强，也可用来修复受 Cr(VI) 污染的水体。常用的富集重金属的植物有香蒲、芦苇、浮萍、灯芯草和睡莲等。水生植物广泛用于受重金属污染水体的修复过程，常用的技术有人工湿地、植物缓冲带等。植物修复不仅可以净化水体，还可以美化环境。但植物修复也存在一些缺点，如植物富集重金属存在一定的波动性，受环境影响较大，当植物对重金属的富集达到饱和或凋零后，植物体的处理也是一个难题。另外，水生植物富集重金属用时相对较长，无法应对突发性水污染事件[25]。

1.3 吸附法水处理技术

吸附法是水体和水处理工艺广泛使用的技术，主要是利用一些具有多孔或较大比表面积的吸附材料，通过吸附作用将污染物从水中分离、去除，达到净水的目的。吸附作用是发生在吸附剂固体表面和水溶液之间的物理化学反应。吸附法的特点是吸附剂与吸附质之间的吸附反应速率一般很快，对吸附质的吸附容量大，且具有低廉高效、适应性强、易于操作等优点。

吸附技术的研究核心是开发适宜去除水中特定污染物的高效吸附剂，因此随着吸附技术的不断发展，各种吸附剂不断涌现，见诸报道的吸附剂主要有：炭类(活性炭)、天然矿物(石英砂、方解石、蒙脱石、蛭石等)、层状双金属氢氧化物(LDHs)、金属氧化物(氧化铁、氧化铝等)、壳聚糖、工业废弃物等。

1.3.1 炭类吸附剂

活性炭是一种常用的水处理吸附剂，其表面具有许多大小不同的细孔，总比表面积一般高达 $500\sim1700\mathrm{m}^2/\mathrm{g}$，因而活性炭具有吸附能力强、吸附容量大的特点。在水处理中，活性炭按照应用方式可分为粉末炭和颗粒炭，粉末炭常可制备成炭浆，湿式投加，而颗粒炭可与石英砂组成炭砂双层滤料滤池，或直接装柱应用。

对活性炭进行表面改性可以提高其吸附能力，这方面的研究也一直在不断探索中。在活性炭表面负载纳米金属氧化物以提高其表面积和活性吸附位点等是近年来吸附剂研究的一个热点[29, 30]，相关结果表明，改性后活性炭显示出比原来活性炭更好的吸附能力。

1.3.2 天然矿物

各种高比表面积多孔矿物(蒙脱石、石英砂、方解石、蛭石等)在自然界中广泛存在，可以制成各种类似结构的吸附剂[31]。由于这些矿物属于硅酸盐类矿物，因此一般具有较好的阳离子交换能力，而对阴离子吸附能力较弱，为此常需使用改性剂(阳离子活性剂、金属盐等)对其进行改性，改性后的吸附材料对磷酸根、铬酸根等阴离子污染物的吸附能力也有大幅度提高。

蒙脱石是一种无毒价廉、来源广泛的天然矿物吸附材料，因对某些污染物如有机物、重金属、油类等具有一定吸附去除效果而获得认可和应用。但直接利用蒙脱石作为吸附材料，不仅吸附性能低，而且蒙脱石矿物的电负性较高、易吸水膨胀等特点，致使其难以沉降分离；膨润土也是一种以蒙脱石为主要矿物成分的黏土岩，通过对蒙脱石和膨润土进行改性，可以提高其吸附性能和固液分离效果。近年来，利用蒙脱石和膨润土改性制备新型高效吸附材料的研究也开始受到水处理领域的重视，并成为新的研究热点。例如，有研究者通过对蒙脱石和膨润土进行铝交联改性，用带正电荷的羟基铝聚合物$[Al_{13}O_4(OH)_{24}(H_2O)_{12}]^{7+}$作为交联剂代替膨润土层间可交换的阳离子，使羟基铝聚合物等物质进入其层间，可使膨润土层间距增大，铝交联膨润土的孔径可调，分布均匀，对水中低浓度磷具有较好的吸附性能[17-19]。

石英砂的主要成分是SiO_2，常含有少量铝、钙等的氧化物。石英砂是水处理常用的滤料，价廉易得，机械强度高。石英砂粒径适中，因此便于通过装柱等方式实现工程应用，但其等电点往往较低，对磷等阴离子污染物的吸附容量也低。通过对石英砂进行改性，在其表面负载金属氧化物（铁氧化物、铝氧化物等），可以提高其静电引力和羟基交换能力。研究表明，金属氧化物改性后石英砂对水中磷酸盐等阴离子污染物的吸附能力明显提高[22-25]。

方解石是一种碳酸盐矿物，化学性能稳定，耐酸碱性好，是一种较好的天然除磷吸附剂。有研究者[26]采用方解石吸附去除废水中的磷酸根，结果表明，废水pH值对其吸附效果影响较大，在pH值较低时，磷去除率稍低，约为70%~80%；随着pH值的升高，磷的吸附率提高，在pH值为12时，磷的去除率几乎为100%。此外，在吸附过程的前15min，大约88%~95%的磷得到了去除。

1.3.3 层状双金属氢氧化物

层状双金属氢氧化物吸附剂，也称水滑石类吸附剂，是一种纳米阴离子黏土[32]，在自然界中存在，通过人工合成也比较简单经济。其结构式可统一表示为$[M_{1-x}^{2+}M_x^{3+}(OH)_2]^{x+}(A^{n-})_{x/n}\cdot mH_2O$。水滑石类吸附剂为典型的八面体结构，由带正电荷的金属氢氧化物层和带负电荷的层间阴离子构成，由于其层状结构中阴离子的嵌入平衡了正电荷，其层间结合力相对较弱，因而对水中有机物和无机阴离子具有较好的吸附能力。水滑石类吸附剂的独特性质在于其具有大的比表面积、高的阴离子交换能力和良好的热稳定性。但水滑石类吸附剂若要应用于工程实际，仍然存在着一些缺点，如再生成本高、稳定性差，因呈粉末状，其难以多次循环利用。

1.3.4　金属氧化物

金属氧化物是近年来研究者广泛关注的一类吸附剂，常见的金属氧化物包括铁氧化物、铝氧化物、镧氧化物、锆氧化物和钛氧化物等。一方面，这些氧化物具有绿色高效的优点，特别适合于饮用水处理或污水深度处理；另一方面，金属氧化物很容易被制备成颗粒吸附剂或通过原位制备投加实现工程化应用。

为了便于吸附后的金属氧化物从水中分离，研究者通过制备磁性金属氧化物，如磁铁矿（Fe_3O_4）、磁赤铁矿（γ-Fe_2O_3）等，使其从水中磁性分离，以达到多次循环利用的目的，赋磁的方法也适用于层状双金属氢氧化物等吸附材料。另外，纳米金属氧化物因具有较大的比表面积、较多的活性位点和独特的结构性质，在水处理中显示出很好的应用潜力，因此利用磁性金属氧化物和纳米金属氧化物去除水中的污染物近年来引起了人们的广泛关注，相关研究也正在深入开展中。

活性氧化铝也是一种研究较多并得到广泛应用的水处理吸附剂，其比表面积大，表面具有丰富的微孔，活性氧化铝一般是由氢氧化铝加热脱水得到的，具有很强的吸附性[33]。以活性氧化铝等多孔介质为骨架，通过在其表面沉积对阴离子污染物具有更强去除作用的金属盐类，可以制成复合吸附剂。复合吸附剂的吸附容量较原氧化铝有显著提高，传质性能也有所改善，在吸附去除水中无机阴离子（磷、砷、铬等的阴离子）方面具有很好的开发潜力。

在天然水体中，铁、铝、锰等的金属氧化物在某些情况下可能单一存在，但往往是多组分相互共存，相互作用[34,35]；同样，在水处理工艺技术中，通过投加铁盐、铝盐等絮凝剂或金属氧化物吸附剂等方法也多有研究报道和实际应用[36,37]。在水中，铁盐、铝盐会发生水解、沉淀或聚集等作用转化为无定形或晶体态氧化物，因此，在天然水体或水处理工艺技术中，以微小颗粒形式存在的金属氧化物与水中的磷、铬等污染物可能发生吸附、络合、共沉淀等作用，通过一系列过程影响污染物在固液微界面的迁移及其形态转化。

因此，近几年来涌现出很多关于复合金属氧化物与水中的有机和无机污染物的作用过程的研究[35,38]，用以研究的复合金属氧化物主要包括铁铝氧化物、铁锰氧化物、铁铈氧化物、铁锆氧化物等。这些研究表明，复合金属氧化物在去除水中污染物方面显示出与单一金属氧化物不同的吸附特性。例如，对铁铝复合氧化物的研究认为[39]，在复合氧化物制备过程中，Al（Ⅲ）晶体会与 Fe（Ⅲ）晶体以特定的形态结合，从而打乱 $Fe(OH)_3$ 本身晶体规则排列的状态，孔径、孔容向有利于离子附着的方向生长，因而吸附性能显著提高。上述这些研究初步表明，复合金属氧化物具有与单一金属氧化物不同的吸附效能，因此可以推测，复合金属氧化物在表面物化性能特点和吸附反应机理方面可能与单一金属氧化物不同，相关研究工作仍需进一步开展。

近年来也有研究发现，水处理过程通过投加铝盐、铁盐等混凝剂强化去除水中溶解态污染物的絮凝过程，实际是加大了铝盐、铁盐等混凝剂的水解沉淀趋势[40-43]，生成大量带有正电荷的羟基铝、铁氢氧化物，如 $Al(OH)_3$ 或 $Fe(OH)_3$，即新生态金属氧化物，这些新生态金属氧化物通常为无定形态，比表面积大，活性位点多，集吸附、共沉淀等作用于一体，有力强化了对水中污染物的去除作用。

此外，由于铁等元素具有多种价态（如 0、+2、+3、+6），可以利用氧化还原反应原位生成新生态 Fe^{3+}，其也显示出与直接投加 Fe^{3+} 不同的物化特征和污染物去除效果，具有比传统混凝剂更好的吸附和共沉淀作用。因此，近年来人们也逐渐开始关注新生态微界面吸附与共沉淀的研究。

对铝盐絮体的研究发现[44]，硫酸铝投至湖水中形成的新生态氢氧化铝絮体的比表面积随着絮体的陈化而明显减小，当絮体陈化时间由 4d 提高至 120d 时，氢氧化铝絮体的比表面积由新生态时的 $72m^2/g$ 降至 $38m^2/g$，同时发现氢氧化铝絮体的结晶度发生改变，由无定形态转化为三水铝石（gibbsite），陈化时间 180d 时的絮体吸附容量比新生态降低约 50%。通过对不同陈化时间 $Al(OH)_3$ 除磷的研究也发现[45]，$Al(OH)_3$ 的磷吸附容量随着陈化时间的增加而明显降低，陈化时间为 1 个月时，比新生态 $Al(OH)_3$ 吸附容量降低 25%，陈化时间为 3 个月时，吸附容量降低 76%。并且认为，多次小剂量投加 $Al(OH)_3$ 可能比一次大剂量投加 $Al(OH)_3$ 除磷效果更好。

利用原位生成新生态 Fe^{3+} 去除水中的污染物近年来也有报道。Li 等[46]利用 H_2O_2 氧化 Fe^{2+} 原位生成新生态 Fe^{3+} 去除二级出水中的磷，研究了 H_2O_2 和 Fe^{2+} 投加量、初始磷浓度等因素对 Fe^{2+}-H_2O_2 工艺除磷的影响，并与投加传统铁盐混凝除磷进行了对比，发现新生态 Fe^{3+} 比传统铁盐混凝具有更好的除磷效果，并且药剂成本也比传统铁盐低。Lee 等[47]利用 $Fe(VI)$ 氧化城市污水中微污染物（苯酚、苯胺等）生成 Fe^{3+}，同步去除磷酸盐，认为利用 $Fe(VI)$ 和 Fe^{2+} 联用处理城市污水比 Fe^{3+} 具有更好的处理效果，推测可能是由于原位生成的 Fe^{3+} 相对均匀，因而生成的微絮体比表面积也大，活性反应位点也多。总体而言，新生态微界面吸附-共沉淀技术还是一项新兴的水处理技术，具有很好的应用前景，但因仪器测试等的限制，对其界面作用机理的解释尚不完全明确，很多研究工作仍需进一步开展。

1.3.5　金属氧化物改性砂滤料（MOCS）

由前述可知，铁、锰、铝等的金属氧化物因表面电荷和比表面积大，常用作水处理吸附剂[41-43]，这些金属氧化物通常是由作为水处理混凝剂的金属盐在中性或偏碱性的溶液中通过共沉淀作用形成的。金属氧化物对水中的金属离子、有机物等通常具有较好的吸附性能，但是，金属氧化物通常为松散的、无定形的粉末状物质，用于水处理工艺时难以固液分离，并且粉末状金属氧化物导水性能差，不易于脱水，也会增加污泥的体积及相应的处理费用[44]。解决这个问题的一个方法便是将金属氧化物负载在一定的颗粒载体上，颗粒化金属氧化物易于固液分离，吸附污染物后的金属氧化物可以通过适当的处理使其再生并重复利用。石英砂、颗粒活性炭等均为常用的载体[45, 46]。石英砂滤料是一种比较稳定的硅酸盐类矿物，石英砂外形粗糙，呈颗粒状，其表面具有因机械作用形成的坑穴，这为金属氧化物的负载提供了可能。通过一定的改性方法，将金属氧化物负载在石英砂滤料表面，制备出改性石英砂滤料，不仅保留了普通滤料过滤截留的功能，还具有金属氧化物吸附水中污染物的性能，同时滤料极易与水体分开，通过再生可以重复利用。

1. MOCS 制备方法

MOCS 常见的制备方法主要有两种[48]。一种是直接蒸发法：将金属盐，如 $Fe(NO_3)_3 \cdot 9H_2O$、$FeCl_3 \cdot 3H_2O$、$AlCl_3 \cdot 6H_2O$ 等，与石英砂和去离子水按一定配比混合搅拌后，置于烘箱中恒温加热。另一种是碱性沉积蒸发法：将金属盐溶于水中调节其 pH 值至碱性，使金属盐溶液生成絮体物质，例如，$Fe(NO_3)_3$ 溶液可以生成 $Fe(OH)_3$、$FeOOH$ 等铁氧化物絮体，然后将含絮体的溶液与石英砂按一定配比混合搅拌后，置于烘箱中恒温加热获得 MOCS。

在这些负载方法所得的 MOCS 中，负载的金属氧化物种类较多，以负载铁氧化物石英砂滤料(IOCS)为例，其主要氧化物种类包括氢氧化铁(无定形)、针铁矿、赤铁矿等。所形成的铁氧化物的主要成分主要与负载过程中的改性条件(物理和化学条件)有关，即改性条件会对 IOCS 的性能产生很大的影响。主要的改性条件包括改性温度、溶液 pH 值、铁盐的浓度及改性时间等，这些参数可能会影响所制备的 IOCS 的性能，从而影响 IOCS 对金属阳离子、金属含氧酸根离子等的去除效果，影响 IOCS 中铁氧化物与石英砂的结合强度及相应的酸碱抗性等。Lo 等[49, 50]对改性条件进行了较全面的实验研究，其结果可以总结为以下两个方面。

(1)改性时溶液的pH值对铁氧化物的形成和金属离子的去除具有很重要的影响。其他因素不变的情况下，在 pH 6 时所形成的铁氧化物全部为无定形的 $Fe(OH)_3$，在 pH 12 时所负载的铁氧化物主要为 $FeOOH$。高 pH 值条件下负载的铁氧化物的抗酸性能较差，结合强度实验也表明，与低 pH 值条件下负载的铁氧化物相比，高 pH 值条件所制备的铁氧化物的溶解量高 25%。

(2)改性温度对铁氧化物的种类有重要影响。在其他因素不变的情况下，当温度低于 60℃时，主要成分为无定形的 $Fe(OH)_3$；温度介于 60~100℃时，形成少量的晶体铁氧化物(包括针铁矿和赤铁矿)；当温度高于 100℃时，负载的铁氧化物主要是赤铁矿(α-Fe_2O_3)。

与单纯的石英砂相比，MOCS 由于在石英砂的表面负载有金属氧化物，从而具有许多金属氧化物的优良性能。一般来说，石英砂的等电点较低，约为 0.7 左右，而铁、铝等的金属氧化物的等电点通常较高，因此获得的 MOCS 比石英砂的等电点和比表面积高，使得 MOCS 具有比石英砂更好的吸附性能[51]。近年来，研究者主要围绕 MOCS 对水中的重金属、有机物等的吸附和过滤去除性能进行了较多的研究，以下分别进行简单介绍。

2. MOCS 去除水中重金属

从溶液中去除金属的传统方法主要是化学沉淀法，生成的沉淀物(常以氧化物、氢氧化物、碳酸盐和硫化物的形式)可以通过后续的固液分离过程去除。化学沉淀法在实际应用中也存在一些问题，当金属以金属酸根离子或配合物的形式存在(如 AsO_4^{3-}、CrO_4^{2-}、SeO_3^{2-} 等)时，沉淀去除率很低，该法所能达到的最低金属浓度水平受沉淀溶度积常数的限制[51]。

近年来，国内外研究者围绕 MOCS 对水中重金属、有机物等的去除进行了一系列的研究。

Benjamin[51]研究了 IOCS 对重金属 Cd^{2+}、Pb^{2+}、Cu^{2+}等的吸附作用，发现最佳条件下的去除率高达 99%，同时 IOCS 对金属酸根离子及某些金属络合物也具有很好的吸附作用。

Bailey 等[52]研究了 IOCS 对 Cr(VI)的动态吸附性能，将 IOCS 吸附剂装柱，Cr(VI)溶液初始浓度为 200mg/L，经动态吸附后 99%的 Cr(VI)被去除，被吸附的 Cr(VI)经解吸后可以浓缩回收。再生实验表明，虽然在 pH 9.5 时的再生速度比在 1.0mol/L NaOH 溶液中的再生速度慢，但使用 pH 9.5 的溶液再生时 IOCS 的使用寿命更长。

Lo 和 Chen[49]研究了 IOCS 对水中 Se(IV)和 Se(VI)的吸附。结果表明，在 pH 4.0~6.5 时，IOCS 对 Se(IV)和 Se(VI)的吸附容量分别为 0.014~0.017mmol/g 和 0.013~0.014mmol/g。并且发现，Se(IV)的存在使 Se(VI)在 IOCS 上的吸附容量下降，但 Se(IV)在 IOCS 上的吸附不受 Se(VI)的影响，IOCS 对 Se(IV)和 Se(VI)的吸附具有选择性。

Lai 和 Chen[53]的实验表明，IOCS 可以将水中的 Cu^{2+}、Pb^{2+}有效去除，IOCS 对 Cu^{2+}、Pb^{2+}的最大吸附量分别为 0.26mg/g 和 1.21mg/g，Cu^{2+}、Pb^{2+}在 IOCS 上的吸附行为主要包括孔隙中的扩散和化学反应两个过程。

Kuan 等[54]研究了不同 pH 值下制备的铝氧化物改性砂(AOCS)的表面物质差别和对水溶液中 Se(IV) 和 Se(VI) 的吸附性能。结果表明，低 pH 值下负载的矿物主要为孔状非晶体物质，高 pH 值下负载的矿物主要为晶体勃姆石和三羟铝石，高 pH 值条件制备的 AOCS 的酸碱抗性比低 pH 值时要强。并通过静态实验研究了溶液初始 pH 值、初始浓度、反应时间和竞争阴离子(SO_4^{2-}、HCO_3^-)对吸附 Se(IV) 和 Se(VI) 的影响。

Thirunavukkarasu 等[55]采用直接蒸发法和碱性沉积法制备出铁氧化物改性砂(分别记为 IOCS-1 和 IOCS-2)，通过静态和动态吸附去除水中有机二甲基砷(DMA)的研究结果表明，IOCS-2 对砷有更好的吸附能力，饱和吸附量为 8μg/g，其吸附等温线更符合 Freundlich 方程。

Gupta 等[56]研究了 IOCS 静态和动态吸附去除 As(III)，考察了接触时间、溶液 pH 值和 IOCS 投加量对吸附 As(III) 的影响。结果表明，IOCS 可以将水中 As(III) 浓度降低到 24μg/L 以下(IOCS 投加量为 29g/L，砷初始浓度为 400μg/L)，IOCS 可以用于家用小型饮用水处理系统。

Boujelben 等[57]研究了主要因素(接触时间、溶液 pH 值、初始金属离子浓度和温度)对天然 IOCS 去除水溶液中 Cu^{2+}和 Ni^{2+}的影响，发现天然 IOCS 去除 Cu^{2+}和 Ni^{2+}属于吸热反应和热力学有利吸附，因而可以使用天然 IOCS 去除水中的 Cu^{2+}和 Ni^{2+}。

邹卫华等[58]研究了锰氧化物改性砂对水溶液中 Cu^{2+} 和 Pb^{2+}动态吸附及竞争吸附的影响。结果表明，流速、Cu^{2+}和 Pb^{2+}初始浓度等均会影响动态吸附；改性砂的循环吸附-脱附实验表明，改性砂经硝酸解吸再生后，吸附效率无明显下降，并且改性砂的 Pb^{2+}吸附能力强于 Cu^{2+}。

Han 等[59, 60]使用 $KMnO_4$ 溶液、HCl 和砂混合制备成锰氧化物改性砂，并对改性砂进行了表面特征分析，研究了改性砂吸附水溶液中 Cu^{2+}和 Pb^{2+}的动力学及竞争吸附。结果表明，改性砂对 Cu^{2+}和 Pb^{2+}的吸附均符合准二级动力学模型，在 288~318K 范围内，对 Cu^{2+} 和 Pb^{2+}的最大吸附容量分别为 5.91~7.56μmol/g 和 7.71~9.22μmol/g，并且 Cu^{2+}和 Pb^{2+}存在竞争吸附作用。

一般认为，MOCS 对金属离子的吸附作用机理是：MOCS 表面的金属氧化物在水中离解产生表面金属离子，在一定的 pH 值条件下其表面会发生羟基化，其表面羟基的存在使得 MOCS 具有较强的亲和能力，通过静电引力、共价键和离子交换等吸附作用去除水中的金属离子[61, 62]。

3. MOCS 去除水中有机物

Korshin 等[63]对 IOCS 去除天然有机物（NOM）和消毒副产物的前驱物（DBPs）进行了研究。结果表明，IOCS 能有效吸附 NOM 和 DBPs 中的酸性部分，但对于亲水性有机物，吸附效果不明显。核磁共振研究结果表明，IOCS 表面吸附的主要为芳香族和带羧基的有机物。

Lai 和 Chen[53]采用 IOCS 吸附去除水中的腐殖酸。结果表明，在 pH 3、腐殖酸初始浓度为 20mg/L 时，去除率可达 70%，并且发现随着溶液 pH 值的增加，腐殖酸的去除率下降；采用 0.1mol/L 的 NaOH 溶液对吸附后 IOCS 进行解吸再生，30min 后解吸率达 90%以上。

邓慧萍等[64]对 IOCS 吸附去除有机物的分子量分布进行了研究，吸附实验表明 IOCS 对分子量大于 1000 的有机物去除效果非常明显，去除率大于 70%。IOCS 去除有机物的特点是对大分子量有机物的吸附强于对小分子量有机物的吸附，特别是在过滤初期更为明显，同时对各分子量段的有机物都有一定的吸附能力，随过滤时间的延长，吸附能力逐渐减弱，需对 IOCS 进行再生处理。

盛力等[65]采用 IOCS 去除水中微量苯酚的研究表明，随着水中苯酚浓度的增加，改性滤料对苯酚的吸附量有所增加，但没有达到一个最大吸附量；并且，在不同 pH 值时，改性滤料对苯酚的吸附去除率也不同，溶液 pH 值较低时，吸附量相对较高。

马军和盛力[66]以低温、低浊度江水为研究对象，采用负载氧化铁的石英砂进行直接过滤实验，考察了 IOCS 对有机物和浊度的去除效果，并与天然石英砂的直接过滤效果进行了对比。研究结果表明，与石英砂相比，IOCS 显示出更好的有机物和浊度去除效果，但经反冲洗后的 IOCS 对有机物去除率降低。

4. MOCS 去除水中阴离子（F^-、PO_4^{3-}等）

改性滤料在饮用水除氟方面的研究和应用也较为广泛，该法通过强化常规水处理工艺中的过滤环节来加强和改善原始滤料的阴离子吸附性能，通过在原始滤料表面负载金属氧化物有效强化阴离子的物理化学吸附和交换能力。

高乃云等[67]采用动态实验，研究对比了 IOCS 和石英砂过滤对水中氟离子的去除效果。结果表明，IOCS 吸附除氟效果优良，当溶液 pH<5.0 时，IOCS 的除氟率可达 90%以上，随着水溶液 pH 值的升高，除氟率有所降低，IOCS 吸附除氟等温线属于典型的 Langmuir 型。

F^- 为带负电荷的阴离子。而 IOCS 表面负载有氧化铁，其等电点约为 9，当 pH<9 时易于吸附阴离子，pH>9 时则易于吸附阳离子。因此，在低 pH 值除氟时，因 IOCS 表面带有正电荷，有利于静电引力作用的发挥。

利用改性砂吸附过滤去除水中磷的研究也有报道。Arias 等[68]研究了溶液 pH 值对 IOCS 和 AOCS 颗粒吸附去除水中 PO_4^{3-} 的影响及吸附等温线。结果表明，IOCS 和 AOCS 对水中 PO_4^{3-} 的吸附等温线更好地符合 Langmuir 方程式，在 PO_4^{3-} 初始浓度为 100mg/L、pH 值为 4.9~7.1 时，随着 pH 值的增加，由于颗粒表面正电荷的减少，静电引力降低，因而两种改性砂对 PO_4^{3-} 的吸附去除率均降低，并认为 AOCS 对水中 PO_4^{3-} 的吸附去除能力比 IOCS 强。

Boujelben 等[69]比较了人工合成改性砂（SCS）、天然改性砂（NCS）和铁基氧化物改性碎砖（CB）的表面特征和静态吸附去除水中 PO_4^{3-} 的效果。结果表明，PO_4^{3-} 去除的最佳 pH 值为 5，SCS、CB 和 NCS 的饱和吸附量分别为 1.5mg/g、1.8mg/g 和 0.88mg/g，对 PO_4^{3-} 的吸附属于吸热反应，SCS、CB 和 NCS 在水处理除磷中具有很大的开发潜力。

许光眉等[70]使用 $Fe(NO_3)_3 \cdot 9H_2O$ 和石英砂在 110℃下通过加热蒸发法制备成 IOCS，进行了吸附动力学和等温线研究，并考察了在 10~40℃的温度条件下 IOCS 吸附磷的热力学性质。结果表明，准二级反应动力学模型及 Langmuir 等温吸附模型可分别较好地描述 IOCS 对磷的吸附动力学及吸附等温线实验结果；随温度的增加，吸附容量从 0.06mg/g 增加到 0.08mg/g，IOCS 对磷的吸附是自发的、吸热的化学反应过程。

王俊岭等[71]采用碱性沉积法和高温加热法制备了 A 型改性砂和 B 型改性砂，动态过滤实验表明，在初始 TP 浓度为 45μg/L 时，B 型砂对 TP 的去除效果好于 A 型砂，并进一步研究了溶液 pH 值、过滤时间和初始 TP 浓度对 B 型砂过滤除磷的影响。

综上所述，经金属氧化物改性后，石英砂的表面特性和带电性改变了，使其等电点明显提高，同时 MOCS 的比表面积与石英砂相比也明显提高，因而吸附容量明显大于石英砂，MOCS 对金属阳离子、金属含氧酸根离子、有机物以及氟、磷等阴离子均有较好的去除效果。采用适当的处理可使 MOCS 获得再生和多次循环利用，解决了金属氧化物粉末吸附剂难以固液分离和多次循环利用的难题。同时 MOCS 便于应用，可以在原有的砂滤池基础上稍加改造即可投入运行使用。因此，改性石英砂滤料在给水和污水深度处理中均有巨大的应用潜力。

1.4　纳米氧化铁吸附除磷铬的研究进展

纳米材料技术是 21 世纪人们特别关注的水处理技术，纳米材料可以用作吸附剂、催化剂或消毒剂等。纳米材料至少有一维的尺度处于纳米级(1~100nm)[72]，在此尺度上，纳米材料经常显示出独特的物理或化学性质，具有更大的比表面积，单位质量材料具有更多的活性位点，同时具有更大的表面自由能，甚至具有量子限域效应[73]。例如，纳米磁铁矿的尺寸从 300nm 降到 11nm，其砷吸附容量可增加 100 倍以上[74]。纳米材料的制备方法和表面涂层介质对其尺寸形貌、磁性性质和表面化学起着关键的作用，纳米材料可以通过共沉淀法、水热法、溶胶凝胶法和溶剂热法等方法制备。纳米材料的发展可以促使水处理工艺高效化、模块化和多功能化，提供低廉高效的水处理方法。但粉末状的纳米材料用于水处理工程存在一些问题亟须解决，主要包括：①由于范德瓦耳斯力等作用力的存在，纳米材料易于聚集；②除了磁性纳米材料以外，如何从处理后水中回收纳米材料；③纳米材料难以装于吸附柱系统，即使装入，也会造成很高的压力降或水头损失[75]。

在各种纳米材料中，纳米金属氧化物(铁氧化物、铝氧化物、镧氧化物、锆氧化物和钛氧化物等)是近年来研究者广泛关注的水处理吸附纳米材料，一方面，金属氧化物易于制备，适合于饮用水和污水深度处理；另一方面，金属氧化物也可以制备成颗粒吸附剂或通过原位制备投加实现工程应用[76]。纳米金属氧化物可以压缩成多孔颗粒，使用中等压力时，不会显著影响其表面积，并且可以通过压力调节控制其孔体积和孔尺寸[77]。

在各种金属氧化物吸附材料中，铁基氧化物(针铁矿、赤铁矿、磁铁矿等)因具有自然界丰度高、稳定性好、超顺磁性和绿色高效等优点而被特别关注。铁基氧化物去除水中污染物的小试和现场试验的研究均有报道[78]。铁基氧化物可以去除的水中污染物主要包括重(类)金属(铬、铅、铜、砷等)、有机物(染料、氯酚等)、硒、磷、氟等[73]。在通常的水质 pH 值范围内，纳米铁氧化物具有较高的等电点，因而对水中的阴离子磷酸盐、铬酸盐显示出很高的吸附能力，可以通过各种物理化学作用力(静电力、络合、配位交换等)，与水中的磷、铬发生界面反应，完成高效吸附。

为实现纳米铁氧化物在水处理工程中的多次回收利用，研究人员进行了大量的探索，总结归纳主要有以下几种方法：①制备强磁性纳米铁氧化物，通过后续的磁分离实现其循环利用；②将纳米铁氧化物固定在一定的颗粒载体上，制备出颗粒吸附材料，应用时装于吸附柱中，通过合适的再生方法实现其循环利用。

第一种方法保持了纳米材料的高吸附性，但应用时需要有后续磁分离设施，增加了工艺的复杂性。第二种方法工艺简单，但可能因载体的存在，降低了纳米材料的总量，影响其吸附能力。若能选择合适的载体，充分利用载体的除污性能，纳米铁氧化物和载体的复合可能会充分利用二者的优点，产生协同作用，强化复合纳米材料对污染物的去除性能。

颗粒化纳米材料可采用两种方法制备：负载法和浸渍法[79]。这两种方法均采用大尺寸颗粒作为载体，将铁氧化物负载或浸渍于载体中。如前所述，负载法主要以颗粒活性炭、生物炭、石英砂、矿石等为载体，以金属盐作为铁氧化物的前驱体，通过碱性沉积等方法使纳米铁氧化物沉积到上述载体表面或孔隙中[80-83]，负载法制备颗粒化纳米铁氧化物的方法如**图 1-2** 所示。

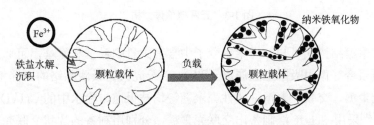

图 1-2　负载法制备颗粒化纳米铁氧化物示意图

Zach-Maor 等[84]在 100℃将活性炭与高锰酸钾、氯化亚铁溶液混合反应，所得活性炭经清洗烘干后再与三氯化铁溶液反应，经 100℃烘干后得到活性炭负载纳米磁铁矿，测试发现铁负载量为 33.9mg/g，表面形成磁铁矿均质层，平均尺寸小于 4nm，比表面积为 1024m^2/g，材料的等电点由 7.4 升至 9.2，25℃、pH 6.3时的 PO_4^{3-} 吸附容量为 2.54mg/g。Pan 等[85]采用大孔阴离子交换树脂球(D-201)作为载体，通过将 $FeCl_3$-HCl 溶液流过树脂吸附柱，$FeCl_4^-$与树脂发生离子交换作用后，沉淀至树脂内部孔隙中，树脂球经清洗热处理后，获得复合吸附材料(HFO-201)，研究表明，无定形纳米水合铁氧化物扩散至树脂球内部孔道中，其比表面积比原树脂稍微增加，30℃、pH 6.5 时的 PO_4^{3-}吸附容量为 17.8mg/g。磷吸附饱和后的 HFO-201 经 NaOH-NaCl 混合溶液连续 5 次吸附再生，吸附容量未发现明显降低。上述各研究表明，纳米铁氧化物经负载后成为颗粒状，向工程化应用方面走近了一步。但负载型纳米铁氧化物尚存在一些问题，如制备方法复杂、吸附容量低，另外也存在铁氧化物负载量低、化学稳定性差等问题。

浸渍法主要以多孔聚合物为载体，如壳聚糖、纤维素、海藻酸盐、树脂等[86-88]。这些聚合物中，壳聚糖是水处理常用的优良药剂(絮凝剂、吸附剂等)，壳聚糖对重金属的去除效果十分显著，引起了研究人员广泛的兴趣。壳聚糖单体的结构式如**图 1-3** 所示，分子式为$(C_6H_{11}NO_4)_n$，单体分子量为 161.2。壳聚糖是甲壳素脱去乙酰基后的产物，甲壳素是自然界中储量仅次于纤维素的一种天然多糖，广泛存在于蟹、虾、贝壳、昆虫的外壳中。

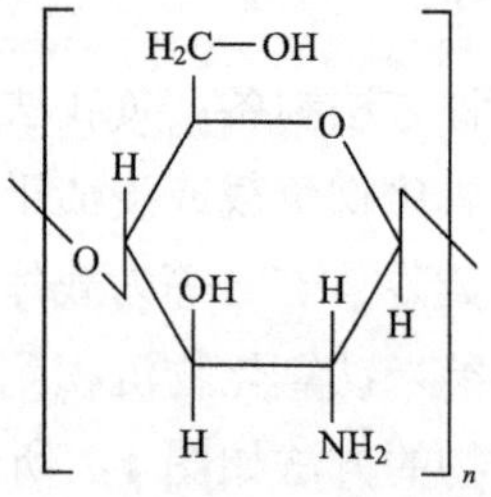

图 1-3　壳聚糖单体结构式

由壳聚糖结构式可知，壳聚糖分子中含有大量的羟基和氨基，可通过静电引力和表面络合等作用吸附重金属离子和磷。关于壳聚糖吸附除铬的研究相对较多，非交联壳聚糖、交联壳聚糖、改性壳聚糖等均被报道去除水中的 $Cr(VI)$[20, 89, 90]。Rojas 等[20]采用 Schiff 法制备出交联壳聚糖，分别用制备的片状交联壳聚糖及粉末状交联壳聚糖对吸附除铬进行了研究，重点关注了 pH 值的影响和两种不同形状的吸附剂对 $Cr(VI)$ 及 $Cr(III)$ 的吸附容量。在 pH 2~7 的范围内，当 pH 值为 2 和 3 时，分别有 30%和 2.5%的 $Cr(VI)$ 被两种形状的壳聚糖还原成 $Cr(III)$。当 pH>4 时，认为两种吸附剂对 $Cr(VI)$ 的去除仅通过吸附进行。Mahaninia 和 Wilson[91]采用环氧氯丙烷和戊二醛分别作为交联剂，制备出具有不同亲疏水性特征和磷吸附性能的壳聚糖球，其磷最大吸附容量为 52.1mg/g(pH 8.5)，吸附等温线和结构性质表明，表面电荷、亲疏水性平衡、吸附位点可利用性和水化性能对吸附除磷起主要作用。

壳聚糖因呈片状或粉末状，用于水处理时也存在难以分离的缺点，但是，壳聚糖在酸性条件下会形成网状结构的溶胶，具有交联性和纳米限域效应，当在其中加入铁盐或纳米氧化铁时，氧化物会浸渍其中，碱性条件时会固化形成以壳聚糖为骨架的偶联纳米氧化铁颗粒材料(NIOC)。根据纳米氧化铁的生成条件，将其制备方法分为两类：异位法(*ex-situ*)或原位法(*in-situ*)。异位法是预先已经制备出纳米氧化铁，直接将其投加至壳聚糖溶胶中，通过交联反应生成 NIOC，其制备方法如**图 1-4** 所示。

原位法是以铁盐作为铁氧化物的前驱体，先制备铁盐溶液，因该溶液呈酸性，当壳聚糖投至该酸性溶液中时，会形成壳聚糖凝胶，此过程会形成铁的络合物和氧化物,通过交联反应生成 NIOC,原位法制备 NIOC 如**图 1-5** 所示。为强化壳聚糖球的稳定性,很多研究通过外加交联剂(戊二醛、环氧氯丙烷等)的方法进行制备,但戊二醛等交联剂对人的眼睛、皮肤和黏膜具有刺激作用,用作水处理材料时需考虑其对人体可能存在的潜在毒性[92]。由于壳聚糖自身具有交联性,因此,通过优化合适的铁/壳聚糖单体配比等制备条件,有可能制备出稳定性良好的颗粒化吸附材料。He 等[93]采用乙酸作为溶剂,不加戊二醛的情况下,以壳聚糖和三氯化铁作为原材料,采用原位法制备出颗粒化壳聚糖-针铁矿复合吸附材料,通过场发射扫描电镜(FESEM)和穆斯堡尔谱法(Mössbauer spectroscopy)分析,认为该材料中的铁主要为纳米晶针铁矿,并对其吸附除 As(III)和 As(V)性能与机理进行了研究。Kim 等[94]以乙酸作为溶剂溶解壳聚糖制成凝胶,将纳米磁赤铁矿(γ-Fe$_2$O$_3$)和针铁矿(α-FeOOH)投加至上述凝胶中,采用异位法制备出颗粒化的纳米铁氧化物-壳聚糖复合吸附材料,对其吸附去除河水中的磷进行了小试和中试研究,吸附除磷效果良好,吸附材料可以使用 5mmol/L 的 NaOH 溶液进行解吸再生。

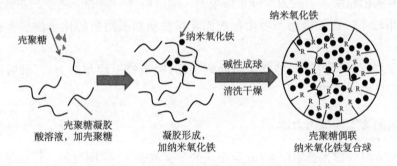

图 1-4　异位法制备颗粒化纳米铁氧化物

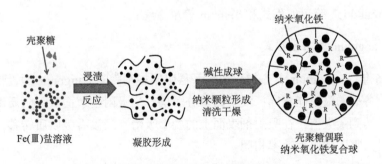

图 1-5　原位法制备颗粒化纳米铁氧化物

但是上述吸附材料的制备过程均使用酸(有机酸或无机酸)作为溶剂,从而使制备成本增加。为制备工程化的吸附剂,简单、经济的制备方法通常更受青睐。

1.5　固液界面吸附基本理论

在水处理中，吸附是发生于固液界面的一种现象，发生吸附时，溶质从水溶液中迁移至吸附剂颗粒表面，此过程是吸附剂颗粒、溶质和水三者相互作用的结果。吸附通常可以分为物理吸附和化学吸附。物理吸附是指溶质与吸附剂之间通过静电引力或分子间力(范德瓦耳斯力)而产生的吸附。物理吸附的特点是没有选择性，吸附质并不固定在吸附剂表面的特定位置上，一定程度上能在界面范围内自由移动，因而其吸附的牢固程度不如化学吸附。物理吸附既可以形成单分子层吸附，也可以形成多分子层吸附。影响物理吸附的主要因素是吸附剂的比表面积和细孔分布。在一定的条件下，物理吸附和化学吸附经常同时发生。化学吸附是指溶质与吸附剂发生化学反应，形成牢固的吸附化学键和表面络合物，吸附质分子不能在表面自由移动。化学吸附具有选择性，即一种吸附剂只对某种或特定几种物质有吸附作用，一般为单分子层吸附，通常需要一定的活化能，在低温时，吸附速率较小。这类吸附与吸附剂表面化学性质和吸附质的化学性质有密切的关系。

为了描述吸附过程，经常采用吸附平衡(吸附等温线与热力学)和吸附动力学，下面做简要介绍。

1.5.1　吸附等温线与热力学

吸附等温线由平衡吸附量 q_e 与相应的平衡浓度 C_e 作图得到，描述吸附等温线的数学表达式称为吸附等温式。常用的两参数等温式有三种：Langmuir 等温方程式、Freundlich 等温方程式和 Temkin 等温方程式。

1. Langmuir 等温方程式

1916 年，Langmuir 首先提出单分子层吸附模型[95]。Langmuir 假设吸附剂表面均匀，各处的吸附能相同；吸附为单分子层，当吸附剂表面被吸附质饱和时，其吸附量达到最大值；在吸附剂表面上的各个吸附点间没有吸附质转移；达到动态平衡时，吸附和脱附速率相同。

平衡吸附量 q_e(mg/g) 与液相平衡浓度 C_e(mg/L) 的关系为

$$q_e = \frac{bq_m C_e}{1 + bC_e} \tag{1-1}$$

式中，q_m 为单位质量吸附剂的饱和吸附量，mg/g；b 为吸附系数，与温度及吸附热有关, L/mg。

在坐标系中 $1/q_e$ 与 $1/C_e$ 为一条直线, 方程式可转化为

$$\frac{1}{q_e} = \frac{1}{bq_m} \times \frac{1}{C_e} + \frac{1}{q_m} \tag{1-2}$$

根据吸附实验数据, 按式(1-2)作图即可求出 q_m 和 b 值。

2. Freundlich 等温方程式

Freundlich 等温方程式为非线性模型, 由 Freundlich 于 1907 年根据恒温吸附实验结果推导得出, 可用于不均匀表面的条件。Freundlich 等温方程式是一个经验公式, 可表示为

$$q_e = K_F C_e^{1/n} \tag{1-3}$$

式中, q_e 和 C_e 的意义同式(1-1); K_F 为 Freundlich 吸附系数; n 为常数, 通常大于 1。

将式(1-3)两边取对数, 可得

$$\ln q_e = \frac{1}{n}\ln C_e + \ln K_F \tag{1-4}$$

由实验数据按式(1-4)作图可得一条直线($\ln q_e$-$\ln C_e$), 其斜率等于 $1/n$, 截距等于 $\ln K_F$。

一般认为, $1/n$ 值介于 0.1~0.5 之间, 则易于吸附, $1/n>2$ 时难以吸附。利用 K_F 和 $1/n$ 两个常数, 可以比较不同吸附剂的特性。

3. Temkin 等温方程式

Temkin 等温方程式[96]可以表示为

$$q_e = A + B\ln C_e \tag{1-5}$$

式中, q_e 和 C_e 的意义同式(1-1); A 和 B 为常数。以 q_e 对 $\ln C_e$ 作图得到一直线, 可确定各常数及该方程对实验数据的拟合程度。

这三种方程式的形式均非常简单, 而且均能转化为直线方程进行作图拟合, 使用时较为方便。但是, 这三种方程式反映了吸附过程中不同的能量关系。Langmuir 方程式所代表的是一种理想吸附状态, 即吸附热不随吸附而变化, 每一个吸附点的能量不变; Temkin 方程式所代表的能量关系是吸附热随吸附量线性降低; Freundlich 方程式所描述的能量关系是吸附热随吸附量呈对数形式降低。由此可见, Temkin 方程式和 Freundlich 方程式适用于不均匀表面吸附。

4. 吸附热力学

为说明吸附过程中温度对吸附热力学参数的影响，需要确定吸附的标准吉布斯函数变 $\Delta G^{\ominus}$ (J/mol)、标准焓变 $\Delta H^{\ominus}$ (J/mol) 和标准熵变 $\Delta S^{\ominus}$ [J/(mol·K)] 等热力学参数。标准吉布斯函数变 $\Delta G^{\ominus}$ 通过下式来确定：

$$\Delta G^{\ominus} = -RT\ln K_C \tag{1-6}$$

式中，R 为摩尔气体常量，8.314×10^{-3}kJ/(mol·K)；T 为热力学温度，K；K_C 为温度 T 时的吸附平衡常数，由吸附平衡时的吸附量 q_e(mg/g) 与对应的水中吸附质的浓度 C_e(mg/L) 的比值确定。

确定标准焓变 $\Delta H^{\ominus}$ 和标准熵变 $\Delta S^{\ominus}$ 的关系式为

$$\Delta G^{\ominus} = \Delta H^{\ominus} - T\Delta S^{\ominus} \tag{1-7}$$

$$\ln K_C = \frac{\Delta S^{\ominus}}{R} - \frac{\Delta H^{\ominus}}{RT} \tag{1-8}$$

若 $\Delta G^{\ominus}$ 为负值，说明吸附过程可以自发进行。$\Delta H^{\ominus}$ 为正值，说明反应为吸热反应。$\Delta S^{\ominus}$ 为正值，说明吸附过程中固液界面的混乱度增加。

1.5.2　吸附动力学

吸附动力学用以研究吸附过程和时间的关系，吸附动力学决定了吸附过程的传质速率，是吸附过程模拟的关键之一。研究物质在吸附剂上的吸附速率模型，对于了解吸附机理和规律、建立吸附过程数学模型十分必要。

描述吸附动力学的模型主要有：准一级吸附动力学、准二级吸附动力学、一级反应、二级反应、Elovich 吸附模型、双常数方程、颗粒内扩散模型等[97, 98]。以下重点介绍常用的准一级吸附动力学模型和准二级吸附动力学模型。

1. 准一级吸附动力学模型

准一级吸附动力学模型为

$$\frac{\mathrm{d}q_t}{\mathrm{d}t} = K_1(q_e - q_t) \tag{1-9}$$

式中，q_e 和 q_t 分别为平衡吸附量和时间 t 时的吸附量，mg/g；K_1 为准一级吸附速率常数，min^{-1}。边界条件 $t=0$ 时 $q_t=0$，式(1-9)转化为

$$\ln(q_e - q_t) = \ln q_e - K_1 t \tag{1-10}$$

以 $\ln(q_e - q_t)$ 对 t 作图为一条直线，根据拟合的相关系数的大小判断数据与准

一级吸附动力学模型的拟合程度。

2. 准二级吸附动力学模型

准二级吸附动力学模型为

$$\frac{dq_t}{dt} = K_2(q_e - q_t)^2 \tag{1-11}$$

式中，q_e 和 q_t 意义同式(1-9)，mg/g；K_2 为准二级吸附速率常数，g/(mg·min)。式(1-11)分离变量、积分后可得

$$\frac{t}{q_t} = \frac{1}{K_2 q_e^2} + \frac{t}{q_e} \tag{1-12}$$

通过 t/q_t 对 t 作图，可得出 K_2 与 q_e，K_2 的值越大，说明吸附速率越快。如果吸附过程符合准二级吸附动力学模型，可得到一条直线，准二级吸附动力学模型反映了整个吸附过程的行为，而且与速率控制步骤相一致。

1.6　研究意义与内容

对于水体除磷而言，在其外源和内源磷浓度均较低时，吸附可能是较为经济高效和有应用前景的技术之一。其中，铁、铝、锰等的金属氧化物因储量丰富、绿色高效等优点，是被广泛关注的水处理吸附剂。相对于单一金属氧化物，复合金属氧化物可能具有特殊的物化性能特点和吸附反应机理，因此需要进一步的研究探索。

面对众多形态各异的吸附剂，如何在工程实际中将其用于水体高效除磷是值得研究的重要问题。颗粒化吸附剂可以通过装入吸附柱，用于污水深度除磷工艺，但不适合用于水体除磷。而粉末吸附剂因呈分散态，且导水性差，工程应用仍存在问题，但其与颗粒化吸附剂相比，具有比表面积大等优点，因此，为解决粉末吸附剂的工程应用问题，本书尝试通过制备新生态铁锰复合氧化物(纳米级悬浮液)和原位生成(Fe^{2+}-KMnO$_4$工艺)两种方式进行示范工程水体除磷，以期为粉末吸附剂的工程应用提供一条新的途径。

纳米材料技术是 21 世纪人们特别关注的水处理技术，在纳米尺度上，纳米材料经常显示出独特的物理或化学性质，具有更大的比表面积，单位质量材料具有更多的活性位点，同时具有更大的表面自由能，甚至具有量子限域效应，从而成为有潜力的性能优良的水处理吸附剂。纳米金属氧化物作为具有很好潜力的水处理吸附剂，因其呈粉末状，在用于水处理工艺时存在一些问题亟须解决，如易

于聚集、难以回用等，将其制备成毫米尺寸的颗粒状纳米金属氧化物是有效解决办法之一。因此，本书尝试采用石英砂滤料和生物聚合物作为纳米金属氧化物的载体，来制备颗粒化纳米金属氧化物。前已述及，石英砂是水处理广泛使用的滤料，作为水处理材料具有多种优点。本书选用的生物聚合物为壳聚糖，其来源广泛，为自然界第二大丰富的生物聚合物，壳聚糖也是广泛使用的水处理绿色药剂（絮凝剂、吸附剂、络合剂等），利用壳聚糖和纳米铁氧化物二者各自的优点，即壳聚糖的自交联性和铁盐溶液的酸性条件，且其可以作为铁基氧化物的前驱体，可能通过简单经济的方法制备出颗粒化的壳聚糖偶联纳米铁氧化物复合吸附材料，将这种材料用于吸附去除水中的磷、铬等污染物。

参 考 文 献

[1] 秦伯强, 胡维平, 高光, 等. 太湖沉积物悬浮的动力机制及内源释放的概念性模式[J]. 科学通报, 2003, 48(17): 1822-1831.

[2] 王海军, 王洪铸. 富营养化治理应放宽控氮、集中控磷[J]. 自然科学进展, 2009, 19(6): 599-604.

[3] Robarts R D, Waiser M J, Hadas O, et al. Relaxation of phosphorus limitation due to typhoon-induced mixing in two morphologically distinct basins of Lake Biwa, Japan[J]. Limnology and Oceanography, 1998, 43(6): 1023-1036.

[4] Carrick H J. Wind influences phytoplankton biomass and composition in a shallow, productive lake[J]. Limnology & Oceanography, 1993, 38(6): 1179-1192.

[5] Dugopolski R, Emil R, Brett M. Short-term effects of a buffered alum treatment on Green Lake sediment phosphorus speciation[J]. Lake & Reservoir Management, 2008, 24(2): 181-189.

[6] 李安峰, 潘涛, 杨冲, 等. 水体富营养化治理与控制技术综述[J]. 安徽农业科学, 2012, 40(16): 9041-9044.

[7] Shapiro J, Lamarra V, Lynch M. Biomanipulation: an ecosystem approach to lake restoration// Brezonik P D, Fox J L. A Symposium on Water Quality Management Through Biological Control[C]. Gainesville: University Press of Florida, 1975: 85-96.

[8] 黄廷林, 柴蓓蓓. 水源水库水质污染与富营养化控制技术研究进展[J]. 地球科学进展, 2009, 24(6): 588-596.

[9] 李玲, 李文朝, 李海英, 等. 曝气汲水技术用于污染水体生态修复的研究[J]. 中国给水排水, 2009, 25(17): 39-42.

[10] 丛海兵, 黄廷林, 缪晶广, 等. 扬水曝气器的水质改善功能及提水、充氧性能研究[J]. 环境工程学报, 2007, 1(1): 7-13.

[11] 周振, 胡大龙, 乔卫敏, 等. 聚合氯化铝去除污泥水中磷的工艺优化[J]. 环境科学, 2014, 35(6): 2249-2255.

[12] 庞洪涛, 邱勇, 薛晓飞, 等. 后置沉淀化学除磷工艺的优化控制研究[J]. 中国给水排水, 2013, 29(13): 38-41.

[13] 郁娜, 袁林江, 吕景花. 某城市污水处理厂废水化学除磷沉淀特性及影响因素[J]. 环境工程学报, 2015, 9(12): 5813-5817.

[14] Rittmann B E, Mayer B, Westerhoff P, et al. Capturing the lost phosphorus[J]. Chemosphere, 2011, 84(6): 846-853.

[15] Blaney L M, Cinar S, Sengupta A K. Hybrid anion exchanger for trace phosphate removal from water and wastewater[J]. Water Research, 2007, 41(7): 1603-1613.

[16] 何娜. 水生植物修复氮、磷污染水体研究进展[J]. 环境污染与防治, 2012, 34(3): 73-78.

[17] 李继洲, 程南宁, 陈清锦. 污染水休的生物修复技术研究进展[J]. 环境工程学报, 2005, 6(1): 25-30.

[18] Owlad M, Aroua M K, Daud W A W, et al. Removal of hexavalent chromium-contaminated water and wastewater: a review[J]. Water, Air, and Soil Pollution, 2009, 200(1-4): 59-77.

[19] Boulding R. EPA Environmental Assessment Sourcebook[M]. Boca Raton: CRC Press, 1996.

[20] Rojas G, Silva J, Flores J A, et al. Adsorption of chromium onto cross-linked chitosan[J]. Separation and Purification Technology, 2005, 44(1): 31-36.

[21] 孔晶晶, 裴志国, 温蓓, 等. 磺胺嘧啶和磺胺噻唑在土壤中的吸附行为[J]. 环境化学, 2008, 27(6): 736-741.

[22] Di Natale F, Erto A, Lancia A, et al. Equilibrium and dynamic study on hexavalent chromium adsorption onto activated carbon[J]. Journal of Hazardous Materials, 2015, 281: 47-55.

[23] WHO. Guidelines for Drinking-Water Quality[M]. 4th ed. Geneva, Switzerland: WHO Press, 2011.

[24] Korak J A, Huggins R, Arias-Paic M. Regeneration of pilot-scale ion exchange columns for hexavalent chromium removal[J]. Water Research, 2017, 118: 141-151.

[25] 王谦, 李延, 孙平, 等. 含铬废水处理技术及研究进展[J]. 环境科学与技术, 2013, 36(12): 150-156.

[26] 王芳芳, 孙英杰, 封琳, 等. 含铬废水的处理技术及机理简述[J]. 环境工程, 2013, 31(3): 21-24.

[27] 曾君丽, 邵友元, 易筱筠. 含铬电镀废水的处理技术及其发展趋势[J]. 东莞理工学院学报, 2011, 18(5): 89-93.

[28] de Agreda D, Garcia-Diaz I, López F, et al. Supported liquid membranes technologies in metals removal from liquid effluents[J]. Revista de Metalurgia, 2011, 47(2): 146-168.

[29] Garcia J, Markovski J, Mckay G J, et al. The effect of metal (hydr)oxide nano-enabling on intraparticle mass transport of organic contaminants in hybrid granular activated carbon[J]. Science of the Total Environment, 2017, 586: 1219.

[30] Nieto-Delgado C, Rangel-Mendez J R. Anchorage of iron hydro(oxide) nanoparticles onto activated carbon to remove As(V) from water[J]. Water Research, 2012, 46(9): 2973-2982.

[31] Uddin M K. A review on the adsorption of heavy metals by clay minerals, with special focus on the past decade[J]. Chemical Engineering Journal, 2017, 308: 438-462.

[32] Goh K H, Lim T T, Dong Z. Application of layered double hydroxides for removal of oxyanions: a review[J]. Water Research, 2008, 42(6-7): 1343.

[33] Thanos A G, Katsou E, Malamis S, et al. Evaluation of modified mineral performance for chromate sorption from aqueous solutions[J]. Chemical Engineering Journal, 2012, 211-212: 77-88.

[34] Masue Y, Loeppert R H, Kramer T A. Arsenate and arsenite adsorption and desorption behavior on coprecipitated aluminum:iron hydroxides[J]. Environmental Science & Technology, 2007, 41(3): 837.

[35] 王东升, 杨晓芳, 孙中溪. 铝氧化物-水界面化学及其在水处理中的应用[J]. 环境科学学报, 2007, 27(3): 353-362.

[36] Schelske C L. Eutrophication: focus on phosphorus[J]. Science, 2009, 324(5928): 724-725.

[37] Carpenter S R. Phosphorus control is critical to mitigating eutrophication[J]. Proceedings of the National Academy of Sciences of the United States of America, 2008, 105(32): 11039-11040.

[38] 豆小敏, 张艳素, 张昱, 等. Fe(II)-Ce(IV)共沉淀产物对水中 As(V) 的去除研究[J]. 安全与环境学报, 2010, 10(6): 72-76.

[39] 杨艳玲, 李星, 范茜. 复合铁铝吸附剂的制备及对水中痕量磷的去除[J]. 北京理工大学学报, 2009, 29(1): 73-75.

[40] 赵颖. 改性赤泥除磷剂的研制与除磷新技术研究[D]. 北京: 中国科学院大学, 2009.

[41] 邹卫华, 陈宗璋, 韩润平, 等. 锰氧化物/石英砂(MOCS)对铜和铅离子的吸附研究[J]. 环境科学学报, 2005, 25(6): 779-784.

[42] Saha G, Maliyekkal S M, Sabumon P C, et al. A low cost approach to synthesize sand like AlOOH nanoarchitecture(SANA)and its application in defluoridation of water[J]. Journal of Environmental Chemical Engineering, 2015, 3(2): 1303-1311.

[43] Uwamariya V, Petrusevski B, Lens P N L, et al. Effect of pH and calcium on the adsorptive removal of cadmium and copper by iron oxide-coated sand and granular ferric hydroxide[J]. Journal of Environmental Engineering, 2016, 142(9): C4015015.

[44] Baltpurvins K A, And R C B, Lawrance G A, et al. Effect of pH and anion type on the aging of freshly precipitated iron(III)hydroxide sludges[J]. Environmental Science & Technology, 1996, 30(3): 939-944.

[45] Vitela-Rodriguez A V, Rangel-Mendez J R. Arsenic removal by modified activated carbons with iron hydro(oxide) nanoparticles[J]. Journal of Environmental Management, 2013, 114(2): 225-231.

[46] Li C, Ma J, Shen J, et al. Removal of phosphate from secondary effluent with Fe^{2+} enhanced by H_2O_2 at natural pH/neutral pH[J]. Journal of Hazardous Materials, 2009, 166(2): 891-896.

[47] Lee Y, Zimmermann S G, Kieu A T, et al. Ferrate (Fe(VI)) application for municipal wastewater treatment: a novel process for simultaneous micropollutant oxidation and phosphate removal[J]. Environmental Science & Technology, 2009, 43(10): 3831-3838.

[48] 雷国元, 王占生. 滤料表面改性及其在水处理中的应用[J]. 净水技术, 2001, 20(1): 20-24.

[49] Lo S L, Chen T Y. Adsorption of Se(IV) and Se(VI) on an iron-coated sand from water[J]. Chemosphere, 1997, 35(5): 919-930.

[50] Lo S L, Jeng H T, Lai C H. Characteristics and adsorption properties of iron-coated sand[J].

Water Science & Technology, 1997, 35(7): 63-70.

[51] Benjamin M M, Sletten R S, Bailey R P, et al. Sorption and filtration of metals using iron-oxide-coated sand[J]. Water Research, 1996, 30(11): 2609-2620.

[52] Bailey R P, Bennett T, Benjamin M M. Sorption onto and recovery of Cr(Ⅵ)using iron-oxide-coated sand[J]. Water Science & Technology, 1992, 26(5-6): 1239-1244.

[53] Lai C H, Chen C Y. Removal of metal ions and humic acid from water by iron-coated filter media[J]. Chemosphere, 2001, 44(5): 1177.

[54] Kuan W H, Lo S L, Wang M K, et al. Removal of Se(Ⅳ)and Se(Ⅵ)from water by aluminum-oxide-coated sand[J]. Water Research, 1998, 32(3): 915-923.

[55] Thirunavukkarasu O S, Viraraghavan T, Subramanian K S, et al. Organic arsenic removal from drinking water[J]. Urban Water, 2002, 4(4): 415-421.

[56] Gupta V K, Saini V K, Jain N. Adsorption of As(Ⅲ)from aqueous solutions by iron oxide-coated sand[J]. Journal of Colloid & Interface Science, 2005, 288(1): 55.

[57] Boujelben N, Bouzid J, Elouear Z. Adsorption of nickel and copper onto natural iron oxide-coated sand from aqueous solutions: study in single and binary systems[J]. Journal of Hazardous Materials, 2009, 163(1): 376-382.

[58] 邹卫华, 韩润平, 陈宗璋, 等. 锰氧化物/石英砂(MOCS)对铜和铅离子的动态吸附[J]. 应用化学, 2006, 23(3): 299-304.

[59] Han R, Zhu L, Zou W, et al. Removal of copper(Ⅱ)and lead(Ⅱ)from aqueous solution by manganese oxide coated sand: Ⅰ. Characterization and kinetic study[J]. Journal of Hazardous Materials, 2006, 137(1): 384-395.

[60] Han R, Zhu L, Zou W, et al. Removal of copper(Ⅱ)and lead(Ⅱ)from aqueous solution by manganese oxide coated sand: Ⅱ. Equilibrium study and competitive adsorption[J]. Journal of Hazardous Materials, 2006, 137(1): 480-488.

[61] Satpathy J K, Chaudhuri M. Treatment of cadmium-plating and chromium-plating wastes by iron oxide-coated sand[J]. Water Environment Research, 1995, 67(5): 788-790.

[62] 高乃云, 李富生, 汤浅晶, 等. 氧化物涂层砂及其涂层理论分析[J]. 中国给水排水, 2002, 18(10): 42-44.

[63] Korshin G V, Benjamin M M, Sletten R S. Adsorption of natural organic matter(NOM)on iron oxide: effects on NOM composition and formation of organo-halide compounds during chlorination[J]. Water Research, 1997, 31(7): 1643-1650.

[64] 邓慧萍, 梁超, 常春, 等. 改性滤料去除有机物的分子量分布及与活性炭联用去除有机物研究[C]. 全国城镇饮用水安全保障技术研讨会论文集. 深圳, 2004: 366-369.

[65] 盛力, 马军, 李连明, 等. 金属氧化物改性滤料去除微量苯酚研究[J]. 中国给水排水, 2003, 19(9): 16-18.

[66] 马军, 盛力. 涂铁砂的直接过滤效果及其再生方法研究[J]. 中国给水排水, 2002, 18(4): 1-4.

[67] 高乃云, 徐迪民, 范瑾初, 等. 氧化铁涂层砂改性滤料除氟性能研究[J]. 中国给水排水, 2000, 16(1): 1-4.

[68] Arias M, Da S C J, Garcíarío L, et al. Retention of phosphorus by iron and aluminum-oxides-coated quartz particles[J]. Journal of Colloid and Interface Science, 2006, 295(1): 65.

[69] Boujelben N, Bouzid J, Elouear Z, et al. Phosphorus removal from aqueous solution using iron coated natural and engineered sorbents[J]. Journal of Hazardous Materials, 2008, 151(1): 103-110.

[70] 许光眉, 施周, 邓军. 石英砂负载氧化铁吸附除磷的热动力学研究[J]. 环境工程学报, 2007, 1(6): 15-18.

[71] 王俊岭, 冯萃敏, 龙莹洁, 等. 改性石英砂过滤除磷试验研究[J]. 工业水处理, 2008, 28(5): 60-62.

[72] Tesh S J, Scott T B. Nano-composites for water remediation: a review[J]. Advanced Materials, 2014, 26(35): 6056-6068.

[73] Zhang Y, Wu B, Xu H, et al. Nanomaterials-enabled water and wastewater treatment[J]. NanoImpact, 2016, 3: 22-39.

[74] Yean S, Cong L, Yavuz C, et al. Effect of magnetite particle size on adsorption and desorption of arsenite and arsenate[J]. Journal of Materials Research, 2005, 20(12): 3255-3264.

[75] Sarkar S, Guibal E, Quignard F, et al. Polymer-supported metals and metal oxide nanoparticles: synthesis, characterization, and applications[J]. Journal of Nanoparticle Research, 2012, 14(2): 715.

[76] Lu J, Liu H, Zhao X, et al. Phosphate removal from water using freshly formed Fe-Mn binary oxide: adsorption behaviors and mechanisms[J]. Colloids and Surfaces A: Physicochemical and Engineering Aspects, 2014, 455: 11-18.

[77] Qu X, Alvarez P J, Li Q. Applications of nanotechnology in water and wastewater treatment[J]. Water Research, 2013, 47(12): 3931-3946.

[78] Xu P, Zeng G M, Huang D L, et al. Use of iron oxide nanomaterials in wastewater treatment: a review[J]. Science of the Total Environment, 2012, 424: 1-10.

[79] Zhao X, Lv L, Pan B, et al. Polymer-supported nanocomposites for environmental application: a review[J]. Chemical Engineering Journal, 2011, 170(2-3): 381-394.

[80] Nethaji S, Sivasamy A, Mandal A. Preparation and characterization of corn cob activated carbon coated with nano-sized magnetite particles for the removal of Cr(VI)[J]. Bioresource Technology, 2013, 134: 94-100.

[81] Lee S M, Laldawngliana C, Tiwari D. Iron oxide nano-particles-immobilized-sand material in the treatment of Cu(II), Cd(II) and Pb(II) contaminated waste waters[J]. Chemical Engineering Journal, 2012, 195: 103-111.

[82] Zhao Y, Tan Y, Guo Y, et al. Interactions of tetracycline with Cd(II), Cu(II) and Pb(II) and their cosorption behavior in soils[J]. Environmental Pollution, 2013, 180(3): 206-213.

[83] Öztel M D, Akbal F, Altaş L. Arsenite removal by adsorption onto iron oxide-coated pumice and sepiolite[J]. Environmental Earth Sciences, 2015, 73(8): 4461-4471.

[84] Zach-Maor A, Semiat R, Shemer H. Synthesis, performance, and modeling of immobilized

nano-sized magnetite layer for phosphate removal[J]. Journal of Colloid and Interface Science, 2011, 357(2): 440-446.

[85] Pan B, Wu J, Pan B, et al. Development of polymer-based nanosized hydrated ferric oxides(HFOs)for enhanced phosphate removal from waste effluents[J]. Water Research, 2009, 43(17): 4421-4429.

[86] Li H, Shan C, Zhang Y, et al. Arsenate adsorption by hydrous ferric oxide nanoparticles embedded in cross-linked anion exchanger: effect of the host pore structure[J]. ACS Applied Materials & Interfaces, 2016, 8(5): 3012-3020.

[87] Kwon O H, Kim J O, Cho D W, et al. Adsorption of As(III), As(V)and Cu(II)on zirconium oxide immobilized alginate beads in aqueous phase[J]. Chemosphere, 2016, 160: 126-133.

[88] Xiong Y, Wang C, Wang H, et al. A 3D titanate aerogel with cellulose as the adsorption-aggregator for highly efficient water purification[J]. Journal of Materials Chemistry A, 2017, 5(12): 5813-5819.

[89] Udaybhaskar P, Iyengar L, Rao A. Hexavalent chromium interaction with chitosan[J]. Journal of Applied Polymer Science, 1990, 39(3): 739-747.

[90] Hu X J, Wang J S, Liu Y G, et al. Adsorption of chromium(VI)by ethylenediamine-modified cross-linked magnetic chitosan resin: isotherms, kinetics and thermodynamics[J]. Journal of Hazardous Materials, 2011, 185(1): 306-314.

[91] Mahaninia M H, Wilson L D. Phosphate uptake studies of cross-linked chitosan bead materials[J]. Journal of Colloid and Interface Science, 2017, 485: 201-212.

[92] Fürst W, Banerjee A. Release of glutaraldehyde from an albumin-glutaraldehyde tissue adhesive causes significant in vitro and in vivo toxicity[J]. The Annals of Thoracic Surgery, 2005, 79(5): 1522-1528.

[93] He J, Bardelli F, Gehin A, et al. Novel chitosan goethite bionanocomposite beads for arsenic remediation[J]. Water Research, 2016, 101: 1-9.

[94] Kim J H, Kim S B, Lee S H, et al. Laboratory and pilot-scale field experiments for application of iron oxide nanoparticle-loaded chitosan composites to phosphate removal from natural water[J]. Environmental Technology, 2018, 39(6): 770-779.

[95] 汤鸿霄. 环境水质学的进展——颗粒物与表面络合(上)[J]. 环境工程学报, 1993, (1): 25-41.

[96] Zeng L, Li X, Liu J. Adsorptive removal of phosphate from aqueous solutions using iron oxide tailings[J]. Water Research, 2004, 38(5): 1318-1326.

[97] Rengaraj S, Kim Y, Joo C K, et al. Removal of copper from aqueous solution by aminated and protonated mesoporous aluminas: kinetics and equilibrium[J]. Journal of Colloid and Interface Science, 2004, 273(1): 14.

[98] Chiron N, Guilet R, Deydier E. Adsorption of Cu(II)and Pb(II)onto a grafted silica: isotherms and kinetic models[J]. Water Research, 2003, 37(13): 3079-3086.

第2章　纳米铁基氧化物吸附除磷技术

2.1　纳米铁钛复合氧化物吸附除磷

近年来，国内外的学者们已经对铁氧化物和钛氧化物的吸附进行了大量的研究，结果表明这两类金属氧化物对铬、砷、磷等阴离子污染物都有较强的吸附力[1,2]。耿兵等[3]将重金属 Cr(VI)作为目标污染物，采用模拟污染水样和实际污染水样研究了壳聚糖稳定纳米铁的吸附性能，实验结果显示，两种水样条件下 Cr(VI)的吸附容量分别为 32.59mg/g 和 24.44mg/g，表现出良好的 Cr(VI)吸附能力。Mohapatra 等[4]采用掺杂镁的水铁矿作为吸附剂去除水中的氟，结果表明随着镁的掺入量从 0.39%增加到 0.98%，氟的去除率从 66%增加到 91%。Zhang 等[5]的研究也表明采用铁铈氧化物去除砷(初始浓度 1.0mg/L)，饱和吸附容量可达到 70.4mg/g。同样，钛氧化物对某些污染物的结合力也较强。Pena 等[6]研究发现，纳米级二氧化钛表面含有大量的亲水性羟基，比表面积也比较大，对砷等阴离子污染物具有高效吸附能力。唐玉朝等[7]的研究也证明二氧化钛对低浓度的砷有较好的吸附能力，当 pH 值约为 9 时，砷的最大吸附量达到 4.79mg/g。上述研究表明，纳米二氧化钛对水中污染物的吸附、富集以及分离都有着良好的效果，且具有良好的化学稳定性，可用于水与废水的修复。相关研究初步表明，与单一的金属氧化物相比，复合金属氧化物可能具有不同的物化特征和吸附性能。铁氧化物与钛氧化物均为常用的水处理药剂，铁氧化物在自然界中广泛存在，绿色价廉，在水处理中常用作吸附剂；二氧化钛是水处理常用的光催化剂和吸附剂，与铁氧化物相比，二氧化钛具有良好的抗酸碱能力和化学稳定性。因此，本章采用共沉淀法制备纳米铁钛复合氧化物，并寻找最佳的铁钛配比，考察其对水中磷的吸附效果及作用规律。

2.1.1　材料与方法

1. 实验仪器与药剂

实验所用的主要仪器与设备如**表 2-1** 所示。实验所用 $Fe_2(SO_4)_3$、$Ti(SO_4)_2$、氨水、无水乙醇、KH_2PO_4 等药品均为分析纯，由天津市江天化工技术有限公司提供。实验所用溶剂为去离子水，由北京普析通用仪器有限责任公司的 GWA-UN

型超纯水机制备。

表 2-1　主要仪器与设备列表

仪器设备名称	生产厂家
QB-206 型多用途旋转摇床	海门市其林贝尔仪器制造有限公司
HZS-H 型水浴振荡器	哈尔滨市东联电子技术开发有限公司
BSA224S 型万分之一电子天平	赛多利斯科学仪器 (北京) 有限公司
DHG-9070A 型电热恒温鼓风干燥箱	上海齐欣科学仪器有限公司
FD-1-50 型真空冷冻干燥机	北京博医康实验仪器有限公司
NANO ZS 型 Zeta 电位分析仪	Malvern，英国
TENSOR 27 型傅里叶变换红外光谱仪 (FTIR)	BRUKER，德国
D max-2500 型 X 射线衍射仪 (XRD)	Rigaku，日本
JEM-2100F 型透射电镜 (TEM)	JEOL，日本
JEM-7500F 型扫描电镜 (SEM)	JEOL，日本
X 射线电子能谱分析仪 (XPS)	Kratos Axis Ultra DLD，英国

2. 实验方法

本研究中静态实验所用的主要实验装置(旋转摇床和水浴振荡器)如**图 2-1** 所示，各实验步骤如下所述。

(a) 旋转摇床　　　　　　　　　　　　　(b) 水浴振荡器

图 2-1　实验装置图

1) 铁钛复合氧化物的制备

采用共沉淀法制备铁钛复合氧化物，药剂选用 $Fe_2(SO_4)_3$ 和 $Ti(SO_4)_2$，选定不同 Fe/Ti 摩尔比(0:1、1:4、1:2、1:1、2:1、4:1、8:1、20:1、1:0),总摩尔数为 0.5mol。摩尔比 1:0 和 0:1 时,所制备的氧化物分别为纯铁氧化物和纯钛氧化物。将 $Fe_2(SO_4)_3$ 和 $Ti(SO_4)_2$ 溶解后,混合并进行磁力搅拌,采用 12.5%的氨水溶液调节 pH 值至 7.5 左右,pH 值稳定 3h。在此过程中,下列反应可能发生,从而形成铁钛复合氧化物。

$$Fe^{3+} + 3OH^- \Longrightarrow Fe(OH)_3$$
$$Ti^{4+} + 4OH^- \Longrightarrow Ti(OH)_4$$

然后将上述悬浮液进行抽滤,用无水乙醇清洗至净后,置于烘箱中 60℃下烘干。用研钵磨碎,过 100 目筛。配制初始浓度为 50mg/L 的 KH_2PO_4 溶液,投加金属氧化物 0.025g,振荡吸附 24h 后,过纤维素滤膜(0.45μm)并测定正磷酸盐,估算吸附容量以筛选最佳铁钛比。

选定最佳铁钛比后,称取 1g 最佳铁钛比材料,分别置于 120℃、200℃、300℃、400℃、500℃、600℃的马弗炉中烘干 1h。将不同温度下制备的铁钛复合氧化物作为吸附剂,向装有 40mL 含有磷初始浓度约为 50mg/L、NaCl 浓度为 0.01mol/L 的溶液的塑料离心管中投加吸附剂 0.025g,全程 pH 值维持在 6.8 左右。振荡吸附 24h 后,将溶液过纤维素滤膜(0.45μm)并测定滤液中的正磷酸盐。选定实验用铁钛复合氧化物。

2) 吸附动力学实验

在温度(20±1)℃条件下,设定正磷酸盐(KH_2PO_4)初始浓度分别为 2.5mg/L 和 5mg/L,NaCl 溶液离子强度为 0.01mol/L。在 1L 含磷溶液中,铁钛复合氧化物投加量为 0.2g/L。预调 pH 值至 6.8 后,投加金属氧化物 0.2g,置于水浴振荡器开始计时,分别在 5min、10min、20min、30min、60min 和 2h、3h、4h、6h、12h、24h 和 32h 时进行取样。取样后立即过纤维素滤膜(0.45μm)并测定滤液中的正磷酸盐浓度。

3) 吸附热力学实验

用 KH_2PO_4 配制成不同浓度的含磷溶液(1~80mg/L)。各取 50mL 含磷溶液,放入 100mL 锥形瓶,在 NaCl 溶液离子强度为 0.01mol/L 的条件下,预调 pH 值为 6.8,投加铁钛复合氧化物 0.1g,放入恒温水浴振荡器,调节温度分别为 20℃、30℃和 40℃。振荡时间为 24h。吸附过程中调节并稳定 pH 值。吸附 24h 后进行取样,过纤维素滤膜(0.45μm),测定滤液中的正磷酸盐含量。

4) pH 值与离子强度对铁钛复合氧化物吸附磷的影响实验

设置磷初始浓度为 2.5mg/L 和 5.0mg/L。不同离子强度(0.001mol/L NaCl、

0.01mol/L NaCl、0.1mol/L NaCl)下量取 50mL 含磷溶液分别进行实验,温度为(20
±1)℃,预调 pH 值分别为 3、4、5、6、7、8、9 和 10 后,投加铁钛复合氧化物
0.2g/L,放入旋转摇床振荡吸附 24h 后进行取样(吸附过程监测并调节 pH 值,使
其保持稳定),过膜并测定滤液中的正磷酸盐。

5)共存离子对铁钛复合氧化物吸附磷的影响实验

分别配制浓度为 0.001mol/L、0.005mol/L、0.01mol/L 的含 SO_4^{2-}、HCO_3^-、SiO_3^{2-}
的磷酸二氢钾溶液,其中磷浓度为 2.5mg/L,离子强度为 0.01mol/L。各取 50mL
上述溶液,预调 pH 值为 6.8,投加 0.01g 的铁钛复合氧化物,振荡吸附 24h。吸
附过程中调节并稳定 pH 值。吸附 24h 后进行取样,过膜并测定滤液中的正磷酸盐。

6)测定方法

溶液中磷浓度的测定均按照《水和废水监测分析方法》(第四版)进行,采用
紫外分光光度计测定法(钼锑抗分光光度法)。

7)表征方法

使用 Zeta 电位测定仪测定材料表面的 Zeta 电位;使用 TEM 分析材料的微观
外貌;使用 XRD 分析材料的特征峰,确定晶型结构变化;使用 FTIR 分析材料吸
附前后的官能团变化。

2.1.2　铁钛复合氧化物的制备优选及物化特征

常温条件下经共沉淀法制备出不同铁钛摩尔比的铁钛复合氧化物后,设置两
组平行实验,对磷的吸附容量进行对比研究,结果如图 2-2 所示。

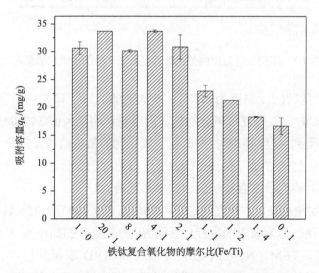

图 2-2　不同摩尔比的铁钛复合氧化物对磷的吸附容量对比

由**图 2-2** 可以看出，复合氧化物的吸附效果均好于纯钛氧化物的吸附效果，而且当 Fe/Ti>1∶1 时，复合氧化物对磷的吸附容量比较大，均在 30mg/g 以上。这说明材料中磷的吸附主要依靠铁氧化物，而掺杂钛后的铁钛复合氧化物的吸附效能得到了改善，这可能是这种情况下材料的比表面积、孔容积等物化性质得到了改善，从而使得复合氧化物更有利于污染物的吸附。其中当 Fe/Ti=20∶1 时，铁钛复合氧化物的吸附容量最大，达 33.69mg/g，所以本研究决定选用 Fe/Ti=20∶1 的铁钛复合氧化物作为最优吸附剂，进行后续研究。

确定了最佳铁钛配比之后，又考察了焙烧温度对材料吸附容量的影响。分别在 60℃、120℃、200℃、300℃、400℃、500℃、600℃七个温度下对制备的 Fe/Ti=20∶1 的铁钛复合氧化物进行考察，磷吸附容量对比结果如**图 2-3** 所示。

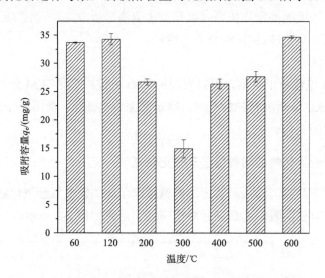

图 2-3　不同焙烧温度制备的铁钛复合氧化物的磷吸附容量对比

由**图 2-3** 可以看出，温度为 60℃、120℃及 600℃时，磷的吸附容量都比较高。当温度为 120℃时，铁钛复合氧化物的吸附容量达到最大值 34.28mg/g。一方面，这可能是由于受到温度的影响，铁钛复合氧化物的微观结构发生变化，改变了材料空隙的容积；另一方面，高温可能改变了材料中的成分组成，使得改性后的铁钛复合氧化物对磷的吸附容量呈现出凹字形趋势。

综合上述实验结果，本研究决定采用焙烧温度为 120℃下的铁钛摩尔比 20∶1 的铁钛复合氧化物作为吸附剂进行后续研究，对其进行扫描电镜-X 射线能谱分析（SEM-EDAX）、TEM、N_2 吸附-脱附等温线和 XRD 表征分析，其结果分别如**图 2-4~图 2-7** 所示。SEM（×1000）照片表明，铁钛复合氧化物表面粗糙，具有多孔结构。EDAX 分析表明，其表面铁钛摩尔比约为 13∶1，低于制备时的摩尔比 20∶1；吸附剂表面显示出明显的 S 元素的峰，这是由于吸附剂制备时采用的是硫酸铁和硫酸钛，因而吸附剂中 S 元素残留。TEM 分析表明，铁钛复合氧化物由许多细小的纳米颗粒组成，这些颗粒的尺寸在几十纳米范围内。N_2 吸附-脱附等温线表明，根据国际纯粹与应用化学联合会(IUPAC)的分类，其吸附-脱附等温线符合 IV 型等温线，可能暗示着铁钛复合氧化物中介孔结构的存在；并且在相对压力(P/P_0)较高时，曲线中出现 H3 滞回环，可能意味着铁钛复合氧化物中具有狭缝状孔隙，这种类型的孔隙结构可能是细小纳米颗粒的不均匀聚集造成的[8]。经吸附比表面积测试法(Brunauer- Emmett-Teller，BET)计算获得的比表面积和孔体

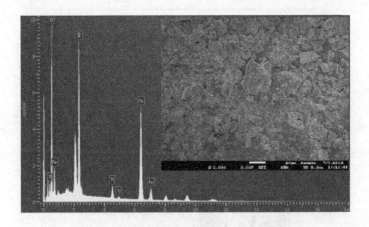

图 2-4　铁钛复合氧化物 SEM-EDAX 照片

图 2-5　铁钛复合氧化物 TEM 照片

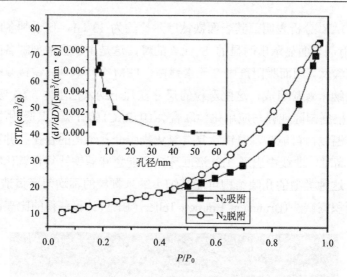

图 2-6　铁钛复合氧化物 N_2 吸附-脱附等温线和孔尺寸分布曲线

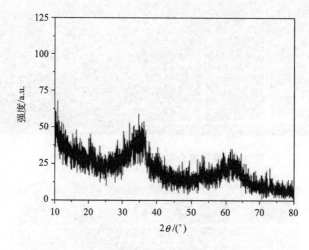

图 2-7　XRD 谱图

积分别为 $32.9m^2/g$ 和 $0.068cm^3/g$，孔尺寸分布曲线表明，铁钛复合氧化物的平均孔直径约为 3.84nm。XRD 谱图分析表明，在 35° 和 62° 处明显观察到峰的出现，这可能暗示着弱晶二线水铁矿的存在[9]；63° 处出现的不清晰峰可能是由于离 62° 峰太近，该峰被认为具有钛氧化物的印迹[10]。另外，铁钛复合氧化物中钛含量较低也阻碍了 XRD 谱图中钛氧化物的出现。

2.1.3　铁钛复合氧化物吸附除磷行为及机理

1. 铁钛复合氧化物的磷吸附动力学

为了了解铁钛复合氧化物对磷的吸附速率变化情况，对其进行了吸附动力学研究。在离子强度为 0.01mol/L、磷初始浓度分别为 2.5mg/L 和 5.0mg/L 的水溶液中，投加 0.2g/L 的铁钛复合氧化物，静态吸附 32h，结果如**图 2-8** 所示。可见在磷初始浓度为 2.5mg/L 时，反应时间 2h 内，对磷的去除率可达到 50.51%；随后随着时间的增长，去除率增长速度减缓，至反应 12h 时，去除率增长至 79.98%；随后至实验结束时又缓慢增加至 88.40%。在磷初始浓度为 5.0mg/L 的反应条件下也有类似规律，反应时间 2h 内，铁钛复合氧化物对磷的去除率可达到 50.27%；随后随着时间的增长,去除率增长速度减缓,至反应 12h 时,去除率增加至 69.94%；随后至实验结束时又缓慢增加至 76.50%。该结果也表明了铁氧化物对低浓度磷有着较好的吸附效果，反应经过 24h 后吸附行为已经基本完成，因此考虑到经济因素，在后续研究过程中将吸附时间定为 24h。

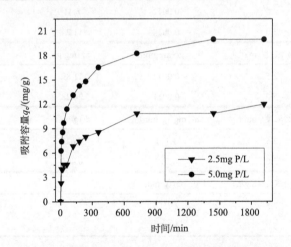

图 2-8　接触时间对铁钛复合氧化物除磷的影响

为了进一步研究铁钛复合氧化物对磷的吸附动力学规律，本研究采用了准一级吸附动力学模型、准二级吸附动力学模型、Elovich 吸附模型和颗粒内扩散模型四种动力学模型进行分析。准一级吸附动力学模型和准二级吸附动力学模型前已述及，在此仅介绍 Elovich 吸附模型和颗粒内扩散模型。

1）Elovich 吸附模型

$$q_t = \frac{\ln(\alpha\beta)}{\beta} + \frac{\ln t}{\beta} \tag{2-1}$$

式中，q_t 为时间 t 时的吸附量，mg/g；t 为吸附时间，min；α 为初始吸附率，mg/(g·min)；β 为解吸常数，g/mg。

2）颗粒内扩散模型

$$q_t = K_d t^{1/2} + C \tag{2-2}$$

式中，q_t 为时间 t 时的吸附量，mg/g；K_d 为内扩散模型的扩散速率常数，mg/(g·min)；C 为内扩散模型的恒定常数。

通过以上几种动力学模型拟合得到了各模型的相关参数以及线性回归系数 R^2，拟合结果见表 2-2。

表 2-2　铁钛复合氧化物对磷吸附的动力学模型参数

	磷初始浓度/(mg/L)	K_1/(min^{-1})	q_e/(mg/g)	R^2
准一级吸附动力学模型	2.5	0.0012	8.41	0.8634
	5.0	0.0014	11.24	0.8342
	磷初始浓度/(mg/L)	K_2/[g/(mg·min)]	q_e/(mg/g)	R^2
准二级吸附动力学模型	2.5	0.0012	11.89	0.9974
	5.0	0.0011	20.28	0.9927
	磷初始浓度/(mg/L)	α/[mg/(g·min)]	β/(g/mg)	R^2
Elovich 吸附模型	2.5	1.111	0.622	0.9572
	5.0	4.719	0.406	0.9926
	磷初始浓度/(mg/L)	K_d/[mg/(g·min$^{1/2}$)]		R^2
内扩散模型	2.5	2.7189		0.7898
	5.0	4.6977		0.8921

由表 2-2 中各动力学模型参数可知，铁钛复合氧化物对磷的吸附动力学比较符合准二级吸附动力学模型，两种磷初始浓度（2.5mg/L 和 5.0mg/L）时的线性相关系数分别为 0.9974 和 0.9927，这说明吸附过程主要由化学吸附控制。Elovich 吸附模型和内扩散模型的相关系数也比较高，由 Elovich 吸附模型的参数 α 可知，初始吸附速率对磷初始浓度变化比较敏感，但活化能变化比较小，且吸附过程中存在扩散控制过程，内部扩散过程是速率控制过程之一。

2. 铁钛复合氧化物对磷的吸附等温线与热力学

不同温度下（20℃、30℃、40℃），铁钛复合氧化物对磷的等温吸附性能如**图 2-9** 所示。可见，在不同温度下，随着溶液中磷浓度的升高，铁钛复合氧化物对磷的去除率逐渐降低，磷浓度达 50mg/L 时，铁钛复合氧化物对磷的去除率低于 30%。当磷浓度较低时，铁钛复合氧化物对磷的吸附容量也比较低，随着磷浓度的升高，铁钛复合氧化物对磷的吸附量逐渐增大，当磷浓度高于 40mg/L 时，铁钛复合氧化物对磷的吸附逐渐达到饱和，吸附容量接近最大值。

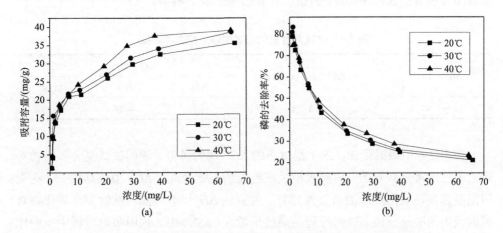

图 2-9　不同温度下铁钛复合氧化物对磷的吸附量(a)和去除率(b)

为了进一步探明铁钛复合氧化物对磷的吸附规律，本研究决定采用常用的 Langmuir 吸附模型和 Freundlich 吸附模型进行拟合分析，拟合结果见**表 2-3**。由拟合结果可知，Langmuir 吸附模型能更好地拟合吸附过程。在 20℃、30℃和 40℃时，Langmuir 吸附模型拟合的相关系数均在 0.91 以上，相应的饱和吸附量分别为 35.36mg/g、36.39mg/g 和 40.95mg/g。

表 2-3　铁钛复合氧化物的磷吸附等温线模型参数

温度/℃	Langmuir 吸附模型			Freundlich 吸附模型		
	q_m/(mg/g)	b/(L/mg)	R^2	K_F	$1/n$	R^2
20	35.36	3.771	0.946	8.9685	0.3461	0.913
30	36.39	5.281	0.915	9.8479	0.3343	0.905
40	40.95	7.143	0.984	10.0076	0.3575	0.916

假设吸附相是理想状态，利用吉布斯方程计算下列热力学参数：吉布斯自由能（$G^{\ominus}$）、焓（$H^{\ominus}$）以及熵（$S^{\ominus}$），方程如下：

$$\Delta G^{\ominus} = -RT\ln K_{\mathrm{D}} \tag{2-3}$$

$$\Delta G^{\ominus} = \Delta H^{\ominus} - T\Delta S^{\ominus} \tag{2-4}$$

式中，R 为摩尔气体常量，8.314J/(mol·K)；T 为热力学温度，K；K_{D} 为吸附系数，L/g。

运用上述方程式可得 $\Delta G^{\ominus}$，用 $1/T$ 和 $\ln K_{\mathrm{D}}$ 作图，所得相关系数 R^2 为 0.999，由该图可以算出 $\Delta S^{\ominus}$ 和 $\Delta H^{\ominus}$ 的值。计算结果见表 **2-4**。

表 2-4　铁钛复合氧化物吸附磷的热力学参数

$\Delta H^{\ominus}/(\mathrm{kJ/mol})$	$\Delta S^{\ominus}/[\mathrm{kJ/(mol·K)}]$	$\Delta G^{\ominus}/(\mathrm{kJ/mol})$		
		293K	303K	313K
+3.877	+0.034	−3.23	−4.19	−5.12

由表 2-4 中数据可知，三个温度下的 $\Delta G^{\ominus}$ 均为负值，说明铁钛复合氧化物对磷的吸附过程是自发的；随着吸附反应温度的不断升高，$\Delta G^{\ominus}$ 值逐渐增大，这说明温度越高，吸附反应的自发性越好。并且由 $\Delta H^{\ominus} > 0$ 可知，铁钛复合氧化物对磷的吸附为吸热反应。吸附过程的熵值正增大（$\Delta S^{\ominus} > 0$），说明吸附过程中反应体系的散乱程度在增大。

3. pH 值和离子强度对铁钛复合氧化物吸附磷的影响

pH 值是吸附反应的重要影响因素之一，不同磷初始浓度（2.5mg/L 和 5.0mg/L）下 pH 值对铁钛复合氧化物吸附磷的影响如**图 2-10** 所示。可见，当 pH 值从 3 变化到 10 时，在不同磷初始浓度（2.5mg/L 和 5.0mg/L）下，pH 值对铁钛复合氧化物吸附磷的影响比较大。在 2.5mg/L 的溶液中，当溶液为酸性（pH<7）时，铁钛复合氧化物对磷的去除率降低较慢，均在 80% 以上；当溶液为碱性时，随着 pH 值的增大，磷的去除率降低较快。而在 5.0mg/L 的溶液中，随着 pH 值的增大，磷的去除率明显降低更快。该实验结果与仅使用铁氧化物的结果相类似。这可能是因为在吸附过程中，吸附磷的活性成分主要是铁氧化物。所以当 pH 值较高的时候，水化羟基增加了铁氧化物表面负电荷点位和磷酸根的排斥力，对磷酸根造成了竞争吸附。相反，当 pH 值较低时磷的主要存在形态以电负性较低的 $H_2PO_4^-$ 为主，所以受排斥力影响较小。

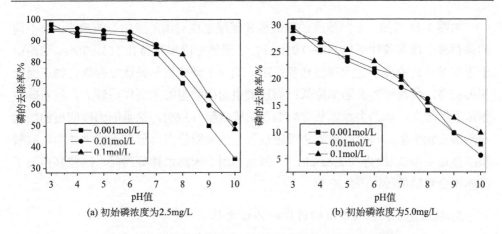

(a) 初始磷浓度为2.5mg/L　　　　　　(b) 初始磷浓度为5.0mg/L

图 2-10　pH 值和离子强度对铁钛复合氧化物吸附磷的影响

由图 2-10 还可以看出，随着离子强度的增大，磷的去除率有所增加，这是因为离子强度会影响 OH^-、H_3O^+ 和进行特性吸附的离子活度系数，增加了表面正电荷，阴离子吸引力增强。但可能是因为磷酸盐与铁钛复合氧化物经过特性吸附，在表面上形成了配合物，相互作用较强，所以总体来说离子强度的变化对铁钛复合氧化物吸附磷的影响并不大。

4. 共存离子对铁钛复合氧化物吸附磷的影响

自然水体中一般存在多种离子，其中某些离子会对磷酸根的吸附产生影响。本研究选用了水体中常见的 SO_4^{2-}、SiO_3^{2-}、HCO_3^- 来考察其对吸附反应的影响，溶液中各离子的浓度均在 0~0.01mol/L，不同浓度共存离子的影响结果如图 2-11 所示。

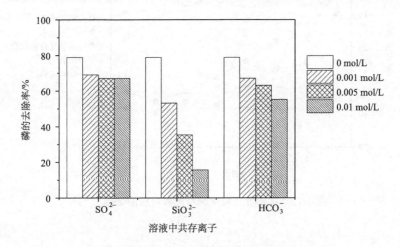

图 2-11　共存离子对铁钛复合氧化物吸附磷的影响

由**图 2-11** 可知，不同浓度的硫酸根和碳酸氢根对磷的吸附影响较小，在不同的共存离子浓度条件下(0.001~0.01mol/L)，磷的去除率维持在 55%~70%。这是由于带同种电荷的离子之间存在竞争作用，减少了磷酸根与铁钛复合氧化物表面的接触机会，使得磷的去除率降低；而硅酸根对磷吸附的抑制作用较大，随着硅酸根浓度的增大，磷的去除率从 78.9%逐渐降低至 15.6%，这是因为硅酸根的结构与磷酸根相类似，与磷酸根竞争吸附剂表面的吸附位点。但在天然水体中，硅酸根浓度通常很低(约为 0.2mmol/L)，因此当用于天然水体处理时，这些共存离子基本不会对磷的吸附产生影响。

5. 铁钛复合氧化物吸附磷前后的 Zeta 电位

一般来说，pH 值会影响胶体表面的 Zeta 电位，随着 pH 值的增大，Zeta 电位会持续降低。这是因为随着 pH 的增大，水中 OH⁻增多，胶体颗粒表面的羟基或边缘断键处的羟基会与 OH⁻发生反应，并且会吸附 OH⁻，从而使得扩散双电层的结构发生变化，Zeta 电位降低。**图 2-12** 为不同 pH 值时铁钛复合氧化物吸附磷前后的 Zeta 电位变化情况，可见，铁氧化物表面的等电点较高，约为 6.7，钛氧化物表面的等电点较低，经过共沉淀反应生成的铁钛复合氧化物的等电点位于铁氧化物和钛氧化物之间，这说明向铁氧化物中加入钛后，复合氧化物表面的电荷性质发生变化，说明静电引力不是铁钛复合氧化物吸附除磷的主导作用力。

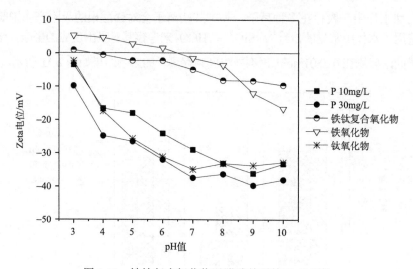

图 2-12　铁钛复合氧化物吸附磷前后的 Zeta 电位

6. 铁钛复合氧化物吸附磷前后的 FTIR 和 XPS 分析

进一步分析了磷吸附前后吸附剂的 FTIR 谱图(**图 2-13**)和 XPS 谱图(**图 2-14**)。由 FTIR 谱图可知,吸附前后在波数 $3100 \sim 3500 cm^{-1}$ 处的宽峰和 $1630 cm^{-1}$ 处的峰分别归因于表面吸附水的—OH 的伸缩和弯曲振动。吸附反应前,在 $1050 cm^{-1}$ 和 $458 cm^{-1}$ 处的峰分别归因于铁羟基(Fe—OH)的弯曲和伸缩振动[11];$1401 cm^{-1}$ 和 $618 cm^{-1}$ 处的尖峰可能是复合氧化物中的 Ti—O 基团引起[12];$1150 cm^{-1}$ 处的明显尖峰可能由 SO_4^{2-} 引起,如前所述,铁钛复合氧化物由硫酸铁和硫酸钛制备,因此材料中可能含有 SO_4^{2-}。当吸附磷后,在 $1401 cm^{-1}$ 和 $618 cm^{-1}$ 处的峰明显减弱,可能暗示着钛氧化物参与了磷的吸附反应;具有铁氧化物特征的 $458 cm^{-1}$ 处的尖峰变得很弱,$1050 cm^{-1}$ 处的峰完全消失,可能暗示磷酸根和铁氧化物羟基之间发生络合反应;$1150 cm^{-1}$ 处的峰也消失,可能暗示着吸附剂表面的 SO_4^{2-} 通过离子交换作用被 PO_4^{3-} 交换。

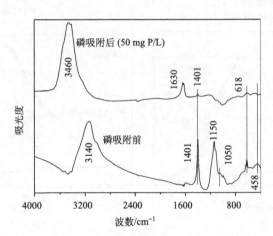

图 2-13 铁钛复合氧化物吸附磷前后的 FTIR 谱图(pH 6.8)

由**图 2-14** 可知,对于铁钛复合氧化物而言,结合能 709.63eV(Fe 2p)和 456.64eV(Ti 2p)处的峰可能分别归因于 Fe $2p_{3/2}$ 和 Ti $2p_{3/2}$,暗示着铁钛复合氧化物表面 Fe(III)和 Ti(IV)的存在[13, 14]。当吸附磷以后,Fe 2p 和 Ti 2p 的峰移至结合能较低处,可能暗示着金属羟基(M—OH)基团参与了磷吸附,从而导致较低结合能的金属结合态氧(M—O)基团的形成。根据铁钛复合氧化物表面不同形态氧的结合能,O 1s 的 XPS 谱图可以分成两个峰,分别为 M—OH 和 M—O。对于 M—OH 而言,当吸附磷后,其摩尔比由 95.8% 降至 41.4%,M—O 的摩尔比由

4.2%增加至 58.6%，M—OH 摩尔比的降低进一步表明，吸附剂表面的羟基基团参与了磷的吸附反应，被溶液中的磷所交换，这与上述 FTIR 的分析结果一致。综合分析，离子强度影响、Zeta 电位、FTIR 和 XPS 的结果表明，通过羟基交换形成内球表面络合物是铁钛复合氧化物吸附除磷的主要作用机理。

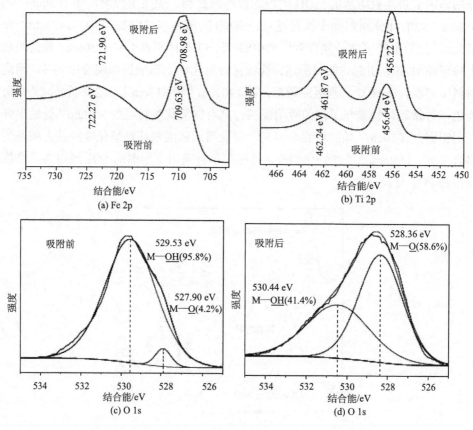

图 2-14　铁钛复合氧化物吸附磷前后的 XPS 谱图(pH 6.8)

　　进一步分析了吸附前后铁钛复合氧化物的 XPS 谱图和表面元素摩尔比(表 2-5)。由表 2-5 可知，吸附磷后铁钛复合氧化物表面的元素硫的比例由 8.6%降至 0%，而元素磷的比例由 0%增加至 4.8%，说明吸附磷后铁钛复合氧化物表面的元素硫完全被吸附的磷所替换，这与上述 FTIR 的分析结果一致。虽然表面硫基团可能对磷吸附产生作用，但一般认为当磷浓度较高时，硫的释放相对较低。并且，表面硫的比例只有 8.6%，当可交换的硫完全释放至溶液后，其对磷的吸附也就不再起作用。因此，硫交换不是磷吸附的主导作用机理。

表 2-5　XPS 测出的吸附磷前后的铁钛复合氧化物的表面元素摩尔比

	表面元素摩尔比/%				
	Fe	Ti	O	S	P
铁钛复合氧化物	10.6	0.7	80.1	8.6	0
吸附后铁钛复合氧化物	9.8	1.3	84.1	0	4.8

2.1.4　小结

(1)采用共沉淀法制备铁钛复合氧化物,当 Fe:Ti=20:1、焙烧温度为 120℃时,所得的材料对磷酸根的吸附效果最好,最大吸附量可以达到 34.28mg/g(pH 6.8),并且 24h 的接触时间基本达到吸附平衡。铁钛复合氧化物是呈弱晶态的纳米结构团聚体,表面粗糙,比表面积大,是一种具有良好应用潜力的水处理吸附剂。

(2)铁钛复合氧化物吸附除磷更符合准二级吸附动力学,说明吸附过程主要受化学吸附主导,且吸附反应的控制过程为内扩散。吸附等温线研究表明,铁钛复合氧化物比较符合 Langmuir 等温线模型,表明吸附行为属于单层吸附。热力学拟合结果表明,该吸附反应为自发的吸热过程。

(3)吸附影响因素研究表明,pH 值对铁钛复合氧化物的吸附行为影响较大,在酸性条件时吸附效果较好;在常规水体条件下,水中常见共存离子如 SO_4^{2-}、HCO_3^-、SiO_3^{2-} 等对铁钛复合氧化物吸附除磷的影响很小。

(4)铁钛复合氧化物的物化表征分析表明,铁钛复合氧化物不是铁氧化物与钛氧化物的简单混合物,而是在制备过程中发生了协同作用,属于新型的铁钛复合氧化物,通过羟基交换形成内球表面络合物是铁钛复合氧化物吸附除磷的主要作用机理。

2.2　纳米 Fe-Al-Mn 三元复合金属氧化物吸附除磷

课题组在前期的研究中发现[9],铁锰复合氧化物显示出与单一的铁氧化物和锰氧化物及其混合物不同的结构和物化性质,从而使得铁锰复合氧化物显示出与单一的金属氧化物不同的阴离子(砷酸根、磷酸根等)吸附特性。并且发现,由于锰氧化物的嵌入,铁锰复合氧化物的表面活性吸附位点明显增多,因而其络合吸附容量明显高于单一的铁氧化物和锰氧化物。但铁锰复合氧化物的等电点却较低(约为 6.6),在常规的水处理 pH 值(6~9)范围内,难以保证吸附剂表面带有正电荷,因而降低了其对带负电荷磷酸盐的静电吸附作用。一般认为铝氧化物具有较高的等电点。Valdivieso 等研究指出，铝氧化物的等电点可以达 8.0[15]，而 δ-Al₂O₃ 的等电点也被报道可以高达 9.0 以上[16]，并且弱晶铝氧化物也具有较多的表面活性吸附位点[17]。因此，如果在铁锰复合氧化物中通过氧化-共沉淀法进一步嵌入弱晶或无定形铝氧化物，制备出 Fe-Al-Mn 三元复合金属氧化物，其等电点有望进一步提高，从而促进其对磷的络合和静电吸附能力。本节即尝试制备了 Fe-Al-Mn 三元复合金属氧化物，研究了不同参数(制备温度、pH 值、离子强度、吸附剂量、共存阴离子)对三元复合金属氧化物吸附除磷的影响，同时对吸附除磷等温线、动力学、热力学和吸附机理进行了探讨。

2.2.1　材料与方法

1. 实验试剂与材料

实验中所有试剂(KH_2PO_4、$KMnO_4$、$FeSO_4\cdot7H_2O$、$AlCl_3\cdot6H_2O$、$NaCl$、Na_2SO_4、$NaHCO_3$、Na_2SiO_3、$NaOH$、HCl)均为分析纯，国药集团化学试剂有限公司提供，KH_2PO_4 于 105℃下在烘箱中烘干后，用以配制 KH_2PO_4 使用液。所有溶液均用去离子水配制，5mol/L 或 1mol/L NaOH 溶液和 10% HCl 溶液用于 pH 值的调节。

Fe-Al-Mn 三元复合金属氧化物采用氧化还原-共沉淀法制备，制备过程采用的铁铝锰化合物的摩尔比为 3∶3∶1。具体制备过程为：将氯化铝($AlCl_3\cdot6H_2O$, 10.86g)和硫酸亚铁($FeSO_4\cdot7H_2O$, 12.51g)溶于 200mL 水中，高锰酸钾($KMnO_4$, 2.37g)溶于另外 200mL 水中。在快速的磁力搅拌下，把高锰酸钾溶液逐渐加入氯化铝和硫酸亚铁的混合溶液中，逐滴加入 5mol/L 的 NaOH 溶液，调节溶液的 pH 值至 7~8，在此过程中快速生成三元复合金属氧化物，使得溶液最终 pH 值稳定在 7~8，加毕，继续搅拌 30~60min，再静置陈化 4h。倾出上清液，固液分离后，用去离子水反复清洗至净，过滤冷冻干燥后，分别于不同温度下(60℃、120℃、200℃、300℃、400℃、500℃、600℃、800℃)加热烘干 1h，研磨至粉状，备用。

2. 吸附实验

吸附实验包括：不同温度制备的吸附剂吸附容量的对比、吸附动力学实验、pH 值变化实验、离子强度影响实验、吸附剂的解吸再生实验、吸附等温线实验、共存物质竞争吸附实验。所有吸附实验的背景电解质为 0.01mol/L 的 NaCl，通过 HCl 和 NaOH 调节溶液 pH 值，吸附实验除动力学实验通过磁力搅拌反应外，其余实验均在恒温振荡器中进行。反应完成后，取上清液过 0.45μm 滤膜后测定剩余磷的浓度。各实验分别按照如下步骤进行。

不同温度制备的吸附剂吸附容量的对比：实验在 40mL 溶液中进行，磷初始浓度为 51.7mg/L，初调 pH 值为 6.8 后，投加不同温度制备的吸附剂 0.02g。25℃下，将塑料离心管于恒温振荡器中振荡吸附 24h，150r/min，实验过程通过滴加 HCl 和 NaOH 溶液控制 pH 值使其基本稳定在 6.8。

pH 值变化实验：研究了反应前后溶液 pH 值（初始 pH 值和平衡 pH 值）的变化，实验在 50mL 溶液中进行，背景电解质为 0.01mol/L 的 NaCl，用 10% HCl 和 1mol/L 的 NaOH 溶液调节初始 pH 值在 4~10.5，根据磷初始浓度和吸附剂投加量，实验共分三批，即磷浓度 0mg/L，吸附剂 0.2g/L；磷浓度 5mg/L，吸附剂 0.2g/L；磷浓度 15mg/L，吸附剂 0.3g/L。当一定量的吸附剂投加后，在 150r/min 的转速下，于恒温振荡器中振荡吸附 24h。测定吸附前后溶液 pH 值及吸附后溶液中剩余铁、锰、磷的浓度。

吸附动力学实验：研究了 Fe-Al-Mn 三元复合金属氧化物吸附除磷的动力学性能。在 1L 浓度分别为 4.7mg/L 和 8.6mg/L 的含磷溶液中，分别投加上述吸附剂，氧化物投加量为 0.2g/L，用 10% HCl 和 1mol/L 的 NaOH 溶液调节溶液初始 pH 值为 6.8，在适当的磁力搅拌下保持充分混合，进行反应，分别在时间点为 5min、10min、20min、30min、60min、120min、180min、240min、480min、720min、900min、1560min、1920min 取样，总反应时间为 32h（1920min），室温下进行。动力学实验结果表明，24h 基本达到吸附平衡，因此后续吸附实验的接触时间均为 24h。

吸附等温线实验：在 50mL 溶液中进行，调节不同的磷初始浓度，用 10% HCl 和 1mol/L 的 NaOH 溶液调节初始 pH 值至 6.8，投加 0.01g 吸附剂，在 150r/min 的转速下，于恒温振荡器中振荡吸附 24h，取样测定各样品吸附平衡浓度，并计算相应的吸附容量。等温线实验分别在温度 15℃、25℃、35℃进行。同时对温度影响进行了分析，计算其热力学参数。

离子强度影响实验：在磷浓度为 10mg/L 的 50mL 溶液中进行，吸附剂量 0.2g/L，离子强度分别为 0.001mol/L、0.01mol/L 和 0.1mol/L 的 NaCl 溶液，用 10% HCl 和 1mol/L 的 NaOH 溶液调节 pH 值为 4~10.5，在 150r/min 的转速下，于恒温振荡器中振荡吸附 24h，取样测定吸附后溶液中剩余磷的浓度。

共存物质竞争吸附实验：研究了水中常见共存物质如 SO_4^{2-}、HCO_3^-、SiO_3^{2-} 对磷吸附的影响。实验在 50mL 溶液中进行，磷初始浓度为 10mg/L，投加不同初始浓度的共存物质，调节 pH 值至 6.8，在 150r/min 的转速下，于恒温振荡器中振荡吸附 24h，取样测定吸附后溶液中剩余磷的浓度。

吸附剂的解吸再生实验：先在 1 L 溶液中进行吸附实验，投加 1g 吸附剂，磁力搅拌吸附 24h。测定吸附后溶液中剩余磷的浓度，过滤分离吸附剂样品，用去离子水反复冲洗后，冷冻干燥用于解吸实验。解吸实验在 50mL 溶液中进行，解吸液为 NaOH 溶液，其浓度分别为 0mol/L、0.001mol/L、0.005mol/L 和 0.02mol/L，投加 0.05g 吸附磷后的吸附剂于溶液中，在 150r/min 的转速下，于恒温振荡器中振荡解吸 24h，取样测定解吸后溶液中磷的浓度。

3. 分析测试与表征方法

水样中溶解态总磷（TDP）、Fe、Mn 浓度采用电感耦合等离子体发射光谱 ICP-OES（ICP-OES 700, Agilent Technologies, USA）测定，溶解态反应性磷（SRP）浓度采用抗坏血酸-钼酸盐分光光度法（700nm）测定，所用紫外可见分光光度计为 U-3010 型（Hitachi Co., Japan）。

使用 BET 比表面积测定仪（Micromeritics ASAP 2000, USA）测定不同温度制备的吸附剂的孔径、孔容和比表面积。使用 XRD（X'Pert PRO MPD, PANalytical, Netherland）和热重分析仪（TGA/DSC 1, Mettler Toledo, Switzerland）对不同温度制备的吸附剂进行 XRD 分析和热重-差示扫描量热法（TG-DSC）分析。

SEM 分析通过 JEOL-7401SEM 完成，对吸附磷前后的吸附剂进行测定。通过 TEM（Hitachi H-7500, Japan）测定氧化物的形貌特征。将微量氧化物置于装有一定体积乙醇的样品管中，超声分散 1.5h 后，进行 TEM 测试。

使用 FTIR 和 XPS 表征分析磷吸附前后的吸附剂的特征，反应结束后，过滤分离出吸附剂，用去离子水清洗几次，去除吸附剂表面游离态的离子，冷冻干燥后，用于分析测试。

FTIR 测试通过 Thermo-Nicolet 5700 红外光谱仪（Thermo Co., USA）进行，波数范围为 $400\sim4000\text{cm}^{-1}$，扫描次数为 32 次，分辨率为 4cm^{-1}。样品与干燥的光谱级 KBr 以约 1∶100 的质量比混合，并在玛瑙研钵中充分研磨混合，之后在磨具中于 14MPa 压力下压制 3min 成型。

XPS 分析在 Kratos AXIS Ultra XPS 上进行，操作条件为单色 Al K_{α} X 射线源（1486.7eV），功率约为 225 W（工作电压 15kV，发射电流 15mA），样品室气压为 3×10^{-8} Torr（1Torr=1.33322×10^{2} Pa）。C 1s 峰用作内标校准（284.7eV），全扫描范围为 0~1100eV，最小能量分辨率为 0.48eV（Ag $3d_{5/2}$），最小 XPS 分析直径为 15μm，XPS 结果分析软件为 CasaXPS（2.3.12Dev7）。

2.2.2　不同温度制备吸附剂的物化特征及吸附性能对比

不同温度所制备的吸附剂的磷吸附容量结果如**图 2-15** 所示。可见，当制备温度≤500℃时，不同温度制备的吸附剂的磷吸附容量相对较高，60℃制备的吸附剂具有最高的磷吸附容量(31.1mg/g)，120℃制备的吸附剂的磷吸附容量突然变小(17.9mg/g)，200~500℃制备的吸附剂的磷吸附容量由 23.0mg/g 逐渐变大至27.9mg/g。相比之下，当制备温度为 600℃和 800℃时，磷吸附容量大大降低，分别为 14.1mg/g 和 1.4mg/g。这可能是因为当制备温度过高时，破坏了吸附剂起吸附作用的羟基基团的结构。Deng 等[18]的研究也发现，在 80~600℃时制备的 Mn-Ce 氧化物对 F⁻的吸附容量变化不大。但在 800℃制备的 Mn-Ce 氧化物吸附容量明显降低，认为焙烧温度过高时会破坏吸附剂结构，降低表面羟基基团数量，导致吸附容量降低。

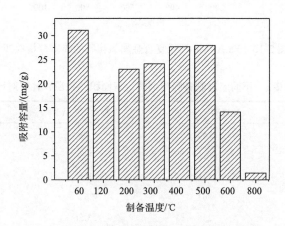

图 2-15　不同制备温度制备吸附剂的磷吸附容量

$[PO_4^{3-}]_0$ = 51.7mg/L，吸附剂投加量 0.5g/L，pH 6.8，25℃，接触时间 24h

进一步对不同温度制备的吸附剂进行热重分析，结果(**图 2-16**)表明，在100~250℃吸附剂质量明显减少，这主要是物理吸附的水分子受热损失引起。由DSC 热量曲线可以看出，在 250℃左右有一个明显的吸热峰，这可能是由水合金属氧化物的脱水作用引起。在 600~700℃之间出现明显的质量损失，可能是金属氧化物的脱羟基作用和强烈结合水的损失引起，正是由于这种羟基破坏作用，造成 600℃和 800℃制备的吸附剂的磷吸附容量明显降低。

不同温度制备的吸附剂的比表面积分析(**表2-6**)表明，当制备温度≤500℃时，在 200℃左右比表面积达到一个极小值，从而导致其吸附容量在此温度范围有一极小值，两者结果基本一致。当温度为 600℃时，其比表面积突然降低(116.13m²/g)；当温度为 800℃时，其比表面积降到很低(20.61m²/g)，因此当温度≥600℃时，其磷吸附容量很低。

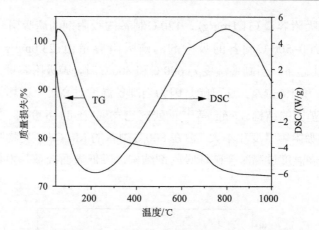

图 2-16 Fe-Al-Mn 三元复合金属氧化物的热重分析曲线

表 2-6 不同温度制备吸附剂的比表面积、孔径和孔容对比

		比表面积/(m²/g)	平均孔径/Å	平均孔容/(cm³/g)
羟基氧化铁		247	40	0.25
氧化铝		156.32	9.09	0.05
二氧化锰		121	103	0.33
三元复合金属氧化物	60℃	303	26.5	0.2
	120℃	236	53.51	0.32
	200℃	128.23	48.32	0.21
	300℃	231.46	31.14	0.18
	400℃	262.03	32.43	0.21
	500℃	232.89	32.31	0.19
	600℃	116.13	51.2	0.15
	800℃	20.61	130.85	0.07

通过 XRD 分析表明(图 2-17),60~600℃制备的吸附剂基本呈无定形态;当温度为 800℃和 1000℃时,吸附剂出现明显的尖峰,说明制备温度过高时吸附剂由无定形态转化为晶体态。

上述结果表明,在温度为 60℃时制备的吸附剂具有最高的磷吸附容量,因此后续实验均以 60℃时制备的吸附剂为研究对象。

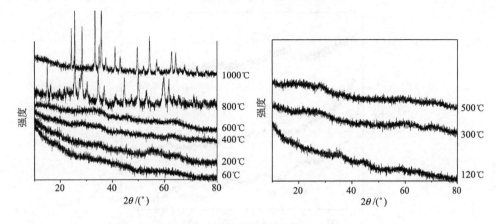

图 2-17　Fe-Al-Mn 吸附剂的 XRD 谱图

2.2.3　吸附磷前后 Fe-Al-Mn 三元复合金属氧化物的物化特征

60℃制备的 Fe-Al-Mn 三元复合金属氧化物的粒径分布结果和 60℃制备的单一金属氧化物的 XRD 谱图分别如**图 2-18** 和**图 2-19** 所示。可见，60℃时制备的单一金属氧化物吸附剂均无明显的尖峰，呈无定形态。Fe-Al-Mn 吸附剂的粒径集中于 0~25μm。

由 SEM 照片(**图 2-20**)可知，在吸附磷之前，Fe-Al-Mn 吸附剂表面呈粗糙多孔状；吸附磷后其表面孔隙变少，并且 EDAX 谱图中明显出现磷的峰，说明磷被吸附剂所吸附，并且 Fe∶Al∶Mn 的摩尔比接近于制备时所使用的摩尔比 3∶3∶1。通过 TEM 照片(**图 2-21**)进一步可知，磷吸附前吸附剂呈分散多孔的纳米颗粒(约在几十纳米)微聚体结构；吸附磷后，微聚体进一步结合，表面似乎出现磷的印迹。

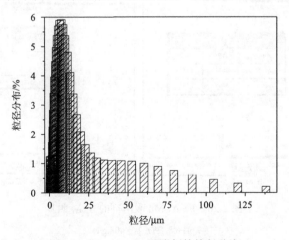

图 2-18　Fe-Al-Mn 吸附剂的粒径分布

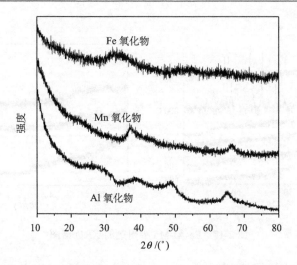

图 2-19 Fe 氧化物、Al 氧化物、Mn 氧化物的 XRD 谱图

(a) 吸附前SEM

(b) 吸附后SEM

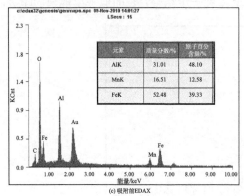

(c) 吸附前EDAX

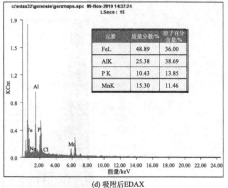

(d) 吸附后EDAX

图 2-20 Fe-Al-Mn 吸附剂的 SEM 照片

pH 6.8, $[PO_4^{3-}]_0 = 40mg/L$

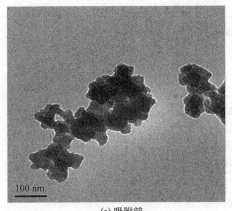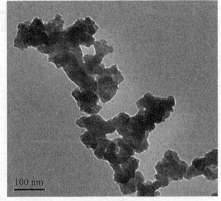

(a) 吸附前　　　　　　　　　　　　　　(b) 吸附后

图 2-21　Fe-Al-Mn 吸附剂的 TEM 照片

pH 6.8, $[PO_4^{3-}]_0 = 80mg/L$

2.2.4　Fe-Al-Mn 三元复合金属氧化物吸附除磷行为

1. 吸附动力学

吸附动力学是影响吸附效率最重要的因素之一，直接影响着吸附柱的尺寸。不同磷初始浓度时磷在 Fe-Al-Mn 吸附剂上的吸附容量随时间变化的情况如**图 2-22** 所示。很明显，当磷初始浓度为 4.7mg/L 和 8.6mg/L 时，磷吸附大致可以分为两个阶段：快速吸附阶段和慢速吸附阶段。在快速吸附阶段，0~30min 内，磷的吸附量分别达到其最大值的 74%和 90%，在约 240min 时，吸附剂对磷的吸附量基本达最大值。快速吸附阶段的吸附速率主要取决于磷从水溶液迁移到吸附剂颗粒表面的速率。慢速吸附阶段，因磷在吸附剂颗粒内部的迁移成为主导过程，吸附速率较慢，因此需要较长的吸附时间，吸附达到平衡。

吸附动力学数据进一步使用准一级和准二级动力学模型进行了拟合，其结果示于**图 2-22**，通过线性回归方法得到的拟合参数列于**表 2-7**。可见，对于磷初始浓度为 4.7mg/L 和 8.6mg/L，准二级动力学模型比准一级动力学模型具有更好的拟合效果（$R^2 > 0.99$）。一般认为，符合准二级动力学模型的吸附过程主要是以化学吸附过程为主导机理，这可能意味着磷在 Fe-Al-Mn 吸附剂上的吸附主要是化学吸附。

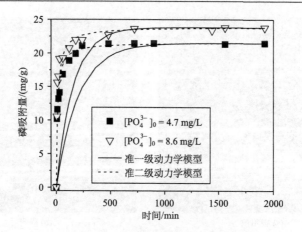

图 2-22 不同磷浓度时的吸附动力学

$[PO_4^{3-}]_0 = 4.7mg/L$ 和 8.6mg/L，吸附剂量 0.2g/L，pH 6.8，离子强度 0.01mol/L NaCl，接触时间 32h，25℃

表 2-7 吸附动力学拟合结果

磷初始浓度/(mg/L)	准一级动力学模型			准二级动力学模型		
	q_e/(mg/g)	K_1/min^{-1}	R^2	q_e/(mg/g)	K_2/[g/(mg·min)]	R^2
4.7	21.48	4.90×10^{-3}	0.806	21.60	4.20×10^{-3}	0.999
8.6	23.81	6.40×10^{-3}	0.938	23.92	3.10×10^{-3}	0.999

2. 吸附前后 pH 值的变化及吸附剂的溶解性

吸附前后 pH 值的变化如**图 2-23(a)**所示。可见，在磷初始浓度为 0mg/L 时，由于金属氧化物表面的酸碱性质，当 pH < pH$_{ZPC}$(金属氧化物表面等电点)时，其表面会发生质子化，因而，溶液平衡 pH 值高于初始 pH 值；当 pH > pH$_{ZPC}$ 时，其表面会发生脱质子化，使溶液平衡 pH 值低于初始 pH 值，其反应式如下：

$$M—OH+H_2O \Longrightarrow M—OH_2^+ + OH^- \quad (pH < pH_{ZPC})$$

$$M—OH+H_2O \Longrightarrow M—O^- + H_3O^+ \quad (pH > pH_{ZPC})$$

当磷($[PO_4^{3-}]_0 = 5mg/L$ 和 15mg/L)与吸附剂发生反应后，溶液平衡 pH 值明显高于反应前的 pH 值，这可能表明吸附剂表面的羟基基团(M—OH)与磷发生了交换反应，羟基基团释放至水中导致溶液 pH 值升高。并且随着初始 pH 值的升高(4~10.5 范围内)，磷的吸附容量总体上呈降低趋势[**图 2-23(b)**]，这主要与不同 pH 值时吸附剂表面的酸碱性质和磷的形态分布有关，将在后面部分详细讨论。

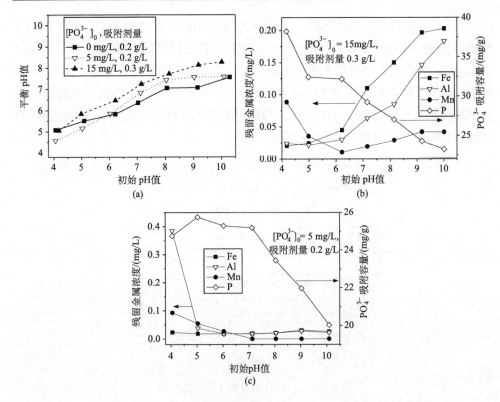

图 2-23　不同初始 pH 值时平衡 pH 值的变化(a)以及铁、铝、锰的溶出情况(b)和(c)

25℃，接触时间 24h

在水和废水处理中，金属离子(如 Fe、Al、Mn)的浓度如果超标，具有危害作用，因此水处理标准均做了相应的浓度规定。本研究中，不同初始 pH 值(4~10.5)时的 Fe、Al、Mn 的浓度均做了测定[**图 2-23(b)**]，很明显，三元复合金属氧化物的溶解度较低，吸附磷后 Fe、Al、Mn 的溶出浓度均较低，足以满足《地表水环境质量标准》(GB 3838—2002)和《生活饮用水卫生标准》(GB 5749—2006)的规定(Fe: 0.3mg/L, Al: 0.2mg/L, Mn: 0.1mg/L)，用于废水处理时也必然满足相应的废水排放标准。

3. 离子强度和吸附剂量的影响

不同 pH 值时离子强度及不同磷浓度时吸附剂量对除磷的影响分别如**图 2-24**和**图 2-25**所示。可见，在不同离子强度下，随着溶液初始 pH 值从 4 增加至 10.5，磷的去除率逐渐降低。其他对金属氧化物吸附磷的研究也有类似的发现[19]，由磷的形态分布曲线可知，在 pH 4~10.5 时，磷主要以 $H_2PO_4^-$ 和 HPO_4^{2-} 形态存在，当

pH < 7.2 时，$H_2PO_4^-$ 是主要形态，当 pH > 7.2 时，HPO_4^{2-} 是主要形态，由于 $H_2PO_4^-$ 的吸附自由能比 HPO_4^{2-} 低[20]，因此 $H_2PO_4^-$ 更易于被金属氧化物所吸附。并且在 pH< pH_{ZPC} 时，吸附剂表面更易于带正电荷，因此容易吸附带负电荷的磷；而当 pH > pH_{ZPC} 时，吸附剂表面因带正电荷而对带负电荷的磷产生排斥作用，因此磷的去除率降低。另外，在较高 pH 值时，溶液中的氢氧根离子与磷竞争吸附剂表面的活性吸附位点，也可能导致磷的去除率降低。

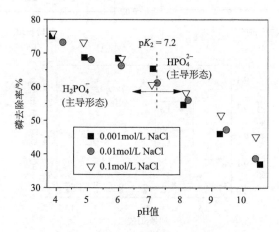

图 2-24　不同 pH 值时离子强度的影响

$[PO_4^{3-}]_0 = 10mg/L$，吸附剂量 0.2g/L，25℃，接触时间 24h

在 pH 4~10.5 时，不同离子强度对吸附剂除磷并无明显的影响。通常认为，如果阴离子在氧化物上的吸附受离子强度影响强烈，则会形成外球络合物[16]。因此，本研究中，磷在 Fe-Al-Mn 三元复合金属氧化物上的吸附可能主要受内球络合作用控制。

并且，在较高 pH 值时(pH > 7)，随着离子强度的增加，磷的去除率有轻微的增加，这可能归因于双电层压缩作用[21]，因为随着离子强度的增加，钠离子的浓度也随之增加(用 NaCl 增强离子强度)，从而降低了较高 pH 值时金属氧化物表面和带负电的磷酸根之间的排斥能，相应地促进了其对磷的吸附。

由**图 2-25** 可知，在磷浓度为 5mg/L 和 10mg/L 时，磷的去除率随着吸附剂量的增加而快速增加，当吸附剂量分别达到 0.2g/L 和 0.6g/L 时，磷去除率基本达到最大，吸附剂量进一步增加，磷去除率增加不明显。很明显，吸附剂量的增加会使其吸附位点增加，磷的去除率也会相应增加，但当磷的去除率达到很高时(> 99%)，吸附位点即使再增加，磷的去除率增加也不明显。

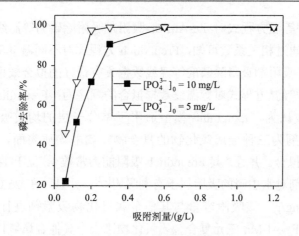

图 2-25 不同磷浓度时吸附剂量的影响

$[PO_4^{3-}]_0 = 5mg/L$ 和 10mg/L，pH 6.8，离子强度 0.01mol/L NaCl，25℃，接触时间 24h

4. 吸附等温线和热力学

不同温度时磷在 Fe-Al-Mn 吸附剂上的吸附等温线如**图 2-26** 所示。可见，当磷平衡浓度由 0mg/L 增加至 5mg/L 时，磷吸附容量快速增加至约 30mg/g 以上。然后，随着磷平衡浓度的进一步增加，磷吸附容量增加变慢。并且，磷的平衡浓度较低时，即可获得较高的吸附容量，这可能意味着 Fe-Al-Mn 吸附剂对低浓度磷的吸附非常有利。

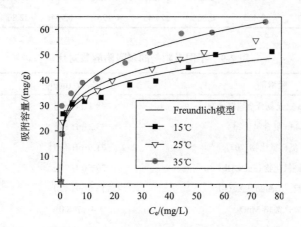

图 2-26 Fe-Al-Mn 吸附剂吸附磷等温线

吸附剂量 0.2g/L，pH 6.8，离子强度 0.01mol/L NaCl，接触时间 24h

Langmuir、Freundlich、Temkin 等温方程式常用于对吸附等温线进行拟合，本研究中，三种等温方程式对 Fe-Al-Mn 吸附剂吸附除磷的等温线数据拟合的结果列于**表 2-8**。通过相关系数可知，Freundlich 方程式对不同温度下（15℃、25℃、35℃）Fe-Al-Mn 吸附剂吸附除磷的等温线数据具有最好的拟合效果。根据相关系数的大小，三种等温方程式对等温线数据拟合的顺序为：Freundlich > Temkin > Langmuir。一般认为，Langmuir 模型适用于单分子层的均质吸附剂表面，而 Fe-Al-Mn 吸附剂为三种金属氧化物的复合物，属非均质表面，因而更适于用 Freundlich 模型拟合。并且，其 Freundlich 吸附能力常数（n）位于 1~10 之间，说明 Fe-Al-Mn 吸附剂对水中磷的吸附属于有利吸附[22]。并且，在 25℃时的最大吸附容量约为 48.3mg/g，该吸附容量与其他金属氧化物吸附剂进行比较的结果见**表 2-9**。可见，Fe-Al-Mn 三元复合金属氧化物比表中其他金属氧化物具有更高的磷吸附容量。正如**表 2-9** 所示，其单一金属氧化物如水合铁氧化物、准勃姆石、二氧化锰对磷的吸附容量分别为 29.5mg/g（pH 3.5）、13.6mg/g（pH 4.0）和 1.4mg/g（pH 8.0）。相比之下，Fe-Al-Mn 三元复合金属氧化物是具有较好应用潜力的水处理除磷吸附剂。

表 2-8 Langmuir、Freundlich、Temkin 等温方程式拟合参数

温度/℃	Langmuir 参数			Freundlich 参数			Temkin 参数		
	q_m/(mg/g)	b/(L/mg)	R^2	K_F	$1/n$	R^2	A	B	R^2
35	62.98	1.429	0.917	23.665	0.227	0.984	19.28	9.626	0.938
25	54.81	1.700	0.819	23.081	0.192	0.984	29.07	5.78	0.913
15	51.30	2.400	0.868	22.643	0.176	0.944	22.86	5.736	0.888

表 2-9 不同吸附剂的磷吸附容量对比

吸附剂	吸附容量/(mg/g)	文献
Fe-Al-Mn 三元复合金属氧化物	48.3（pH 6.8）	本研究
Fe-Mn 复合氧化物	33.2（pH 5.6）	[9]
Al-Fe 复合氧化物（70℃）	71.6（pH 4.8）	[23]
水合铁氧化物（FeOOH）	29.5（pH 3.5）	[24]
准勃姆石（pseudo-γ-Al₂O₃）	13.6（pH 4.0）	[17]
二氧化锰（δ-MnO₂）	1.4（pH 8.0）	[25]
飞灰	13.8（pH 12.4）	[26]
赤泥	0.6（pH 5.5）	[27]
尾渣（30%氧化铁）	8（pH 3.5）	[24]
铁基复合氧化物（Fe/Mn 摩尔比 = 3.8）	6.8（pH 7.0）	[28]

进一步对 Fe-Al-Mn 吸附剂吸附除磷的热力学参数进行了研究，**图 2-27** 给出了 $\ln K_C$ 随 $T^{-1}(\mathrm{K}^{-1})$ 变化的关系曲线。由**图 2-27** 可见，$\ln K_C$ 与 T^{-1} 具有很好的线性相关性（$R^2 = 0.964$），通过计算得出的热力学参数如**表 2-10** 所示。可以看出，其标准吉布斯自由能 $\Delta G^{\ominus}$ 为负值，在实验条件下，磷在 Fe-Al-Mn 吸附剂表面的吸附过程为自发的吸附反应；随着反应温度的升高，$\Delta G^{\ominus}$ 值越负，说明随着温度的升高，吸附反应的自发性增加。磷吸附的标准焓变（$\Delta H^{\ominus} = 8.75$ kJ/mol）为正值，说明吸附过程吸热。标准熵变 [$\Delta S^{\ominus} = 55.687$ J/(mol·K)] 为止值，说明当磷从水溶液中被吸附至吸附剂表面时，固液界面的物质种类增加，无序性（混乱度）增加。

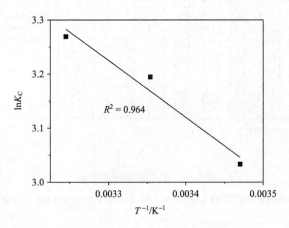

图 2-27　$\ln K_C$ 与 T^{-1} 的关系曲线

表 2-10　Fe-Al-Mn 吸附剂吸附除磷的热力学参数

温度/K	$\ln K_C$	$\Delta G^{\ominus}$/(kJ/mol)	$\Delta H^{\ominus}$/(kJ/mol)	$\Delta S^{\ominus}$/[J/(mol·K)]
288.15	3.03	−7.39	8.75	55.687
298.15	3.19	−7.95	8.75	55.687
308.15	3.27	−8.51	8.75	55.687

5. 共存阴离子的影响

pH 6.8 时，水中共存阴离子（SO_4^{2-}、HCO_3^-、SiO_3^{2-}、F^-）对 Fe-Al-Mn 吸附剂吸附除磷的影响如**图 2-28** 所示。可见，当 SO_4^{2-} 和 HCO_3^- 浓度由 0mol/L 增加至 0.01mol/L 时，磷去除率仅有轻微下降，分别从 66%降低至 63%和 61%，这说明 SO_4^{2-} 和 HCO_3^- 对磷吸附的影响较小。当 F^- 浓度由 0mol/L 增加至 0.001mol/L 时，磷去除率由 66%下降至 60%，当 F^- 浓度增加至 0.01mol/L 时，磷去除率下降至 46%。

当 SiO_3^{2-} 浓度由 0mol/L 增加至 0.001mol/L 时，磷去除率仅有轻微下降，然而，当其浓度进一步由 0.001mol/L 增加至 0.01mol/L 时，其去除率由 65% 降低至 41%。对这四种阴离子而言，SiO_3^{2-} 对磷吸附的影响较大。但在天然水体中，SiO_3^{2-} 浓度通常很低（约为 0.2mmol/L），因此四种阴离子基本不会对 Fe-Al-Mn 吸附剂用于实际水体除磷造成影响。

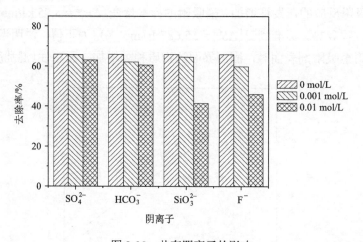

图 2-28　共存阴离子的影响

$[PO_4^{3-}]_0 = 10mg/L$，吸附剂量 0.2g/L，pH 6.8，离子强度 0.01mol/L NaCl，接触时间 24h

2.2.5　解吸再生

　　强碱溶液常用于解吸吸附阴离子后的吸附剂，并且取得了较好的解吸效果，本研究中不同浓度的 NaOH 溶液对吸附磷后的吸附剂的解吸率如**图 2-29** 所示。其中：

$$解吸率(\%) = \frac{解吸的磷量}{被吸附的磷的总量} \times 100\% \tag{2-5}$$

　　可见，随着 NaOH 溶液的浓度从 0.005mol/L 增加至 0.5mol/L，磷的解吸率也逐渐增加；当 NaOH 溶液的浓度为 0.005mol/L 时，其解吸率较低，仅为 68%；当 NaOH 溶液的浓度由 0.02mol/L 增加至 0.1mol/L 时，其解吸率由 93% 增加至 99%；NaOH 溶液浓度进一步增加，其解吸率变化不明显，说明 0.1mol/L 浓度的 NaOH 溶液足以保证吸附剂的解吸。解吸实验的结果表明，磷在 Fe-Al-Mn 吸附剂上的吸附相对可逆，Fe-Al-Mn 三元复合金属氧化物作为除磷吸附剂有较好的应用潜力。

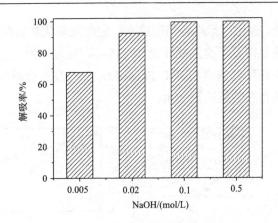

图 2-29　不同浓度 NaOH 溶液对吸附磷后的吸附剂的解吸对比

吸附剂量 1g/L，解吸时间 24h，25℃

2.2.6　吸附机理探讨

1. 不同金属氧化物的动电特性

水中颗粒物的动电特性反映了其表面荷电状况，因吸附过程与吸附剂及吸附质的带电情况直接相关，因此动电特性常被用于研究吸附过程。本研究中，磷吸附前后 Fe-Al-Mn 氧化物及其单一金属氧化物的 Zeta 电位随溶液 pH 值的变化如**图 2-30** 所示。

正如预期的那样，所研究的氧化物中，Al 氧化物具有最高的等电点，其 pH_{ZPC} 在 9.7 左右，Fe 氧化物 pH_{ZPC} 在 8.3 左右，Mn 氧化物 pH_{ZPC} 在 2.3 左右，Fe-Al-Mn 氧化物 pH_{ZPC} 约为 9，Fe-Mn 氧化物的 pH_{ZPC} 为 6.6，通过氧化-共沉淀反应嵌入 Al 氧化物后制备成的 Fe-Al-Mn 三元复合氧化物较 Fe-Mn 氧化物等电点大大提高。

通常认为，氧化物 pH_{ZPC} 高于溶液的 pH 值时，其表面会带正电，因而有利于氧化物对水中阴离子的吸附。本研究中，由于 Al 氧化物的嵌入，Fe-Al-Mn 三元复合氧化物的等电点提高到 9，因此，当 Fe-Al-Mn 吸附剂用于天然水体或废水处理时，由于它们的 pH 值通常位于 5~9，Fe-Al-Mn 吸附剂的表面易于带正电，因而大大强化了其对水中阴离子磷的吸附作用。

Fe-Al-Mn 吸附剂吸附磷后（$[PO_4^{3-}]_0 = 5mg/L$ 和 10mg/L），不同 pH 值时的 Zeta 电位均有所下降，磷的浓度越高，Zeta 电位下降越大，当磷浓度为 10mg/L 时，其 pH_{ZPC} 降到 5.3 左右。很明显，由于磷的吸附，Fe-Al-Mn 吸附剂的等电点降低到更低 pH 值。根据 Goldberg[29]的研究结果，随着吸附离子浓度的增加，pH_{ZPC} 发生偏移，这是典型的内球络合物的特征。但是没有 pH_{ZPC} 的移动也不能据此推测形成外球络合物，因为内球络合物形成不一定改变氧化物表面电荷。本研究中，阴离子磷的吸附明显降低了金属氧化物的 pH_{ZPC}，随着磷浓度的增加，其 pH_{ZPC} 也发生了偏移，由此可以推测，磷和 Fe-Al-Mn 三元复合金属氧化物之间除了静电引力作用外，还存在特性吸附作用。

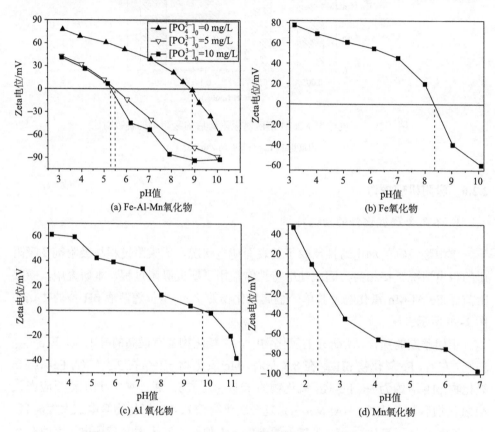

图 2-30　Fe-Al-Mn 三元复合氧化物及其单一氧化物的 Zeta 电位

吸附剂量 0.1g/L，离子强度 0.01mol/L NaCl

2. 磷吸附前后金属氧化物的 FTIR 和 XPS 分析

为进一步探讨 Fe-Al-Mn 三元复合金属氧化物吸附除磷的机理，对磷吸附前后金属氧化物的 FTIR 光谱和 XPS 谱图进行了分析测试，**图 2-31** 给出了磷吸附前后的 FTIR 谱图。同时对 Fe 氧化物、Al 氧化物、Mn 氧化物的 FTIR 光谱进行了测试。对于所有样品，波数 3384~3445cm^{-1} 和 1625~1640cm^{-1} 的吸收峰主要是由其表面物理吸附的水分子(H—O—H)的伸缩和弯曲振动引起。

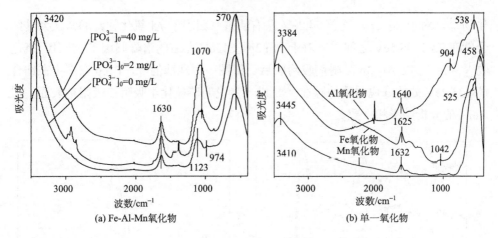

图 2-31　FTIR 谱图

25℃，pH 6.8，接触时间 24h

对于 Fe 氧化物，1042cm^{-1} 和 458cm^{-1} 处的吸收峰可能归因于 Fe—OH 键的伸缩振动[11]。对于 Al 氧化物，波数 538cm^{-1} 和 904cm^{-1} 处的吸收峰可能与 Al—O 键的伸缩和弯曲振动有关[30]。对于 Mn 氧化物，525cm^{-1} 处有一个明显的特征峰，归因于 Mn—O 键的伸缩振动[31]。已有研究指出[32, 33]，Mn—O 键的振动一般位于波数 400~600cm^{-1} 范围。相比之下，Fe-Al-Mn 三元复合金属氧化物显示出不同于单一金属氧化物的 FTIR 特征。波数 570cm^{-1}、974cm^{-1}、1123cm^{-1} 处的吸收峰可能归因于复合氧化物羟基基团(M—OH)的伸缩振动。与其单一氧化物相比，复合金属氧化物的特征峰明显有所偏移，进一步说明 Fe-Al-Mn 吸附剂为三元金属氧化物的复合物，而不是简单氧化物的混合物。

当磷与 Fe-Al-Mn 三元复合金属氧化物发生吸附反应后，位于 1123cm^{-1} 和 974cm^{-1} 处的吸收峰均明显消失，两种磷初始浓度下的 Fe-Al-Mn 吸附剂在 1070cm^{-1} 处均出现一个新的吸收峰，可能表明内球表面络合物(M—O—P)的形成。前述 pH 值影响的实验结果也表明，在 pH 4~10.5 时，吸附剂吸附磷后溶液 pH 值出现明显的增加，说明有羟基基团释放到水中。据此可以推断，当磷被 Fe-Al-Mn 三元复合金属氧化物所吸附时，吸附剂表面的羟基基团(M—OH)与磷发生了替换反应。

同时对磷吸附前后 Fe-Al-Mn 吸附剂(pH 6.8)的 XPS 谱图进行了分析，**图 2-32** 和**图 2-33** 分别给出了吸附前后 Fe-Al-Mn 吸附剂的 2p XPS 谱图(Fe 2p、Al 2p、Mn 2p、P 2p)和 O 1s XPS 谱图。由**图 2-32** 可知，磷吸附前后 Fe 2p、Al 2p 和 Mn 2p 谱图显示出明显的不同。对于 Fe 2p，在 711eV 左右的谱峰可能归因于 Fe(III)氧

化物[34]。对于 Al 2p，位于 74.2eV 左右的谱峰归因于 Al 氧化物，通常认为其结合能在 73.5~75.5eV 之间[35]。对于 Mn 2p，642eV 左右的谱峰归因于 Mn(IV)氧化物[12, 36]。当 Fe-Al-Mn 吸附剂吸附磷后，谱图中出现磷的峰，P 2p 谱图中在结合能 133.2eV 处的峰说明磷的存在[37]，进一步说明磷被化学吸附在吸附剂表面，与 FTIR 的分析结果相一致。

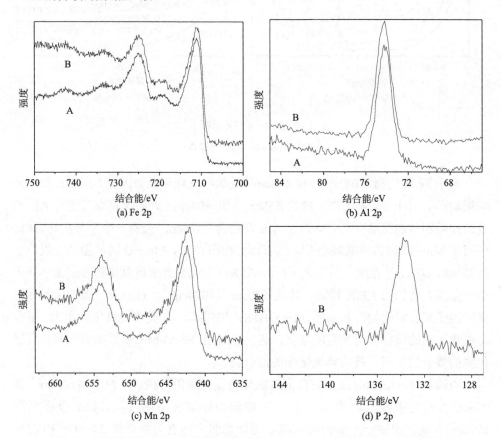

图 2-32　磷吸附前后 Fe-Al-Mn 吸附剂的 Fe 2p、Al 2p、Mn 2p、P 2p XPS 谱图

A：吸附前；B：吸附后

　　根据不同含氧官能团的氧的 XPS 结合能的不同，O 1s XPS 谱图可以分为两个峰：金属结合态氧(M—$\underline{O}$)和金属结合态羟基(M—$\underline{OH}$)。对于未吸附磷的 Fe-Al-Mn 吸附剂，M—$\underline{O}$(529.8eV)和 M—$\underline{OH}$(531.5eV)所占比例分别为 17.8% 和 82.2%。当吸附磷后，由于氧组分发生了变化，O 1s 谱图和氧的形态明显与吸附前不同。M—$\underline{O}$(530.2eV)由吸附前的 17.8% 增加至 23.7%，M—$\underline{OH}$(531.3eV)由吸附前的 82.2% 降低至 76.3%。这说明吸附剂表面的金属羟基(M—$\underline{OH}$)参与了磷的

吸附反应，从而使表面金属羟基被磷所替换，引起金属羟基比例的降低。由前面论述可知，磷被吸附在金属氧化物表面时，磷基团(P—OH)与金属氧化物表面的羟基基团(M—OH)通过羟基交换而形成单齿或双齿内球表面络合物。由前面论述可知，对单齿络合物而言，原有吸附剂与吸磷后吸附剂的表面羟基比为 $1:2(0.5)$，而对于双齿络合物，原有吸附剂与吸磷后吸附剂的表面羟基比为 $2:1(2)$。在本研究中，原有吸附剂的表面羟基(82.2%)与吸磷后吸附剂的表面羟基(76.3%)比为 $1.1:1$，该值介于 0.5 与 2 之间，因此，在 pH 6.8，当磷被 Fe-Al-Mn 吸附剂吸附时，单齿单核、双齿单核和双齿双核络合物均有可能形成，并且此时，带正电的 Fe-Al-Mn 吸附剂表面与带负电的磷形态(HPO_4^{2-}、$H_2PO_4^-$)存在静电引力作用，因此，水中磷与 Fe-Al-Mn 吸附剂之间的吸附反应可用**图 2-34** 表示。

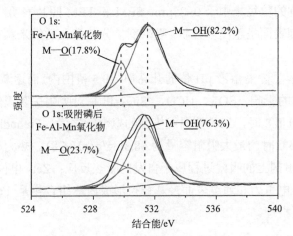

图 2-33　吸附磷前后 Fe-Al-Mn 吸附剂的 O 1s XPS 谱图

pH 6.8，$[PO_4^{3-}]_0 = 40mg/L$

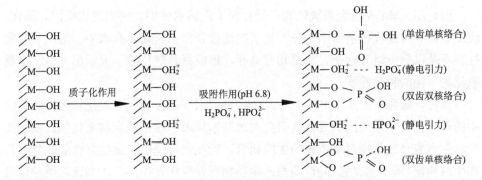

图 2-34　磷在 Fe-Al-Mn 吸附剂表面的吸附反应示意图

2.2.7 小结

(1)不同温度制备的 Fe-Al-Mn 三元复合金属氧化物显示出不同的物化特点,60~600℃制备的吸附剂均呈无定形态,当温度>600℃时,吸附剂呈晶体态,其比表面积急剧降低,磷吸附容量也随之下降;当制备温度≤500℃时,不同温度制备的吸附剂的磷吸附容量相对较高,60℃制备的吸附剂具有最高的磷吸附容量。TG-DSC 分析表明,吸附剂在 600~700℃之间出现明显的质量损失,可能是由金属氧化物的脱羟基作用和强烈结合水的损失引起,正是这种羟基破坏作用,造成高于 600℃时制备的吸附剂的磷吸附容量明显降低。

(2)60℃时制备的 Fe-Al-Mn 吸附剂 XRD 谱图中无明显的尖峰,呈无定形态,Fe-Al-Mn 吸附剂的粒径集中于 0~25μm。SEM 和 TEM 照片表明,在吸附磷之前,Fe-Al-Mn 吸附剂表面呈粗糙多孔状,吸附剂呈分散多孔的纳米颗粒(约几十纳米)微聚体结构。

(3)磷吸附容量随着溶液 pH 值的升高(4~10.5 范围内)而逐渐降低,离子强度对磷吸附无明显的影响,SO_4^{2-}、HCO_3^-、SiO_3^{2-} 和 F^- 对吸附去除天然水体中磷的竞争影响不大;pH 6.8 时,三种等温线模型的拟合顺序为:Freundlich > Temkin > Langmuir;在 25℃时的最大吸附容量为 48.3mg/g(pH 6.8)。热力学数据表明,磷在 Fe-Al-Mn 吸附剂上的吸附过程属于自发的吸热反应;Zeta 电位、FTIR 和 XPS 的分析表明,静电引力和通过表面羟基替换形成内球络合物是 Fe-Al-Mn 氧化物吸附除磷的主要机理。

2.3 新生态铁锰复合氧化物吸附除磷

Fe、Al、Mn 等的金属氧化物广泛存在于天然水体中,它们通过吸附、氧化、沉淀、解吸等过程影响着水中各种物质的迁移和形态转化。在水中,这些氧化物往往不是以单一组分存在,而是相互共存,形成复合氧化物,显示出与单一金属氧化物不同的物化性质。

以往,研究者虽然对 Fe-Al、Fe-Mn、Fe-Ce、Fe-Zr 等复合氧化物吸附去除水中的磷进行了一系列的研究,但研究对象基本局限于粉末状金属氧化物,极少关注新生态复合氧化物对水中磷的去除研究,而在水环境中,这些复合氧化物往往在生成初期(新生态、悬浮液)即与水中各物质发生相互作用。本书课题组前期曾制备出预制型粉末状 Fe-Mn 复合氧化物,显示出较好的除磷效果,但粉末状吸附剂在实际水体中的应用受到制约。因此,为了解决粉末状吸附剂的实际工程应用问题,作者在实验室制备出新生态 Fe-Mn 复合氧化物(悬浮液),此类吸附剂一方面简化原有粉末吸附剂的制备工序(无需过滤干燥等);另一方面,因其呈水合悬浮态,便于原位制备,利于直接通过管道投加和混合,同时易于保持其无定形态,使其具有较高的吸附能力,新生态金属氧化物为吸附剂的应用提供了一条新的途径。本节着重于探讨新生态 Fe-Mn 复合氧化物对水中磷的吸附效能和机理。

2.3.1　材料与方法

1. 实验试剂与材料

实验所用试剂主要包括:KH_2PO_4、$KMnO_4$、$FeSO_4 \cdot 7H_2O$、$Fe_2(SO_4)_3$、$MnSO_4$、NaCl、Na_2SO_4、$NaHCO_3$、Na_2SiO_3、NaOH、HCl,均为分析纯,国药集团化学试剂有限公司提供。KH_2PO_4 于 105℃下在烘箱中烘干后,配制成 KH_2PO_4 使用液。所有溶液均用去离子水配制,5mol/L 或 1mol/L NaOH 溶液和 10% HCl 溶液用于 pH 值的调节。腐殖酸购于 Sigma-Aldrich 公司(美国)。实验时,腐殖酸通过 NaOH 溶液溶解,调 pH 值至中性,过 0.45μm 滤膜后所得滤液用于不同浓度腐殖质(DOC)溶液的配制。

新生态铁锰复合氧化物(FMBO)通过氧化-共沉淀法制备,制备方法简述如下:铁锰氧化物的 Fe/Mn 摩尔比为 3:1。在 $KMnO_4$ 溶液中加入适量的 NaOH 溶液,使得在整个反应过程中溶液为碱性,然后在快速搅拌下把 $FeSO_4$ 溶液加入 $KMnO_4$ 溶液中,加毕,继续搅拌 30~60min,至溶液 pH 值稳定在 7~8。所得悬浮液即为新生态 FMBO。通过调节 $KMnO_4$ 溶液和 $FeSO_4$ 溶液的浓度,可以制备不同浓度的 FMBO。采用类似的方法也制备出水合铁氧化物(HFO)、锰氧化物(HMO)和铁锰混合物(FMMO)。铁氧化物通过 $Fe_2(SO_4)_3$ 和 NaOH 共沉淀法制备;锰氧化物通过 $MnSO_4$ 和 $KMnO_4$ 氧化还原法制备,反应摩尔比为 3:2;铁锰混合物通过将上述铁氧化物和锰氧化物分别制备后,按照 3:1 的比例物理混合而成。新生态金属氧化物在临用当天现制现用,以保证金属氧化物的新鲜性。

2. 吸附实验

吸附实验包括:吸附动力学、pH 值影响、吸附等温线和共存物质竞争吸附实验。所有吸附实验的背景电解质为 0.01mol/L 的 NaCl,通过 HCl 和 NaOH 保持 pH 值稳定,磁力搅拌反应 1h 后,取上清液过 0.45μm 滤膜后测定磷的浓度。各实验分别按照如下步骤进行。

吸附动力学实验:研究了分别投加 FMBO、FMMO、HFO、HMO 四种新生态氧化物的动力学性能。在 1000mL 浓度为 2.6mg/L 的含磷溶液中，分别投加上述预先搅拌均匀的氧化物悬浮液，使氧化物浓度为 0.24mmol/L（以铁计；对于 HMO，以锰计），调节 pH 值至 7.0，并在吸附过程中通过投加 HCl 和 NaOH 保持 pH 值稳定在 7，在适当的磁力搅拌下保持充分混合，分别在时间点为 5min、10min、15min、20min、30min、40min 和 1h、2h、3h 取样，总反应时间为 3h，室温下进行。

pH 值影响实验：磷初始浓度为 1.1mg/L，调节 pH 值至 5~10，并在吸附过程中通过投加 HCl 和 NaOH 保持 pH 值稳定。对于 FMBO、HFO 和 FMMO 而言，氧化物浓度为 0.12mmol/L（以铁计），对于 HMO 而言，氧化物浓度为 0.12mmol/L（以锰计）。混合溶液在适当的磁力搅拌下保持充分混合，室温下进行，1h 后取样测定各样品浓度。

吸附等温线：在 500mL 溶液中进行，分别调节磷初始浓度在 0.5~10mg/L 范围，调节 pH 值至 5.0（或 8.0），投加 FMBO，使其浓度为 0.012mmol/L（以铁计），并在吸附过程中通过投加 HCl 和 NaOH 保持 pH 值稳定，在适当的磁力搅拌下保持充分混合。上述吸附动力学实验结果表明，1h 基本达到吸附平衡，因此，动力学实验在 1h 后取样测定各样品吸附平衡浓度，并计算相应的吸附容量。

共存物质竞争吸附实验：研究了水中常见共存物质如 SO_4^{2-}、HCO_3^-、SiO_3^{2-}、DOC 对磷吸附的影响。实验在 500mL 溶液中进行，磷初始浓度为 1.1mg/L，投加不同初始浓度的共存物质，调节 pH 值至 7.0，并在吸附过程中通过投加 HCl 和 NaOH 保持 pH 值稳定，在适当的磁力搅拌下保持充分混合，1h 后取样测定各样品吸附平衡浓度。

3. 分析测试与表征方法

水样中 PO_4^{3-} 浓度采用抗坏血酸-钼酸盐比色法测定，使用 UV-Vis 分光光度计（Hitachi U3010）；金属离子如 Fe、Mn 等的浓度采用电感耦合等离子体发射光谱 ICP-OES（ICP-OES 700, Agilent Technologies, USA）测定。

不同新生态氧化物悬浮液制备好后，进行粒径分布测定和 TEM 分析。进行粒径分布测定时，将几滴氧化物悬浮液滴入一定体积的去离子水中，在泵循环搅拌下，由激光粒度分析仪（Mastersizer 2000, Malvern Co., UK）测定不同氧化物的粒径分布。通过 TEM（Hitachi H-7500, Japan）测定不同氧化物的形貌特征。将几滴氧化物悬浮液滴入装有一定体积乙醇的样品管中，超声分散 1.5h 后，进行 TEM 测试。

对 FMBO、FMMO、HFO、HMO 四种新生态氧化物进行了 Zeta 电位测试，采用 Zetasizer 2000 电位分析仪（Malvern Co., UK）进行测定。对于 FMBO、

FMMO、HFO 而言，氧化物浓度为 1.2mmol/L（以铁计）；对于 HMO 而言，氧化物浓度为 1.2mmol/L（以锰计）。背景电解质均为 0.01mol/L 的 NaCl，将氧化物悬浮液调节到不同 pH 值后，立即取样（约 10mL）注于 Zeta 电位仪中进行测定；对吸附磷后的 FMBO 也进行了 Zeta 电位测试，磷初始浓度为 10mg/L，吸附反应 1h 后，用于 Zeta 电位分析。所用 Zeta 电位的数据均为三次测试的平均值。同时使用 XRD（X'Pert PRO MPD, PANalytical, Netherland）对冷冻干燥后的四种氧化物进行 XRD 谱图分析和 BET 比表面积测试（Micromeritics ASAP 2000, USA）。

冷冻干燥后的 FMBO 同时也进行了 FTIR 和 XPS 测试，以表征分析磷吸附前后表面性能。FTIR 测试用样品的制备方法为：将 FMBO 悬浮液投入初始浓度为 0.65mg/L 的含磷溶液中，FMBO 投加量为 0.2mmol/L（以铁计），调节 pH 值分别为 4.9、7.0 和 8.8，并在吸附过程中保持 pH 值稳定。在室温下振荡吸附 1h 后取样，用去离子水将 FMBO 清洗至净，冷冻干燥后，用于 FTIR 测试。同时测试吸附前 FMBO 样品，用于对比分析。

FTIR 分析在 Thermo-Nicolet 5700 FTIR（Thermo Co., USA）上进行，测试波数范围为 400~4000cm^{-1}，扫描次数为 32 次，分辨率为 4cm^{-1}。样品与干燥的光谱纯级 KBr 以约 1∶100 的质量比混合，并在玛瑙研钵中充分研磨混合，之后在磨具中于 14MPa 压力下压制 3min 成型。

XPS（Kratos AXIS Ultra, UK）操作条件为：单色 Al K_α X 射线源（1486.7eV），功率约为 225 W（工作电压 15kV，发射电流 15mA），样品室气压为 3×10^{-8} Torr。C 1s 峰用作内标校准（284.7eV），全扫描范围为 0~1100eV，最小能量分辨率为 0.48eV（Ag $3d_{5/2}$），最小 XPS 分析直径为 15μm，XPS 结果分析软件为 CasaXPS（2.3.12Dev7）。

2.3.2　FMBO、HFO、FMMO、HMO 的物化特征

氧化物的物化特征会影响其对水中污染物的吸附性能，四种不同新生态氧化物的粒径分布和 TEM 照片分别如图 2-35 和图 2-36(a)所示，图 2-36(b)给出了吸附磷后 FMBO 的 TEM 照片。可见，四种氧化物显示出不同的粒径分布，FMBO 粒径集中分布于 2~20μm，接近于 HMO（0~25μm），而 HFO 粒径集中于 5~35μm，FMMO 粒径则明显更大（0~200μm）。HMO 粒径相对最小，FMMO 粒径相对最大，可能是铁氧化物和锰氧化物分别制备，两种氧化物混合后容易发生聚集造成的。而 FMBO 通过氧化-共沉淀同步制备，可能不像 FMMO 那样容易聚集，另外具有较小粒径的 HMO 的物化嵌入，也可能是造成 FMBO 粒径较小的原因之一。

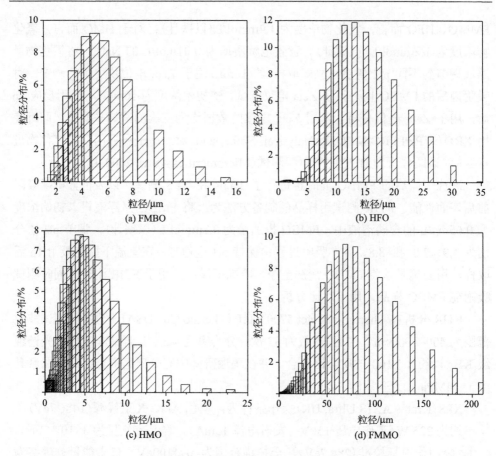

图 2-35　不同氧化物的粒径分布

　　不同氧化物的微观结构差异也可以通过其 TEM 的差别来进一步解释。不同氧化物微聚体显示出不同的外部形貌，这可能与不同氧化物的形成过程和成分有关。FMBO 具有规则的微孔结构，呈纳米级，相互交织成网状。这可能是因为 FMBO 通过氧化-共沉淀同步制备，结构中铁锰氧化物呈复合状态，从而使其呈现出不同于单一金属氧化物和铁锰混合物的结构形貌。上述特征预示着 FMBO 可能具有较好的吸附能力。对于 HMO 和 FMMO，微聚体显示出类似的松散的微孔结构，但是 FMMO 微结构中略显出铁氧化物的特征。

　　进一步分析了吸附磷后 FMBO 的 TEM 照片，发现吸附磷后，虽然 FMBO 仍具有微孔结构，但不如吸附前相对规则，网状结构仍然可见，并似乎具有所吸附的磷的印迹。

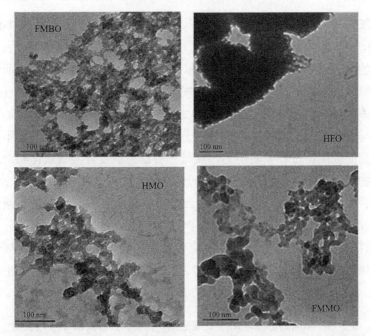

(a) 不同氧化物的TEM照片

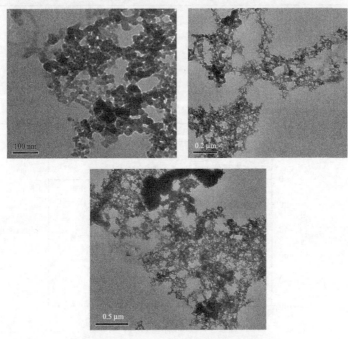

(b) 吸附磷后FMBO的TEM照片([PO$_4^{3-}$]$_0$ = 20mg/L，pH 7)

图 2-36　不同氧化物的 TEM 照片

不同氧化物的 BET 比表面积、孔径、孔体积和 XPS 结合能如**表 2-11** 所示。相比 HFO、HMO、FMMO 三种氧化物，FMBO 比表面积和孔体积最大。通过消解法测出的 FMBO 的总体 Fe 与 Mn 摩尔比为 2.3：1，假设 FMBO 中所含的铁氧化物和锰氧化物完全独立存在，按照加权平均法，得出 FMBO 的 BET 比表面积、孔径、孔体积分别为 209m^2/g、59 Å、0.27cm^3/g，而此三值与 FMBO 的实测值相差较大，与 FMMO 的实测值则非常接近。这进一步说明 FMBO 具有不同于单一金属氧化物的表面特征和吸附能力，属于一种新型的复合金属氧化物。通过测定不同氧化物的 Zeta 电位(**图 2-37**)，进一步分析 pH$_{ZPC}$ 表明，HMO 的 pH$_{ZPC}$ 非常低，约为 1.2，比杨威等制备的水合氧化锰的等电点略低，其研究发现新生态水合氧化锰的 pH$_{ZPC}$ 在 1.5~2.4 之间[38]。FMBO 和 FMMO 的 pH$_{ZPC}$ 均接近于 HFO，约为 7.2。通常认为，混合氧化物的等电点为其单一氧化物等电点的加权平均值[16]，按照铁氧化物和锰氧化物的总体摩尔比 2.3：1，通过加权平均法估算出的等电点为 5.4，此值明显低于 FMBO 和 FMMO 的 pH$_{ZPC}$(分别约为 7.3 和 7.2)。

表 2-11　不同氧化物的 BET 比表面积、孔径、孔体积和 XPS 结合能

	FMBO	FMMO	HFO	HMO
比表面积/(m^2/g)	265	219	247	121
孔径/Å	71	42	40	103
孔体积/(cm^3/g)	0.47	0.23	0.25	0.33
O 1s 结合能/eV	529.83	529.90	530.07	529.90
Fe 2p 结合能/eV	711.03	711.10	711.07	/
Mn 2p 结合能/eV	641.83	641.80	/	642.37

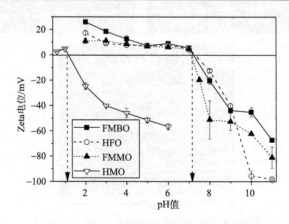

图 2-37　不同氧化物的 Zeta 电位

FMBO、HFO、FMMO 中[Fe] = 1.2mmol/L；HMO 中[Mn] = 1.2mmol/L，离子强度 0.01mol/L NaCl

Fe 2p 的结合能在 711eV 左右，说明 FMBO、FMMO、HFO 中的 Fe 为氧化物形态[39]；Mn 2p 的结合能在 642eV 左右，说明 FMBO、FMMO、HMO 中的 Mn 为四价态[36]；不同氧化物的 O 1s XPS 谱图也显示出明显的不同（图 2-38）。根据 O 在氧化物表面形态的不同，将 529.7eV 处的 O 归因于 M—O，将 531.2eV 处的 O 归因于 M—OH，M—OH 的羟基基团对吸附水中的阴离子 PO_4^{3-} 起着重要的作用。对于 HMO，其表面氧以 M—O 形态存在，而非呈 M—OH 形态，预示着其可能对磷的吸附能力较差，后续吸附实验也将进一步证明此推测；而对于 FMBO、FMMO、HFO，其表面氧均存在两种形态：M—OH 和 M—O，不同形态氧的比例表现出差异，HFO 中 M—OH 所占比例最高（78.9%），其次为 FMBO（74.0%）和 FMMO（69.0%），不同的 M—OH 比例可能是造成它们吸附能力差异的主要原因之一。

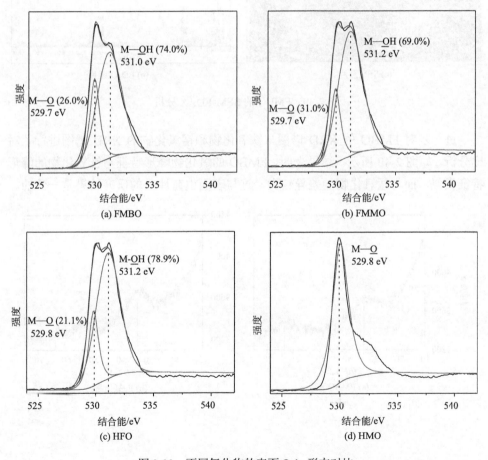

图 2-38　不同氧化物的表面 O 1s 形态对比

　　有意思的是，通过 SEM 和 EDAX 表面分析(**图 2-39**)，得出的 FMBO 的表面 Fe/Mn 摩尔比分别为 3.6 和 3.0，而通过酸消解分析得出的总体 Fe/Mn 摩尔比为 2.3，这可能表明在 FMBO 微聚体的表面，Fe 比 Mn 相对易于富集，使其表面 Fe 含量更高，而 Mn 更易于集中于 FMBO 微聚体的内部，这也进一步说明 FMBO 微聚体的表面电荷性质(如 pH_{ZPC})更趋近于铁氧化物。

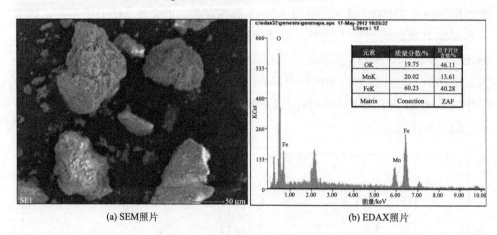

(a) SEM照片　　　　　　　　　　　　　　(b) EDAX照片

图 2-39　FMBO 的 SEM-EDAX 分析

　　进一步对 FMBO 的 XRD 谱图与铁氧化物和锰氧化物的 XRD 谱图进行了对比分析，如**图 2-40** 所示。结果表明，FMBO 的氧化物峰形特征与铁氧化物的峰形特征类似，而与锰氧化物的差异较大，这与表面电荷性质的研究结果是一致的。

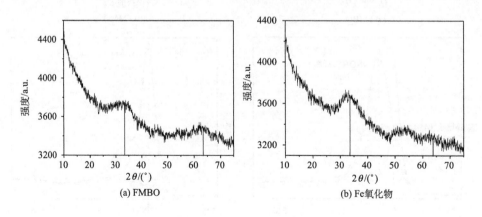

(a) FMBO　　　　　　　　　　　　　　(b) Fe氧化物

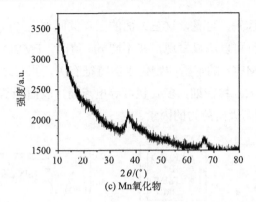

(c) Mn氧化物

图 2-40　FMBO、Fe 氧化物、Mn 氧化物的 XRD 谱图

2.3.3　FMBO 吸附除磷行为

1. pH 值对不同金属氧化物吸附除磷的影响

吸附过程一般分为物理吸附和化学吸附。当发生吸附时，吸附质与吸附剂表面有电子的交换、转移或形成价键，则为化学吸附；若吸附质在吸附剂表面的作用力是物理性的，则为物理吸附，作用力如范德瓦耳斯力、氢键作用力和静电作用力等。一般在同一个吸附过程中，这两种吸附作用会同时存在。其中，物理吸附中的静电作用力与吸附剂表面电荷的分布状况密切相关[40]。溶液 pH 值可直接影响吸附剂表面的电荷分布和吸附质的形态分布，另外，吸附过程不仅受静电力等物理吸附的作用，化学吸附的作用也很重要，其中，羟基交换作用是阴离子在吸附剂表面的常见吸附机理[18]。

由于溶液 pH 值通常是影响固液界面吸附行为的重要因素之一，因此，考察了不同氧化物在不同 pH 值(5~10)条件下对磷的吸附能力(**图 2-41**)。可见，在 pH 5~10 的范围内，HMO 对磷的吸附能力很弱(< 3%)，如前所述，HMO 的 pH_{ZPC} 在 1.2，在 pH 5~10 时，表面带负电荷，并且其表面无羟基，因而对阴离子磷的吸附能力很弱。而对于 FMBO、HFO、FMMO，随着 pH 值由 5 增加至 10，磷去除率分别由 57%、47%、40% 降低至 13%、8%、4%。这可能与磷的形态(**图 2-42**)和金属氧化物的表面性质有关，一方面，当在 pH 2.1~7.2 时，$H_2PO_4^-$为主要形态，当在 pH 7.2~12.3 时，HPO_4^{2-}为主要形态，$H_2PO_4^-$ 比 HPO_4^{2-} 的吸附自由能低[20, 41]，因而更易于被金属氧化物所吸附；另一方面，随着 pH 值的增加，当高于 pH_{ZPC} 时，氧化物表面将脱质子化，表面带有更多的负电荷，与磷之间的静电排斥力也逐渐增大；另外，随着溶液 pH 值的增加，水中羟基(—OH)增加，与磷酸根形成

竞争也是重要影响因素，可见，这三方面的因素共同作用导致 pH 值升高时，磷的去除率降低。并且可以明显发现，在不同 pH 值时，FMBO 具有最好的磷吸附能力，这主要与 FMBO 的特殊的物化表面特征有关，正与之前所论述的一样，FMBO 比表面积最大，粒径细，多孔状，等电点高，表面羟基多，这些因素都可能是 FMBO 具有较高吸附能力的因素。

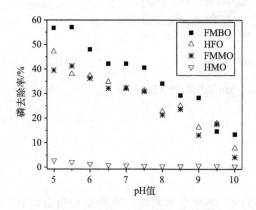

图 2-41　pH 值对氧化物吸附磷的影响　　　　图 2-42　磷的形态分布曲线

FMBO、HFO 和 FMMO：Fe/Mn=3，[Fe] = 0.12mmol/L；　　　　离子强度 0.01mol/L

HMO：[Mn] = 0.12mmol/L；

$[PO_4^{3-}]_0$ = 1.1mg/L，离子强度 0.01mol/L NaCl，接触时间

1h，25℃

　　不同 pH 值时，金属氧化物可能发生溶解，导致水中金属离子浓度升高，这在《地表水环境质量标准》(GB 3838—2002) 和《生活饮用水卫生标准》(GB 5749—2006) 中均做了相关规定 (Fe: 0.3mg/L，Mn: 0.1mg/L)。本研究中不同 pH 值的金属溶出情况如**图 2-43** 所示，可见不同 pH 值时 Fe 浓度均低于 0.15mg/L，Mn 浓度均低于 0.025mg/L，均符合水质标准的规定。

　　同时测定了不同 pH 值时吸附磷后 FMBO 的 Zeta 电位 (**图 2-44**)，发现吸附阴离子磷后，不同 pH 值下的 Zeta 电位均有所降低，FMBO 的 pH_{ZPC} 由原来的 7.3 降低至 3.5。一般认为阴离子在金属氧化物上的特性吸附会使氧化物表面的电荷更负[16]，因而降低其 pH_{ZPC}。因此，上述结果表明，FMBO 和磷之间除存在静电引力外，还存在特性化学吸附。

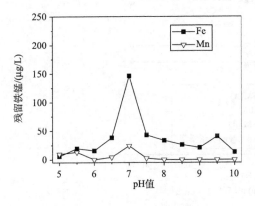

图 2-43　不同 pH 值的金属溶出情况

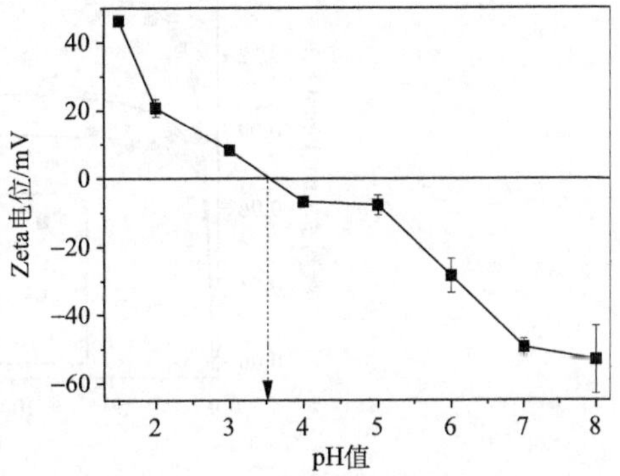

图 2-44　吸附磷后 FMBO 的 Zeta 电位

$[PO_4^{3-}]_0 = 10\text{mg/L}$

2. 不同金属氧化物的磷吸附动力学

由于磷在 HMO 上的吸附量很低,因此以另外三种金属氧化物 FMBO、HFO、FMMO 为研究对象,进一步研究了磷的吸附动力学。不同 pH 值时(pH 4.0、pH 7.0、pH 9.0) FMBO、HFO、FMMO 对磷的吸附量(q_t)随时间的变化如**图 2-45** 所示。可见,pH 4.0 和 pH 9.0 时吸附过程与 pH 7.0 时相似,在 pH 7.0 时,磷在 FMBO、HFO、FMMO 三种新生态氧化物的吸附过程可以分为两个阶段,即快速吸附阶段和慢速吸附阶段。在快速吸附阶段,0~5min 内,三种氧化物 FMBO、HFO、FMMO 对磷的吸附量分别达到其最大值的 78%、75% 、88%,在约 60min 时,三种氧化物对磷的吸附量基本达最大值。快速吸附阶段的吸附速率主要取决于磷从水溶液迁移到氧化物颗粒表面的速率,吸附剂颗粒越小,比表面积越大,此阶段的吸附速率越高。由前述 TEM 分析知,FMBO、HFO、FMMO 均具有多孔结构,粒径呈微米级,有助于磷从溶液迁移至氧化物表面,快速吸附速率对氧化物用于实际水处理非常有利,有利于减少反应器的尺寸[42]。此后,逐渐转入慢速吸附阶段,需要较长的吸附时间,吸附达到平衡。慢速吸附阶段,因吸附质的外部扩散逐渐完成,磷在吸附剂颗粒内部的迁移成为主导过程,因而,此阶段吸附速率明显下降。基于此实验结果,后续的吸附实验的接触时间均采用 1h。

分别利用准一级和准二级动力学吸附模型对三种氧化物在 pH 7.0 时的动力学数据进行了拟合,结果列于**表 2-12**,pH 4.0 和 pH 9.0 时 FMBO 的动力学拟合结果如**表 2-13** 所示。

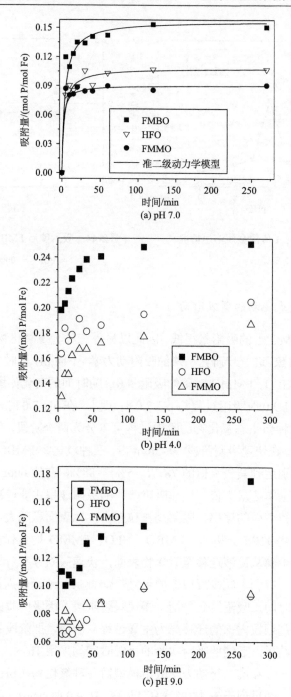

图 2-45　不同 pH 值时磷吸附动力学

Fe/Mn = 3，[Fe] = 0.24mmol/L，$[PO_4^{3-}]_0$ = 2.6mg/L，离子强度 0.01mol/L NaCl，25℃

表 2-12　磷吸附动力学拟合参数（pH 7.0）

氧化物	准一级模型 $q_t = q_e(1 - e^{-K_1 t})$			准二级模型 $q_t = \dfrac{K_2 q_e^2 t}{(1 + K_2 q_e t)}$		
	q_e/(mol P/mol Fe)	K_1/min^{-1}	R^2	q_e/(mol P/mol Fe)	K_2/[mol/(mol·min)]	R^2
FMBO	0.156	0.018	0.874	0.157	1.589	0.999
HFO	0.022	0.032	0.721	0.108	2.874	0.999
FMMO	0.012	0.024	0.733	0.090	6.501	0.999

表 2-13　FMBO 磷吸附动力学拟合参数（pH 4.0 和 pH 9.0）

pH 值	准一级模型			准二级模型		
	q_e/(mol P/mol Fe)	K_1/min^{-1}	R^2	q_e/(mol P/mol Fe)	K_2/[g/(mg·min)]	R^2
pH 4.0	0.251	0.018	0.958	0.253	1.580	0.999
pH 7.0	0.156	0.018	0.874	0.157	1.589	0.999
pH 9.0	0.146	0.025	0.991	0.148	1.138	0.999

由表 2-12 中的相关系数可知，准二级动力学模型（$R^2 > 0.99$）较准一级动力学模型能更好地描述三种氧化物对磷的吸附过程，表明在 pH 7.0 时，三种氧化物对磷的吸附主要受化学吸附机理控制[43]，吸附过程涉及吸附剂与吸附质之间的电子共用或电子转移。根据准二级动力学模型的速率参数 K_2 的值可以判断吸附速率的快慢，可见，三种氧化物对磷的吸附速率顺序为：K_2(FMBO) < K_2(HFO) < K_2(FMMO)，这说明虽然 FMBO 对磷的吸附容量最大，但其吸附速率却小于 HFO 和 FMMO。因此后续实验进一步以 FMBO 作为研究对象研究了对磷的吸附。由表 2-13 可见，pH 4.0、pH 7.0 和 pH 9.0 时 FMBO 对磷的吸附容量分别为 0.253mol P/mol Fe、0.157mol P/mol Fe、0.148mol P/mol Fe，随着 pH 值的升高，磷吸附容量逐渐降低，这与 pH 值的影响结果是一致的。

3. FMBO 吸附除磷等温线

在 pH 5.0 和 pH 8.0、25℃条件下，FMBO 对磷吸附的等温线如图 2-46 所示。可见，在 pH 5.0 和 pH 8.0 时，磷吸附容量均随磷平衡浓度的增加而逐渐增加，在磷平衡浓度为 0.05mmol/L 时，磷吸附容量分别约为 0.20mol P/mol Fe（pH 5.0）和 0.10mol P/mol Fe（pH 8.0）。并且，在较低磷平衡浓度时，磷吸附等温线曲线非常陡峭，即在较低磷平衡浓度时，磷吸附容量即达到很大，说明 FMBO 对低浓度磷的吸附非常有利。

　　使用 Langmuir 和 Freundlich 吸附等温线模型对 pH 5.0 和 pH 8.0 的等温线进行拟合，拟合参数如**表 2-14** 所示。可见，Langmuir 吸附模型和 Freundlich 吸附模型均能较好地描述 FMBO 对磷的吸附过程，两种等温线模型在不同 pH 值时的拟合相关性有所差异，但是等温线方程式并不能完全说明吸附机理，更详细的吸附机理需进一步通过光谱方法来阐明[19]。通过比较 Langmuir 模型拟合得到的最大吸附容量(q_m)可知，在 pH 5.0 时的磷吸附容量(0.223mol P/mol Fe)明显高于 pH 8.0 时的吸附容量(0.106mol P/mol Fe)，较低 pH 值时比较高 pH 值时具有更高的磷吸附容量的原因已在前面部分做过较详细的阐述。

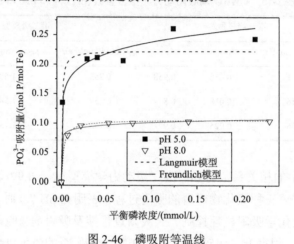

图 2-46　磷吸附等温线

Fe/Mn = 3，[Fe] = 0.12mmol/L，离子强度 0.01mol/L NaCl，25℃

表 2-14　FMBO 吸附磷的等温线拟合参数

	Langmuir 等温线模型			Freundlich 等温线模型		
	q_m/(mol P/mol Fe)	b/(L/mmol)	R^2	K_F	$1/n$	R^2
pH 5.0	0.223	1493.333	0.919	0.318	0.126	0.960
pH 8.0	0.106	450.857	0.967	0.117	0.062	0.838

　　对 FMBO 进行 XRD 分析(**图 2-40**)的结果表明，FMBO 的 XRD 谱图中无明显尖峰出现，因此 FMBO 为无定形氧化物，这与物化特征的结论分析相一致。结合前面的 XPS 结果，可以认为 FMBO 为无定形水合铁氧化物(FeOOH)和锰氧化物(MnO_2)的复合物，并且 FMBO 的总 Fe/Mn 摩尔比为 2.3∶1，因此 FMBO 化学式可以写为：FeOOH·1/2.3MnO_2，则 pH 5.0 时，其磷吸附容量 0.223mol P/mol Fe

可换算为 54.51mg P/g FMBO，高于以前的预制粉末状 FMBO 的吸附容量 (33.20mg/g，pH 5.6)[9]。从而验证了新生态 FMBO 具有与预制的 FMBO 不同的物化特性，具有更高的活性吸附位点，因而具有更高的磷吸附容量。

4. 共存物质的影响

在水中，很多物质如 SO_4^{2-}、HCO_3^-、SiO_3^{2-}、DOC 可能与磷共存，从而与磷竞争在氧化物表面的吸附位点。相关研究已经指出[16, 44]，在地表水中，SO_4^{2-}、HCO_3^-、SiO_3^{2-} 的平均浓度分别约为 0.07mmol/L、1mmol/L、0.5mmol/L。pH 7.0 时，所研究的水库水中 DOC 浓度在 4mg/L 左右，因此在此浓度范围内，不同共存物质对 FMBO 吸附磷的竞争影响如**图 2-47** 所示。

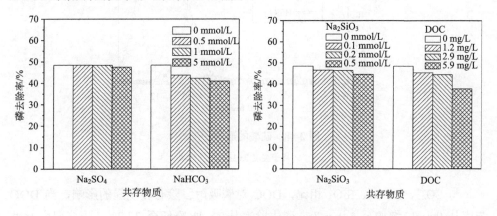

图 2-47　共存物质对除磷的影响

pH 7.0，Fe/Mn = 3，[Fe] = 0.12mmol/L，$[PO_4^{3-}]_0$ = 1.1mg/L，离子强度 0.01mol/L NaCl，25℃

很明显，四种共存物质中，SO_4^{2-} 对磷吸附的竞争影响最小，当 SO_4^{2-} 浓度从 0mmol/L 增加至 5mmol/L，FMBO 对磷的吸附去除率仅从 48.4%轻微降低至 47.5%。其他研究者也有类似的结论报道，Meng 等[45]研究了 pH 6.8 时 SO_4^{2-} 对 $FeCl_3$ 共沉淀除砷的影响，发现 SO_4^{2-} 对其仅有轻微的影响，并且认为 SO_4^{2-} 与形成的水合铁氧化物之间的吸附作用力明显小于磷。Zhang 等[46]的研究表明，磷经常与金属氧化物形成内球表面络合物，而 SO_4^{2-} 与金属氧化物表面的吸附位点络合能力很弱，只能形成外球络合物，因而导致 SO_4^{2-} 的竞争影响很小。

对于 HCO_3^-、SiO_3^{2-} 而言，当其浓度从 0mmol/L 分别增加至 5mmol/L 和 0.5mmol/L，磷吸附去除率也是轻微降低，分别降低了 7.4% 和 3.8%。HCO_3^-影响的结果与其他研究者的结果一致，Rahnemaie 等[47]的研究认为，碳酸盐对磷在针铁矿上的竞争吸附非常微弱，其在 pH 6~7 时能明显与磷竞争吸附位点，并且随着 pH 值的增加竞争作用降低，在约 pH 10.5 时竞争作用很弱。

硅酸属弱酸，根据其形态分布（**图 2-48**），当 pH < 7 时，其尚未发生离解，以 H_2SiO_3 分子形态存在，呈中性，因而其在酸性和中性条件下对磷的竞争吸附很微弱；当 pH ≥ 8 时，H_2SiO_3 分子开始离解生成 $HSiO_3^-$ 和 SiO_3^{2-}，它们因带有负电荷而与磷在氧化物的表面竞争吸附位点，因而竞争作用强烈。

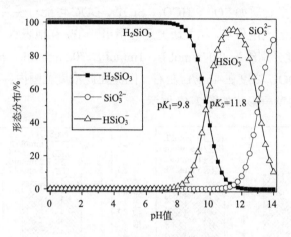

图 2-48　硅酸的形态分布图

离子强度 0.01mol/L

与 SO_4^{2-}、HCO_3^-、SiO_3^{2-} 相比，DOC 对磷吸附去除有较明显的影响，当 DOC 浓度从 0mg/L 增加至 5.9mg/L，磷去除率从 48.4% 降低至 37.7%。很多研究者对 DOC 在金属氧化物表面的竞争吸附进行了研究，认为 DOC 会与阴离子竞争金属氧化物表面的吸附位点。并且有研究认为，一些腐殖酸分子会特性吸附在金属氧化物表面，与磷竞争吸附，导致其去除率降低[48, 49]。

综上所述，在 pH 值为中性附近，所研究的共存物质对 FMBO 吸附除磷的竞争影响不大。当 FMBO 用于实际水处理时，由于水的 pH 值通常在中性附近，因而对 FMBO 的实际应用是非常有利的。

5. 陈化时间的影响

陈化时间的长短可能影响吸附剂金属氧化物的晶型，一般来说，陈化时间越长，金属氧化物的结晶度越高。而高的结晶度可能会降低金属氧化物的比表面积，从而降低其吸附能力。不同陈化时间下 FMBO 的吸附除磷能力如**图 2-49** 所示。

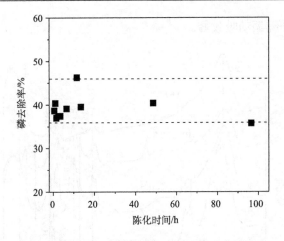

图 2-49　陈化时间对 FMBO 除磷效率的影响

pH 7.0，Fe/Mn = 3，Fe/P = 3，$[PO_4^{3-}]_0 = 8.9mg/L$，离子强度 0.01mol/L NaCl，25℃

结果表明，在实验的陈化时间内(0~100h)，陈化时间对 FMBO 除磷的影响不大，FMBO 对磷的去除率在 37%~46%范围内变化，这说明在实验所研究的陈化时间范围内，新生态 FMBO 的无定形态保持良好，陈化时间并未明显降低其对磷的吸附能力。

2.3.4　FMBO 吸附除磷机理分析

不同 pH 值时磷吸附前后 FMBO 的 FTIR 谱图如**图 2-50** 所示。对 FMBO 样品，3378cm^{-1} 和 3423cm^{-1} 处的吸收峰归因于 FMBO 表面物理吸附的水分子的伸缩振动，1618cm^{-1} 处的吸收峰归因于水分子的弯曲振动。1123cm^{-1} 和 1051cm^{-1} 处的吸收峰可能是由 FMBO 中的金属羟基基团 M—OH 的弯曲振动引起[50]。499cm^{-1} 处的吸收峰可能是由 MnO_2 引起。Malankar 等[32]指出，γ-MnO_2 的吸收峰一般在 400~600cm^{-1}。Li 等[51]的研究认为，523cm^{-1} 处的吸收峰是由 α-MnO_2 中 MnO_6 八面体的 Mn—O 键振动引起。

当 FMBO 吸附磷以后，1361cm^{-1} 处的吸收峰主要是由物理吸附的 CO_2 的 C—O 伸缩振动引起[52]。499cm^{-1} 处的吸收峰消失，而在 620cm^{-1} 处出现一个新的吸收峰。这可能由于 MnO_2 参与了磷的吸附，正如前面 pH 值影响中所阐明的一样，MnO_2 确实对磷有一定的吸附作用，虽然其吸附磷的能力不强。881cm^{-1} 和 877cm^{-1} 处的两个不同的吸收峰可能与不同 pH 值时所吸附的不同形态的磷有关。El Samrani 等[53]指出，875cm^{-1} 处的吸收峰主要由 $H_2PO_4^-$ 和 H_3PO_4 中 P—OH 键引起。Persson 等[54]的研究也表明，HPO_4^{2-} 和 $H_2PO_4^-$ 中的 P—OH 键在 847cm^{-1} 和

874cm^{-1}处出现伸缩振动吸收峰。

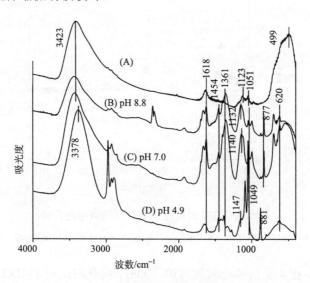

图 2-50　磷吸附前后 FMBO 的 FTIR 谱图

(A)吸附前 FMBO；(B~D)吸附后 FMBO；$[PO_4^{3-}]_0 = 0.65mg/L$，25℃，$[Fe] = 0.2mmol/L$

　　由于磷的吸附，1123cm^{-1}处 Fe—OH 的弯曲振动吸收峰完全消失，不同 pH 值情况下均在 1049cm^{-1}处出现新的吸收峰，这可能归因于所吸附的 P—O 键的非对称振动。这可能暗示着磷与 FMBO 表面的金属氧化物羟基基团发生了络合作用。结合上述 Zeta 电位和 FTIR 的分析结果可知，磷与 FMBO 表面除存在静电作用吸附机理以外，与金属氧化物羟基基团(Fe—OH、Mn—OH)发生的羟基替换也是主要的吸附机理。

　　进一步分析了磷吸附后 FMBO 表面的 O 1s 形态(**图 2-51**)，磷吸附前后 FMBO 表面不同氧形态的 O 1s 及含量变化列于**表 2-15**。对于 FMBO，表面所含 M—O 和 M—OH 的比例分别为 26%和 74%；当吸附磷后，其表面 M—O 的比例升高为 37%，而 M—OH 的比例降低为 63%。这说明吸附剂表面的金属羟基(M—OH)参与了磷的吸附反应，从而使表面金属羟基被磷所替换，引起金属羟基比例的降低，这与上述 FTIR 分析的结果是一致的。Shin 等[35]研究指出，磷被吸附在金属氧化物表面时，磷基团(P—OH)与金属氧化物表面的羟基基团通过羟基交换而形成单齿或双齿内球表面络合物，反应式如下所示。

单齿单核络合物：　$M-OH + HPO_4^{2-} + H^+ \longrightarrow M-O-\overset{\displaystyle OH}{\underset{\displaystyle O}{\overset{\displaystyle |}{\underset{\displaystyle \|}{P}}}}-OH + OH^-$

双齿单核络合物：　$M=(OH)_2 + HPO_4^{2-} \longrightarrow M\overset{O}{\underset{O}{\diagdown\diagup}}P-OH + 2OH^-$

双齿双核络合物：　$2M-OH + HPO_4^{2-} \longrightarrow \begin{matrix} M-O \\ M-O \end{matrix}\overset{O}{\diagup}P\diagup_{OH} + 2OH^-$

根据反应式可知，对于单齿络合物而言，原有吸附剂与吸磷后吸附剂的表面羟基比为 1∶2(0.5)，而对于双齿络合物，原有吸附剂与吸磷后吸附剂的表面羟基比为 2∶1(2)。在本研究中，原有吸附剂(74%)与吸磷后吸附剂的表面羟基(63%)比为 1.2∶1，该值介于 0.5~2 之间，因此，在 pH 7.0，当磷被 FMBO 吸附时，单齿单核、双齿单核和双齿双核络合物均有可能形成，并且此时，部分羟基基团会发生质子化作用带正电，使带正电的 FMBO 表面与带负电的磷形态(HPO_4^{2-}、$H_2PO_4^-$)之间存在静电引力作用。

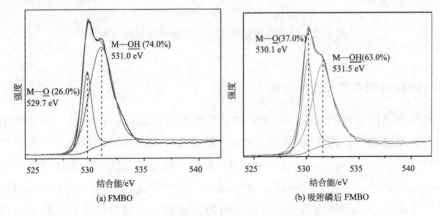

图 2-51　吸附磷前后 FMBO 表面 O 1s 形态

pH 7.0, $[PO_4^{3-}]_0 = 0.65\text{mg/L}$, 25℃, $[\text{Fe}] = 0.2\text{mmol/L}$

表 2-15　磷吸附前后 FMBO 的 O 1s 参数

	O 形态 [a]	结合能/eV	半峰宽/eV	比例 [b]/%
FMBO	M—O	529.7	1	26
	M—OH	531.0	2.56	74
吸附磷后 FMBO	M—O	530.1	1.18	37
	M—OH	531.5	2.26	63

a. M—O：金属结合态氧；M—OH：金属结合态羟基。b. 不同形态氧占总氧的比例。

根据前述 FMBO 的表面特征，结合吸附实验结果，可以做如下关于 FMBO 微聚体形成过程和磷吸附过程的推测(**图 2-52**)，此过程简述如下：①铁氧化物和锰氧化物颗粒的形成，同时 FMBO 呈现出具有微细颗粒的多孔结构；②相对于锰氧化物组分，具有较小颗粒尺寸的铁氧化物组分富集于复合氧化物的表面，使复合氧化物的 pH_{ZPC} 更接近于铁氧化物；③具有较小颗粒尺寸和较大比表面积的 FMBO 微聚体形成；④在水中，磷通过静电作用和羟基交换作用吸附在 FMBO 微聚体表面。

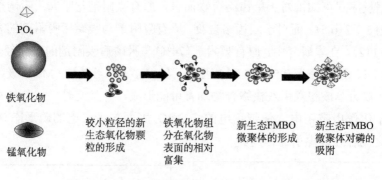

图 2-52　FMBO 微聚体的形成及磷吸附过程示意

2.3.5　FMBO 用于实际水样除磷

水样取自所研究的水库，实验期间主要水质指标如**表 2-16** 所示。不同 FMBO 投加量的除磷效果如**图 2-53** 所示。可见，随着(Fe+Mn)总量的增加，残留的 TDP 和 SRP 浓度均快速降低，当(Fe+Mn)/P$\geq$8 时，残留的 TDP 和 SRP 浓度均低于 0.01mg/L，此时，二者去除率高达 90%以上，趋于稳定，符合《地表水环境质量标准》I 类标准对磷浓度的要求。并且吸附后水样 pH 值总体呈升高趋势，这进一步表明 FMBO 吸附除磷的过程中，羟基交换的化学络合作用(形成单齿、双齿络合物)是其主要机理之一。

表 2-16　水样主要水质指标

pH 值	TP/(mg/L)	TDP/(mg/L)	SRP/(mg/L)	DOC/(mg/L)	UV_{254}/cm^{-1}	沉淀后浊度/NTU
7.8~8.3	0.091~0.108	0.068~0.093	0.053~0.083	2~4	0.048	26.3

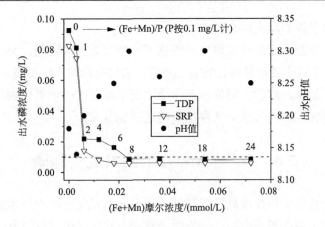

图 2-53　不同 FMBO 投加量的除磷效果

2.3.6　小结

(1)不同新生态氧化物(FMBO、FMMO、HFO、HMO)分别通过氧化-共沉淀法、物理混合法(氧化法和共沉淀法分别预制后混合)、共沉淀法、氧化法合成,并对它们的表面特征和吸附除磷性能进行了对比分析。粒径分布、TEM、Zeta 电位和 XPS 的分析结果表明,对于 FMBO,因其通过氧化-共沉淀法制备,加之具有较小粒径的锰氧化物的嵌入,形成的 FMBO 微聚体粒径较小,呈多孔态;通过 XPS 和 EDAX 表面分析,得出的 FMBO 的表面 Fe/Mn 摩尔比为 3.6 和 3.0,大于其总体 Fe/Mn 摩尔比 2.3,且 FMBO 的 XRD 峰形和等电点接近于铁氧化物(约为7.3),说明与锰氧化物相比,铁氧化物更易富集在微聚体表面,使 FMBO 表面酸碱性质接近于铁氧化物。

(2)FMBO 的上述特性,使其显示出与 FMMO、HFO、HMO 不同的优良的磷吸附性能,正如 pH 值影响和吸附动力学实验结果所表明的一样。吸附动力学结果表明,准二级动力学方程对 FMBO 吸附除磷具有更好的拟合效果($R^2 > 0.99$),说明化学吸附是 FMBO 吸附除磷的主要机理之一。磷吸附等温线能较好地用Langmuir 和 Freundlich 等温线模型拟合,pH 5.0 时最大磷吸附容量为0.223mol P/mol Fe。pH 7.0 时,共存物质如 SO_4^{2-}、HCO_3^-、SiO_3^{2-}、DOC 对 FMBO吸附除磷的影响较小。陈化时间(0~100h)未对 FMBO 吸附除磷的能力产生明显影响。

(3)吸附磷前后 FMBO 的 Zeta 电位、FTIR 和 XPS 的分析结果表明,静电作用和羟基交换(Fe—OH 和 Mn—OH)是磷吸附的主要机理,当磷吸附在 FMBO 表面时可能形成单齿和双齿络合物。

本研究一方面为水处理吸附除磷提供了一种有效的吸附剂；另一方面，在水环境中，水合铁氧化物和锰氧化物普遍存在，它们会影响水中微量 Fe 和 Mn 的含量，特别重要的是，它们之间的相互作用改变了原有的单一氧化物的颗粒尺寸和表面特征，同时也影响着水中共存物质的迁移和分布。

2.4　Fe^{2+}-$KMnO_4$ 工艺共沉淀除磷

铁盐、铝盐等金属盐混凝技术及铁、铝等金属氧化物吸附技术常用于去除水中的磷。铁盐、铝盐溶于水后，一方面会直接与水中的磷（PO_4^{3-}）发生沉淀作用，生成 $FePO_4$ 和 $AlPO_4$，二者分别在 pH 5 和 pH 6 时具有最小的溶解度，即最容易生成沉淀；另一方面，铁盐、铝盐会发生剧烈的水解和聚合反应，生成金属羟基络合物，这些络合物会与带负电荷的磷发生电中和及络合$[M(OH)_{3-x}(PO_4)_x]$等作用；另外，生成的金属羟基氧化物，如 $Fe(OH)_3$、$Al(OH)_3$ 等对磷具有很好的吸附作用[55]。近年来有研究表明，通过原位反应生成的 Fe^{3+} 比直接投加 Fe^{3+} 可能具有更好的除磷效果。如 Lee 等[56]通过 $Fe(VI)$ 和 $Fe(II)$ 氧化还原反应原位生成 $Fe(III)$ 处理城市污水时发现，$Fe(VI)$ 氧化污水中有机物（苯酚、苯胺等）原位生成的 $Fe(III)$ 具有比直接投加 $Fe(III)$ 更好的除磷效果，从而实现同步去除污水中的微污染物和磷。

在水处理中 $KMnO_4$ 和 $FeSO_4$ 是广泛使用的绿色药剂，$KMnO_4$ 和 $FeSO_4$ 在不同的酸碱条件下，可能发生不同的反应，其反应式如下：

酸性条件：$3Fe^{2+} + MnO_4^- + 4H^+ \Longrightarrow 3Fe^{3+} + MnO_2 + 2H_2O$

中性条件：$3Fe^{2+} + MnO_4^- + 7H_2O \Longrightarrow 3Fe(OH)_3 + MnO_2 + 5H^+$

碱性条件：$3Fe^{2+} + MnO_4^- + 5OH^- + 2H_2O \Longrightarrow 3Fe(OH)_3 + MnO_2$

关于投加 $KMnO_4$ 和 $FeSO_4$ 原位生成 Fe^{3+} 除磷的研究还很少，因此，本研究在水中磷存在的条件下，通过同时投加 $KMnO_4$ 和 $FeSO_4$，经氧化还原反应原位生成新生态 Fe^{3+} 或金属氧化物，对 Fe^{2+}-$KMnO_4$ 工艺除磷的效能和机理进行了探讨。

2.4.1　材料与方法

1. 实验试剂与材料

实验中所有试剂（KH_2PO_4、$KMnO_4$、$FeSO_4 \cdot 7H_2O$、$FeCl_3$、$MnSO_4$、NaCl、Na_2SO_4、$NaHCO_3$、Na_2SiO_3、NaOH、HCl）均为分析纯，购于国药集团化学试剂

有限公司。KH_2PO_4 于 105℃下在烘箱中烘干后，配制成 KH_2PO_4 使用液。所有溶液均用去离子水配制，5mol/L 或 1mol/L NaOH 溶液和 10% HCl 溶液用于 pH 值的调节。腐殖酸购于 Sigma-Aldrich 公司(美国)。实验时，腐殖酸通过 NaOH 溶液溶解，调 pH 值至中性，过 0.45μm 滤膜后滤液用于不同浓度 DOC 溶液的配制。

2. 实验方法

实验内容包括：不同铁投加量(Fe^{2+})的影响、pH 值的影响、磷初始浓度的影响、Fe/P 比的影响、反应时间的影响、共存物质的影响(阴离子、阳离子和 DOC)。除动力学实验采用磁力搅拌装置进行外，其余所有实验采用六联搅拌装置(MY3000-6k，湖北潜江梅宇仪器有限公司，中国)，室温下进行，背景电解质为 0.01mol/L 的 NaCl 溶液，投加 0.001mol/L 的 $NaHCO_3$ 增强碱度(阴离子影响实验除外)。实验过程采用快搅 3min(250r/min)，慢搅 15min(40r/min)，沉淀 30min 后，吸取上清液经 0.45μm 滤膜过滤后测定磷、铁、锰的浓度。

不同铁投加量的影响实验中，溶液初始 pH 值使用一定浓度的 HCl 和 NaOH 溶液分别调节为 7 和 9，磷浓度为 0.7mg/L，对 $FeCl_3$ 混凝和 Fe^{2+}-$KMnO_4$ 工艺除磷进行对比。$FeCl_3$ 混凝实验中，其浓度分别为 0.012mmol/L、0.03mmol/L、0.06mmol/L、0.09mmol/L、0.12mmol/L、0.18mmol/L，快搅开始后投加 $FeCl_3$。Fe^{2+}-$KMnO_4$ 工艺中，固定 $KMnO_4$ 浓度为 0.05mmol/L，$FeSO_4$ 浓度分别为 0.012mmol/L、0.03mmol/L、0.06mmol/L、0.09mmol/L、0.12mmol/L、0.18mmol/L，快搅开始后先投加 $KMnO_4$，然后 1min 内快速投加 $FeSO_4$。在后续的 Fe^{2+}-$KMnO_4$ 工艺实验中，也采用类似的药剂投加方式(研究铁锰投加顺序的实验除外)。

在 pH 值的影响实验中，磷浓度为 1.1mg/L，对 Fe^{2+}-$KMnO_4$ 工艺、原位 MnO_2 和 $FeCl_3$ 混凝除磷的效果进行了对比，使用 HCl 和 NaOH 溶液全程控制调节 pH 值范围为 5~10。Fe^{2+}-$KMnO_4$ 工艺：Fe/Mn = 3，Fe/P = 3。原位 MnO_2 实验：通过先后投加 $KMnO_4$ 和 $MnSO_4$ 进行，其反应式为 $3MnSO_4 + 2KMnO_4 + 2H_2O \Longrightarrow 5MnO_2 + K_2SO_4 + 2H_2SO_4$，实验条件为 Mn/P = 1。$FeCl_3$ 混凝实验：Fe/P = 3。

磷初始浓度的影响实验中，Fe/Mn = 3，$FeSO_4$ 投加量为 0.06mmol/L，分别在 pH 5.0 和 pH 8.9 进行，调节磷的浓度范围为 0.5~6mg/L。

Fe/P 比的影响实验分别在不同 pH 值(4.9、7.0、8.8)和不同磷初始浓度(0.9mg/L、1.8mg/L、2.6mg/L)两种情况下进行，不同 pH 值实验时，磷初始浓度保持在 0.62~0.68mg/L。不同磷初始浓度实验时，初始 pH 7.0，Fe/Mn = 3。

反应动力学直接影响除磷速率的快慢，对 Fe^{2+}-$KMnO_4$ 工艺的应用非常重要，因此研究了反应时间对除磷的影响。实验在 pH 7.0 进行，Fe/Mn = 3，Fe/P = 3，磷初始浓度分别为 3.1mg/L 和 5.2mg/L，溶液体积为 1 L，反应时间 24h，分别在 5min、10min、20min、30min、60min、120min、240min、360min、1080min、1440min 取样，取样体积 10mL，经 0.45μm 滤膜过滤后测定磷的浓度。

水中各种共存物质(阴离子：SO_4^{2-}、HCO_3^-、SiO_3^{2-}；阳离子：Ca^{2+}、Mg^{2+}；有机物)可能影响工艺除磷，降低或促进除磷效率，因此，需研究这些共存物质对除磷的影响。阴离子影响实验分别在 pH 7.0 和 pH 8.0 时进行，Fe/Mn = 3，Fe/P = 3，磷初始浓度为 1.0mg/L。有机物影响实验中，DOC 初始浓度分别 1.1mg/L 和 4.5mg/L(根据所研究水库水样中 DOC 浓度确定)，调节 pH 值范围为 4~9，Fe/Mn = 3，Fe/P = 1.5。并测定反应后水样的 Zeta 电位及水样中残留的 Fe、Mn 浓度。Ca^{2+}、Mg^{2+}影响实验中，阳离子浓度分别为 0.001mol/L 和 0.005mol/L，调节 pH 值范围为 3~11，Fe/Mn=3，Fe/P=1.5。

Fe^{2+}-$KMnO_4$ 工艺在除磷过程中，会通过氧化还原作用快速生成新生态 Fe^{3+}，Fe^{3+} 具有常规混凝剂所具有的沉淀(生成 $FePO_4$)、吸附、共沉淀(络合沉淀、网捕卷扫)作用，另外原位生成的 $Fe(OH)_3$ 和 MnO_2 表面具有很多的活性位点，对磷具有良好的吸附作用。因此，为确定 Fe^{2+}-$KMnO_4$ 工艺除磷的主导机理，对不同 pH 值(4.9、8.8)时 Fe^{2+}-$KMnO_4$ 工艺除磷和新生态铁锰氧化物吸附除磷效能进行了对比。实验过程均在相同的 Fe^{2+}、Fe^{3+} 投加量下进行(浓度分别为 0.012mmol/L、0.03mmol/L、0.06mmol/L、0.09mmol/L、0.12mmol/L、0.18mmol/L)，磷初始浓度为 0.7mg/L，对 $FeSO_4$-$KMnO_4$ 工艺，其 Fe/Mn = 3。为进一步阐明其除磷机理，对与磷反应前后的沉淀物进行了 XPS 分析，pH 7.2，磷浓度分别为 0mg/L 和 10mg/L。Fe^{2+}-$KMnO_4$ 工艺除磷在酸性和碱性条件下可能具有不同的主导机理，在酸性条件下可能易于产生磷酸铁沉淀，而在碱性条件下可能更易于通过生成金属氧化物吸附作用除磷。因此分别在 pH 4.9 和 pH 8.8 条件下，固定 $FeSO_4$ 投加量为 1mmol/L，Fe/Mn = 3，对不同 P/Fe 比时的磷去除率，残留铁锰浓度，反应后颗粒物的 Zeta 电位，沉淀物的 XRD、FTIR 和 Raman 光谱进行了分析，同时与商业 $FePO_4$ 进行了对比分析。

3. 分析测试与表征方法

水样中溶解态总磷、Fe、Mn 浓度采用 ICP-OES(ICP-OES 700, Agilent Technologies, USA)测定，溶解态反应性磷浓度采用抗坏血酸-钼酸盐分光光度法 (700nm)测定，所用紫外可见分光光度计为 U-3010 型(Hitachi Co., Japan)。

SEM 分析通过 JEOL-7401FESEM 完成。使用 XRD(X'Pert PRO MPD, PANalytical, Netherland)对冷冻干燥后沉淀物进行 XRD 分析。

使用 FTIR 和 XPS 表征分析磷反应前后的沉淀物的特征，反应结束后，过滤分离出沉淀物，用去离子水清洗几次，以去除吸附剂表面游离态的离子，冷冻干燥后，用于分析测试。

FTIR 测试在 Thermo-Nicolet 5700 红外光谱仪(Thermo Co., USA)上进行，波数范围为 400~4000cm^{-1}，扫描次数为 32 次，分辨率为 4cm^{-1}。样品与干燥的光谱级 KBr 以约 1：100 的质量比混合，并在玛瑙研钵中充分研磨混合，之后在磨具中于 14MPa 压力下压制 3min 成型。

XPS 分析在 Kratos AXIS Ultra X 射线光电子能谱仪上进行，操作条件为单色 Al K$_\alpha$ X 射线源(1486.7eV)，功率约为 225 W(工作电压 15kV，发射电流 15mA)，样品室气压为 3×10^{-8} Torr。C 1s 峰用作内标校准(284.7eV)，全扫描范围为 0~1100eV，最小能量分辨率为 0.48eV(Ag 3d$_{5/2}$)，最小 XPS 分析直径为 15μm，XPS 结果分析软件为 CasaXPS(2.3.12Dev7)。

拉曼光谱分析采用紫外共振拉曼光谱仪(UVR DLPC-DL-03，China)测定，激发波长 532nm，光源功率 40mW，激光光斑直径聚焦于 25μm 处，光谱分辨率 2cm^{-1}，所有样品在温度 293K 时测定。

2.4.2　Fe^{2+}-KMnO$_4$ 工艺除磷前后沉淀物物化特征

反应前后沉淀物的 SEM-EDAX 照片如**图 2-54** 所示。由 SEM 照片可见，与磷反应前，因 Fe/Mn 比为 3，因而生成铁锰复合氧化物，其表面粗糙多孔；而与磷反应后孔隙不明显，呈聚集结合态。通过 EDAX 表面成分分析，反应前沉淀物 Fe/Mn 比为 2.7，接近于反应前摩尔比 3。与磷反应后的 EDAX 谱图中，明显有磷的峰出现，说明 Fe^{2+}-KMnO$_4$ 工艺除磷过程中，可能与磷发生了吸附和共沉淀等化学作用。同时对铁氧化物和锰氧化物的表面形貌进行了分析(**图 2-55**)，结果表明，铁氧化物颗粒明显比锰氧化物更大，而锰氧化物呈明显的多孔松散状。

2.4.3　Fe^{2+}-KMnO$_4$ 工艺除磷影响因素

1. 不同铁投加量的影响

pH 7 和 pH 9 时，不同铁投加量时 FeCl$_3$ 混凝与 Fe^{2+}-KMnO$_4$ 工艺除磷效果对比见**图 2-56**。可见，pH 7 和 pH 9 时，随着 FeCl$_3$ 投加量的增加，FeCl$_3$ 混凝对磷的去除率均呈先增加后降低趋势。已有研究表明，当 FeCl$_3$ 投加量达到一定程度后，多余的混凝剂离子会吸附于脱稳颗粒表面，产生"胶体保护"作用，引起颗粒的重新稳定，从而导致混凝效果变差。

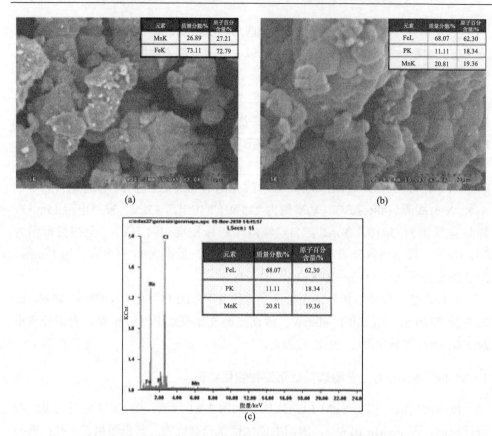

图 2-54　磷反应前后沉淀物的 SEM-EDAX 照片(×3000)

(a)反应前 SEM 照片；(b)反应后 SEM 照片；(c)反应后 EDAX 谱图；pH 7.2，离子强度 0.01mol/L NaCl，Fe/Mn =
3，Fe/P = 3，$[PO_4^{3-}]_0$ = 10mg/L

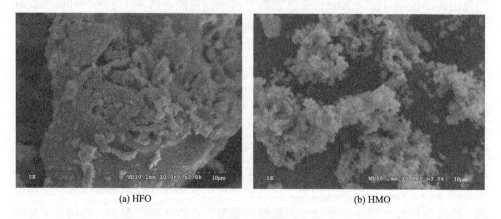

图 2-55　铁氧化物和锰氧化物 SEM 照片(×3000)

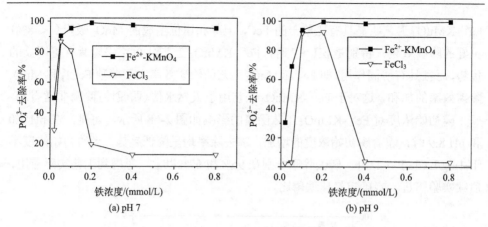

图 2-56　不同铁投加量的影响

$[PO_4^{3-}]_0 = 0.7mg/L$，$[kMnO_4]=0.05mmol/L$

而在同样的 pH 值时，Fe^{2+}-$KMnO_4$ 工艺明显具有比 $FeCl_3$ 混凝更好的除磷效果，随着铁浓度的增加，磷去除率逐渐增加，当铁浓度为 0.2mmol/L 时，磷去除率分别达 98.9%和 99.6%以上，去除率趋于稳定。并且发现铁浓度为 0.2~0.4mmol/L 时，即 Fe/Mn 比在 2~4 时，去除率达到相对稳定，并且根据 $FeSO_4$ 和 $KMnO_4$ 的化学反应式，反应摩尔比为 3：1，因此，后续实验均固定 Fe/Mn 比为 3。

2. pH 值和磷初始浓度的影响

pH 值对 Fe^{2+}-$KMnO_4$、$FeCl_3$ 混凝、MnO_2 吸附的影响如**图 2-57** 所示。可见，

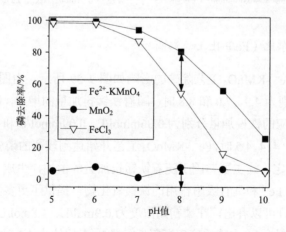

图 2-57　pH 值的影响

$[PO_4^{3-}]_0 = 1.1mg/L$，离子强度 0.01mol/L NaCl，25℃；Fe^{2+}-$KMnO_4$：Fe/Mn = 3，Fe/P = 3；
MnO_2：Mn/P = 1；$FeCl_3$：Fe/P = 3

Fe^{2+}-$KMnO_4$ 工艺明显具有比单一的 $FeCl_3$ 混凝和原位生成的 MnO_2 吸附（< 8%）更好的除磷效果，特别是 pH > 7 时，Fe^{2+}-$KMnO_4$ 工艺对 PO_4^{3-} 去除具有更明显的优势，而且具有协同作用，即 Fe^{2+}-$KMnO_4$ 工艺的除磷效率大于单独 $FeCl_3$ 和 MnO_2 除磷效率的加和，这对于 Fe^{2+}-$KMnO_4$ 工艺用于天然水体（弱碱性）除磷非常有利。

磷初始浓度对 Fe^{2+}-$KMnO_4$ 工艺除磷的影响如**图 2-58** 所示。可见，在 pH 5.0 和 pH 8.9 时，随着磷初始浓度的增加，磷去除率均呈降低趋势，当磷初始浓度小于 1mg/L（Fe/P > 2）时，磷去除率分别在 95% 和 67% 以上。考虑到工艺实际应用，后续实验需进一步确定最佳铁磷比。

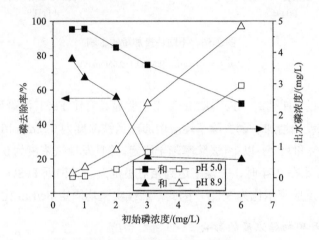

图 2-58　磷初始浓度的影响

$[Fe^{2+}]_0 = 0.06mmol/L$，$Fe/Mn = 3$，离子强度 $= 0.01mol/L$ NaCl，25℃

3. 铁磷摩尔比（Fe/P 比）的影响

Fe/P 比对 Fe^{2+}-$KMnO_4$ 工艺除磷的影响如**图 2-59**(a) 所示。由**图 2-59**(a) 可以看出，在 pH 值分别为 4.9、7.0 和 8.8 时，随着铁锰投加量的增加，磷去除率总体上呈增加趋势，对应的铁投加量分别为 0.06mmol/L、0.09mmol/L 和 0.09mmol/L 时，即 Fe/P 比分别为 4、4、4.5 时，Fe^{2+}-$KMnO_4$ 工艺开始达到较高的磷去除率（> 78%），除磷效果趋于稳定，这主要归因于随着铁锰投加量的增加，生成了更多的具有絮凝作用的新生态 Fe^{3+} 和具有吸附作用的铁锰氧化物，提供了更多的磷反应位点。

由**图 2-59**(b) 可以看出，在磷初始浓度为 0.9mol/L、1.8mol/L 和 2.6mg/L 时，随着 Fe/P 比的增加，出水磷浓度逐渐降低，在 Fe/P 比约为 1.7 时，PO_4^{3-} 去除率在 60%~80%。当 Fe/P 比增加至 2.8 时，PO_4^{3-} 去除率达 85%~93%。随着 Fe/P 比的进一步增加，磷去除率增加不明显，因此，在不考虑共存物质竞争效应时，可以认为在 Fe/P 比为 3 时，具有最好的处理效果。但在实际应用时，其他阴离子物质可能共存，产生竞争影响，因而可能需要更高的 Fe/P 比，这将在后面部分进一步详细探讨。

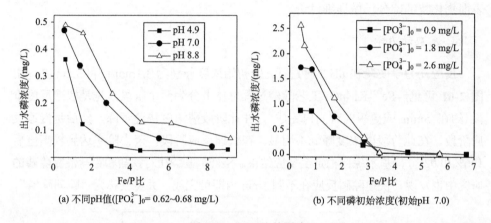

(a) 不同pH值([PO_4^{3-}]$_0$= 0.62~0.68 mg/L) (b) 不同磷初始浓度(初始pH 7.0)

图 2-59　Fe/P 比的影响

Fe/Mn = 3，离子强度 0.01mol/L NaCl，25℃

由前面的反应式可知，Fe^{2+}-$KMnO_4$ 工艺会生成 $Fe(OH)_3$ 和 MnO_2，原位生成的 $Fe(OH)_3$ 具有较好的磷吸附作用，但原位生成的 MnO_2 的除磷效果尚不明确，因此需要进一步考察，结果如**图 2-60** 所示。可见，随着 Mn/P 比的增加，磷去除率也逐渐增加，当 Mn/P = 1 时(对应于 Fe^{2+}-$KMnO_4$ 工艺中 Fe/P = 3 的 Mn 的投加量)，原位生成的 MnO_2 的磷去除率仅为 6.9%(pH 4.9) 和 0.8%(pH 8.8)，而 Fe/P =

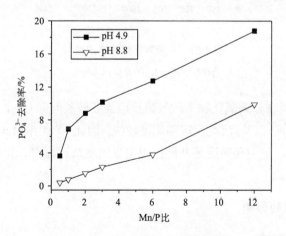

图 2-60　不同原位 MnO_2 投加量的影响

[PO_4^{3-}]$_0$ = 1mg/L，$MnSO_4$：$KMnO_4$ = 3：2

3 时，Fe^{2+}-$KMnO_4$ 工艺的磷去除率高达 70%(pH 4.9) 和 61%(pH 8.8)。这可能说明新生态 Fe^{3+} 的共沉淀和原位生成的 $Fe(OH)_3$ 的吸附对除磷起主要作用，原位生成的 MnO_2 虽然对磷去除率较低，但可能也起着增加吸附位点的作用，这在前述表面物化特征部分已做详细讨论。

4. 反应动力学

反应动力学实验在 pH 7 时进行，磷初始浓度分别为 3.1mol/L 和 5.2mg/L。由**图 2-61** 可见，Fe^{2+}-$KMnO_4$ 工艺除磷过程总体上分为两个阶段，先是快速反应阶段(约在 5min 或更短的时间内完成)，在此阶段磷浓度快速下降，然后是慢速反应阶段，在此阶段磷浓度降低不明显。在快速反应阶段，磷去除率达到较高值后 (96%和 93%)，基本保持稳定至反应结束。Szabó 等[57]在对铁盐和铝盐混凝除磷的研究中也发现，快速除磷反应在不到 1min 内即可完成，并将其称为"瞬间除磷"。

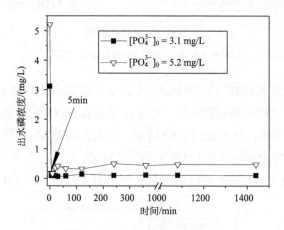

图 2-61　反应时间对除磷的影响

pH 7，Fe/P = 3，$[PO_4^{3-}]_0$ = 1.1mg/L

一般认为，磷在金属氧化物上的吸附反应需要较长时间(几个小时以上)[24,58]，而相对于吸附反应，(共)沉淀反应则速度较快，因此，Fe^{2+}-$KMnO_4$ 工艺除磷过程很可能是由络合、沉淀和吸附等共同作用主导的复杂过程[59]，正如在后面机理部分所论述的一样。

5. 共存物质的影响

1)阴离子的影响

pH 7 和 pH 8 时共存阴离子浓度对除磷的影响如**图 2-62** 所示。pH 7 时，当

SO_4^{2-} 浓度从 0mmol/L 增加至 10mmol/L，磷去除率从 85.0% 增加至 92%。一般认为，SO_4^{2-} 对铁盐混凝和铁氧化物吸附的竞争影响较小，主要归因于其与表面反应位点的络合能力较弱。Guan 等[60]研究了 SO_4^{2-} 对 Fe^{2+}-$KMnO_4$ 工艺去除 As(III) 的影响，结果表明，pH 7 时，当 SO_4^{2-} 浓度从 50mg/L 增加至 100mg/L，对工艺去除 As(III) 的影响很小。

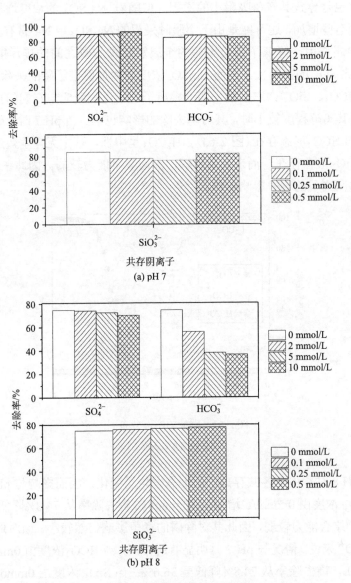

图 2-62　共存阴离子的影响

pH 7 和 pH 8，离子强度 0.01mol/L NaCl，Fe/Mn = 3，Fe/P = 3，$[PO_4^{3-}]_0$ = 1.0mg/L

　　Meng 等[45]研究了 SO_4^{2-} 对 $FeCl_3$ 共沉淀除 As（V）的影响，发现 pH 6.8±0.1 时，SO_4^{2-} 对 $FeCl_3$ 除 As（V）有很微小的影响，认为与 As（V）相比，SO_4^{2-} 在羟基氧化铁上的络合能力很弱。Hering 等[61]的研究发现，pH 4 和 pH 6 时，当 SO_4^{2-} 浓度增加至 960mg/L 时，未发现 SO_4^{2-} 对 $FeCl_3$ 共沉淀除 As（V）产生明显影响。并且，正如第 1 章所论述的一样，SO_4^{2-} 一般与金属氧化物形成外球表面络合物，因而络合能力弱，这也是导致其竞争吸附小的原因。但随着 Na_2SO_4 的浓度增加，其磷去除率却稍稍有些增加，这可能是由于实验时采用的 Na_2SO_4 中 Na^+ 带有正电荷，通过扩散双电层作用，降低了带负电荷的金属氧化物与磷之间的排斥能[25]，并且 Na^+ 的影响比 SO_4^{2-} 的影响大，因而 Na_2SO_4 浓度的增加促进了磷的去除。

　　至于 HCO_3^-、SiO_3^{2-}，它们均为弱酸根离子，其竞争反应与它们的形态有很大的关系，当其离解程度较小时，其对磷去除的影响也小。当 pH 7 时，碳酸根主要以 H_2CO_3 和 HCO_3^- 形态存在（**图 2-63**），H_2CO_3 呈中性，基本无竞争效应。硅酸根主要以 H_2SiO_3 形态存在，尚未发生离解，因而竞争能力较弱。因此在 pH 7 时，这几种共存阴离子的竞争影响较小。

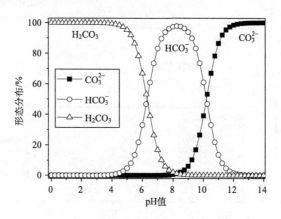

图 2-63　碳酸的形态分布图

离子强度 0.01mol/L

　　而当 pH 8 时，由于各共存离子的形态发生了变化，因而影响与 pH 7 时有所不同。当 SO_4^{2-} 浓度由 0mmol/L 增加至 10mmol/L，磷去除率从 74.8%降低至 70.1%，由于 SO_4^{2-} 的络合能力较弱，因此其对除磷的竞争影响仍然较小。而对弱酸根离子 HCO_3^- 和 SiO_3^{2-} 来说，情况与 pH 7 时明显有所不同，当 HCO_3^- 浓度由 0mmol/L 增加至 10mmol/L，磷去除率从 74.8%降低至 36.6%；当 SiO_3^{2-} 浓度由 0mmol/L 增加至 0.5mmol/L，磷去除率从 74.8%降低至 11.7%。HCO_3^- 和 SiO_3^{2-} 竞争效应均很明显，

SiO_3^{2-} 尤其强，这可以从 HCO_3^- 和 SiO_3^{2-} 的形态分布（图 2-48）来分析。对 H_2CO_3 而言，当 pH 8 时，HCO_3^- 为主要存在形态，H_2CO_3 分子形态比例减少，因而比 pH 7 时对磷的竞争影响更大。对 SiO_3^{2-} 而言，当 pH < 8 时，主要以 H_2SiO_3 分子形态存在，因而吸附能力弱；而当 pH ≥ 8 时，开始发生离解生成带负电荷的 HCO_3^- 和 SiO_3^{2-}，因而竞争作用很强。但一般天然水体中 HCO_3^- 和 SiO_3^{2-} 浓度分别约为 1mmol/L 和 0.2mmol/L，因此对于 Fe^{2+}-$KMnO_4$ 工艺用于水体除磷的影响不是很大。

2）DOC 的影响

不同 pH 值时，水中有机物（以 DOC 计）对 Fe^{2+}-$KMnO_4$ 工艺除磷的影响如图 2-64 所示。可见，当 pH 值较低时，DOC 对工艺除磷的影响较小，随着 pH 值的升高，对磷的竞争效应明显，使其去除率逐渐降低。这主要是因为在较高 pH 值时，腐殖酸中的—OH 和—COOH 等基团会逐渐去质子化，从而带有更多的负电荷，同时 Fe^{3+} 更易水解，表面正电荷降低，两方面因素造成对磷和 DOC 去除率的降低。并且当 DOC 浓度较高时，其与磷的竞争也明显，当 DOC 浓度从 1.1mg/L

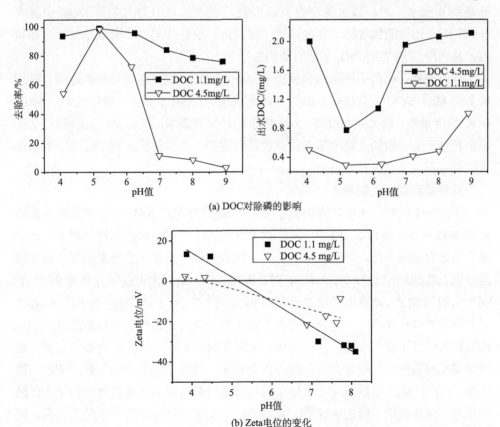

(a) DOC对除磷的影响

(b) Zeta电位的变化

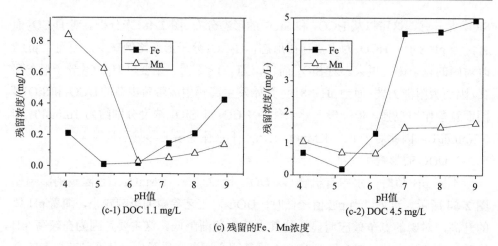

(c-1) DOC 1.1 mg/L

(c-2) DOC 4.5 mg/L

(c) 残留的 Fe、Mn 浓度

图 2-64　不同 pH 值时 DOC 对除磷的影响

Fe/Mn = 3，Fe/P = 1.5，$[PO_4^{3-}]_0 = 1.0$mg/L

升高到 4.5mg/L 时，磷去除率也有所降低。这主要是因为大多数 DOC 中含有—COOH，还可能包含酚基和羟基等，在水中，这些物质会与磷竞争活性反应位点，从而降低 Fe^{2+}-KMnO₄ 工艺对磷的去除率。

同时发现，磷的去除率与残留的 Fe、Mn、DOC 浓度基本呈相反趋势，残留的 Fe、Mn、DOC 浓度低时，磷的去除率较高。在 pH 5~6 时，残留的 Fe、Mn、DOC 浓度最低，磷去除率最高。Zeta 电位的结果也表明，在此 pH 值范围时，Zeta 电位接近于零，磷的去除率最高。这也同时说明，生成的沉淀物 Fe、Mn 对磷的去除起着至关重要的作用。

3）钙镁阳离子的影响

不同 pH 值时，水中共存阳离子 Ca^{2+}、Mg^{2+}对 Fe^{2+}-KMnO₄ 工艺除磷的影响如**图 2-65** 所示。可以看出，在 pH 3~11 的范围内，Ca^{2+}、Mg^{2+}浓度的增加，均强化了工艺对磷的去除。并且在 pH 4~7 范围内会有一个最大去除率出现，投加浓度分别为 0.005mol/L 和 0.001mol/L 时，投加 Ca^{2+}，磷最大去除率分别为 99.9%和 86.4%，投加 Mg^{2+}，磷最大去除率分别为 98.8%和 91.1%。Ca^{2+}、Mg^{2+}对 Fe^{2+}-KMnO₄ 工艺除磷的强化作用，一方面，可能是由于它们在一定条件下可与磷酸盐反应生成沉淀，促进了磷的去除；另一方面，可能是由于 Ca^{2+}、Mg^{2+}自身带正电荷，能增加混凝或吸附工艺中金属氧化物的表面电荷，强化金属氧化物与磷之间的吸附作用。Ca^{2+}、Mg^{2+}通过压缩双电层作用，降低带负电荷的金属氧化物与磷之间的排斥能，因而促进了磷的去除[60]。由于 Ca^{2+}、Mg^{2+}比 Na^+带有更多的正电荷，因而其对除磷的促进作用更明显。

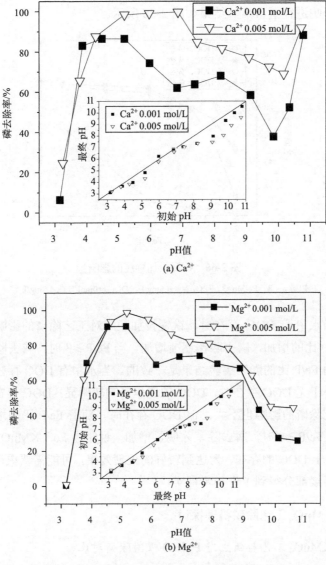

图 2-65　不同 pH 值时 Ca^{2+}、Mg^{2+}对除磷的影响

Fe/Mn = 3，Fe/P = 1.5，$[PO_4^{3-}]_0 = 1.0mg/L$

6. 铁锰投加顺序的影响

在 Fe^{2+}-KMnO$_4$ 工艺实际工程应用时，Fe^{2+}和 MnO$_4^-$的投加顺序可能会影响除磷效果，并且由前述可知，水中 DOC 在天然水体弱碱性条件下，对工艺除磷的竞争影响较大，因此在 pH 8 时水中有无 DOC 的情况下对 Fe^{2+}和 MnO$_4^-$的投加顺

序对除磷的影响进行了考察，结果如**图 2-66** 所示。

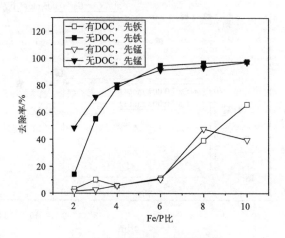

图 2-66　铁锰投加顺序的影响

初始 pH 8，Fe/Mn=3，$[PO_4^{3-}]_0 = 0.5mg/L$，DOC = 0mol/L 或 4.5mg/L

可见，当水中无 DOC 存在时，铁锰投加顺序对工艺除磷的影响不是很大，并且随着 Fe/P 比的增加，磷去除率逐渐增加，当 Fe/P≥3 时，磷去除率增加不明显。这与前面 Fe/P 比的影响实验结果是一致的。当水中有 DOC 存在时，对磷的去除率明显小于无 DOC 存在时，DOC 的竞争影响较明显；DOC 存在时，铁锰投加顺序对工艺除磷的影响也不大。但 DOC 存在时，随着 Fe/P 比的增加，磷去除率增加缓慢，Fe/P≥8 时，磷去除率才明显增加，说明当 Fe^{2+}-$KMnO_4$ 工艺用于实际水样时，由于 DOC 的存在，为达到较好的处理效果，可能需要更高的 Fe/P 比，这一结论在后续部分得到了进一步证实。

2.4.4　Fe^{2+}-$KMnO_4$ 工艺除磷机理探讨

1. Fe^{2+}-$KMnO_4$ 工艺与新生态 FMBO 吸附除磷对比

Fe^{3+}除磷是一个复杂的反应过程[62]，Fe^{2+}-$KMnO_4$ 工艺除磷与此类似，也是复杂的。在 Fe^{2+}-$KMnO_4$ 工艺除磷过程中，水中 Fe^{2+} 首先被 MnO_4^-氧化生成新生态 Fe^{3+}，生成的 Fe^{3+}也具有常规铁盐混凝剂的絮凝作用，一方面可能与水中的 PO_4^{3-} 发生沉淀作用，生成 $FePO_4$；另一方面，新生成 Fe^{3+} 会发生水解，同时 FMBO（铁锰二元氧化物）也会生成锰氧化物，二者会对水中的磷产生吸附、络合和共沉淀作用（网捕卷扫）。Guo 等[63]将共沉淀定义为：在氢氧化物的形成中，通过包覆或吸附作用，将溶解态物质嵌入其中的过程。

编者首先研究了 Fe^{2+}-$KMnO_4$ 工艺(表示为 In situ)与新生态 FMBO 吸附除磷 (表示为 Adsorption)效能的差异。**图 2-67** 为不同 pH 值(4.9、7.1、8.8)时,投加 不同铁浓度时出水磷浓度的对比。可见,在相同 pH 值和铁浓度时,Fe^{2+}-$KMnO_4$ 工艺与吸附除磷效能具有较大的差异,Fe^{2+}-$KMnO_4$ 工艺明显具有更好的除磷效 果。对于两种工艺而言,随着铁浓度的增加,出水磷的浓度均逐渐降低,去除率 呈增加趋势;对于所实验的三个 pH 值而言,pH 值低时比 pH 值高时的去除率高。 为便于比较,将 Fe^{2+}-$KMnO_4$ 工艺与吸附除磷工艺除磷效率示于**图 2-68**。可见, 在 pH 4.9 时,吸附工艺和 Fe^{2+}-$KMnO_4$ 工艺均具有很好的磷去除率,随着铁浓度 的增加,Fe^{2+}-$KMnO_4$ 工艺磷去除率增加明显比吸附工艺快,在铁浓度为 0.06mmol/L 时,磷去除率即达到90%以上,而吸附工艺则需要更多的投加量才能 达到同样的去除率。并且,吸附工艺比 Fe^{2+}-$KMnO_4$ 工艺除磷受 pH 值的影响更大, 当 pH 值升高时,磷去除率急剧下降,在 pH 8.8 时,铁浓度即使达到 0.18mmol/L, 磷去除率也只有37%。而随着 pH 值的升高,Fe^{2+}-$KMnO_4$ 工艺磷去除率的降低明 显较慢。进一步分析铁的形态(图 2-69)可知,当 pH≥7 时,Fe^{3+} 才开始水解形成 具有吸附作用的 $Fe(OH)_3$,其他形态如 $Fe(OH)_2^+$、$Fe(OH)^{2+}$ 可与相应形态的磷发 生电中和、络合等作用。可见,对于 Fe^{2+}-$KMnO_4$ 工艺除磷而言,吸附虽然起一 定的作用,但同时必然存在其他的作用机理,使其在不同 pH 值时均具有较好的 磷去除率。

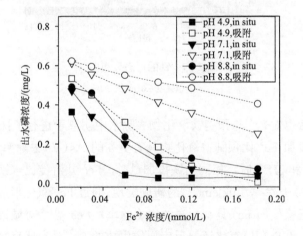

图 2-67 两种工艺出水磷浓度对比

$[PO_4^{3-}]_0 = 0.7mg/L = 0.023mmol/L$,离子强度 0.01mol/L NaCl,25℃,Fe/Mn = 3

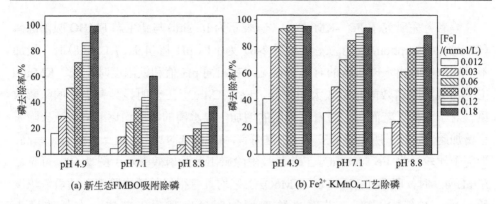

(a) 新生态FMBO吸附除磷　　　　　　　(b) Fe^{2+}-KMnO$_4$工艺除磷

图 2-68　两种工艺磷去除率对比

[PO$_4^{3-}$]$_0$ = 0.7mg/L = 0.023mmol/L，离子强度 0.01mol/L NaCl，25℃，Fe/Mn = 3

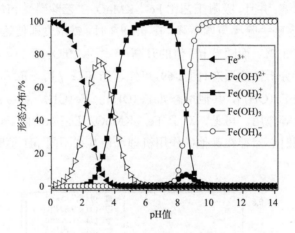

图 2-69　铁的形态分布图

离子强度 0.01mol/L

　　很多研究者也对 Fe^{3+}与预制铁氧化物去除水中阴离子进行了探讨。Fuller 等[64]观察到，直接投加 Fe^{3+}比预制铁氧化物具有更高的 As（Ⅴ）去除率。Tokoro 等[65]发现，在 pH 5 和 pH 7 时，相同的铁投加量时，Fe^{3+}共沉淀比水铁矿单独吸附具有更高的 As（Ⅴ）去除率。Lijklema[59]的研究发现，通过 Fe^{2+}氧化形成的新生态 Fe^{3+}共沉淀除磷比直接投加 Fe^{3+}具有更高的磷去除率。Lee 等[56]对城市污水的研究表明，通过 Fe（Ⅵ）和 Fe（Ⅱ）氧化还原反应原位生成的 Fe^{3+}具有比直接投加 Fe^{3+}更好的除磷效果，认为新生成的 Fe^{3+}相对均质且絮体较小，从而具有较高的比表面积是主要原因。

2. 不同 P/Fe 比对 Fe^{2+}-$KMnO_4$ 工艺除磷的影响

在 Fe^{3+} 除磷工艺中影响除磷效率的最重要因素包括：溶液 pH 值、铁投加量和磷初始浓度[62]，因此，本部分研究中将铁投加量固定，对不同溶液 pH 值（4.9 和 8.8）和不同 P/Fe 比条件下磷去除率和铁锰残留进行了对比分析。

由**图 2-70** 可知，P/Fe 比在 0.2~0.5 时，磷去除率最高，即 Fe/P = 2~5 时，与前述最佳 Fe/P=3 的实验结果相符，实际水处理时，为达到较高的磷去除率，需要 Fe/P > 1。并且当磷去除率较高时（P/Fe = 0.2~2），随着 P/Fe 比的增加，颗粒物的 Zeta 电位也明显降低，当 P/Fe > 2 时，颗粒物的 Zeta 电位基本不变，此时磷去除率也低。且当磷的去除率较高时，残留的铁锰浓度相对较低，说明生成的沉淀物铁锰对磷的去除起着至关重要的作用。在较高磷去除率时（P/Fe = 0.2~0.5），残留的铁锰浓度小于《地表水环境质量标准》（GB 3838—2002）中对集中式生活饮用水地表水源地铁锰的浓度（Fe：0.3mg/L，Mn：0.1mg/L），工艺可行。

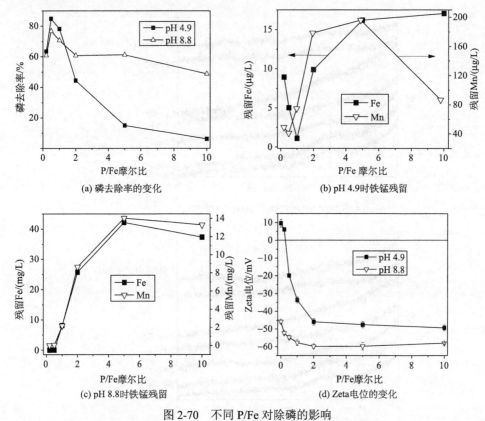

图 2-70　不同 P/Fe 对除磷的影响

Fe/Mn = 3，[Fe] = 1mmol/L，离子强度 0.01mol/L NaCl，25℃

3. Fe^{2+}-$KMnO_4$ 工艺除磷机理

Fe^{2+}-$KMnO_4$ 除磷工艺中,当 Fe^{2+} 被氧化为 Fe^{3+} 时,Fe^{3+} 一方面会水解生成 $Fe(OH)_3$,此过程通过吸附或共沉淀等作用除磷;另一方面可能直接与水中的 PO_4^{3-} 反应生成 $FePO_4$ 沉淀,通过沉淀的方式除磷。根据 $FePO_4$ 的溶解度,当 pH 4~6 时,溶解度最小,最易生成 $FePO_4$ 沉淀,且 P/Fe 理论摩尔比为 1∶1。因此,为进一步探讨 Fe^{2+}-$KMnO_4$ 工艺除磷机理,对上述不同 pH 值和 P/Fe 比条件下生成的沉淀物物化特征(XRD、FTIR、Raman 和 XPS 光谱)进行了测试分析,结果如**图 2-71~图 2-74** 所示。通过比较不同 P/Fe 比时的沉淀物、自制材料和商业 $FePO_4 \cdot 4H_2O$ 的 XRD 谱图(**图 2-71**)发现,在两种 pH 值时,P/Fe 比为 2、5、10 时在 $2\theta \approx 30°$ 处发现微弱的衍射峰,但其差异不明显。关于 $FePO_4$ 的 XRD 谱图,Zhang 等[66]的研究指出,$FePO_4 \cdot 2H_2O$ 在 $2\theta = 30°$ 处出现衍射峰,这和本研究的结果相似,由于差异不明显,仍需进行其他分析测试。

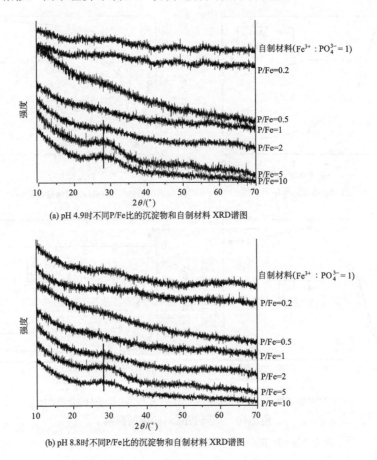

(a) pH 4.9时不同P/Fe比的沉淀物和自制材料 XRD谱图

(b) pH 8.8时不同P/Fe比的沉淀物和自制材料 XRD谱图

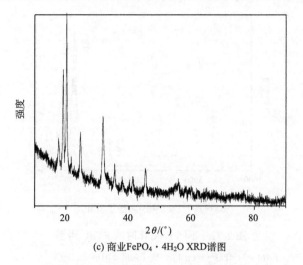

(c) 商业FePO$_4$·4H$_2$O XRD谱图

图 2-71　不同 P/Fe 比时的 XRD 谱图

[Fe] = 1mmol/L，Fe/Mn=3，离子强度 0.01mol/L NaCl，25℃

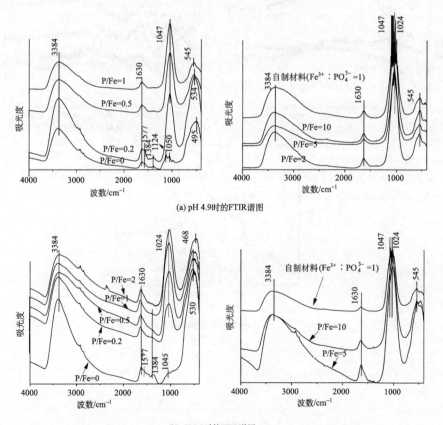

(a) pH 4.9时的FTIR谱图

(b) pH 8.8时的FTIR谱图

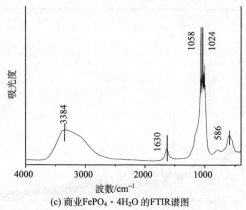

(c) 商业FePO₄·4H₂O 的FTIR谱图

图 2-72　不同 P/Fe 比时的 FTIR 谱图

Fe/Mn=3，[Fe] = 1mmol/L，离子强度 0.01mol/L NaCl，25℃

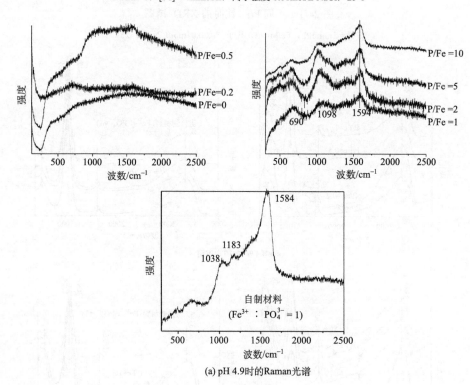

(a) pH 4.9时的Raman光谱

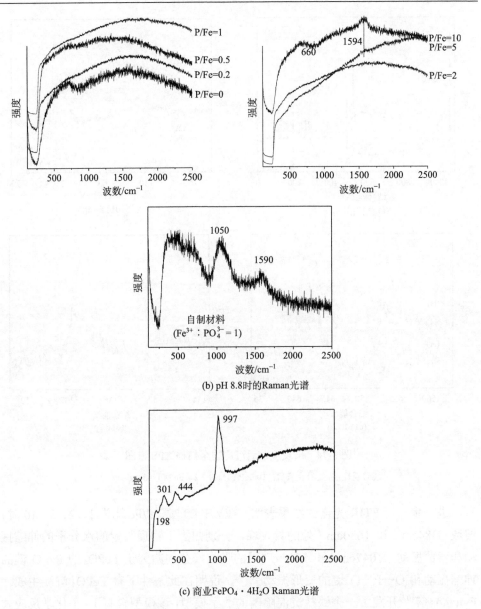

(b) pH 8.8时的Raman光谱

(c) 商业FePO₄·4H₂O Raman光谱

图 2-73　不同 P/Fe 比时的 Raman 光谱

[Fe] = 1mmol/L，Fe/Mn=3，离子强度 0.01mol/L NaCl，25℃

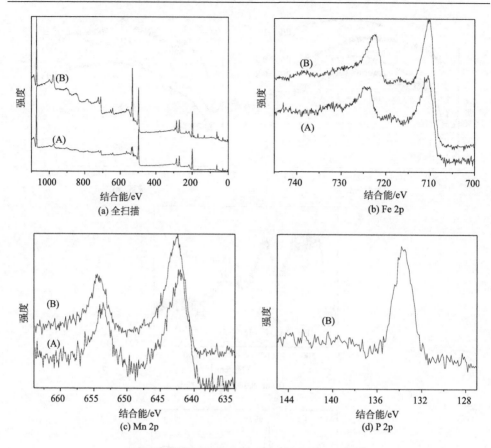

图 2-74 磷反应前后沉淀物全扫描 XPS 谱图

(A) 反应前，(B) 反应后；10mgP/L，pH 7.2，Fe/Mn = 3，Fe/P = 3

进一步分析 FTIR 光谱的结果表明，在 pH 4.9 时，P/Fe 比为 1、2、5、10 时，波数 $3384cm^{-1}$ 和 $1630cm^{-1}$ 处的吸收峰，分别归因于物理吸附的水分子的伸缩振动和弯曲振动，$1047cm^{-1}$ 和 $545cm^{-1}$ 处的吸收峰分别归因于 $FePO_4$ 的 P—O 键的伸缩振动和 O—P—O 键的变形振动[67-69]，说明在此条件下有 $FePO_4$ 沉淀生成。Fytianos 等[62]开发了一个铁盐沉淀除磷的数学模型，该模型含有 15 个化学反应式和 4 个固体相(可选择单相沉淀或两相共沉淀)，其研究发现，在 pH 3~8 时，P/Fe 比为 1 时生成的沉淀与 $FePO_4$ 有很好的匹配。

当 Fe^{3+} 在水中发生水解时，会快速形成 6 种形态的氧化物：单聚物 $Fe(OH)^{2+}$、$Fe(OH)_2^+$、$Fe(OH)_3(aq)$，两聚物 $Fe_2(OH)_2^{4+}$ 和三聚物 $Fe_3(OH)_4^{5+}$[55, 62]。而在通常的水处理 pH 值(5~9)范围内，两聚物和三聚物不是主导形态[70]，例如，两聚物在 pH < 3 时才变得重要，因此单聚物是主要形态；当 pH < 7 时，Fe^{3+}、$Fe(OH)^{2+}$ 和

$Fe(OH)_2^+$ 是主要形态。因此本研究中，在 pH 4.9 时，当 P/Fe = 0 时，即未与磷发生反应时，在波数 $1050cm^{-1}$ 处的吸收峰可能归因于 Fe—OH 的伸缩振动，在 $495cm^{-1}$ 处的吸收峰可能归因于 MnO_2，因为 MnO_2 在此 pH 值时也是可能存在的形态[38]。当 P/Fe 比为 0.2、0.5 时，在 $1047cm^{-1}$ 处的吸收峰可能归因于 P—O 键的伸缩振动[71]，主要是由于水中磷被主导形态铁氧化物吸附或络合的结果。

而当 pH 8.8 时，P/Fe 比较高(即 5 和 10)时，才出现与 $FePO_4$ 相匹配的吸收峰 $1047cm^{-1}$ 和 $545cm^{-1}$。当 P/Fe 比为 0 时，$1045cm^{-1}$ 和 $530cm^{-1}$ 处的吸收峰可能归因于生成的铁氧化物和锰氧化物。因为在此 pH 值时，Fe^{3+} 强烈水解生成 $Fe(OH)_3$ 和 $Fe(OH)_4^-$，$Fe(OH)_4^-$ 对磷没有吸附和络合作用，而 $Fe(OH)_3$ 和 MnO_2 为主导作用形态。并且由 FTIR 光谱可以看出，在 P/Fe≤2 时 $Fe(OH)_3$ 和 MnO_2 对除磷起吸附和络合作用。

Raman 光谱进一步确认了 FTIR 光谱分析的结果，当 pH 4.9，P/Fe 比为 1、2、5、10 时，在波数 $1594cm^{-1}$ 处出现明显的吸收峰；当 pH 8.8、P/Fe 比为 10 时，在波数 $1594cm^{-1}$ 处也出现明显的吸收峰，但 P/Fe 比为 5 时的吸收峰不明显，在波数 $1594cm^{-1}$ 处的吸收峰可能由 $FePO_4$ 引起[69]。

同时对 pH 7.2 时反应前后沉淀物的 XPS 全扫描、Fe 2p 和 Mn 2p 窄扫描谱图进行了分析，结果示于图 2-74。可见，与磷反应前后，其扫描谱图具有明显的差别，与磷反应后在 133.2eV 结合能处的吸收峰归因于反应后沉淀物中结合的磷[37]，说明水中的磷被 Fe^{2+}-$KMnO_4$ 工艺以吸附态或沉淀态去除。Fe $2p_{1/2}$ 和 $2p_{3/2}$ 的结合能分别在 724eV 和 711eV 附近，符合 Fe(III) 的特征结合能[34]；Mn $2p_{1/2}$ 和 $2p_{3/2}$ 结合能分别在 653eV 与 642eV 附近，符合 Mn(IV) 的特征结合能。

综上所述，Fe^{2+}-$KMnO_4$ 工艺用于实际水处理时，为达到较好的除磷效果，通常需要较高的 Fe/P 比(> 3)，即 P/Fe < 0.3，此时除磷主要依靠吸附络合和共沉淀作用，由于通常水处理 pH 值范围时，磷主要以 $H_2PO_4^-$ 和 HPO_4^{2-} 形态存在，因此可能发生的反应如下所示(对铁而言)。

吸附：

$$FeOH + H_2PO_4^- + H^+ \Longrightarrow Fe—O—H_2PO_3 + H_2O$$
$$FeOH + HPO_4^{2-} + 2H^+ \Longrightarrow Fe—O—H_2PO_3 + H_2O$$

络合：

$$Fe(OH)^{2+} + H_2PO_4^- \Longrightarrow Fe(OH)HPO_4 + H^+$$
$$Fe(OH)_2^+ + H_2PO_4^- \Longrightarrow Fe(OH)_2HPO_4^- + H^+$$
$$Fe(OH)_2^+ + HPO_4^{2-} \Longrightarrow Fe(OH)HPO_4 + OH^-$$

电中和：

$$Fe(OH)^{2+} + HPO_4^{2-} \Longrightarrow Fe(OH)HPO_4$$

$$Fe(OH)_2^+ + H_2PO_4^- \Longrightarrow Fe(OH)_2H_2PO_4$$

$$Fe(OH)_2^+ + HPO_4^{2-} \Longrightarrow Fe(OH)_2HPO_4^-$$

另外，生成的锰氧化物也对磷有一定的吸附去除作用，虽然其去除率较低。

2.4.5　Fe^{2+}-$KMnO_4$ 工艺用于实际水样除磷

采用 Fe^{2+}-$KMnO_4$ 工艺对实际水库水样除磷进行了研究，实验期间水样主要水质指标如**表 2-17** 所示。不同铁投加量(Fe/P 比)时对 TDP 的去除效果如**图 2-75**所示。可见，随着 Fe/P 比的增加，TDP 浓度逐渐降低，当 Fe/P 比增加至 8 时，出水 TDP 浓度低于 0.01mg/L。可见，Fe^{2+}-$KMnO_4$ 工艺在实际应用时，由于各种共存物质的竞争作用，为达到稳定的磷处理效果，需要更高的 Fe/P 比，约在 8~12，即 (Fe+Mn)/P=12 左右，此值也为实际工程应用研究时所采用值(见**第 7 章**)。

表 2-17　实验期间水样主要水质指标

pH 值	TDP/(mg/L)	DOC/(mg/L)	UV_{254}/cm^{-1}	沉后浊度/NTU
8.2	0.093	4	0.048	26.3

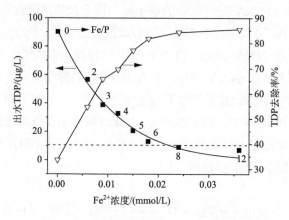

图 2-75　不同铁投加量去除 TDP 的效果

2.4.6　小结

(1)与单一的 $FeCl_3$ 混凝和原位生成的 MnO_2 吸附作用相比，Fe^{2+}-$KMnO_4$ 工艺明显具有更好的除磷效果，特别是 pH > 7 时，Fe^{2+}-$KMnO_4$ 工艺对 PO_4^{3-} 去除具有更明显的优势，而且具有协同作用，这对于 Fe^{2+}-$KMnO_4$ 工艺用于天然水体(弱碱性)除磷非常有利。

(2)反应动力学结果表明，在 pH 7 时，Fe^{2+}-$KMnO_4$ 工艺除磷过程总体上分为快速反应阶段(约在 5min 或更短的时间内完成)和慢速反应阶段。在快速反应阶段，磷去除率达到较高值后，基本保持稳定至反应结束。

(3)共存物质影响的实验结果表明，pH 7 和 pH 8 时，SO_4^{2-}、HCO_3^-、SiO_3^{2-} 对 Fe^{2+}-$KMnO_4$ 工艺用于水体除磷的影响均不大；但 DOC 浓度较高(4.5mg/L)时，对工艺除磷具有明显的竞争作用；而 Ca^{2+}、Mg^{2+} 可通过压缩双电层作用，促进工艺对磷的去除作用。在 pH 8 时，铁锰投加顺序基本不影响工艺对磷的去除效果。

(4)XRD、FTIR、Raman 和 XPS 光谱分析的结果表明，Fe^{2+}-$KMnO_4$ 工艺用于水处理除磷时，其主要机理包括吸附、络合、电中和与共沉淀等作用。

(5)Fe^{2+}-$KMnO_4$ 工艺用于实际水样的除磷结果表明，由于共存物质的竞争作用，为达到稳定的磷处理效果，需要更高的 Fe/P 比(约为 8~12)。

2.5　铁锰复合氧化物吸附去除有机态磷——腺苷磷

如前所述，磷是引起水体富营养化的重要原因之一，除磷是有效的控制技术之一，除磷的方法很多，其中，金属氧化物吸附是一种有效的处理技术。铁、锰、铝等的金属(氢)氧化物是一类广泛使用的除磷吸附剂，具有廉价高效之优点，常用于水体修复和水处理工艺中，同时这些金属氧化物也广泛存在于自然界中，通过吸附、络合等作用影响着土壤和水中各种物质的迁移转化。

与铝氧化物相比，铁氧化物和锰氧化物更为绿色安全，是研究者更为关注的水处理药剂。铁氧化物一般具有较大的比表面积和较高的等电点[72]，常用作吸附剂，去除水中的阴离子污染物，如砷酸盐、磷酸盐等[72, 73]。锰氧化物等电点通常较低(pH_{ZPC}<3)，对水中的重金属离子(Cd^{2+}、Pb^{2+}等)通常有着较好的吸附能力[72, 74]。课题组前期的研究表明[72]，与单一的铁氧化物和锰氧化物相比，最优配比铁锰复合氧化物(FMBO)显示出不同的物化特征和磷酸盐吸附能力，低等电点锰氧化物的嵌入并未降低 FMBO 的磷酸盐吸附能力，反而显示出良好的协同除磷能力。除正磷酸盐外，已有研究发现水中的一些有机磷(如腺苷磷、磷酸三甲酯等)也是藻类可利用的有效态磷[75, 76]，是富营养化水体修复和水处理工艺需有效去除的磷形态。其中腺苷磷是水中常见的典型有机磷形态之一，而关于其在金属氧化物特别是复合氧化物上的吸附研究目前还很缺乏[77, 78]，因此本研究以腺苷磷作为有机磷模拟对象，采用氧化还原-共沉淀法制得 FMBO，对其物化特征进行了表征分析，

同时探讨了 FMBO 对腺苷磷的吸附性能，以期为金属氧化物吸附材料用于除磷控藻提供理论依据和技术支持。

2.5.1　材料与方法

1. 实验材料

实验所用有机磷为一水合腺苷-5-单磷酸（$C_{10}H_{14}N_5O_7P \cdot H_2O$），$KMnO_4$、$FeSO_4 \cdot 7H_2O$ 等药品均为分析纯，购自国药集团化学试剂有限公司。实验所用的去离子水，由北京市普析通用仪器有限责任公司的 GWA-UN 型超纯水机制备。

2. FMBO 的制备

实验采用常温共沉淀法制备 FMBO，药剂选用 $FeSO_4 \cdot 7H_2O$ 和 $KMnO_4$，选定不同配比（Mn/Fe=0∶1、1∶9、1∶6、1∶3、2∶3、1∶1、1∶0）进行制备。在剧烈搅拌下将 $FeSO_4 \cdot 7H_2O$ 混合溶液慢慢投加到 $KMnO_4$ 溶液中，同时投加 5mol/L NaOH 溶液，使混合溶液 pH 值维持在约 7.5。形成的悬浮液继续搅拌 2h，期间调节 pH 值至稳定，于室温下陈化 2h，反复用去离子水清洗，过滤，在 60℃下烘干，研钵磨细过筛（100 目）。在初始浓度为 50mgP/L 的 40mL 磷溶液中，投加不同锰铁配比的 FMBO 0.025g，振荡吸附 24h 后（期间稳定 pH 值在 6.8），过 0.45 μm 滤膜后测定剩余磷的浓度。测定方法依照《水和废水监测分析方法》（第四版），总磷的测定采用过硫酸钾消解-钼锑抗分光光度法。

3. FMBO 的表征

吸附剂的表征方法包括：扫描电镜-能谱分析（SEM-EDS，S4800，Hitach Ltd.，Japan）、XRD（Rigaku Ultima Ⅳ-185）、Zeta 电位（Nano ZS，Malvern，UK）。

4. 吸附实验

采用静态实验方法研究和评价 FMBO 对腺苷磷的吸附去除性能。称取 0.2943g 腺苷磷定容至 500mL，配制得 50mg P/L 的储备液。后续实验所用溶液均由储备液稀释制得。

动力学实验在 1L 烧杯中进行，有机磷的初始浓度分别为 1.1mg P/L 和 2.1mg P/L，溶液体积为 800mL，实验期间稳定 pH 值在 6.8 左右。吸附剂投加量为 0.08g（0.1g/L），温度为（20±1）℃。不同时间间隔取样并过 0.45 μm 滤膜后测定残余磷的浓度。

　　吸附热力学实验在 50mL 塑料离心管中进行。磷的浓度范围为 0.5~40mg/L，溶液体积为 40mL，温度分别为 10℃、20℃、30℃，pH 值稳定在 6.8 左右。FMBO 的投加量为 0.04g(0.1g/L)，离子强度为 0.01mol/L(NaCl)，在旋转摇床上振荡吸附 24h 后测定剩余溶液中磷的浓度。

　　pH 值和离子强度对吸附性能的影响也进行了研究。移取 40mL 初始浓度为 2mg P/L 的溶液至 50mL 塑料离心管中，pH 值分别调至 3、4、5、6、7、8、9、10，FMBO 投加量为 0.1g/L，离子强度为 0.001~0.1mol/L(NaCl)，温度(20±1)℃，振荡吸附 24h 后(期间调节 pH 值并保持稳定)测定溶液中剩余磷的浓度。

　　共存离子对 FMBO 吸附腺苷磷的影响实验在 50mL 塑料离心管中进行，溶液体积 40mL。阴离子包括 SO_4^{2-}、CO_3^{2-}、SiO_3^{2-}、PO_4^{3-}(0.001~0.05mol/L)，阳离子包括 Ca^{2+} 和 Mg^{2+}(0.001~0.01mol/L)。初始磷浓度为 2mg/L，离子强度为 0.01mol/L(NaCl)。FMBO 的投加量为 0.1g/L，pH 值稳定在 6.8，温度(20±1)℃，振荡吸附 24h 后测定剩余磷浓度。

2.5.2　FMBO 的配比优选

　　不同 Mn/Fe 摩尔比（简称 Mn/Fe 比）的吸附剂吸附腺苷磷的实验结果如图 2-76 所示。由图 2-76 可知，不同 Mn/Fe 比的氧化物对腺苷磷的去除效果不同。纯铁氧化物的腺苷磷吸附容量为 6.82mg/g，随着 FMBO 中锰含量的增加，FMBO 对腺苷磷的吸附容量先增加至最大值 14.05mg/g，随后又逐渐减小；纯锰氧化物的腺苷磷吸附容量为 2.11mg/g。Mn/Fe 比为 2∶3 时所制备的 FMBO 显示出比纯铁氧化物和纯锰氧化物更高的腺苷磷吸附容量。因此，本研究决定选用吸附效果最好的 Mn/Fe 比为 2∶3 时所制备的 FMBO 作为最优吸附剂，进行后续吸附反应。

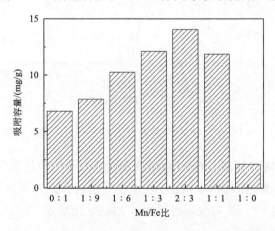

图 2-76　不同 Mn/Fe 比的 FMBO 对腺苷磷的吸附容量

2.5.3　FMBO 的物化特征

FMBO 的 SEM 图像和 EDS 能谱图像如图 2-77 所示。由 SEM 图像可以看出，FMBO 表面粗糙，呈多孔状，为纳米颗粒聚集体。这样的结构使 FMBO 具有较大的总孔体积和比表面积，容易对腺苷磷形成良好的吸附作用。EDS 谱图中出现了 Fe、Mn、O 等元素的峰，说明 FMBO 主要由 Fe、Mn、O 等元素组成。

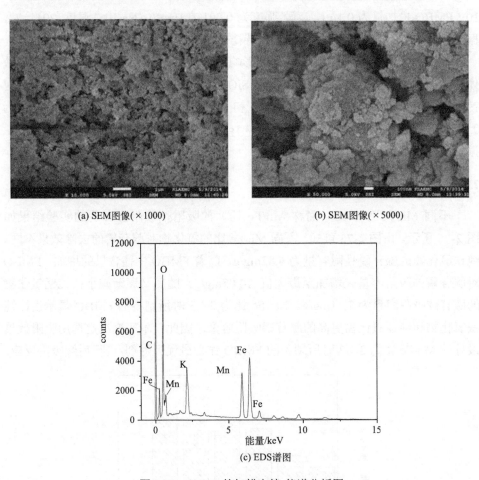

(a) SEM图像(×1000)　　　　　　　　　　(b) SEM图像(×5000)

(c) EDS谱图

图 2-77　FMBO 的扫描电镜-能谱分析图

表 2-18 为 EDS 分析所获得的 FMBO 表面各原子的摩尔百分比。由表中数据可以看出，FMBO 颗粒表面 Fe 和 Mn 的原子摩尔百分比分别为 11.34% 和 7.53%，即 Mn/Fe 比约为 2:3，这与制备时采用的 Mn/Fe 比基本一致。

表 2-18　FMBO 能谱分析结果

元素	Fe	Mn	O	C	K
原子摩尔百分比/%	11.34	7.53	45.09	35.76	0.28

FMBO 的 XRD 谱图如**图 2-78** 所示，扫描范围为 3°~80°，步长为 0.02°。从图中可以看出，在 36.7°和 63.8°处有较为明显的衍射峰，经分析分别为 δ-MnO_2[79]和 α-Fe_2O_3[80]。另外，谱图中衍射峰宽化明显，这说明 FMBO 的结晶程度不高，呈弱晶态，因而有利于其提供更多的活性吸附位点。

图 2-79 为 FMBO 吸附腺苷磷前后的 Zeta 电位的变化情况。由图可知，吸附前后 Zeta 电位随着 pH 值的增大而呈减小趋势。以往的研究表明，锰氧化物的等电点通常小于 3[72,79]，可见，加入锰氧化物后所制得的 FMBO 仍保持较高的等电点，约为 6.1。吸附磷后的等电点明显前移至 pH 3.6 左右。这可能是腺苷磷与吸附剂发生了高亲和力的吸附作用，降低了吸附剂的表面电荷，致使 Zeta 电位降低。

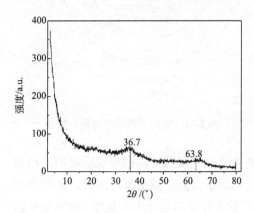

图 2-78　FMBO 的 XRD 谱图

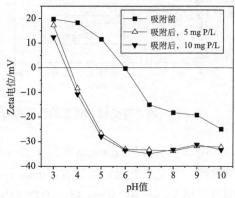

图 2-79　不同 pH 值下 FMBO 的 Zeta 电位

离子强度 0.01mol/L

2.5.4　FMBO 的腺苷磷吸附行为及机理

1. 吸附动力学

通过动力学实验可以确定吸附平衡时间、速率常数等吸附参数，本研究所得的吸附动力学实验结果如**图 2-80** 所示。可见，当磷初始浓度为 2.1mg/L 时，在前 1h 内，吸附速率很快，至 1h 时吸附容量已达到 8.07mg/g，约为平衡吸附容量的 70%；1~10h 阶段，吸附速率逐渐降低；10h 之后，吸附趋于平衡，吸附容量仅增加了 0.41mg/g，最大吸附容量为 11.55mg/g。对于磷初始浓度为 1.1mg/L 的吸附速率曲线，也发现类似的趋势，在 1h 内为快速吸附阶段，吸附容量达到了 4.85mg/g，约为平衡吸附容量的 56%；1~10h 内，吸附速率降低；10h 吸附趋于平衡后，吸附容量仅增加 0.98mg/g，最大吸附容量为 8.70mg/g。1h 内的快速吸附，可能是静电引力的作用，使得腺苷磷快速地从溶液中转移到吸附剂的表面，而后吸附速率减缓，表明有其他因素限制了吸附过程。

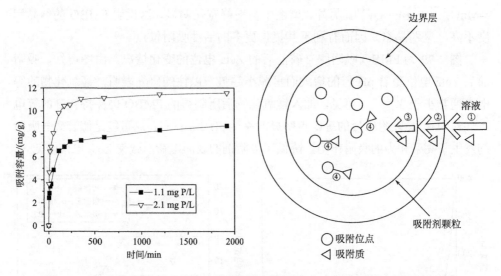

图 2-80　腺苷磷在 FMBO 上的吸附动力学　　图 2-81　吸附扩散过程的四个阶段

　　准二级动力学、Elovich 吸附模型等动力学拟合虽然可以初步说明吸附的动力学机理，但是不能确定吸附过程的速率限制因素及其扩散机理，为此，本研究也同时采用 Weber 和 Morris 提出的颗粒内扩散方程来拟合动力学数据，该吸附扩散过程通常分为以下阶段(**图 2-81**)：①吸附质在溶液中的扩散过程；②吸附质穿透包覆在吸附剂颗粒的边界层到达吸附剂表面的过程(边界层扩散)；③吸附质从吸附剂颗粒的表面扩散到其颗粒内部的过程(颗粒内扩散)；④吸附质被吸附在孔内的吸附位点上的过程，通常第一和第四阶段速率较快[81]。本研究采用准二级动力学、Elovich 模型和内扩散模型对 FMBO 吸附腺苷磷的动力学数据进行拟合，拟合结果分别如**图 2-82** 及**表 2-19~表 2-21** 所示。

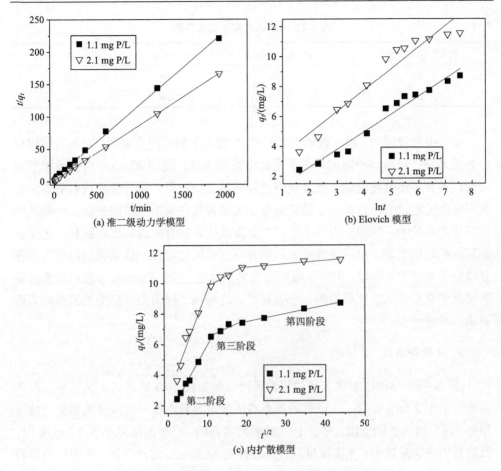

(a) 准二级动力学模型　　　　　　　　(b) Elovich 模型

(c) 内扩散模型

图 2-82　模型对 FMBO 吸附腺苷酸数据的拟合

表 2-19　准二级动力学模型拟合参数

初始 P 浓度/(mg/L)	K_2/[g/(mg·min)]	q_e(mg/g)	R^2
1.1	0.002	8.77	0.999
2.1	0.004	11.65	0.999

表 2-20　内扩散模型拟合参数

初始 P 浓度/(mg/L)	K_d/[mg/(g·min)]	R^2
1.1	0.466	0.992
2.1	0.684	0.941

表 2-21　Elovich 模型拟合参数

初始 P 浓度/(mg/L)	$\alpha/[mg/(g\cdot min)]$	$\beta/(g/mg)$	R^2
1.1	1.029	0.786	0.957
2.1	2.627	0.604	0.901

由表中数据可知，准二级动力学模型 R^2 均大于另外两个模型，对吸附过程拟合效果最好，说明该吸附过程主要受化学吸附主导。**图 2-82(c)** 中内扩散模型拟合曲线各有三条直线组成，代表吸附过程的后三个阶段。第一条直线斜率最大，表明吸附过程较快，这是由于腺苷磷分子大量聚集在吸附颗粒的表面，一般认为在活化的系统中，薄膜阻力较小。第二条直线代表的吸附过程比较缓和，主要由颗粒内扩散所主导。第三条直线表示的吸附过程更加缓慢，这是因为已吸附的腺苷磷分子形成空间位阻，阻碍了吸附过程的继续进行[82]。Elovich 方程的拟合结果表明离子交换是化学性吸附的一个因素[83]，这与准二级动力学模型的拟合结果所得出的结论一致。

2. 吸附等温线

pH 6.8 时 FMBO 对腺苷磷的等温吸附性能如**图 2-83** 所示。由图可知，在平衡浓度小于 2.5mg/L 时，三条吸附等温线的吸附容量均随平衡浓度的增加而急速增加，随后增加有所变缓。对于 10℃的吸附等温线，当平衡浓度小于 3.2mg/L 时，吸附量的增加量较大；平衡浓度从 3.2mg/L 到 13.5mg/L 这一区间，吸附量增量较

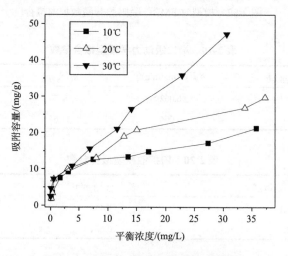

图 2-83　FMBO 对腺苷磷的吸附等温线

小，仅增加了 4.1mg/g，而后吸附容量继续缓慢增长，实验浓度范围内的最大吸附量达 21.2mg/g。20℃时的吸附等温线与 10℃时的吸附等温线趋势大致相同，至实验结束时，最大吸附量达到 29.7mg/g。对于 30℃时的吸附等温线，吸附容量的增长速度始终较大，最大吸附容量达到 47.1mg/g，至实验结束时吸附仍未达到饱和，这可能受到温度的影响，分子的布朗运动加强，增强了吸附质与吸附剂的接触机会，从而增加了活性吸附位点的利用率。

　　为进一步分析吸附过程中的吸附机理，本研究采用了 Freundlich 模型和 Langmuir 模型对吸附等温线进行拟合，拟合结果见**图 2-84** 和**表 2-22**。

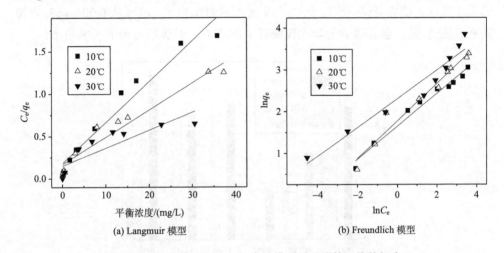

(a) Langmuir 模型　　　　　　(b) Freundlich 模型

图 2-84　Langmuir 和 Freundlich 模型对吸附等温线的拟合

表 2-22　**Langmuir 和 Freundlich 拟合参数**

温度/℃	Langmuir 参数			Freundlich 参数		
	q_m/(mg/g)	b/(L/mg)	R^2	K_F	$1/n$	R^2
10	20.833	3.771	0.948	5.186	0.393	0.974
20	31.250	5.281	0.941	5.888	0.449	0.954
30	47.619	7.143	0.721	10.014	0.346	0.937

　　由表中数据可知，采用 Freundlich 模型拟合时，各温度下的相关系数均高于 Langmuir 模型，因此该吸附等温线比较符合 Freundlich 模型的多层吸附特征。Langmuir 描述的吸附过程发生在均质表面，而 Freundlich 模型可用于描述非均质表面的吸附过程。在本研究中，锰氧化物的加入使 FMBO 的表面性质更加多样化，属于非均质吸附。因此，Freundlich 模型更适合描述 FMBO 吸附腺苷磷的过程。

3. 共存离子的影响

本研究选取了几种有代表性的阴离子和阳离子,考察了其对 FMBO 吸附腺苷磷的影响,结果如**图 2-85** 所示。由图可知,各阴离子对腺苷磷的吸附都有不同程度的影响(空白组去除率为 70%)。在各浓度梯度下,阴离子对 FMBO 吸附腺苷磷的影响大小顺序为: SiO_3^{2-} > CO_3^{2-} > SO_4^{2-} > PO_4^{3-}。当 PO_4^{3-}、SO_4^{2-} 和 CO_3^{2-} 的浓度达到 0.05mg/L 时,腺苷磷的去除率均降到 35%以下;而 SiO_3^{2-} 的浓度仅为 0.001mg/L 时,腺苷磷的去除率就已经降到 20%;当浓度进一步增大到 0.05mg/L 时,FMBO 已无法吸附去除腺苷磷。而对于 Ca^{2+} 和 Mg^{2+} 两种阳离子,浓度从 0.001mg/L 增加到 0.01mg/L 时,腺苷磷的去除率仅降低 10%左右,对吸附过程的影响很小。

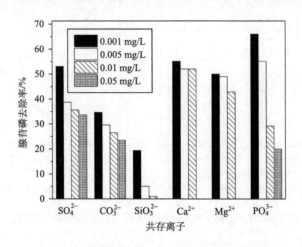

图 2-85　共存离子对 FMBO 吸附腺苷磷的影响

对于四种阴离子,当浓度逐渐增大时,在静电引力的作用下,与 FMBO 表面质子化的羟基结合在一起,则 FMBO 可与腺苷磷分子形成配位键的质子化羟基的数量减少,另外吸附的阴离子形成空间位阻,所以腺苷磷的去除率随着阴离子浓度的增大而逐渐下降。而对于 CO_3^{2-} 和 SiO_3^{2-} 两种弱酸根离子,在水中发生以下水解反应。

$$CO_3^{2-} + H^+ \rightleftharpoons HCO_3^-$$
$$HCO_3^- + H^+ \rightleftharpoons H_2CO_3$$
$$SiO_3^{2-} + H^+ \rightleftharpoons HSiO_3^-$$
$$HSiO_3^- + H^+ \rightleftharpoons H_2SiO_3$$

由上述反应式可知,两种离子水解时需要消耗氢离子,导致 FMBO 表面质子化的羟基数目减少,所以腺苷磷的去除率下降,而 SiO_3^{2-} 的水解能力大于 CO_3^{2-},则前者对 FMBO 去除腺苷磷的影响更大。

4. pH 值和离子强度的影响

pH 值和离子强度对 FMBO 吸附腺苷磷的影响如**图 2-86** 所示。可见，腺苷磷的去除率随着 pH 值的增大而减小，且在酸性条件下腺苷磷的去除率大于碱性条件，但在酸性条件下，pH 值的变化对磷去除率影响较小，去除率变化均在±4%内。相反，在碱性条件下腺苷磷的吸附对 pH 值的变化比较敏感。由**图 2-86** 结果推测吸附过程似乎符合静电引力。但 Zeta 电位测定结果(**图 2-79**)表明，FMBO 的表面正电荷随着 pH 值的增加而减少，而由腺苷磷的分子结构可知，其分子中含有较多的羟基(—OH)和氨基(—NH$_2$)，pH 值的降低势必会引起羟基和氨基的质子化从而使腺苷磷分子带正电[72]，所以静电引力并不是吸附过程的主要机理。另外，随着离子强度的增大，去除率下降的幅度并不大，这也佐证了上述结论[84]。因此推断腺苷磷的去除是通过化学和物理作用的选择性去除，这与准二级动力学模型拟合结果和 Elovich 模型拟合结果所得出的结论一致。

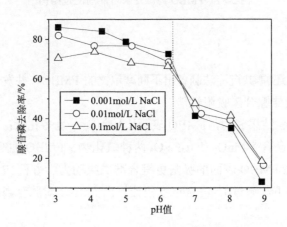

图 2-86　pH 值和离子强度对 FMBO 吸附腺苷磷的影响

吸附量随着 pH 值增加而减少，与配位交换理论一致[85]。羟基作为有机物中常见的官能团，可与许多金属离子形成配位体。官能团的质子化是形成配位体的关键步骤，几种可能的配位结构如**图 2-87** 所示[86]。当溶液呈酸性时，H$^+$含量较多，FMBO 表面的羟基质子化程度较高，吸附位点较多，所以腺苷磷的去除率较高；而随着 pH 值的增加，溶液中 H$^+$减少，OH$^-$不断增加，FMBO 表面的羟基质子化程度较低，吸附位点减少，腺苷磷的去除率也随之下降。

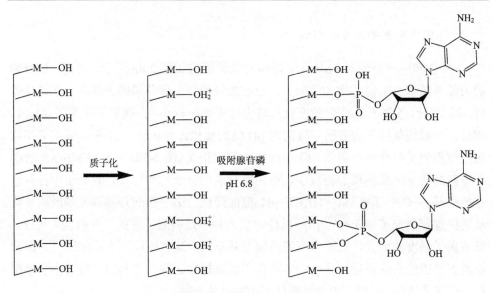

图 2-87　FMBO 与腺苷磷可能的配位结构

2.5.5　小结

(1)采用氧化还原-共沉淀法制备出不同摩尔比的 FMBO，并发现 Fe：Mn=3：2 的 FMBO 具有最佳腺苷磷吸附性能。

(2)SEM-EDS 结果表明，FMBO 表面比较粗糙，呈多孔状；XRD 结果表明，FMBO 表面主要含有 δ-MnO$_2$ 和 α-Fe$_2$O$_3$ 两种氧化物；FMBO 的等电点约为 6。

(3)腺苷磷在 FMBO 表面的吸附更符合准二级动力学方程(R^2>0.998)。在 pH 6.8、30℃的条件下，通过 Langmuir 方程计算出 FMBO 对腺苷磷的最大吸附量达到 47.62mg/g。

(4)pH 值和离子强度实验结果表明，配位键的形成是吸附的主要机理；近中性条件下，硅酸根对吸附过程有较明显的抑制作用。FMBO 对腺苷磷有较强的选择性吸附能力，有望用于水体和水处理工艺中吸附去除该类有机磷。

参 考 文 献

[1] Jegadeesan G, Al-Abed S R, Sundaram V, et al. Arsenic sorption on TiO$_2$ nanoparticles: size and crystallinity effects[J]. Water Research, 2010, 44(3): 965-973.

[2] 豆小敏, 张艳素, 张昱, 等. Fe(Ⅱ)-Ce(Ⅳ)共沉淀产物对水中 As(Ⅴ)的去除研究[J]. 安全与环境学报, 2010, (6): 72-76.

[3] 耿兵, 金朝晖, 邓春生, 等. 动态条件下壳聚糖稳定纳米铁去除水体中 Cr(Ⅵ)的研究[J]. 农业环境科学学报, 2012, 31(3): 593-597.

[4]　Mohapatra M, Hariprasad D, Mohapatra L, et al. Mg-doped nano ferrihydrite—a new adsorbent for fluoride removal from aqueous solutions[J]. Applied Surface Science, 2012, 258(10): 4228-4236.

[5]　Zhang Y, Yang M, Huang X. Arsenic(V) removal with a Ce(IV)-doped iron oxide adsorbent[J]. Chemosphere, 2003, 51(9): 945.

[6]　Pena M E, Korfiatis G P, Patel M, et al. Adsorption of As(V) and As(III) by nanocrystalline titanium dioxide[J]. Water Research, 2005, 39(11): 2327-2337.

[7]　唐玉朝, 李新, 伍昌年, 等. 无定型纳米 TiO_2 吸附去除饮用水中的低浓度 As(III)[J]. 环境工程学报, 2013, 7(1): 47-52.

[8]　Sing K S. Reporting physisorption data for gas/solid systems with special reference to the determination of surface area and porosity[J]. Pure and Applied Chemistry, 1985, 57(4): 603-619.

[9]　Zhang G, Liu H, Liu R, et al. Removal of phosphate from water by a Fe-Mn binary oxide adsorbent[J]. Journal of Colloid and Interface Science, 2009, 335(2): 168-174.

[10]　Debnath S, Ghosh U C. Nanostructured hydrous titanium(IV) oxide: synthesis, characterization and Ni(II) adsorption behavior[J]. Chemical Engineering Journal, 2009, 152(2): 480-491.

[11]　Kahani S A, Jafari M. A new method for preparation of magnetite from iron oxyhydroxide or iron oxide and ferrous salt in aqueous solution[J]. Journal of Magnetism & Magnetic Materials, 2009, 321(13): 1951-1954.

[12]　Chen L, He B Y, He S, et al. Fe-Ti oxide nano-adsorbent synthesized by co-precipitation for fluoride removal from drinking water and its adsorption mechanism[J]. Powder Technology, 2012, 227(9): 3-8.

[13]　Li Z, Deng S, Yu G, et al. As(V) and As(III) removal from water by a Ce-Ti oxide adsorbent: behavior and mechanism[J]. Chemical Engineering Journal, 2010, 161(1-2): 106-113.

[14]　Szlachta M, Gerda V, Chubar N. Adsorption of arsenite and selenite using an inorganic ion exchanger based on Fe-Mn hydrous oxide[J]. Journal of Colloid and Interface Science, 2012, 365(1): 213-221.

[15]　Valdivieso A L, Bahena J L R, Song S, et al. Temperature effect on the zeta potential and fluoride adsorption at the α-Al_2O_3/aqueous solution interface[J]. Journal of Colloid and Interface Science, 2006, 298(1): 1-5.

[16]　Stumm W, Morgan J J. Aquatic Chemistry: Chemical Equilibria and Rates in Natural Waters[M]. New York: John Wiley & Sons, 2012.

[17]　Yang X, Wang D, Sun Z, et al. Adsorption of phosphate at the aluminum (hydr) oxides-water interface: role of the surface acid-base properties[J]. Colloids & Surfaces A: Physicochemical & Engineering Aspects, 2007, 297(1): 84-90.

[18]　Deng S, Liu H, Zhou W, et al. Mn-Ce oxide as a high-capacity adsorbent for fluoride removal from water[J]. Journal of Hazardous Materials, 2011, 186(2): 1360-1366.

[19]　Sposito G. The Surface Chemistry of Soils[M]. Oxford: Oxford University Press, 1984.

[20]　Chubar N I, Kanibolotskyy V A, Strelko V V, et al. Adsorption of phosphate ions on novel

inorganic ion exchangers[J]. Colloids & Surfaces A: Physicochemical & Engineering Aspects, 2005, 255(1): 55-63.

[21] Boujelben N, Bouzid J, Elouear Z, et al. Phosphorus removal from aqueous solution using iron coated natural and engineered sorbents[J]. Journal of Hazardous Materials, 2008, 151(1): 103-110.

[22] Benjamin M M, Sletten R S, Bailey R P, et al. Sorption and filtration of metals using iron-oxide-coated sand[J]. Water Research, 1996, 30(11): 2609-2620.

[23] Harvey O R, Rhue R D. Kinetics and energetics of phosphate sorption in a multi-component Al(III)-Fe(III) hydr(oxide)sorbent system[J]. Journal of Colloid and Interface Science, 2008, 322(2): 384-393.

[24] Zeng L, Li X, Liu J. Adsorptive removal of phosphate from aqueous solutions using iron oxide tailings[J]. Water Research, 2004, 38(5): 1318-1326.

[25] Yoko M, Loeppert R H, Kramer T A. Arsenate and arsenite adsorption and desorption behavior on coprecipitated aluminum: iron hydroxides[J]. Environmental Science & Technology, 2007, 41(3): 837-842.

[26] Cheung K C, Venkitachalam T H. Improving phosphate removal of sand infiltration system using alkaline fly ash[J]. Chemosphere, 2000, 41(1): 243-249.

[27] Huang W, Wang S, Zhu Z, et al. Phosphate removal from wastewater using red mud[J]. Journal of Hazardous Materials, 2008, 158(1): 35-42.

[28] Hui Z, Brian F, Giammar D E. Individual and competitive adsorption of arsenate and phosphate to a high-surface-area iron oxide-based sorbent[J]. Environmental Science & Technology, 2008, 42(1): 147-152.

[29] Goldberg S. Sensitivity of surface complexation modeling to the surface site density parameter[J]. Journal of Colloid and Interface Science, 1991, 145(1): 1-9.

[30] Trombetta M, Busca G, Willey R J. Characterization of silica-containing aluminum hydroxide and oxide aerogels[J]. Journal of Colloid and Interface Science, 1997, 190(2): 416.

[31] Qin Q, Wang Q, Fu D, et al. An efficient approach for Pb(II)and Cd(II) removal using manganese dioxide formed *in situ*[J]. Chemical Engineering Journal, 2011, 172(1): 68-74.

[32] Malankar H, Umare S S, Singh K, et al. Chemical composition and discharge characteristics of γ-MnO_2 prepared using manganese ore[J]. Journal of Solid State Electrochemistry, 2010, 14(1): 71-82.

[33] Li X J, Liu C S, Li F B, et al. The oxidative transformation of sodium arsenite at the interface of α-MnO_2 and water[J]. Journal of Hazardous Materials, 2010, 173(1): 675-681.

[34] Glisenti A. The reactivity of a Fe-Ti-O mixed oxide under different atmospheres: study of the interaction with simple alcohol molecules[J]. Journal of Molecular Catalysis A: Chemical, 2000, 153(1): 169-190.

[35] Shin E W, Han J S, Jang M, et al. Phosphate adsorption on aluminum-impregnated mesoporous silicates: surface structure and behavior of adsorbents[J]. Environmental Science & Technology, 2004, 38(3): 912-917.

[36] Machida M, Uto M, Kurogi D, et al. MnO_x-CeO_2 binary oxides for catalytic NO_x sorption at low temperatures. Sorptive removal of NO_x[J]. Chemistry of Materials, 2000, 12(10): 3158-3164.

[37] Wagner C D, Riggs W M, Davis L E, et al. Handbook of X-ray Photoelectron Spectroscopy[M]. Eden Prairie, MN: Perking-Elmer Corp., 1979.

[38] 杨威. 水合氧化锰的净水机理与应用[M]. 北京: 化学工业出版社, 2008.

[39] Harvey D T, Linton R W. Chemical characterization of hydrous ferric oxides by X-ray photoelectron spectroscopy[J]. Analytical Chemistry, 1981, 53(11): 1684-1688.

[40] Mamindy-Pajany Y, Hurel C, Marmier N, et al. Arsenic adsorption onto hematite and goethite[J]. Comptes Rendus Chimie, 2009, 12(8): 876-881.

[41] Chowdhury S R, Yanful E K. Arsenic and chromium removal by mixed magnetite-maghemite nanoparticles and the effect of phosphate on removal[J]. Journal of Environmental Management, 2010, 91(11): 2238-2247.

[42] Jeong Y, Fan M, Singh S, et al. Evaluation of iron oxide and aluminum oxide as potential arsenic(V) adsorbents[J]. Chemical Engineering & Processing Process Intensification, 2007, 46(10): 1030-1039.

[43] Ho Y S, Mckay G. Pseudo-second order model for sorption processes[J]. Process Biochemistry, 1999, 34(5): 451-465.

[44] Association A P H, Association A W W. Standard Methods for the Examination of Water and Wastewater[M]. Washington, DC: American Public Health Association, 1989.

[45] Meng X, Bang S, Korfiatis G P. Effects of silicate, sulfate, and carbonate on arsenic removal by ferric chloride[J]. Water Research, 2000, 34(4): 1255-1261.

[46] Zhang N, Lin L S, Gang D. Adsorptive selenite removal from water using iron-coated GAC adsorbents[J]. Water Research, 2008, 42(14): 3809-3816.

[47] Rahnemaie R, Hiemstra T, Riemsdijk W H V. Carbonate adsorption on goethite in competition with phosphate[J]. Journal of Colloid and Interface Science, 2007, 315(2): 415-425.

[48] Guan X H, Shang C, Chen G H. Competitive adsorption of organic matter with phosphate on aluminum hydroxide[J]. Journal of Colloid and Interface Science, 2006, 296(1): 51-58.

[49] Gustafsson J P, Renman A, Renman G, et al. Phosphate removal by mineral-based sorbents used in filters for small-scale wastewater treatment[J]. Water Research, 2008, 42(1-2): 189-197.

[50] Nakamoto K, Nakamoto K. Infrared and Raman Spectra of Inorganic and Coordination Compounds[M]. Chichester, England: Wiley, 1977.

[51] Li X J, Liu C S, Li F B, et al. The oxidative transformation of sodium arsenite at the interface of α-MnO_2 and water[J]. Journal of Hazardous Materials, 2010, 173(1): 675-681.

[52] Liu Y T, Hesterberg D. Phosphate bonding on noncrystalline Al/Fe-hydroxide coprecipitates[J]. Environmental Science & Technology, 2011, 45(15): 6283-6289.

[53] El Samrani A G, Lartiges B S, Montargès-Pelletier E, et al. Clarification of municipal sewage with ferric chloride: the nature of coagulant species[J]. Water Research, 2004, 38(3): 756-768.

[54] Persson P, Nilsson N, Sjöberg S. Structure and bonding of orthophosphate ions at the iron oxide-aqueous interface[J]. Journal of Colloid and Interface Science, 1996, 177(1): 263.

[55] Jiang J Q, Graham N J. Pre-polymerised inorganic coagulants and phosphorus removal by coagulation—a review[J]. Water SA, 1998, 24(3): 237-244.

[56] Lee Y, Zimmermann S G, Kieu A T, et al. Ferrate(Fe(VI)) application for municipal wastewater treatment: a novel process for simultaneous micropollutant oxidation and phosphate removal[J]. Environmental Science & Technology, 2009, 43(10): 3831-3838.

[57] Szabó A, Takács I, Murthy S, et al. Significance of design and operational variables in chemical phosphorus removal[J]. Water Environment Research, 2008, 80(5): 407-416.

[58] Bellier N, Chazarenc F, Comeau Y. Phosphorus removal from wastewater by mineral apatite[J]. Water Research, 2006, 40(15): 2965-2971.

[59] Lijklema L. Interaction of orthophosphate with iron(III) and aluminium hydroxides[J]. Environmental Science & Technology, 1980, 14(5): 537-541.

[60] Guan X, Ma J, Dong H, et al. Removal of arsenic from water: effect of calcium ions on As(III) removal in the $KMnO_4$-Fe(II) process[J]. Water Research, 2009, 43(15): 3891-3899.

[61] Hering J G, Chen P Y, Wilkie J A, et al. Arsenic removal by ferric chloride[J]. Journal of American Water Works Association, 1996, 88(4): 155-167.

[62] Fytianos K, Voudrias E, Raikos N. Modelling of phosphorus removal from aqueous and wastewater samples using ferric iron[J]. Environmental Pollution, 1998, 101(1): 123-130.

[63] Guo X J, Wu Z J, He M C. Removal of antimony(V) and antimony(III) from drinking water by coagulation-flocculation-sedimentation(CFS)[J]. Water Research, 2009, 43(17): 4327-4335.

[64] Fuller C C, Davis J A, Waychunas G A. Surface chemistry of ferrihydrite: Part 2. Kinetics of arsenate adsorption and coprecipitation[J]. Geochimica et Cosmochimica Acta, 1993, 57(10): 2271-2282.

[65] Tokoro C, Yatsugi Y, Koga H, et al. Sorption mechanisms of arsenate during coprecipitation with ferrihydrite in aqueous solution[J]. Environmental Science & Technology, 2010, 44(2): 638-643.

[66] Zhang T, Ding L L, Ren H Q, et al. Thermodynamic modeling of ferric phosphate precipitation for phosphorus removal and recovery from wastewater[J]. Journal of Hazardous Materials, 2010, 176(1): 444-450.

[67] He Z, Honeycutt C W, Zhang T, et al. Preparation and FT-IR characterization of metal phytate compounds[J]. Journal of Environmental Quality, 2006, 35(4): 1319-1328.

[68] Kazuhiko K, Takanori K, Tatsuo I. Control on size and adsorptive properties of spherical ferric phosphate particles[J]. Journal of Colloid and Interface Science, 2006, 300(1): 225-231.

[69] Frost R L, Weier M L, Erickson K L, et al. Raman spectroscopy of phosphates of the variscite mineral group[J]. Journal of Raman Spectroscopy, 2004, 35(12): 532-533.

[70] Duan J, Gregory J. Coagulation by hydrolysing metal salts[J]. Advances in Colloid & Interface Science, 2003, 100(2): 475-502.

[71] Kizewski F, Liu Y T, Morris A, et al. Spectroscopic approaches for phosphorus speciation in soils and other environmental systems[J]. Journal of Environmental Quality, 2011, 40(3): 751-766.

[72] Lu J, Liu H, Xu Z, et al. Phosphate removal from water using freshly formed Fe-Mn binary oxide: adsorption behaviors and mechanisms[J]. Colloids & Surfaces A: Physicochemical & Engineering Aspects, 2014, 455(1): 11-18.

[73] Jeong Y, Fan M, Van Leeuwen J, et al. Effect of competing solutes on arsenic（V）adsorption using iron and aluminum oxides[J]. Journal of Environmental Sciences, 2007, 19(8): 910-919.

[74] Krivoshapkin P V, Ivanets A I, Torlopov M A, et al. Nanochitin/manganese oxide-biodegradable hybrid sorbent for heavy metal ions[J]. Carbohydrate Polymers, 2019, 210: 135-143.

[75] Peter M K, Gunnar W, Per P, et al. Adsorption of trimethyl phosphate on maghemite, hematite, and goethite nanoparticles[J]. Journal of Physical Chemistry A, 2011, 115(32): 8948-8959.

[76] Li B, Brett M T. The influence of dissolved phosphorus molecular form on recalcitrance and bioavailability[J]. Environmental Pollution, 2013, 182: 37-44.

[77] Razali M, Zhao Y Q, Bruen M. Effectiveness of a drinking-water treatment sludge in removing different phosphorus species from aqueous solution[J]. Separation & Purification Technology, 2007, 55(3): 300-306.

[78] Ruttenberg K C, Sulak D J. Sorption and desorption of dissolved organic phosphorus onto iron （oxyhydr）oxides in seawater[J]. Geochimica et Cosmochimica Acta, 2011, 75(15): 4095-4112.

[79] 王楠. 铁锰氧化物对砷的吸附和氧化特性研究[D]. 沈阳: 沈阳农业大学, 2012.

[80] Yi W, Liu D, Lu J, et al. Enhanced adsorption of hexavalent chromium from aqueous solutions on facilely synthesized mesoporous iron-zirconium bimetal oxide[J]. Colloids & Surfaces A: Physicochemical & Engineering Aspects, 2015, 481: 133-142.

[81] Mohan D, Pittman C U. Activated carbons and low cost adsorbents for remediation of tri-and hexavalent chromium from water[J]. Journal of Hazardous Materials, 2006, 137(2): 762-811.

[82] Ren Z, Shao L, Zhang G. Adsorption of phosphate from aqueous solution using an iron-zirconium binary oxide sorbent[J]. Water, Air, & Soil Pollution, 2012, 223(7): 4221-4231.

[83] Chien S H, Clayton W R. Application of Elovich equation to the kinetics of phosphate release and sorption in soils[J]. Soil Science Society of America Journal, 1980, 44(2): 265-268.

[84] Gu B, Schmitt J, Chen Z, et al. Adsorption and desorption of natural organic matter on iron oxide: mechanisms and models[J]. Environmental Science & Technology, 1994, 28(1): 38-46.

[85] Sheals J, Sjöberg S, Persson P. Adsorption of glyphosate on goethite: molecular characterization of surface complexes[J]. Environmental Science & Technology, 2002, 36(14): 3090.

[86] Borggaard O K, Anne Louise G. Fate of glyphosate in soil and the possibility of leaching to ground and surface waters: a review[J]. Pest Management Science, 2010, 64(4): 441-456.

第3章 改性层状锌铁双金属氢氧化物吸附除磷铬技术

层状双金属氢氧化物(LDHs)是一种层间具有可交换阴离子的层状化合物,属于阴离子黏土。最典型的天然 LDHs 是水滑石, 即 Mg-Al-LDHs, 因此 LDHs 也称为水滑石类物质。LDHs 一般符合通式: $[M_{1-x}^{2+} M_x^{3+} (OH)_2]^{x+} (A^{n-})_{x/n} \cdot mH_2O$, 其中, M^{2+}、M^{3+}分别为二价和三价金属阳离子, M^{2+}可以为 Zn^{2+}、Cu^{2+}、Mg^{2+}、Co^{2+}、Ca^{2+}等; M^{3+}可以是 Fe^{3+}、Al^{3+}、Mn^{3+}等; A^{n-}为中间阴离子夹层, 可以为 Cl^-、CO_3^{2-}、SO_4^{2-}、NO_3^-等阴离子, 大部分 LDHs 在整体上保持电中性[1]。其拥有特殊的层状结构, 且层间有带电阴离子, 使 LDHs 具有许多其他材料所不具有的特殊性能, 长期以来受到学术界的广泛关注, 并广泛应用于催化载体、混合材料制备、污染物吸附等研究中[2-4]。

本研究在前期调研的基础上, 以锌、铁为主要原材料, 为提高层状锌铁双金属氢氧化物(ZFCL)对水中阴离子污染物(磷酸盐、铬酸盐)的吸附性能, 尝试在 ZFCL 制备过程中添加不同表面活性剂以对吸附材料进行改性。本研究各选用一种有代表性的阳离子和阴离子表面活性剂, 阳离子表面活性剂采用十六烷基三甲基溴化铵(CTAB), 阴离子表面活性剂采用十二烷基硫酸钠(SDS), 分别对 ZFCL 进行改性, 采用乙醇作为萃取剂, 与不加表面活性剂的 ZFCL 进行对照, 为方便表述, 使用 CTAB 改性的吸附剂记为 CZF, SDS 改性的吸附剂记为 SZF。

3.1 材料与方法

3.1.1 实验材料与仪器

实验过程中所使用的各种主要化学试剂和主要仪器设备分别如**表 3-1** 和**表 3-2** 所示。

表 3-1 实验中所使用的化学试剂

试剂	纯度	生产厂家
$FeCl_3 \cdot 6H_2O$	分析纯	国药集团化学试剂有限公司
$ZnCl_2 \cdot 6H_2O$	分析纯	国药集团化学试剂有限公司
CTAB	分析纯	国药集团化学试剂有限公司

续表

试剂	纯度	生产厂家
SDS	分析纯	国药集团化学试剂有限公司
KH_2PO_4	分析纯	国药集团化学试剂有限公司
$K_2Cr_2O_7$	分析纯	国药集团化学试剂有限公司
CH_3CH_2OH	体积分数≥99.7%	国药集团化学试剂有限公司
NH_3	体积分数=25%	国药集团化学试剂有限公司
NaOH	分析纯	国药集团化学试剂有限公司
HCl	分析纯	国药集团化学试剂有限公司
KBr	分析纯	国药集团化学试剂有限公司

表 3-2　实验中所使用的主要仪器设备

仪器	型号	生产厂家
自动比表面积与孔径分析仪	NOVA-6000	康塔
X 射线衍射仪(XRD)	RIGAKU UltimaⅣ-185	日本理学
扫描电镜(SEM)	S-3500N	Hitachi Ltd.，Japan
透射电镜(TEM)	JEM-2800	日本电子
同步热分析仪(TG-DSC)	TGA/DSC1	梅特勒-托利多
傅里叶变换红外光谱分析仪(FTIR)	TENSO27	Bruker，Germany
X 射线电子能谱分析仪(XPS)	Axis Ultra DLD	Kratos Analytical Ltd
Zeta 电位分析仪	Nano ZS	Malvern Co.，UK
烘箱	DG202 型	天津市天宇实验仪器有限公司

3.1.2　吸附剂的制备

1. ZFCL 的制备方法

采用共沉淀法制备 ZFCL 吸附剂，主要制备步骤为：室温下称取一定量的 $FeCl_3·6H_2O$ 和 $ZnCl_2·6H_2O$ 溶于一定体积的蒸馏水中,命名其为溶液 A。称取 11.7g NaCl 溶于 200mL 的蒸馏水中，命名其为溶液 B。在快速搅拌的条件下将溶液 A 与预先配制好的浓度为 5mol/L 的 NaOH 溶液同时缓慢滴入溶液 B。在此过程中使用 pH 计测试，调整滴入速度使溶液 pH 值维持在 8.5~9.5，滴加完成后继续搅拌 4h。此后停止搅拌并将所得溶液放入 60℃的水浴锅中晶化 24h，使用蒸馏水反复抽滤洗涤晶化后得到的沉淀物直至中性。再将沉淀物置于 60℃的烘箱中干燥，将干燥后固体样品研磨，过 150 目筛，即得 ZFCL 吸附剂样品。

2. CZF 和 SZF 的制备方法

室温下称取一定量的 $FeCl_3 \cdot 6H_2O$ 和 $ZnCl_2 \cdot 6H_2O$ 溶于一定体积的无水乙醇中，命名其为溶液 A。称取一定量的 CTAB 或 SDS 溶于 200mL 蒸馏水中，命名其为溶液 B。在快速搅拌的条件下将溶液 A 与预先配制好的浓度为 5mol/L 的 NaOH 溶液同时缓慢滴入溶液 B。在此过程中使用 pH 计测试，调整滴入速度使溶液 pH 值维持在 8.5~9.5，滴加完成后继续搅拌 4h。此后停止搅拌并将所得溶液放入 60℃ 的水浴锅中晶化 24h。使用蒸馏水和无水乙醇反复抽滤洗涤晶化后得到的沉淀物至中性。再将沉淀物置于 60℃ 的烘箱中干燥，将干燥后固体样品研磨，过 150 目筛，即得 CZF 与 SZF 吸附剂样品。

3.1.3　表征方法

1. 扫描电镜与透射电镜

采用扫描电镜(SEM)观察试样表面并进行分析，采用透射电镜(TEM)观察分析样品的内部结构或表面特征。

2. 比表面积和孔径分布

根据气体在固体表面的吸附特性，在一定压力下，吸附剂表面在超低温下对氮气具有可逆物理吸附作用，对应于一定压力存在确定的平衡吸附量。通过测定平衡吸附量，得到 N_2 吸附-脱附等温线，进而利用理论模型等效求出吸附剂的比表面积，用来评价介孔材料的比表面积和孔结构[5, 6]。

3. 同步热分析

同步热分析仪是一种在程序控制温度下，测量物质与参比物之间的温度差与温度的函数关系的仪器。将待测试样和参比物置于同一条件的炉体中，按给定程序等速升温或降温，通过检测两者之间的温差，来研究样品产生的物理、化学性质的变化[7-11]。

4. X 射线衍射光谱

X 射线衍射(XRD)光谱是利用 X 射线照射到物体上时，其受到物体中原子的散射，使原子产生散射波，这些波互相干涉便产生衍射。衍射波叠加的结果使射线的强度在某些方向上加强，在其他方向上减弱。通过对这种加强或减弱的衍射结果进行分析，从而获得晶体结构的信息[12-15]。

5. 傅里叶变换红外光谱

傅里叶变换红外光谱(FTIR)是物质吸收电磁辐射后，分子振动和转动跃迁产生的光谱。当用红外光照射分子时，分子中的化学键或官能团可发生振动吸收，不同的化学键或官能团吸收频率不同，在红外光谱上将处于不同位置，傅里叶变换红外光谱法是根据获得的信息来确定物质分子结构和鉴别化合物的分析方法[16-18]。

6. Zeta 电位

通过测定吸附剂的 Zeta 电位，从 pH-Zeta 电位关系图上得到吸附剂的等电点，是了解吸附剂表面电性及吸附机理的重要方法，也是吸附剂表面处理中的重要手段。同时 Zeta 电位的数值与胶体分散的稳定性相关，可以用来获得不同 pH 值下吸附剂的体系稳定性[19-23]。

7. X 射线电子能谱

X 射线电子能谱(XPS)是样品表面与 X 射线的相互作用，利用光电效应，激发样品表面发射光电子，通过能量分析器，测量光电子动能，再以光电子的动能与束缚能之比为横坐标，相对强度为纵坐标得到电子能谱图。X 射线电子能谱不仅能提供分子结构和原子价态方面的信息，还能提供各种化合物的元素组成和含量、化学状态、分子结构、化学键方面的信息[24-27]。

3.1.4　磷酸盐的吸附实验方法

1. 实验装置

除动力学实验采用磁力搅拌器进行外，投加量、热力学与等温线、pH 值影响、共存离子影响实验等均采用恒温摇床进行，将调整好浓度与 pH 值的一定量的磷酸盐溶液放入锥形瓶中，再投加定量吸附剂于锥形瓶中，将锥形瓶置于设定好参数的恒温摇床中进行摇匀实验，摇床的转速设为 180 r/min。

除表征实验外，其他实验均重复两次取平均值。

2. 实验方法

1) 投加量影响实验

称取于 105℃烘箱中干燥 2h 的磷酸二氢钾(KH_2PO_4)0.2634g，用蒸馏水将其稀释至 2000mL，此溶液中磷的浓度约为 30mg/L。将此待测液 pH 值调节为 6，分别加至 3 组共 15 个 100mL 锥形瓶内，标记锥形瓶并分别称取三种吸附剂 0.01g、0.02g、0.04g、0.06g、0.08g 于待测锥形瓶内，将锥形瓶封口后快速置于恒温 25℃的摇床内反应。24h 后取出锥形瓶，将待测液分别过 0.45μm 滤膜后采用钼锑抗分光光度法对磷酸盐浓度进行测定。

2) 热力学实验

分别称取于 105℃烘箱中干燥 2h 的磷酸二氢钾各 0.0439g、0.1317g、0.2194g、0.439g、0.878g，用蒸馏水将其分别稀释至 1000mL，则溶液中磷的浓度分别为 10mg/L、30mg/L、50mg/L、100mg/L、200mg/L。将所有待测液 pH 值调节为 6，分别加至 3 组共 15 个 100mL 锥形瓶内，标记锥形瓶并分别称取 3 种吸附剂各 0.02g 于待测锥形瓶内，将锥形瓶封口后快速置于恒温为 20℃、30℃、40℃的摇床内反应。24h 后取出锥形瓶，将待测液分别过 0.45μm 滤膜后采用钼锑抗分光光度法对磷酸盐浓度进行测定。

3) 等温线实验

分别称取于 105℃烘箱中干燥 2h 的磷酸二氢钾各 0.0219g、0.0439g、0.0878g、0.1317g、0.2195g、0.439g、0.878g、1.317g，用蒸馏水将其分别稀释至 1000mL，此溶液中磷的浓度分别约为 5mg/L、10mg/L、20mg/L、30mg/L、50mg/L、100mg/L、200mg/L、300mg/L。将所有待测液 pH 值调节为 6，分别加至 3 组共 24 个 100mL 锥形瓶内，标记锥形瓶并分别称取 3 种吸附剂各 0.02g 于待测锥形瓶内，将锥形瓶封口后快速置于恒温为 25℃的摇床内反应。24h 后取出锥形瓶，将待测液分别过 0.45μm 滤膜后采用钼锑抗分光光度法对磷酸盐浓度进行测定。

4) pH 值影响实验

称取于 105℃烘箱中干燥 2h 的磷酸二氢钾 0.3951g，用蒸馏水将其稀释至 3000mL，此溶液中磷的浓度约为 30mgP/L。将待测液分别加至 3 组共 21 个 100mL 锥形瓶内，标记锥形瓶并将 pH 值分别调节为 3、4、5、6、7、8、9，称取 3 种吸附剂各 0.02g 于待测锥形瓶内，将锥形瓶封口后快速置于恒温为 25℃的摇床内反应。24h 后取出锥形瓶，将待测液分别过 0.45μm 滤膜后采用钼锑抗分光光度法对磷酸盐浓度进行测定。

5) 共存离子影响实验

称取于 105℃烘箱中干燥 2h 的磷酸二氢钾 0.2634g，用蒸馏水将其稀释至 2000mL，此溶液中磷的浓度约为 30mg/L。各取 500mL 待测液于 3 个烧杯中，向烧杯内加入试剂使目标共存离子的浓度分别为 0.001mol/L、0.01mol/L、0.1mol/L。待测液分别加至 3 组共 9 个 100mL 锥形瓶内，标记锥形瓶并将 pH 值调节为 6。

称取 3 种吸附剂各 0.02g 于待测锥形瓶内，将锥形瓶封口后快速放入恒温为 25℃ 的摇床内反应。24h 后取出锥形瓶，将待测液分别过 0.45μm 滤膜后采用钼锑抗分光光度法对磷酸盐浓度进行测定。此实验重复 5 次，目标共存离子分别为 Cl^-、NO_3^-、SO_4^{2-}、CH_3COO^-、CO_3^{2-}。

6）动力学实验

称取于 105℃ 烘箱中干燥 2h 的磷酸二氢钾 0.7902g，用蒸馏水将其稀释至 3000mL，此溶液中磷的浓度约为 60mg/L。将待测液分别加至 3 个 1000mL 烧杯内，标记并将 pH 值调节为 6，加入转子并将其置于磁力搅拌器上，调节磁力搅拌器使溶液温度为 25℃。称取 3 种吸附剂各 0.5g 于烧杯中开始实验，间隔不同时间取样，将所取样品分别过 0.45μm 滤膜后，采用钼锑抗分光光度法对磷酸盐浓度进行测定。

7）吸附剂再生实验

将动力学实验结束后的剩余溶液过滤，收集残留的吸附剂，将其放入浓度为 1mol/L 的 NaOH 或 NaCl 溶液中进行再生。再生 24h 后用蒸馏水洗至中性，将所得再生吸附剂分成两组，一组直接于 60℃ 烘干进行下一轮吸附实验，另一组放入 pH 值为 7 的浓度为 0.2mol/L 的 $ZnCl_2$ 溶液中进一步再生，24h 后将再生液过滤，得到再生后的吸附剂，将吸附剂用蒸馏水洗至中性后于 60℃ 烘干进行下一轮吸附实验。

3.1.5　检测与计算方法

参照《水和废水监测分析方法》（第四版），采用钼锑抗分光光度法在波长 700nm 处对磷酸盐浓度进行测定。

吸附平衡时吸附剂的磷酸盐吸附容量 q_e(mg/g) 由式(3-1)计算：

$$q_e = \frac{(C_0 - C_e) \times V}{m} \tag{3-1}$$

磷酸盐的去除率(%) 由式(3-2)计算：

$$去除率(\%) = \frac{C_0 - C_e}{C_0} \times 100\% \tag{3-2}$$

式中，V 和 m 分别为磷酸盐溶液的体积和吸附剂的质量，单位分别为 L 和 g；C_0(mg/L)、C_e(mg/L) 分别为磷的初始浓度和吸附平衡浓度，单位均为 mg/L。

3.1.6 其他阴离子的吸附实验方法

1. 实验装置

投加量、热力学与等温线、pH 值影响实验采用摇床法进行实验，将定量的调整好浓度与 pH 值的待测溶液加至锥形瓶中，投加定量吸附剂至锥形瓶中，将锥形瓶置于设定好参数的恒温摇床中。摇床的转速设为 180 r/min。

动力学实验采用磁力搅拌器进行，将一定量的调整好浓度与 pH 值的待测溶液加至烧杯中，加入转子并将烧杯放在磁力搅拌器上，调整温度并利用转子不断搅拌使溶液混合均匀，最后投加定量的吸附剂开始实验。

2. 实验方法

1) 投加量影响实验

称取铬酸钾 (K_2CrO_4) 0.0849g，用蒸馏水将其稀释至 2000mL，此溶液中 Cr 的浓度约为 30mg/L。将含有不同物质的待测液 pH 值均调节为 6，分别加至 6 组共 30 个 100mL 锥形瓶内，标记锥形瓶并分别称取 3 种吸附剂 0.01g、0.02g、0.04g、0.06g、0.08g 于各组待测锥形瓶内，将锥形瓶封口后快速置于恒温 25℃的摇床内进行吸附反应。24h 后取出锥形瓶，将待测液分别过 0.45μm 滤膜后采用二苯碳酰二肼分光光度法对 Cr 浓度进行测定。

2) 初始浓度影响实验

分别称取质量 0.0142g、0.0284g、0.0568g、0.0850g、0.1416g、0.2830g、0.5680g、1.1420g 的铬酸钾，用蒸馏水将其分别稀释至 1000mL，则溶液中 Cr 的浓度分别约为 5mg/L、10mg/L、20mg/L、30mg/L、50mg/L、100mg/L、200mg/L、300mg/L。将所有待测液 pH 值调节为 6，分别加至 3 组共 24 个 100mL 锥形瓶内，标记锥形瓶并分别称取 3 种吸附剂各 0.02g 至待测锥形瓶内，将锥形瓶封口后快速置于恒温为 25℃的摇床内反应。24h 后取出锥形瓶，将待测液分别过 0.45μm 滤膜后采用二苯碳酰二肼分光光度法对 Cr 浓度进行测定。

3) pH 值影响实验

配制 Cr 初始浓度为 30mg/L 的溶液，将其分别加至 3 组共 21 个 100mL 锥形瓶内，标记锥形瓶并将 pH 值分别调节为 3、4、5、6、7、8、9，称取 3 种吸附剂各 0.02g 于待测锥形瓶内，将锥形瓶封口后快速置于恒温为 25℃的摇床内反应。24h 后取出锥形瓶，将待测液分别过 0.45μm 滤膜后采用二苯碳酰二肼分光光度法对 Cr 浓度进行测定。

4) 吸附时间影响实验

配制 Cr 初始浓度为 60mg/L 的溶液 3000mL，将溶液分别放入 3 个 1000mL 烧杯内，标记并将 pH 值调节为 6，加入转子并将其置于磁力搅拌器上，调节磁力搅拌器参数使溶液温度为 25℃。称取 3 种吸附剂各 0.5g 于烧杯内开始实验，间隔不同时间取样，将所取样品分别过 0.45μm 滤膜后采用二苯碳酰二肼分光光度法对 Cr 浓度进行测定。

5) 温度影响实验

配制 Cr 初始浓度为 30mg/L 的溶液 1000mL，将溶液 pH 值调节为 6，分别加至 3 个 100mL 锥形瓶内，标记锥形瓶并分别称取 3 种吸附剂各 0.02g 于锥形瓶内，将锥形瓶封口后快速放入恒温为 20℃、30℃、40℃的摇床内反应。24h 后取出锥形瓶，将待测液分别过 0.45μm 滤膜后采用二苯碳酰二肼分光光度法对 Cr 浓度进行测定。

3. 检测与计算方法

参照《水和废水监测分析方法》(第四版)，采用二苯碳酰二肼分光光度法在波长 540nm 对 Cr(Ⅵ)浓度进行测定。

吸附容量和去除率的计算方法与磷酸盐相同，参见 3.1.5 节。

3.2　吸附剂的筛选

3.2.1　ZFCL 制备参数的筛选

1. 锌铁摩尔比对 ZFCL 的影响

以不同的锌铁摩尔比制备 ZFCL 吸附剂，在室温和 pH 值为 6 的条件下以 0.2g/L 的吸附剂浓度吸附 30mg/L 的磷酸盐溶液，结合 N_2 吸附-脱附等温曲线测试结果筛选最优锌铁摩尔比，结果如图 3-1 与表 3-3 所示。

表 3-3　不同锌铁摩尔比的吸附剂吸附容量与 BET 结果对比

锌铁摩尔比(Zn:Fe)	0:1	1:5	1:3	1:2	1:1	2:1	3:1	5:1	1:0
单点计算比表面积/(m^2/g)	163.2	156.4	177.1	157.5	136.3	115.2	119.1	111.2	64.9
BET 计算比表面积/(m^2/g)	245.4	246.4	259.3	235.8	207.4	180.7	181.4	173.8	102.2
孔容/(cm^3/g)	0.15	0.13	0.17	0.15	0.16	0.20	0.23	0.30	0.14
孔径/Å	34.6	14.7	37.9	34.6	14.7	14.7	14.7	14.7	15.4
吸附容量/(mgP/g)	18.6	23.4	29.9	42.5	51.2	70.1	110.6	101.7	67.7

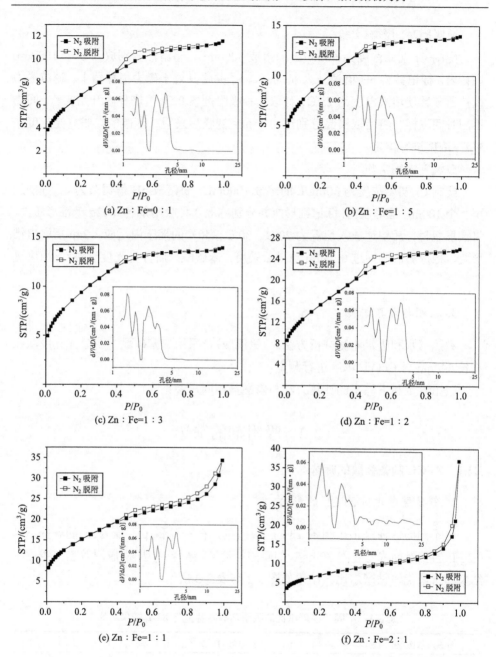

(a) Zn : Fe=0 : 1

(b) Zn : Fe=1 : 5

(c) Zn : Fe=1 : 3

(d) Zn : Fe=1 : 2

(e) Zn : Fe=1 : 1

(f) Zn : Fe=2 : 1

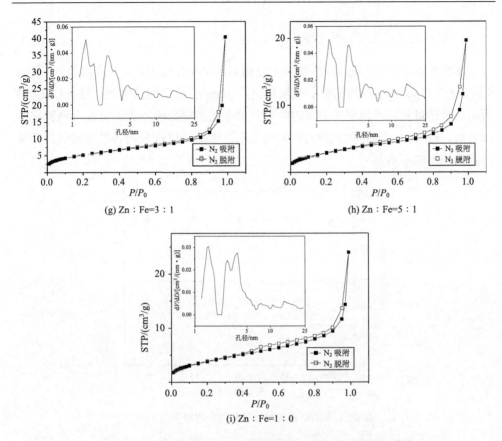

图 3-1　不同锌铁摩尔比所制备吸附剂的 N_2 吸附-脱附等温曲线

由**图 3-1** 和**表 3-3** 可以看出，锌铁摩尔比为 3∶1 的吸附剂吸附容量最高，约为 110.6mgP/g。吸附容量与比表面积不成正比，说明锌和铁的不同比例会导致吸附剂的结构改变。根据国际纯粹与应用化学联合会(IUPAC)的分类，可知当锌铁摩尔比为 1∶2 或比值更低时，吸附剂的迟滞回线更接近Ⅳ型；而当锌铁摩尔比大于此数值时，吸附剂的迟滞回线更接近于Ⅲ型。而Ⅲ型迟滞回线一般出现在片状颗粒材料、层状材料或裂隙孔材料上，如黏土；Ⅳ型迟滞回线一般出现在含有狭窄的裂隙孔的固体中，如活性炭。这个结果说明当锌铁摩尔比逐渐增大时，吸附剂的结构由裂隙孔材料逐渐向层状或片状材料转化，同时比表面积减小，吸附容量增加，说明吸附剂为层状或片状结构有利于其对磷酸盐的吸附。结合与 N_2 吸附-脱附曲线分析的结果，确定最佳锌铁摩尔比为 3∶1，并以该比例为基础制备改性吸附剂。

2. 制备温度对 ZFCL 的影响

本研究以不同的制备温度(20~40℃)制备出 ZFCL 吸附剂,在室温和 pH 值为 6 的条件下,以 0.2g/L 的吸附剂投加量吸附 30mg/L 的磷酸盐溶液,结果如**图 3-2**所示。由图可见,不同制备温度对吸附剂的吸附容量影响不大,高温会略提高吸附容量,每 10℃提高的幅度约为 0.7%左右,因此可以认为制备温度对吸附剂吸附容量的影响不明显。

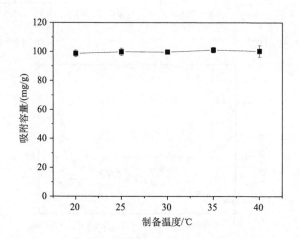

图 3-2　不同制备温度对吸附剂吸附容量的影响

3. 制备时间对 ZFCL 的影响

将反应与晶化时间设置为原反应与晶化时间的 25%、50%、150%、200%,以研究制备时间对 ZFCL 吸附容量的影响,在室温和 pH 值为 6 的条件下,以 0.2g/L 的吸附剂投加量吸附 30mg/L 的磷酸盐溶液,结果如**图 3-3**所示。由图可见,当反应时间减小为 1h(25%)和 2h(50%)时,ZFCL 吸附容量分别下降 48%和 19%,而延长反应时间则对 ZFCL 的吸附容量影响不大,说明 4h 反应时间与 24h 晶化时间是合理的,可以使 ZFCL 结构完全形成,吸附容量达到最大。

3.2.2　CZF 与 SZF 制备参数的筛选

1. CTAB 添加量对 CZF 的影响

在 $ZnCl_2$ 与 $FeCl_3$ 浓度分别为 0.075mol/L 和 0.225mol/L 的条件下,使 CTAB 浓度分别达到 0.06mol/L、0.12mol/L、0.18mol/L、0.24mol/L、0.3mol/L 进行制备,

研究 CTAB 添加量对 CZF 的影响。在室温和 pH 值为 6 的条件下，以 0.2g/L 的吸附剂浓度吸附 30mg/L 的磷酸盐溶液，结果如**图 3-4** 所示。由图可见，随着 CTAB 投加量的增大，吸附容量也随之增加，当 CTAB 浓度达到 0.18mol/L 以后吸附容量增加幅度不明显，从节约材料的经济角度考虑，选择 0.18mol/L 作为 CTAB 的最佳添加浓度。

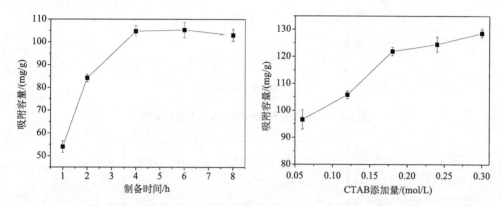

图 3-3 不同制备时间对吸附剂吸附容量的影响 图 3-4 CTAB 添加量对吸附剂吸附容量的影响

2. SDS 添加量对 SZF 的影响

在 $ZnCl_2$ 与 $FeCl_3$ 浓度分别为 0.075mol/L 和 0.225mol/L 的条件下，使 SDS 浓度分别达到 0.06mol/L、0.12mol/L、0.18mol/L、0.24mol/L、0.3mol/L 进行制备，研究 SDS 添加量对 SZF 的影响。在室温和 pH 值为 6 的条件下，以 0.2g/L 的吸附剂浓度吸附 30mg/L 的磷酸盐溶液，结果如**图 3-5** 所示。由图可见，当 SDS 浓度小于 0.18mol/L 时，随着 SDS 投加量的增大，吸附容量也随之增加；而当 SDS 浓度大于 0.18mol/L 后，吸附容量随着 SDS 浓度增加而减小，因此选择 0.18mol/L 为 SDS 的最佳添加浓度。

3. 焙烧对 ZFCL、CZF 与 SZF 的影响

焙烧是一种常见的处理 LDHs 的方法，对 Mg-Al LDHs 进行焙烧可以大幅提高原有吸附剂对磷酸盐的吸附容量，因此本研究采用不同温度(0~500℃)对三种吸附剂进行焙烧处理，研究焙烧温度对吸附剂吸附容量的影响。在室温和 pH 值为 6 的条件下，以 0.2g/L 的吸附剂投加量吸附 30mg/L 的磷酸盐溶液，实验结果如**图 3-6** 所示。

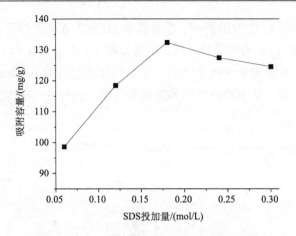

图 3-5　SDS 添加量对吸附剂吸附容量的影响

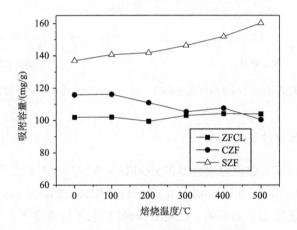

图 3-6　焙烧温度对吸附剂吸附容量的影响

由图可见，对于 ZFCL 来说，随着焙烧温度的增加，其对磷酸盐的吸附容量有微小提高，当焙烧温度为 500℃时与未焙烧的吸附剂相比有 2%的提高。对 CZF 来说，吸附容量随着焙烧温度的增加而减小，当温度达到 500℃，其吸附容量与未焙烧的吸附剂相比下降了 13%。对 SZF 来说，随着焙烧温度的增加，其吸附容量逐渐增大，当焙烧温度达到 500℃时，与未焙烧吸附剂相比，吸附容量提高 17%。实验结果表明，焙烧对不同吸附剂的吸附容量影响不一，考虑到实际应用中的制备成本，除 SZF 外其余两种吸附剂均不宜进行焙烧处理。

3.2.3　小结

（1）锌铁摩尔比为 3∶1 所制备的层状 ZFCL 对磷酸盐的吸附容量最高。BET

测试表明其具有较大的比表面积、孔径和孔容，比表面积达到 181.4m²/g，孔容为 0.23cm³/g，以微孔和介孔结构为主。

（2）改性研究结果表明，CTAB 和 SDS 的添加量均为 0.18mol/L 时，改性效果最好。BET 测试表明，添加 CTAB 和 SDS 改性的吸附剂，其比表面积分别为 235.9m²/g 和 157.1m²/g，均具有较大的比表面积。

3.3 吸附剂的表征

3.3.1 SEM 与 TEM 分析

ZFCL、CZF 与 SZF 在不同放大倍率下的 SEM 图像如图 3-7 所示。由图可见，ZFCL 与 SZF 主要由片状、层状物质组成，结构较为相似，二者与一般的 LDHs 结构类似[28, 29]，ZFCL 中还存在一定量的棒状物质。而 CZF 主要由棒状和管状物质组成，说明 CTAB 改变了吸附剂的结构，使原 ZFCL 吸附剂由片状向棒状转化。

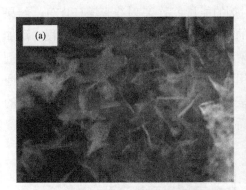

图 3-7 ZFCL(a)、CZF(b) 和 SZF(c) 的 SEM 图像(×50000)

在 ZFCL 的图像中，片状物质的长度大体在 400~500nm 的范围，而 CZF 图像中棒状物质的长度在 100~200nm 范围内，说明 CTAB 的存在改变了锌与铁的结合方式，抑制了片状、层状物质的生成，图中棒状物质可能为锌或铁的氧化物或氢氧化物[30-32]。与 ZFCL 相比，SZF 的图像中棒状物质更少，说明 SDS 的改性促进了片状、层状物质的形成，其效果与 CTAB 相反。

ZFCL、CZF 与 SZF 在不同放大倍率下的 TEM、衍射环与高分辨率 TEM (HRTEM)图像如图 3-8 所示。从图中可以清晰地看出，CZF 主要由棒状物质组成，SZF 主要由片状物质组成，而 ZFCL 以片状为主，兼有部分棒状物质，其结果与 SEM 的分析结果吻合，与已有研究报道的其他类型 LDHs 类似[33, 34]。在 HRTEM 图像中，通过使用 Digital Micrograph 软件测量晶面间距，获得的 ZFCL、CZF 与 SZF 的晶面间距大致分别为 0.27nm、0.27nm 与 0.34nm。可以看出，SZF 的晶格间距大于 ZFCL 的晶格间距，说明在 SZF 形成过程中 SDS 可能进入到晶格间隙，因此扩大了其晶格间距。

在 TEM 测试中同时测试了三种吸附剂的能量色散 X 射线光谱(EDX)，结果如图 3-9 所示。可见，三种吸附剂表面的锌铁比例大体一致，与制备过程中添加的锌铁比例基本相同。为更准确得知吸附剂的成分，使用酸消解法对三种吸附剂中的各种成分比例进行研究，实验中使用强酸将一定量的吸附剂完全消解后，通过 ICP-MS 测量锌与铁的含量，结果如表 3-4。结果表明三种吸附剂中，CZF 的锌铁比例最低，SZF 的锌铁比例最高，而 ZFCL 居于两者之间。

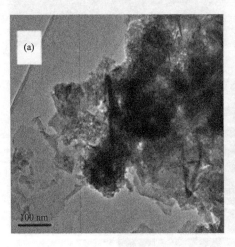
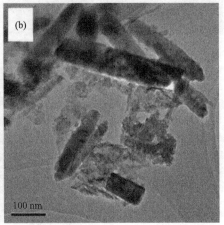

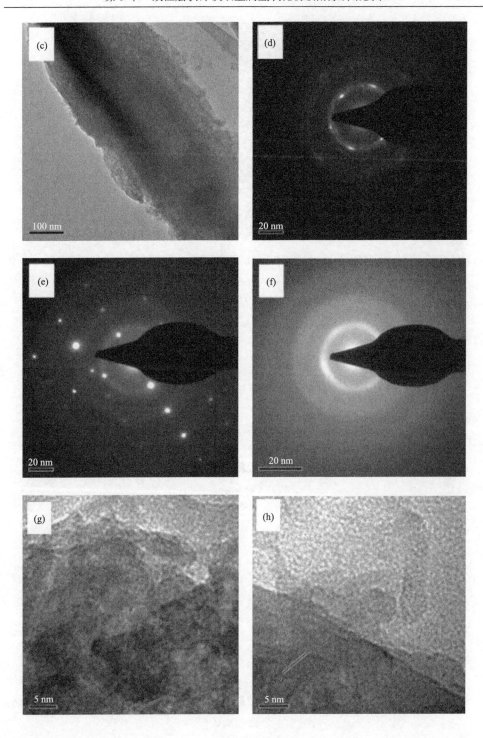

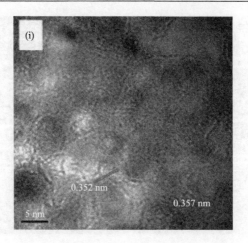

图3-8 ZFCL(a, d, g)、CZF(b, e, h)和SZF(c, f, i)的TEM(a~c)、衍射环(d~f)与HRTEM(g~i)图像

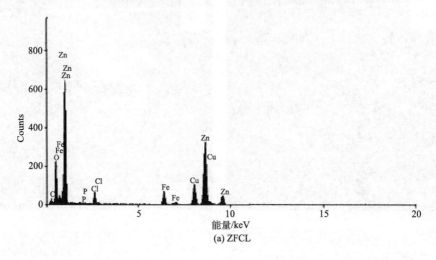

(a) ZFCL

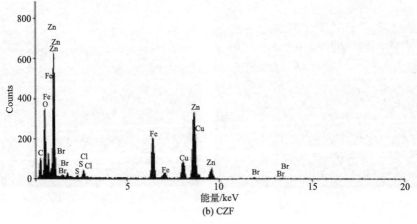

(b) CZF

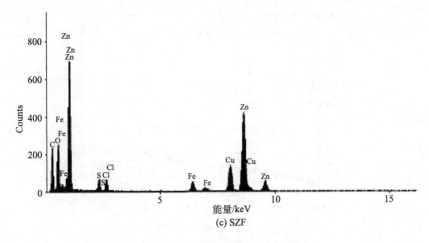

(c) SZF

图 3-9　三种吸附剂的 EDX 谱图

表 3-4　三种吸附剂消解后的锌铁比例

吸附剂	锌比例/%	铁比例/%	锌/铁
ZFCL	73.11	26.89	2.72
CZF	70.67	29.33	2.41
SZF	76.69	23.31	3.29

3.3.2　BET 分析

三种吸附剂的 N_2 吸附-脱附等温线和粒径分布如**图 3-10** 所示。根据 IUPAC 的分类，可以看出 CZF 的吸附等温线接近 I 型，迟滞回线属于 H4 型；而 ZFCL 与 SZF 的吸附等温线接近 II 型，迟滞回线属于 H3 型。分析结果表明，CZF 是一种类似于活性炭、外表面相对较小的微孔固体，而 ZFCL 与 SZF 则更可能是一种与黏土类似的片状或层状材料[35, 36]。

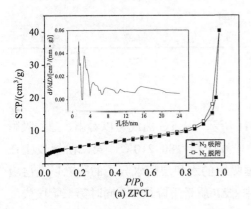

(a) ZFCL

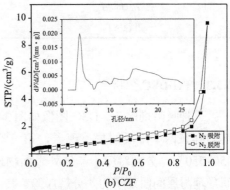

(b) CZF

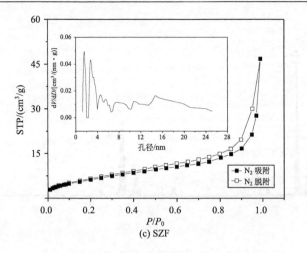

图 3-10　三种吸附剂的 N_2 吸附-脱附等温线

表 3-5 为三种吸附剂的 BET 测试结果。由表可知，三种吸附剂均具有较大的比表面积，特别是 CZF 吸附剂，比表面积达到 235.9m²/g，已接近市售的普通煤质活性炭（约 300~500m²/g）。CZF 的孔径和孔容与 ZFCL 和 SZF 相差较多，比表面积大幅超过 ZFCL 和 SZF。结合 SEM 与 TEM 图像，可知 CZF 的结构与 ZFCL 和 SZF 有所不同，其更接近纳米金属氧化物类吸附剂[37-41]。SZF 与 ZFCL 相比，其比表面积有所下降，但幅度不大，而孔容和孔径有所扩大。结合 SEM 与 TEM 图像可以看出，SZF 基本不含有棒状结构，而 ZFCL 则含有少量棒状结构，这可能是 SZF 比表面积略小于 ZFCL 的原因[42, 43]。

表 3-5　ZFCL、CZF 和 SZF 的 BET 测试结果

	ZFCL	CZF	SZF
BET 计算比表面积/(m²/g)	181.4	235.9	157.1
孔容/(cm³/g)	0.23	0.11	0.28
孔径/Å	14.7	36.27	16.1

3.3.3　TG-DSC 分析

三种吸附剂的 TG-DSC 图像如**图 3-11** 所示。从 TG 曲线可以看出，三种吸附剂均存在两个阶段的失重现象，第一阶段发生在 180~210℃，第二阶段发生在 450~550℃，分别对应于晶体外表面物理吸附的水和层间水分子的脱除以及层板间羟基与层间阴离子的热分解脱除。其中 CZF 质量下降最少，同时第二阶段失重不明显，说明 CZF 不存在或较少存在层板间羟基和层间阴离子，即不存在层状结构或层状结构不发达。SZF 质量下降最多，第一、第二阶段变化清晰，说明 SZF 具有大量的层板间羟基和层间阴离子[44-46]。ZFCL 也有明显的分段，但质量下降情况小于 SZF，说明层板间羟基和层间阴离子少于 SZF。DSC 图像中，第一阶段三种吸附剂均有较明显的吸热与放热峰，对应于表面水和结晶水的脱除；而 SZF 的第二阶段有一个较长的吸热段，对应于层板间羟基与层间阴离子的脱除，这个吸热段持续至 700℃左右开始下降；ZFCL 也有这个吸热段，持续至 520℃左右开始下降；而 CZF 在 450℃后持续下降，说明了 CZF 和 SZF 的结构差异很大。与其他类型的 LDHs 相比，ZFCL 与 SZF 同典型 LDHs 的 TG 曲线非常相似，而 CZF 则更接近于金属氧化物类的 TG 曲线[47-50]。

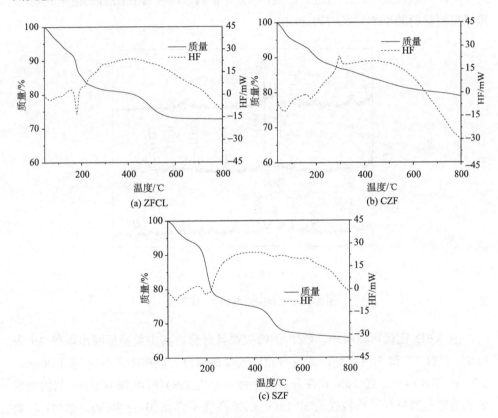

图 3-11　三种吸附剂的 TG-DSC 图像

3.3.4　XRD 分析

进一步对三种吸附剂的 XRD 图像进行了分析。由**图 3-12** 可知，ZFCL 的主

要成分是 $Zn_5(OH)_8Cl_2 \cdot H_2O$（PDF 76-0922）。在 11.10°、22.36° 和 28.34° 处，ZFCL 谱图有尖锐且对称的峰，分别对应(003)、(006)和(110)晶面，这证实了吸附剂上的无机物为有序结构的 ZFCL[34]。通过布拉格定律可计算晶格间距，其表达式为

$$2d \sin\theta = n\gamma \qquad (3\text{-}3)$$

式中，d 为晶格间距，θ 为偏转角度，n 为衍射级，γ 为 X 射线的波长。根据式(3-3)计算出的(003)、(006)和(110)的晶格间距分别是 0.79nm、0.39nm 和 0.26nm。

通过谢乐公式估算平均粒径，其表达式为

$$D = K\gamma(B \cos\theta) \qquad (3\text{-}4)$$

式中，D 为颗粒直径，K 为谢乐常数(0.89)，B 为半峰宽(FWHM)。根据式(3-4)可以得到材料的平均粒径约为 26.4nm。

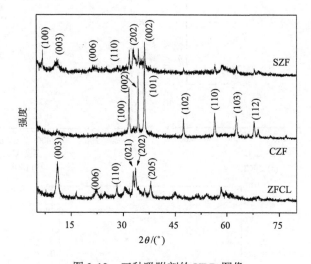

图 3-12　三种吸附剂的 XRD 图像

由 XRD 图像可以看出，CZF 的峰尖锐且对称，其主要特征峰出现在 2θ 为 31.7°、34.3° 和 36.1° 处，通过布拉格定律估算出的晶格间距分别为 0.28nm、0.26nm 和 0.24nm。经 Jade 软件分析其主体成分为 ZnO（PDF 76-0704）。利用谢乐公式估算出的材料平均粒径为 57.1nm。CZF 图像不存在(003)和(006)晶面，与典型的 LDHs 结构完全不同，从图中亦可以看出，CZF 与另两种吸附剂完全不同，说明 CZF 不存在层状结构。上述结果表明，CZF 是一类平均粒径更大的非层状吸附剂。

在 SZF 的图像中，其主要特征峰与 ZFCL 基本一致，也拥有(003)、(006)和

(110) 晶面。而 SZF 图像中，在 32.9°、36.2° 和 58.4° 等处出现了一些 ZFCL 没有的特征峰。经软件分析知，此处的峰应归属于 $Zn_{12}(SO_4)_3Cl_3(OH)_3\cdot5H_2O$，形成该物质的原因可能是由于 SDS 没有被完全洗净，有少量的残余。通过布拉格定律对 (003)、(006) 和 (110) 特征峰进行晶格间距计算，其结果分别为 0.82nm、0.41nm 和 0.32nm。与 ZFCL 相比，三个特征峰的晶面间距都有扩大的趋势，说明 SDS 改性使得吸附剂的晶面间距增大，分析结果与 TEM 观察到的现象一致。利用谢乐公式估算出的平均粒径为 23.6nm，其平均粒径在三种吸附剂中最小，说明 SZF 与 ZFCL 相比是一种结构相似而尺寸较小的吸附剂。

3.3.5　FTIR 分析

三种吸附剂的 FTIR 图像如**图 3-13** 所示。对 ZFCL 而言，在 461cm^{-1} 和 1039cm^{-1} 处的峰应归属于 Zn—O 和 Zn—OH 的伸缩振动[51, 52]。而在 713cm^{-1} 处的峰则归因于 Zn(OH)Cl 的平面外弯曲振动[53]。1620cm^{-1} 和 3500cm^{-1} 处的强峰则是由于来自氢氧化物或层间水的氢键羟基的拉伸和弯曲振动。3500cm^{-1} 处的峰型尖锐，说明化合物分子中或分子间的 O—H 由于空间位阻不能形成氢键，这种峰型大多存在于无机氢氧化物的 FTIR 谱图中[54, 55]。

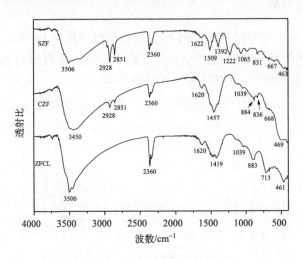

图 3-13　三种吸附剂的 FTIR 图像

与 ZFCL 类似，CZF 在 469cm^{-1} 和 1039cm^{-1} 处的峰也应归属于 Zn—O 和 Zn—OH 的伸缩振动，在 1620cm^{-1} 和 3450cm^{-1} 也存在氢氧化物或层间水的氢键羟基的拉伸和弯曲振动。由于 CZF 的峰出现在 3450cm^{-1} 处，与 ZFCL 相比，H$_2$O 分子的伸缩振动频率向低频移动，说明 CZF 结晶水分子中的氧原子与金属离子的配位能力更强，配位键更短，金属离子对 O—H 键上电子云的诱导作用更强。另外，由于 3450cm^{-1} 处的峰并不尖锐，说明结晶水分子除了参与配位外，还形成了分子间氢键。除了 713cm^{-1} 处的峰在 CZF 的图像中不存在之外，其余峰与 ZFCL 的 FTIR 图像基本一致，说明其主要官能团与 ZFCL 类似，而在 713cm^{-1} 位置的峰属于 Zn(OH)Cl 的平面外弯曲振动，可能由于制备过程中 CTAB 的添加导致了吸附剂结构变化，层状结构消失，而 Zn(OH)Cl 可能需要依附于层间结构产生。因此 713cm^{-1} 处的峰不存在于 CZF 的 FTIR 谱图之中。而在 2851cm^{-1} 和 2928cm^{-1} 位置的峰属于烷基链端基 CH$_3$ 的对称和反对称伸缩振动峰，其原因可能在于 CTAB 的少量残留[56]。

在 SZF 的 FTIR 图像中，1622cm^{-1} 和 3506cm^{-1} 峰的位置与 ZFCL 基本一致，3506cm^{-1} 处的峰也较为尖锐，在 463cm^{-1} 和 1065cm^{-1} 处的峰应归属于 Zn—O 和 Zn—OH 的伸缩振动。1392cm^{-1} 和 1222cm^{-1} 处的峰分别归因于 O=S=O 反对称和对称的伸缩振动峰。1509cm^{-1} 处的峰属于 C—O 单键的伸缩振动峰。在 2851cm^{-1} 和 2928cm^{-1} 位置的峰属于烷基链端基 CH$_3$ 的对称和反对称伸缩振动峰，这主要是 SDS 的少量残留造成的[57]。

3.3.6　Zeta 电位分析

不同 pH 值时三种吸附剂的 Zeta 电位变化情况如**图 3-14** 所示。可以看出，pH 值为 3 时三种吸附剂的 Zeta 电位值均处于最大，三种吸附剂的 Zeta 电位均随着 pH 值的增加而逐渐减少，直至与 X 轴相交进而变成负值，由曲线可以得到 ZFCL、CZF 和 SZF 的 pH$_{ZPC}$（零点电位）分别为 5、7 和 5。在水溶液中，由于吸附剂表面常有金属氧化物形成羟基化表面，其随溶液酸度的不同发生质子化或去质子化。

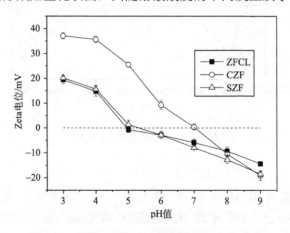

图 3-14　不同 pH 值时三种吸附剂的 Zeta 电位

而当溶液 pH 值小于 pH_{ZPC} 时，吸附剂表面由于质子化而带正电荷；当 pH 值大于 pH_{ZPC} 时，吸附剂表面由于去质子化而带负电荷。因此，当吸附质溶液初始 pH 值小于吸附剂的 pH_{ZPC} 时，吸附剂带正电，因而可以更好地吸附阴离子；而当吸附质溶液初始 pH 值大于吸附剂的 pH_{ZPC} 时，吸附剂带负电，因而会阻碍阴离子的吸附[58, 59]。本研究结果表面 CZF 的 pH_{ZPC} 最高，因此其在较宽的 pH 值范围内均具有较好的阴离子吸附性能，而 ZFCL 与 SZF 的 pH_{ZPC} 小于 CZF，因而 ZFCL 与 SZF 对阴离子的静电吸附能力低于 CZF。

3.3.7　XPS 分析

图 3-15 是三种吸附剂的 XPS 全谱图。通过对 XPS 谱图进行表面元素分析，得到了三种吸附剂的主要元素构成比例，结果见表 3-6，三种吸附剂的主要元素及含量相似，说明三种吸附剂的组成元素成分近似。从谱图中可以看到，对于 SZF 而言，有很微弱的 S 2s 与 S 2p 的峰，说明有少量 SDS 残留于 SZF 吸附剂之中；而在 CZF 的谱图中，无法识别出 Cr 的特征峰，说明 CZF 吸附剂不残留或只有极少量的低于 XPS 检测限的 CTAB 残留。ZFCL、CZF 和 SZF 的锌铁比与消解实验的结果基本一致。对 O 1s 的图像进行分峰，结果如图 3-16 所示，可以发现三种吸附剂 M—OH 与 M—O 的比例顺序为：CZF＜ZFCL＜SZF。结合表 3-6 可以看出，CZF 氧元素含量较多，但以氧化物形式存在的氧元素较多，SZF 则表面羟基较多，而 ZFCL 在氧元素含量和 M—OH 与 M—O 的比例方面都居于中间。

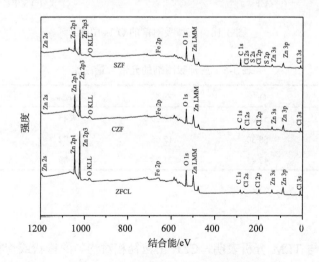

图 3-15　三种吸附剂的 XPS 谱图

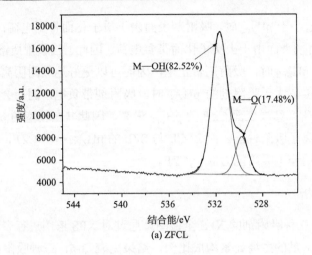

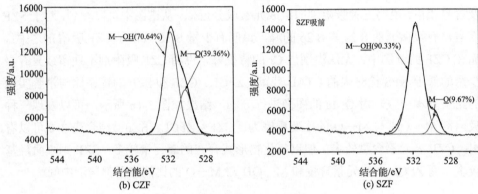

图 3-16 三种吸附剂的 O 1s 图像

表 3-6 三种吸附剂的元素含量占比

吸附剂	O/%	Zn/%	Fe/%	Cl/%
ZFCL	51.07	18.59	6.45	23.89
CZF	58.30	17.65	6.92	17.13
SZF	47.45	21.78	5.89	24.88

3.3.8 小结

(1)SEM 与 TEM 分析表明，CZF 由粒径相对均匀的棒状或管状颗粒组成，SZF 主要呈现片状或层状结构，而 ZFCL 以片状结构为主，兼有少量棒状结构。这说明 CTAB 的加入改变了吸附剂的结构，使所制备的材料以棒状和管状结构出现，而片状与层状特征消失。

(2)TG-DSC 分析表明，ZFCL 和 SZF 的热重曲线较为接近，其质量下降趋势与典型 LDHs 一致，均呈阶梯状下降，说明这两种吸附剂具备典型的 LDHs 特征；CZF 质量下降趋势更接近金属氧化物类吸附剂，说明其结构与 ZFCL 和 SZF 不同。

(3)XRD 分析表明，ZFCL 的主要成分为 $Zn_5(OH)_8Cl_2 \cdot H_2O$，平均粒径约为 26.4nm；CZF 的主要成分为 ZnO，平均粒径为 57.1nm；SZF 主要成分为 $Zn_5(OH)_8Cl_2 \cdot H_2O$，同时也含有一定量的 $Zn_{12}(SO_4)_3Cl_3(OH)_3 \cdot 5H_2O$。布拉格定律估算的三种吸附剂主要峰位置的晶格间距均接近 HRTEM 观测到的数值。

(4)FTIR 分析表明，与 ZFCL 相比，CZF 在 $713cm^{-1}$ 位置属于 $Zn(OH)Cl$ 的平面外弯曲振动峰消失，说明 CZF 不具有层状结构；SZF 在 $1392cm^{-1}$ 和 $1222cm^{-1}$ 处的峰分别归属于 O=S=O 反对称和对称的伸缩振动峰，$1509cm^{-1}$ 处的峰属于 C—O 单键的伸缩振动峰，说明 SZF 含有 S 元素。而 CZF 和 SZF 在 $2851cm^{-1}$ 和 $2928cm^{-1}$ 位置的峰属于烷基链端基 CH_3，说明两种改性剂可能仍有少量残留在吸附剂内。

(5)由 Zeta 电位分析确定出 ZFCL、CZF 和 SZF 的 pH_{ZPC} 分别为 5、7 和 5。

(6)XPS 分析表明，ZFCL、CZF 和 SZF 吸附剂的主要元素及含量相似，说明其主要成分一致，且 CTAB 与 SDS 残留量较少。对三种吸附剂 O 1s 精细谱图的分峰表明，SZF 具有较多的表面羟基。

3.4　磷酸盐的吸附行为研究

3.4.1　磷酸盐吸附过程的影响因素分析

1. 吸附剂投加量的影响

吸附剂的投加量是影响吸附的基本因素。一般情况下，吸附剂的投加量存在一个最优范围，当投加量小于此范围时，无法达到理想的处理效果；当投加量大于此范围时，吸附剂的吸附容量快速下降，造成吸附剂的严重浪费，而吸附效果并没有提升。因此实验首先确定吸附剂的投加量与吸附容量和去除率之间的关系。

在初始磷酸盐浓度为 30mg/L、pH 值为 6 的情况下，ZFCL、CZF 和 SZF 的投加量对磷酸盐去除率的影响如**图 3-17** 所示，其中吸附剂投加量分别为 0.1g/L、0.2g/L、0.4g/L、0.6g/L 和 0.8g/L。由图可知，随着吸附剂投加量的增加，磷酸盐去除率也随之增大，当吸附剂浓度达到 0.6g/L 后，三种吸附剂对磷酸盐的去除率均达到 90% 以上。吸附剂投加量不同，磷酸盐的吸附容量也有较大不同。当吸附剂投加量大于 0.2g/L 时，ZFCL、CZF 和 SZF 的吸附容量均大幅下降，从 0.2g/L 时的 110.56mg/g、120.03mg/g 和 151.28mg/g 下降至 0.4g/L 时的 42.65mg/g、51.08mg/g 和 46.42mg/g。造成吸附剂吸附容量快速下降的原因在于随着吸附剂投加量的增加，吸附剂的活性吸附位点大幅增加，颗粒间的相互碰撞和聚集效应增强，导致了单位质量吸附剂的吸附效率下降，而磷酸盐去除率升高，则进一步制约了吸附容量的增加。当投加量继续增加的时候，这种现象更为明显，当磷酸盐吸附率接近 100%后，吸附容量与投加量成反比。从图中可以看出，当吸附剂投加量小于 0.4g/L 时，SZF 的吸附容量较高，而当投加量达到或超过 0.4g/L 时，三种吸附剂的吸附容量差别不大。

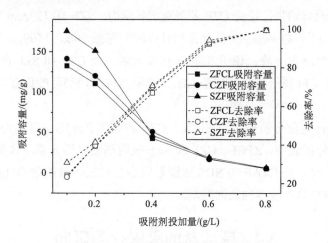

图 3-17　三种吸附剂的投加量影响

2. 磷酸盐初始浓度的影响

一般情况下，吸附剂对磷酸盐的吸附只在一定的浓度范围内可以达到较好的处理效果，一旦磷酸盐的初始浓度低于或超过吸附剂的有效范围，吸附容量或去除率往往会大幅降低，因此需要研究磷酸盐的初始浓度对吸附容量以及去除率的影响。

在初始 pH 值为 6、吸附剂投加量为 0.2g/L 的情况下，三种吸附剂对磷酸盐的吸附容量与去除率如**图 3-18** 所示。随着磷酸盐初始浓度的升高，三种吸附剂的去除率均逐渐降低。在磷酸盐浓度小于 10mg/L 时，三种吸附剂的去除率均高于 95%，显示出良好的去除效果；当浓度逐渐升高，超过 50mg/L 时，三种吸附剂的去除率均快速下降，且 SZF 对磷的去除率高于另外两种吸附剂，说明 SZF 在更宽的初始磷酸盐浓度范围内有较好的去除效果。三种吸附剂的吸附容量均随着初始磷酸盐浓度的升高而升高，在磷酸盐浓度小于 30mg/L 时，三种吸附剂的吸附容量差别不大；而在磷酸盐初始浓度超过 50mg/L 的情况下，SZF 和 CZF 表现出较高的吸附容量，而 ZFCL 的吸附容量较低；在磷酸盐为 5~300mg/L 的范围内，CZF 与 SZF 的吸附容量均高于 ZFCL。这说明改性后的吸附剂比未改性的 ZFCL 能适应更高的磷酸盐初始浓度。

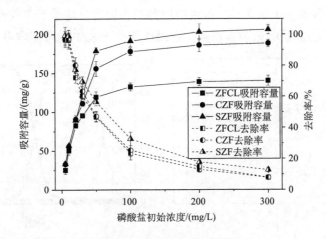

图 3-18　初始磷酸盐浓度影响

3. 溶液初始 pH 值的影响

溶液的初始 pH 值是影响吸附的重要因素，在初始磷酸盐浓度为 30mg/L、吸附剂投加量为 0.2g/L 时，初始 pH 值对吸附剂吸附磷酸盐的影响如**图 3-19** 所示。从图中可以看出，当溶液的初始 pH 值大于 6 时，三种吸附剂的吸附容量均随着pH 值的升高而降低。这是由于在 pH 值较高时，吸附剂表面带负电，其与同样带负电的磷酸根离子互相排斥；同时，溶液中的 OH⁻ 与磷酸根离子竞争吸附，也降低了吸附剂的吸附容量。另外，由磷形态分布曲线(**图 3-20**)可知，当 pH 值大于7.2 之后，溶液中的磷酸根离子主要以 HPO_4^{2-} 的形态存在；而当 pH 值大于 12.3之后，磷酸根离子主要以 PO_4^{3-} 的形态存在；与 $H_2PO_4^-$ 的存在形态相比，磷酸根离子的这两种存在形态也更难以离子交换的作用机理去除。由于上述原因，碱性条件下三种吸附剂的吸附容量均与 pH 值成反比。当溶液的初始 pH 值在 3~6 之间时，ZFCL 的吸附容量变化不大，pH 值为 4 时吸附容量达到最高为 103.18mg/g。CZF在整个实验 pH 值范围内的吸附容量均与 pH 值成反比，在 pH 值为 3 时吸附容量达到最高为 166.38mg/g。SZF 的吸附容量呈现出先随着 pH 值的增加而增加，pH值为 6 时吸附容量达到最高，为 131.46mg/g。在 pH 值为 3 时，与 CZF 相比，ZFCL

与 SZF 的吸附容量均较低，其原因可能在于过低的 pH 值导致了 ZFCL 与 SZF 的溶解，而 CZF 并未出现类似情况。通过表征结果可知，CZF 不具有层状结构，其结构与 ZFCL、SZF 相差较大，因此在酸性条件下较其他两种吸附剂相对更稳定。而在 pH 值为 4~6 的范围时，SZF 的吸附容量反而增加，这可能是由于磷酸盐的存在形态更有利于 SZF 的吸附，说明 SZF 对磷酸盐的吸附机理与 CZF 有所不同。总体而言，在各种 pH 值条件下改性吸附剂的吸附容量均优于未改性吸附剂，而在酸性条件下 CZF 的吸附容量更高，在碱性条件下 SZF 的吸附容量更高。

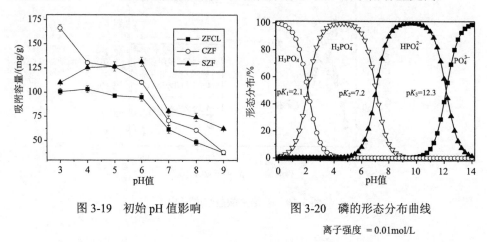

图 3-19　初始 pH 值影响　　　　　图 3-20　磷的形态分布曲线

离子强度 = 0.01mol/L

4. 共存离子的影响

在实际含磷水与废水中，除磷酸盐外，通常会含有很多种类的共存离子，这些共存离子会在不同程度上对磷酸盐吸附产生影响，有些离子可能会占据吸附剂的活性吸附点位，产生竞争吸附，从而降低吸附剂的有效吸附容量，特别是其中的阴离子，可能对同样以阴离子形式存在的磷酸盐产生较明显的影响。为研究不同种类的阴离子在不同离子强度条件下对 ZFCL、CZF 和 SZF 吸附磷酸盐的影响，实验选择了氯离子(Cl^-)、硝酸根(NO_3^-)、硫酸根(SO_4^{2-})、乙酸根(CH_3COO^-)和碳酸氢根(HCO_3^-)五种常见的阴离子，将离子浓度设置为 0mol/L、0.001mol/L、0.01mol/L、0.1mol/L，考察共存离子对三种吸附剂吸附磷酸盐的影响。

图 3-21 为五种常见的共存阴离子对 ZFCL、CZF 和 SZF 吸附磷酸盐的影响。总体来看，随着离子浓度的升高，除乙酸根外，各种共存离子均降低了三种吸附剂的吸附容量。而高浓度的乙酸根则会促进磷酸盐的吸附，原因在于乙酸根是有机物，其分子结构可能难以被吸附剂以离子交换的方式去除，而其作为一种酸，可能会与吸附剂发生络合反应，生成氢离子，从而降低了溶液的 pH 值，而由 pH

值的影响实验可知，较低的 pH 值会提高吸附剂的吸附容量。氯离子对三种吸附剂的影响均较小，只有当浓度达到 0.1mol/L 的情况下，会使 ZFCL、CZF 和 SZF 的吸附容量分别下降 5.9%、4.7% 和 6.7%，属于影响较小的阴离子类型。硝酸根和硫酸根在高浓度下均会导致三种吸附剂吸附容量的下降。0.1mol/L 的硝酸根会使 ZFCL、CZF 和 SZF 的吸附容量分别下降 14.9%、14.0% 和 18.6%，而 0.1mol/L 的硫酸根会使 ZFCL、CZF 和 SZF 的吸附容量分别下降 26.9%、20.3% 和 28.2%。碳酸氢根会大幅降低三种吸附剂的吸附容量，当碳酸氢根为 0.1mol/L 时，ZFCL、CZF 和 SZF 的吸附容量分别下降 79.9%、77.8% 和 79.2%。造成吸附容量下降的原因主要是由于硝酸根、硫酸根与碳酸氢根均会对磷酸根产生竞争吸附，占据吸附剂的有效吸附点位或离子交换空间，从而降低了吸附容量，而硫酸根的竞争能力强于硝酸根，因此对吸附剂的影响更加明显，而三种吸附剂中，CZF 受共存离子影响相对较小，SZF 受共存阴离子的影响较大，ZFCL 受碳酸氢根影响最大。

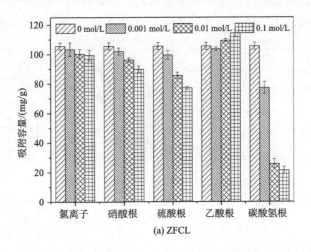

(a) ZFCL

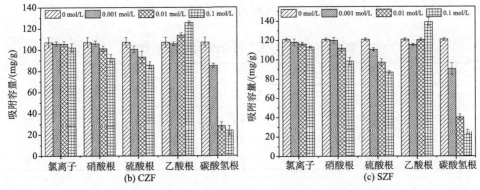

(b) CZF　　　　　　　　　　(c) SZF

图 3-21　共存离子对三种吸附剂的影响

3.4.2　吸附动力学、等温线与热力学研究

1. 吸附动力学

吸附动力学用以表明反应时间对吸附效果的影响，吸附动力学是吸附剂最重要的特性之一。为了研究 ZFCL、CZF 和 SZF 对磷酸盐的吸附特性，采用准一级动力学模型和准二级动力学模型来描述与分析反应时间对吸附效果的影响。

通过使用动力学模型对实验所得的数据进行处理，获得的拟合结果如**图 3-22**所示，具体参数见**表 3-7**。比较两种模型的 R^2 可以发现，准二级动力学模型更好地描述了 ZFCL、CZF 和 SZF 的吸附曲线。而准二级动力学模型假设吸附速率由吸附剂表面未被占有的吸附空位数目的平方值决定，吸附过程受化学吸附机理的控制，因此一般认为准二级动力学模型较好地描述了化学吸附的过程，说明三种吸附剂对磷酸盐的吸附过程中化学吸附均起了重要作用，但是吸附过程通常较为复杂，可能既包含化学吸附，也有其他类型的吸附。

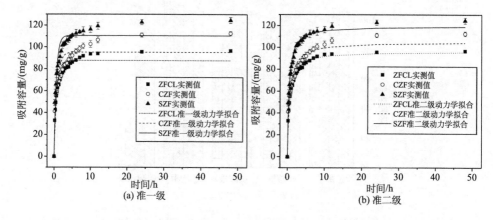

图 3-22　三种吸附剂的准一级与准二级动力学拟合曲线

表 3-7　准一级与准二级动力学模型拟合结果

吸附剂种类	准一级动力学参数			准二级动力学参数		
	q_e/(mg/g)	K_1/h^{-1}	R^2	q_e/(mg/g)	K_2/[g/(mg·h)]	R^2
ZFCL	87.60	1.36	0.91	96.35	0.02	0.96
CZF	95.23	1.22	0.86	105.15	0.01	0.95
SZF	110.35	1.62	0.92	119.75	0.02	0.98

为进一步研究磷酸盐的吸附过程，考察其在吸附剂上的扩散机理，采用颗粒

内扩散模型对实验数据进行进一步拟合分析，拟合结果如**图 3-23** 所示，拟合获得的具体参数见**表 3-8**。由图可见，由于三种吸附剂的 $K_{i1}\gg K_{i2}\gg K_{i3}$，说明三种吸附剂均可以较好地分成三个阶段，即第一阶段的快速吸附期（$K_{i1}>200\mathrm{mg/(g\cdot h^{0.5})}$），第二阶段的平稳吸附期（$20\mathrm{mg/(g\cdot h^{0.5})}>K_{i2}>5\mathrm{mg/(g\cdot h^{0.5})}$），第三阶段的吸附平衡期

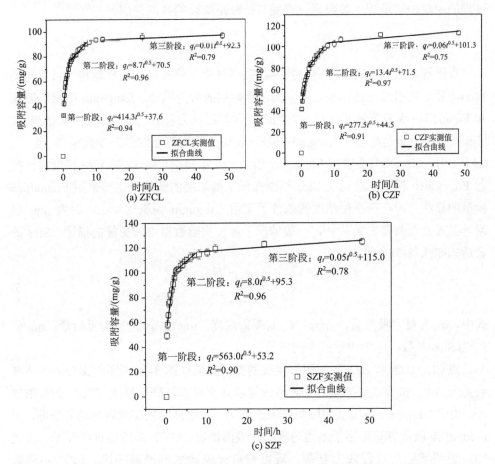

图 3-23　三种吸附剂的颗粒内扩散拟合曲线

表 3-8　颗粒内扩散模型拟合结果

吸附剂种类	第一阶段		第二阶段		第三阶段	
	$K_{i1}/[\mathrm{mg/(g\cdot h^{0.5})}]$	R_1^2	$K_{i2}/[\mathrm{mg/(g\cdot h^{0.5})}]$	R_2^2	$K_{i3}/[\mathrm{mg/(g\,h^{0.5})}]$	R_3^2
ZFCL	414.38	0.94	8.68	0.96	0.01	0.79
CZF	277.56	0.91	16.37	0.97	0.06	0.75
SZF	563.03	0.90	8.02	0.96	0.05	0.78

（$K_{i3}<0.1\text{mg}/(\text{g·h}^{0.5})$）。其中 ZFCL 和 SZF 的 K_{i1} 高于 CZF，而 K_{i2} 低于 CZF，说明 ZFCL 与 SZF 是一类在短时间内大量吸附磷酸盐的吸附剂，而 CZF 相对于 ZFCL 和 SZF 而言是一种能持续较长时间保持吸附能力的吸附剂。在颗粒内扩散拟合过程中三种吸附剂的各条拟合曲线均不通过原点，说明颗粒内扩散并不是控制吸附过程的主要控速步骤，其吸附过程受其他吸附阶段的共同控制。

2. 吸附等温线与热力学

吸附等温线的研究目的是寻找某种数学规律，使其可以较好地描述目标污染物的浓度对吸附效果的影响，用以揭示吸附剂的吸附机理。Langmuir 吸附等温式和 Freundlich 吸附等温式是最为常用的吸附等温线方程式，二者都是两参数模型。Sips 吸附等温线是结合了 Langmuir 和 Freundlich 吸附等温线的三参数模型。当 $1/n_S$ 等于 1 时，Sips 模型会变成 Langmuir 模型。如果 $K_S C_e^{1/n_S} \ll 1$，则 Sips 模型将更接近 Freundlich 模型。这说明 Sips 模型在低平衡浓度的条件下主要采用 Freundlich 模型的算法，而在高平衡浓度的条件下采用 Langmuir 模型的算法。因为 Sips 吸附等温式兼取两者之长[60, 61]，一般情况下能使实验数据得到更好的描述。Sips 的表达式如式(3-5)所示。

$$q_e = \frac{q_m K_S C_e^{1/n_S}}{1 + K_S C_e^{1/n_S}} \tag{3-5}$$

式中，q_m 为最大吸附量，mg/g；C_e 为平衡浓度，mg/L；q_e 为平衡吸附量，mg/g；K_S 为 Sips 系数；n_S 为表达式中的常数。

ZFCL、CZF 和 SZF 的吸附等温线的拟合结果如图 3-24 所示，拟合的具体参数见表 3-9。拟合结果表明，三种吸附等温式都可以较好地描述 ZFCL 的吸附过程，由于 Langmuir 模型假定吸附剂表面均匀，吸附只发生在吸附剂的外表面，而 Freundlich 吸附方程可用于不均匀表面的吸附情况。ZFCL 吸附的过程介于二者之间，说明其吸附过程较为复杂，难以被单一表达式所准确描述。CZF 不能被 Freundlich 吸附方程准确表达，且其在 Langmuir 模型和 Sips 模型下的 R^2 一致，说明其吸附模式更接近于 Langmuir 模型的假定条件，即均匀表面单层吸附。SZF 也不能被 Freundlich 吸附方程较好地描述，但其在 Sips 模型下的 R^2 高于 Langmuir 模型，说明其吸附过程也较为复杂，不能被 Langmuir 模型准确描述。Sips 模型中 n_S 的倒数代表了吸附剂的均一性，其值越接近 1 则说明吸附剂表面越均一。分析结果表明，CZF 吸附剂均一性最好，SZF 次之，而 ZFCL 均一性较差，该结果与 SEM 分析的结果一致。

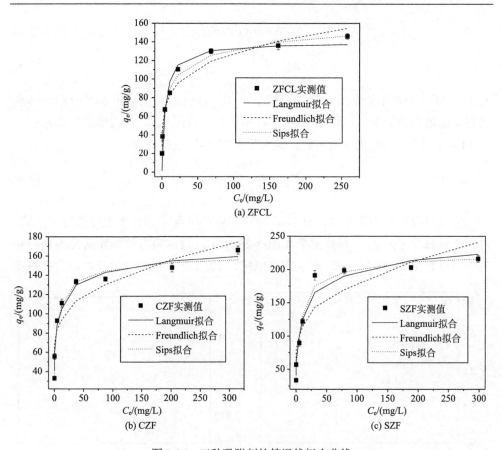

图 3-24　三种吸附剂的等温线拟合曲线

表 3-9　三种吸附剂的等温线拟合结果

参数类型	Langmuir			Freundlich			Sips		
	ZFCL	CZF	SZF	ZFCL	CZF	SZF	ZFCL	CZF	SZF
q_m/(mg/g)	139.7	169.4	245.1		N/A		184.2	160.7	222.0
R^2	0.97	0.98	0.97	0.96	0.88	0.85	0.99	0.98	0.99
K	0.21	0.25	0.33	52.3	35.6	35.7	0.33	0.32	0.41
n		N/A		5.12	3.67	3.05	2.25	2.83	3.11

注：K_L、K_F、K_S 均以 K 表示；n_F、n_S 均以 n 表示，Langmuir 不涉及该变量。

热力学参数是研究吸附剂吸附性能的重要部分，可以根据式(3-6)~式(3-8)进行计算。

$$\Delta G^\ominus = \Delta H^\ominus - T\Delta S^\ominus \tag{3-6}$$

$$\Delta G^{\ominus} = -RT\ln K_{C} \tag{3-7}$$

$$\ln K_{C} = \frac{\Delta S^{\ominus}}{R} - \frac{\Delta H^{\ominus}}{RT} \tag{3-8}$$

式中，$\Delta G^{\ominus}$ 为在不同温度下的吉布斯自由能，kJ/mol；$\Delta H^{\ominus}$ 和 $\Delta S^{\ominus}$ 分别为标准状态下的焓和熵的变化，单位分别为 kJ/mol 和 J/(mol·K)；R 为摩尔气体常量，8.314 J/(mol·K)；K_{C} 为平衡常数，其可根据式 (3-9) 进行计算。

$$K_{C} = \frac{q_{e}/q_{m}}{C_{e}\left(1 - q_{e}/q_{m}\right)} \tag{3-9}$$

为获得吸附热力学参数，分别在 20℃、30℃ 和 40℃ 条件下进行热力学实验，得到不同温度下的 K_{C}，最终结果如**图 3-25** 所示，具体热力学参数见**表 3-10**。从表中可以看出，ZFCL、CZF 和 SZF 的 $\Delta H^{\ominus}$ 均大于零，说明吸附过程均为吸热反

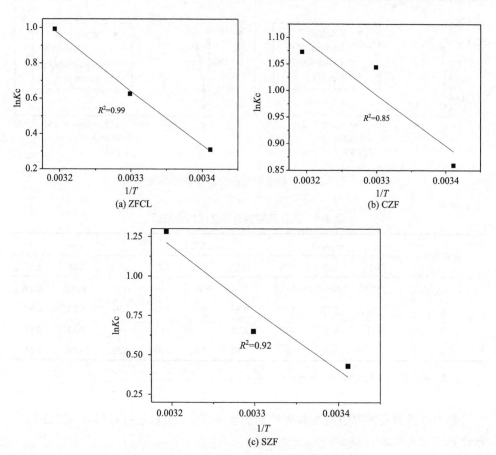

图 3-25　三种吸附剂的热力学参数拟合曲线

表 3-10 三种吸附剂的热力学参数

吸附剂	T/K	$\ln K_C$	$\Delta H^{\ominus}/(kJ/mol)$	$\Delta S^{\ominus}/[J/(mol\cdot K)]$	$\Delta G^{\ominus}/(kJ/mol)$
	293.15	0.31			−0.73
ZFCL	303.15	0.63	26.07	91.39	−1.62
	313.15	0.99			−2.56
	293.15	0.86			−2.16
CZF	303.15	1.04	8.15	35.14	−2.50
	313.15	1.07			−2.86
	293.15	0.43			−0.88
SZF	303.15	0.64	32.52	113.86	−1.98
	313.15	1.28			-3.16

应；而在三种吸附剂的 $\Delta H^{\ominus}$ 比较中，CZF＜ZFCL＜SZF，说明 SZF 受温度影响最大，而 CZF 相对受温度影响较小。三种吸附剂的 $\Delta S^{\ominus}$ 均大于零，说明吸附的过程是熵增的，随着吸附向平衡方向发展，系统混乱度逐渐增加。$\Delta G^{\ominus}$ 均小于零，说明在实验设定的温度范围内，吸附过程均是自发过程。由于三种吸附剂的 $\Delta S^{\ominus}$ 与 $\Delta H^{\ominus}$ 均大于零，因此当 $T\Delta S^{\ominus}$ 更大时，反应更倾向于自发进行，即温度越高，越有利于吸附反应的进行。

3.4.3 吸附剂的再生性能

吸附剂是否能够再生回用以及其再生回用效率是影响吸附剂实际应用的重要因素，不能再生或再生效率低下的吸附剂不具有实用价值。对于吸附剂的再生，最关键的因素是选用合适的再生剂。根据前人的研究成果，针对磷酸盐的吸附，对于一般的金属氧化物或氢氧化物吸附剂而言，主要有盐再生和碱再生两种方法。其中盐再生法是使用与原吸附剂成分接近的盐溶液，对吸附后的吸附剂进行清洗、浸泡，使其恢复吸附能力。碱再生则是以强碱溶液代替盐溶液，对吸附后的吸附剂进行清洗，去除吸附剂表面的磷酸盐。与金属类吸附剂较为类似的阴离子交换树脂也经常采用这两种方法进行再生。

通过综合分析现有的几种再生方式，本研究采用原液和碱再生法对完成磷酸盐吸附的 ZFCL、CZF 和 SZF 进行再生。为对比各再生剂再生效果，同时也使用了盐再生、碱再生和原液盐再生方法对吸附剂进行再生，最终再生结果如图 3-26 所示。可见，经 3 次再生后，使用氢氧化钠+氯化锌再生后的 ZFCL、CZF 和 SZF 的吸附效率分别为其初次使用时吸附效率的 77.9%、82.8%和 79.1%。与仅使用氢氧化钠作为再生剂的吸附效率相比，在 3 次氢氧化钠+氯化锌再生后 ZFCL、CZF 和 SZF 分别提升 7.1%、6.9%和 11.8%的吸附效率。而使用氯化钠作为再生剂的实验组中，无论添加氯化锌与否再生效率均较低，特别对于 CZF，1 次再生后吸附效率仅为新吸附剂的 32.7%。实验表明，氢氧化钠更适合于再生 ZFCL、CZF 和 SZF 吸附剂，如在再生之后补充氯化锌，可以进一步提升约 10%的吸附效率。SZF 在氢氧化钠+氯化锌为再生剂的条件下再生效果最好，3 次再生后仍能达到新吸附剂 80%以上的吸附效率，ZFCL 和 CZF 效率稍低，但也接近 80%，说明三种吸附剂均具有较好的再生能力。

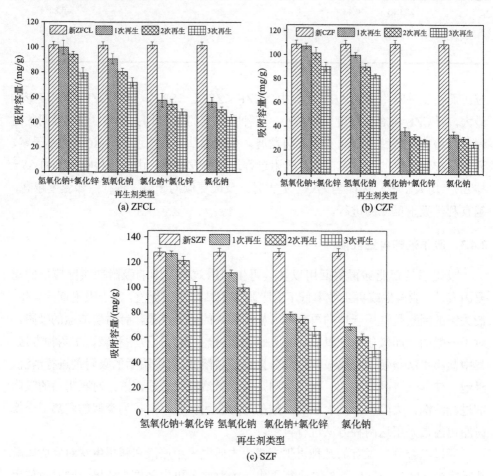

图 3-26　不同再生剂对三种吸附剂的再生

3.4.4　小结

(1)初始浓度影响表明，当初始磷酸盐浓度在 5~300mg/L 的范围内时，CZF 与 SZF 的吸附容量均高于 ZFCL。这说明改性后的吸附剂比未改性的 ZFCL 能适应更高的磷酸盐初始浓度。

(2)ZFCL、CZF 和 SZF 分别在 pH 值为 4、3 和 6 时的吸附容量最大，分别为 103.18mg/g、166.38mg/g 和 131.46mg/g。CZF 和 SZF 比 ZFCL 能适应更宽的 pH 值范围，在 pH 值为 3~9 范围内，CZF 和 SZF 对磷酸盐的去除率均高于 ZFCL。

(3)共存离子影响研究表明，氯离子和硝酸根对三种吸附剂吸附磷酸盐有一定影响，硫酸根和碳酸氢根影响较大，乙酸根则有一定的促进作用。三种吸附剂中，CZF 受离子强度影响较小，而 ZFCL 和 SZF 受离子强度影响较大。

(4)准二级动力学模型能更好地描述三种吸附剂的吸附动力学曲线，说明化学吸附对三种吸附剂的磷吸附起主导作用；三种吸附剂对磷酸盐的吸附均为自发的吸热过程，其中温度变化对 CZF 影响最小。

(5)NaOH 对三种吸附剂的再生效果较好，而 NaCl 再生效果较差，再生过程中通过添加 $ZnCl_2$ 补充锌元素辅助再生可以进一步提升再生效果。其中 SZF 提升效果最多，而 CZF 受 $ZnCl_2$ 添加的影响较小，3 次再生后，ZFCL、CZF 和 SZF 的吸附效果分别为初次使用时的 77.9%、82.8%和 79.1%。

3.5　磷酸盐的吸附机理研究

3.5.1　磷酸盐吸附前后的 SEM 与 TEM 分析

对吸附磷酸盐后的 ZFCL、CZF 和 SZF 进行扫描电镜和透射电镜分析，以考察吸附前后吸附剂表面及其微观结构的变化。**图 3-27** 给出了三种吸附剂吸附磷后的 SEM 图像，与吸附前的 SEM 图像相比，可以看出吸附后的 ZFCL 依然以片状材料为主，夹杂部分棒状材料，而吸附剂表面较吸附前更为光滑，原因可能是磷酸盐在表面络合的作用下大量沉积于吸附剂表面[62, 63]，同样的现象也出现在 CZF 和 SZF 上。在 ZFCL 和 SZF 的图像上，出现了吸附前所没有的大量絮状物质；而 CZF 图像中絮状物质较少，可能是离子交换进入 ZFCL 和 SZF 层间的磷酸根离子造成的。CZF 与 SZF 吸附后的材料结构没有明显变化，CZF 依然是以棒状为主，SZF 以片状、层状为主，该结果同 ZFCL 一致，其结构没有明显改变也意味着吸附剂具有再生的可能性。

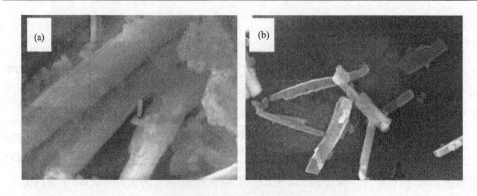

图 3-27　ZFCL(a)、CZF(b) 和 SZF(c) 的 SEM 图像(×10000)

　　ZFCL、CZF 和 SZF 的 TEM 图像、衍射环与 HRTEM 图像如**图 3-28** 所示。与吸附前的 TEM 图像相比，CZF 依然保持清晰的棒状或管状结构，而 ZFCL 与 SZF 的图像则较为模糊，从材料边缘可以看到，ZFCL 与 SZF 都出现了一种吸附前不存在的粒状结构，而这种粒状结构可能是由大量磷酸盐在吸附剂表面沉积所致。利用 HRTEM 图像使用 Digital Micrograph 测量晶面间距，ZFCL、CZF 和 SZF 的晶面间距分别为 0.31nm、0.27nm 和 0.29nm。

　　在 TEM 测试时同时检测了三种吸附剂的 EDX 谱图，结果如**图 3-29** 所示。与吸附前的谱图相比，吸附磷后的三种吸附剂的 EDX 谱图均出现了磷的峰，而氯的峰则基本消失，说明磷被吸附的过程出现了氯离子被磷酸盐所取代的离子交换过程，说明离子交换是可能的磷吸附机理之一。

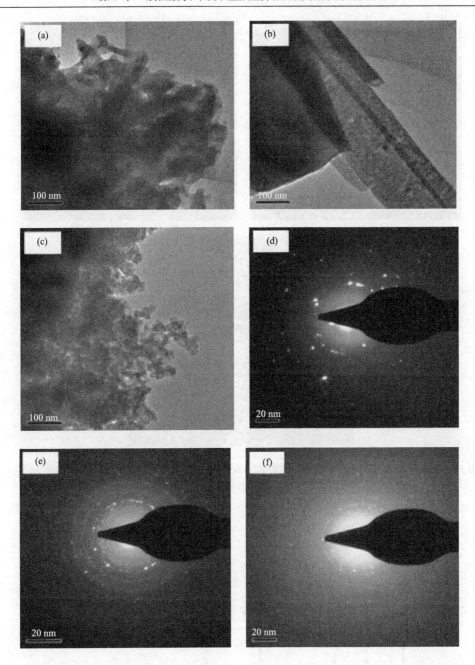

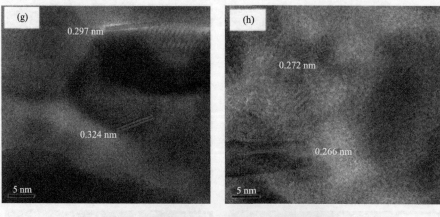

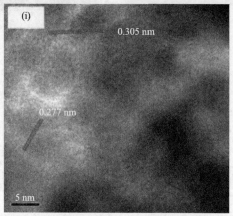

图 3-28　ZFCL(a, d, g)、CZF(b, e, h)和 SZF(c, f, i)的 TEM(a~c)、衍射环(d~f)与 HRTEM(g~i)图像

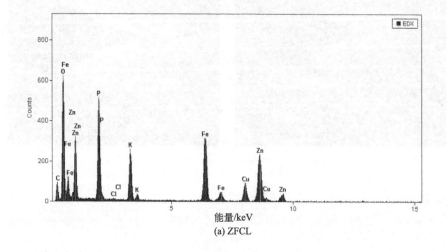

(a) ZFCL

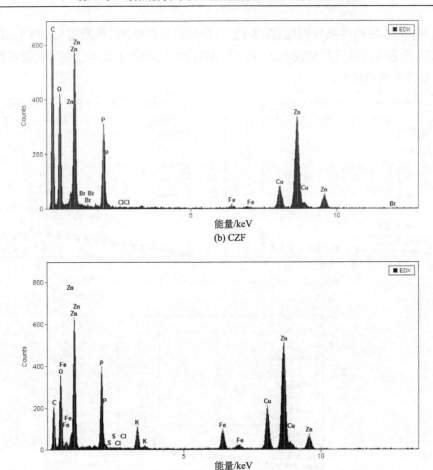

图 3-29　三种吸附剂的 EDX 谱图

3.5.2　磷酸盐吸附前后的 BET 分析

ZFCL、CZF 和 SZF 吸附后的 N_2 吸附-脱附等温线如**图 3-30** 所示，所得的比表面积、孔径、孔容等结果见**表 3-11**。由表可见，ZFCL、CZF 和 SZF 吸附后的比表面积分别为 $9.9m^2/g$、$8.6m^2/g$ 和 $16.5m^2/g$。与吸附前的 $181.4m^2/g$、$235.9m^2/g$ 和 $157.1m^2/g$ 相比，下降幅度很大，说明表面吸附效应在吸附过程中起到了重要作用，其中 CZF 比表面积下降幅度最大，说明其表面吸附效应最强。从粒径分布图可以看出，吸附后的平均粒径大于吸附前的平均粒径（**图 3-10**），造成这种现象的原因可能是吸附剂表面大量聚集了络合后的磷酸盐，且吸附过程中吸附剂本身产生团聚现象，因而吸附剂的平均粒径增大而比表面积减少。与吸附前三种吸附

剂的 N_2 吸附-脱附等温线图像(**图 3-10**)进行对比可以发现,吸附前后 ZFCL、CZF 和 SZF 的迟滞回线分型均没有改变,表明吸附剂结构并未根本改变,也说明吸附剂有被再生的可能性。

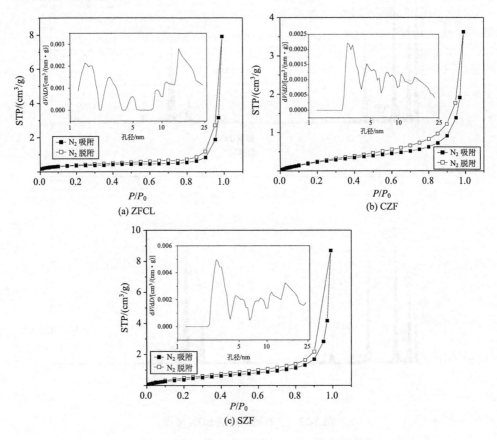

图 3-30   吸附后三种吸附剂的 N_2 吸附-脱附等温线

表 3-11   吸附前后 ZFCL、CZF 和 SZF 的 BET 测试结果

	ZFCL		CZF		SZF	
	吸附前	吸附后	吸附前	吸附后	吸附前	吸附后
BET 计算比表面积/(m²/g)	181.4	9.9	235.9	8.6	157.1	16.5
孔容/(cm²/g)	0.23	0.03	0.11	0.02	0.28	0.05
孔径/Å	14.7	146.4	36.27	27.7	16.1	27.6

3.5.3　磷酸盐吸附前后的 XRD 分析

ZFCL、CZF 和 SZF 吸附前后的 XRD 分析结果如**图 3-31** 所示。对比三种吸附剂吸附后的谱图，可以看出三种吸附剂吸附磷酸盐后的谱图中，较尖锐的杂峰数量明显增多，说明吸附后的样品成分更为复杂[64]。而三种吸附剂吸附磷后的 XRD 图像具有高度的相似性，说明其反应后的生成物应为同一种或同一类物质。为探究这一物质，利用 Jade 软件分别对吸附后的三条 XRD 曲线进行分析。分析结果表明，吸附后的 ZFCL 在 2θ 为 9.7°、19.4°、31.4°等位置出现了原吸附剂不存在的新峰，这些新峰归属于 $Zn_3(PO_4)_2 \cdot 4H_2O$（PDF 76-0896），因此认为 $Zn_3(PO_4)_2 \cdot 4H_2O$ 是吸附完成后的主要残留成分[65]。通过布拉格定律计算 ZFCL 几个主要特征峰位置的晶面间距，结果表明，9.7°、19.4°、31.4°位置的峰，晶面间距分别为 0.91nm、0.45nm 和 0.28nm，晶面间距的计算结果与 TEM 实际测量

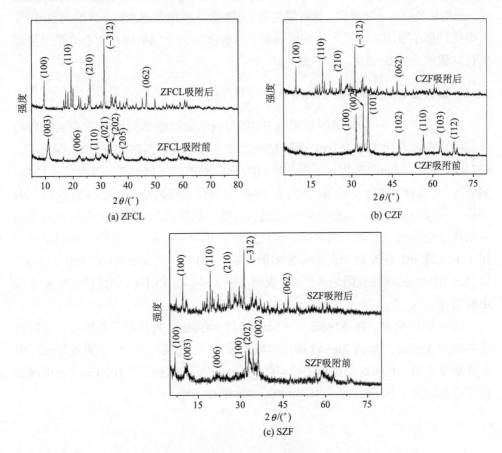

图 3-31　吸附前后三种吸附剂的 XRD 谱图

所得的结果近似。与吸附后的 ZFCL 图像相类似，吸附后的 SZF 也在 9.6°、19.3° 和 31.3° 处也出现新的峰，其晶面间距分别为 0.91nm、0.46nm 和 0.29nm，ZFCL 和 SZF 吸附后的图像与吸附前的 (003)、(006)、(202) 峰相比，其晶面间距有扩大的趋势，说明吸附磷酸盐后会导致晶面间距加大，其原因可能是吸附过程中发生了离子交换作用，磷酸根或磷酸氢根进入吸附剂层间，由于其大于原存在于层间的氯离子，导致了吸附剂晶面间距的扩大[66,67]。吸附后的 CZF 在 9.5°、19.2° 和 31.2° 处的峰的层面间距分别是 0.92nm、0.45nm 和 0.28nm，与吸附前的 CZF 相比，34.3° 和 36.1° 位置的峰消失，该峰属于锌氧化物的峰，而新出现的峰归属于 $Zn_3(PO_4)_2 \cdot 4H_2O$（PDF 76-0896），说明锌氧化物参与了吸附过程，消耗并被转换为 $Zn_3(PO_4)_2 \cdot 4H_2O$（PDF 76-0896）。

通过谢乐公式对 ZFCL、CZF 和 SZF 吸附后材料的平均粒径进行计算，其结果分别为 68.3nm、84.8nm 和 50.5nm，与吸附前的 26.4nm、57.1nm 和 23.6nm 相比，平均粒径均有一定增大，这可能是由于磷酸盐大量络合或堆积于吸附剂表面[55]，且吸附过程中吸附剂本身产生团聚现象。三种吸附剂之间的粒径大小关系也没有变化，依然是 CZF 最大，SZF 最小。

3.5.4　磷酸盐吸附前后的 FTIR 分析

ZFCL、CZF 和 SZF 吸附前后的 FTIR 分析结果如**图 3-32** 所示。在 ZFCL 的谱图中，吸附前存在的 $461cm^{-1}$ 和 $713cm^{-1}$ 处的峰消失，而在 $632cm^{-1}$、$948cm^{-1}$、$1024cm^{-1}$ 和 $1114cm^{-1}$ 处出现了新的峰。$632cm^{-1}$ 处的峰归属于 P—Cl 伸缩振动峰。$948cm^{-1}$ 处的峰归属于 P—OH 伸缩振动峰[68]，该位置与磷酸二氢盐样品的 P—OH 伸缩振动峰位置一致，可能是磷酸盐是以磷酸二氢盐的形式附着于吸附剂的表面或以离子交换的方式进入吸附剂层间造成的。$1024{\sim}1114cm^{-1}$ 处的一系列峰应归属于 PO_4 或 PO_3 的对称和反对称伸缩振动峰。$461cm^{-1}$ 处 Zn—O 的峰和 $713cm^{-1}$ 处 Zn(OH)Cl 的峰在吸附之后消失，表明 Zn—O 和 Zn(OH)Cl 的结构在吸附过程中被消耗。

CZF 的谱图中，在 $628cm^{-1}$、$954cm^{-1}$ 和 $1020cm^{-1}$ 处出现了新的峰。而吸附前存在的 $469cm^{-1}$ 处的 Zn—O 峰在吸附之后消失，说明 Zn—O 在磷吸附过程中发挥重要作用，且在这个过程中被消耗。$628cm^{-1}$、$954cm^{-1}$ 和 $1020cm^{-1}$ 处出现的新峰分别归属于 P—Cl、P—OH 和 PO_4 的伸缩振动峰。

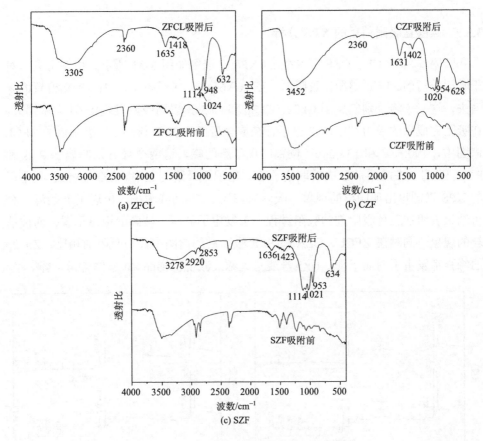

图 3-32　吸附前后三种吸附剂的 FTIR 谱图

在 SZF 的谱图中，与 ZFCL 类似，吸附前存在的 463cm^{-1} 和 1065cm^{-1} 处的峰消失，而在 634cm^{-1}、953cm^{-1}、1021cm^{-1} 和 1114cm^{-1} 处出现了新的峰。634cm^{-1} 处的峰归属于 P—Cl 伸缩振动峰。953cm^{-1} 处的峰归属于 P—OH 伸缩振动峰。1024~1114cm^{-1} 处的一系列峰应归属于 PO$_4$ 或 PO$_3$ 的对称和反对称伸缩振动峰。而 1392cm^{-1} 和 1222cm^{-1} 处分别归属于 O=S=O 反对称和对称的伸缩振动峰以及 1509cm^{-1} 处属于 C—O 单键的伸缩振动峰也在吸附后消失，说明 SDS 在吸附剂中的含量较少，在吸附过程中已被磷酸盐取代，因而其特征峰消失。

对比三种吸附剂吸附后的谱图，可以看出，三种吸附剂吸附磷酸盐后的谱图中，都出现了 P—Cl、P—OH、PO$_4$ 或 PO$_3$ 的伸缩振动峰，而 Zn—O 峰消失，说明磷酸盐大量附着于吸附剂之上，且 Zn—O 在吸附过程中起主要作用。而在 ZFCL 与 SZF 的谱图中，吸附前的 Zn(OH)Cl 特征峰消失，说明了磷酸盐可能以离子交换的形式进入了吸附剂层间。

3.5.5 磷酸盐吸附前后的 XPS 分析

吸附前后 ZFCL、CZF 和 SZF 的 XPS 全谱图如**图 3-33** 所示。由图可见，对于吸附前后的 ZFCL 谱图，吸附前，在 269.61eV、198.94eV 和 16.18eV 位置的峰消失，这三个峰分别归属于 Cl 2s、Cl 2p 和 Cl 3s，表明吸附过程中 Cl 大量损失，在吸附完成后的吸附剂中，Cl 已不存在或含量低于 XPS 检测限。吸附后的 ZFCL 谱图中，190.8eV 和 133.24eV 位置出现了新的峰，这两个峰分别归属于 P 2s 和 P 2p，说明 P 在吸附后已成功取代了 Cl，出现于吸附剂之中。CZF 和 SZF 吸附后的 XPS 谱图也出现同样的现象，吸附后归属于 Cl 的峰消失，出现了 P 的峰。分析结果表明在三种吸附剂的吸附过程中都发生了氯离子被磷酸根离子置换而被消耗的现象。同时在 ZFCL、CZF 和 SZF 吸附后的谱图中，与吸附前相比，Zn 2p 的峰强都发生了明显下降，而波峰能量大幅衰减说明样品 Zn 总体含量下降。

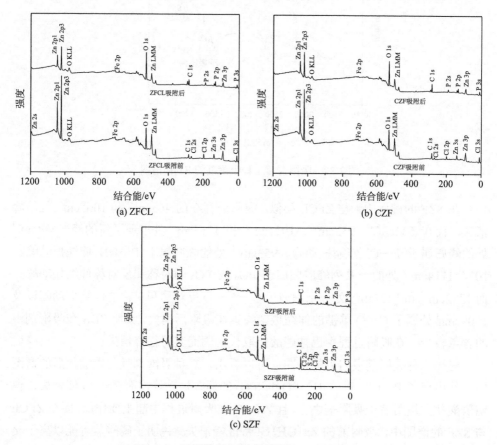

图 3-33　吸附前后三种吸附剂的 XPS 全谱图

表 3-12 是吸附前后 ZFCL、CZF 和 SZF 的元素含量分析对比，由该表可以看出，当吸附磷酸盐后，三种吸附剂 Zn 含量与 Fe 含量的比例也有所下降，说明吸附过程中 Zn 有一定的损耗，或 Fe 和 Zn 均有损耗，而与 Fe 相比，Zn 的损耗更大。吸附前 P 含量为零而吸附后 Cl 含量为零，说明发生了离子交换，氯离子在吸附过程中被磷酸根离子置换，而 Cl 在吸附过程中被完全耗尽，说明该过程进行得比较彻底。从该表还可以看出，ZFCL 和 SZF 吸附后 O 比例上升，而 CZF 吸附后 O 比例下降。

表 3-12　三种吸附剂的元素含量占比

样品	O/%	Zn/%	Fe/%	Cl/%	P/%
ZFCL 吸附前	51.07	18.59	6.45	23.89	0
ZFCL 吸附后	58.74	11.42	2.66	0	27.18
CZF 吸附前	58.30	17.65	6.92	17.13	0
CZF 吸附后	56.55	9.71	3.87	0	29.86
SZF 吸附前	47.45	21.78	5.89	24.88	0
SZF 吸附后	61.81	9.19	2.86	0	26.14

为进一步研究 O 的状态及其对吸附过程的影响，使用 CasaXPS 软件对吸附磷酸盐后的 ZFCL、CZF 和 SZF 的 O 1s 精细谱图进行分峰。图 3-34 为三种吸附剂吸附磷酸盐后的 O 1s 谱图。由该图可以看出，ZFCL、CZF 和 SZF 中的金属羟基(M—OH)的比例，分别从吸附前的 82.52%、70.64% 和 90.33% 下降至吸附后的38.43%、35.90% 和 41.44%。这个结果证明了吸附剂表面的金属羟基参与了磷酸盐的吸附，是吸附磷酸盐的主要吸附机理之一。由此可以推测，磷酸盐和 ZFCL、CZF、SZF 金属氧化物上的金属羟基可能形成单齿或双齿的内层表面络合物[33,69,70]。

单齿或双齿的内层表面络合物构型如图 3-35 所示，根据内层表面络合物的构型，初始吸附剂和吸附磷酸盐后的吸附剂之间的表面羟基的化学计量比对于单齿络合物应为 0.5，对于双齿单核络合物应为 1，对于双齿双核络合物应为 2。对于 ZFCL 来说，初始吸附剂中的表面羟基(82.52%)与含磷酸盐的吸附剂的表面羟基(38.43%)之比约为 2，因此，在初始 pH 值为 6 的条件下，磷酸盐主要以双齿双核络合物的形式被吸附在 ZFCL 表面上。对于 CZF 和 SZF 来说，初始吸附剂中的表面羟基与含磷酸盐的吸附剂的表面羟基之比均接近 2，说明双齿双核络合物是磷酸盐吸附于 ZFCL、CZF 和 SZF 表面的主要形式，而这种形式主要是铁氧化物或氢氧化物对磷酸盐吸附的主要形式，由此推测 ZFCL、CZF、SZF 中铁的存在对羟基交换的吸附方式起主要作用。

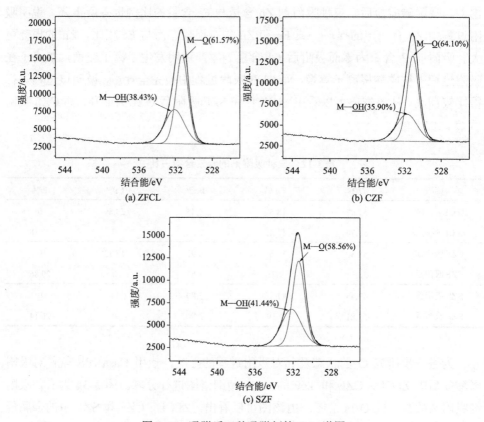

图 3-34　吸附后三种吸附剂的 O 1s 谱图

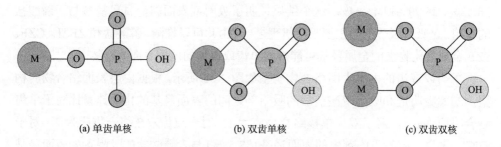

图 3-35　磷酸盐的内层表面络合物构型示意

3.5.6　磷酸盐吸附过程及吸附机理分析

上述研究结果表明，离子交换、$Zn_3(PO_4)_2$ 沉淀和磷酸盐与表面羟基之间的配位交换是 ZFCL、CZF 和 SZF 吸附磷酸盐的三个主要途径。为了解更多关于磷酸盐在吸附剂上的吸附过程，本研究尝试使用吸附动力学实验中的氯离子释放量数据来估计离子交换作用在 ZFCL、CZF 和 SZF 吸收磷酸盐过程中的权重。图 3-36 显示了氯离子浓度和溶液 pH 值随着时间的变化。对于 ZFCL 和 CZF 来说，氯离子浓度在前 7h 迅速增加，7h 以后增幅降低，10h 后趋于平衡；SZF 中氯离子释放速度较快，7h 时已接近平衡状态，此结果表明在吸附过程中可能发生了氯离子与磷酸根离子之间的离子交换。随着吸附过程的进行，系统 pH 值均逐渐升高，其中 ZFCL 在 7h 内升幅最大，而 CZF 最终的平衡 pH 值最高。系统 pH 值升高的原因可能是吸附过程中发生了羟基与磷酸盐的内层表面络合，而这一过程会导致 pH 值升高。实验结果表明，层间氯离子和磷酸盐之间的离子交换同羟基与磷酸盐的内层表面络合同时进行。

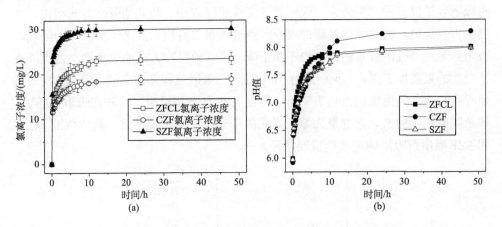

图 3-36　吸附过程中氯离子浓度(a)与 pH 值(b)随时间的变化

　　为进一步研究离子交换与配位交换之间的关系，以及其随吸附过程进行的趋势，引入无量纲参数 δ 作为离子交换的权重，由于吸附动力学实验中每个检测时间点的 pH 值已知，因此可以通过软件 MINTEQ 近似计算两个检测时间点间不同种类的磷酸盐($H_2PO_4^-$、HPO_4^{2-} 或 PO_4^{3-})的比例。根据离子交换的原理，离子交换权重可以通过氯离子的释放量以及与之相对应的磷酸盐浓度的变化来计算，具体计算如式(3-10)和式(3-11)所示。

$$\delta_t = \frac{\Delta C_{Clt}\left(k_{1t} + {k_{2t}}/{2} + {k_{3t}}/{3}\right)}{\Delta C_{Pt}} \tag{3-10}$$

$$\delta = \frac{\sum_{i=1}^{n}\Delta C_{Cli}\left(k_{1i} + {k_{2i}}/{2} + {k_{3i}}/{3}\right)}{(C_0 - C_e)} \tag{3-11}$$

式中，δ 为整体实验的离子交换总权重；δ_t 为在 t 时刻的离子交换权重；ΔC_{Clt} 为氯离子在 t 时刻的变化量，mol/L；ΔC_{Pt} 为 t 时刻磷酸盐浓度的变化量，mol/L；k_{1t} 为 t 时刻 $H_2PO_4^-$ 占磷酸盐总量的比例；k_{2t} 为 t 时刻 HPO_4^{2-} 占磷酸盐总量的比例；k_{3t} 为 t 时刻 PO_4^{3-} 占磷酸盐总量的比例；n 为动力学实验中的检测时间点总数；C_0 为磷酸盐的初始浓度，mol/L；C_e 为磷酸盐的平衡浓度，mol/L。

分析结果如**图 3-37** 所示，ZFCL、CZF 和 SZF 的 δ 分别为 24%、19%和 39%，即对于 ZFCL、CZF 和 SZF 来说离子交换贡献的吸附容量占总吸附容量的 24%、19%和 39%。从图中可以看出，δ_t 大体可以从时间上分为三个阶段，即 2h 以内的高比例段，2~7h 的低比例段以及 7h 以后的平衡段。在第一个阶段，氯离子浓度和吸附容量都快速上升，离子交换作用明显，由离子交换造成的吸附容量提高占总吸附容量提高的比例最大，说明离子交换速度较快，与其他吸附方式相比，速度上占有优势。随着吸附过程的进行，当进入第二阶段以后离子交换作用趋缓，吸附容量占总吸附容量的比例也不断下降，而其他吸附方式的效果逐渐占优，离子交换的重要性下降。当反应进行 7h 以上时，吸附过程基本完成，离子交换与其他吸附方式之间的比例也趋于平衡。结合 XPS 的分析结果，可知在吸附完成后，残余吸附剂中的氯元素含量为零，说明离子交换过程比较彻底，是 ZFCL、CZF 和 SZF 吸附剂吸附磷酸盐的重要途径之一。

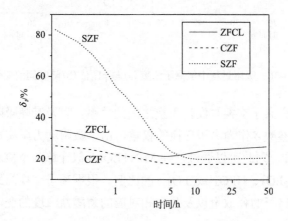

图 3-37　吸附过程中的离子交换权重变化

对比分析**图 3-37** 中不同吸附剂的曲线，可以看出离子交换作用对 SZF 最为重要。约 40%的吸附容量以离子交换的形式完成，这也说明 SDS 改性后的吸附剂虽然比表面积略有下降，但其吸附效率，特别是离子交换能力大幅上升。结合 TEM、XRD 与 XPS 的分析结果，可以推测 SDS 的改性扩大了吸附剂的晶体间距，在 SDS 清洗掉之后依然保留了原有结构，而 SDS 的添加不但没有影响层状结构的形成，反而促进了吸附剂由棒状结构向层状结构的转化。因此 SZF 与 ZFCL 相比，拥有更强的离子交换能力，以及总体更高的磷酸盐吸附容量。

从 CZF 的曲线可以看出，对于 CZF 而言，离子交换作用相对不重要，其只占总吸附容量的 20%左右。结合各种表征结果，可以认为 CTAB 的添加，破坏了原有层状结构的形成，使吸附剂呈现纳米管或纳米棒的结构，因而 CZF 不具有层状结构，其结构更接近于纳米金属氧化物类吸附剂。再生实验中，是否添加 $ZnCl_2$ 对 CZF 的再生效率影响较小，说明 CZF 的主要吸附机理是以铁原子为中心的羟基配位交换。而 XPS 的分析表明，CZF 对于表面羟基的利用率低于 ZFCL 与 SZF，其主要依靠较大的比表面积弥补单位面积吸附容量的不足。

结合图 3-23、图 3-36 与图 3-37 可以看出，吸附过程大致上可以分为三个阶段，即快速吸附期(2h 以内)、慢速吸附期(2~7h)和吸附平衡期(7h 后)。溶液 pH 值和化学反应速率可能是造成这种结果的两个主要原因。如图 3-36 所示，在快速吸附期，低 pH 值促进了氯离子和磷酸根离子之间的离子交换，大部分氯离子释放导致了离子交换，是这一阶段磷酸盐吸附的主要因素，而配位交换与表面电荷吸附也同时发生，因此造成了吸附容量的快速提高。随着反应的进行，在慢速吸附期中，上升的 pH 值抑制了离子交换和配位交换过程，而表面电荷吸附也因 pH 值的升高而停止，各种吸附方式趋缓。在平衡吸附中，磷酸根离子和吸附剂表面之间的配位交换以及离子交换均达到平衡，吸附容量不再提高，吸附过程完成。

另外，由于在酸性条件下吸附剂可能有一定的溶解，因此，将三种吸附剂对磷酸盐的吸附过程与吸附机理简单表示如图 3-38 所示。

3.5.7　小结

(1)吸附前后三种吸附剂 SEM 和 TEM 的表征说明，ZFCL、CZF 和 SZF 的材料结构均没有明显变化，CZF 依然是以棒状为主，ZFC 和 SZF 以片状、层状为主，意味着吸附剂具有再生的可能性。EDX 图谱中，三种吸附剂都表现出氯离子消失，磷酸盐进入吸附剂，说明氯离子可能被磷酸根离子取代。

(2)吸附前后三种吸附剂的 N_2 吸附-脱附等温线表明，ZFCL、CZF 和 SZF 的比表面积分别为 $9.9m^2/g$、$8.6m^2/g$ 和 $16.5m^2/g$，吸附后的比表面积大幅下降，说明表面吸附效应在吸附过程中起到重要作用，其中 CZF 比表面积下降幅度最大，说明其表面吸附效应最强。

(3)吸附前后三种吸附剂的 XRD 谱图表明，ZFCL、CZF 和 SZF 最终的吸附产物都以 $Zn_3(PO_4)_2 \cdot 4H_2O$ 为主。晶面间距在吸附之后有增大的趋势，其原因在于磷酸根或磷酸氢根进入吸附剂层间，取代了原有的氯离子，导致了吸附剂晶面间距的扩大。

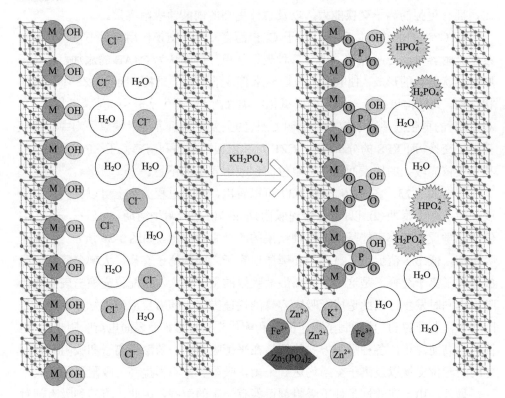

图 3-38　磷酸盐的吸附过程与吸附机理

（4）吸附前后三种吸附剂的 FTIR 谱图表明，吸附前 CZF 的 Zn—O 峰和吸附前 ZFCL 与 SZF 的 Zn(OH)Cl 峰都在吸附后消失，而三种吸附剂吸附后的 FTIR 谱图都有 P—O 峰的出现，表明 Zn—O 和 Zn(OH)Cl 的结构在吸附过程中被消耗，Zn—O 和 Zn(OH)Cl 对磷酸盐的去除起到了重要作用。

（5）吸附前后三种吸附剂的 XPS 谱图表明，吸附后的谱图与吸附前相比，P 峰出现而 Cl 峰消失，说明吸附过程中氯离子被磷酸根所取代。对三种吸附剂吸附后的 O 1s 精细谱图进行分峰，分析结果表明，双齿双核络合物是磷酸盐吸附于 ZFCL、CZF 和 SZF 表面的主要形式。

（6）引入无量纲参数 δ 作为离子交换的权重，对三种吸附剂的 δ 进行分析的结果表明，ZFCL、CZF 和 SZF 的 δ 分别为 24%、19%和 39%，即对三种吸附剂来说，离子交换贡献的吸附容量各占总吸附容量的 24%、19%和 39%，说明离子交换作用对 CZF 的影响较小，而对 SZF 影响较大。

3.6　铬酸盐的吸附过程影响因素与机理

重金属铬被广泛用于电镀、皮革、冶炼、采矿和金属加工等行业，这些行业在生产过程中会产生大量的含 Cr(Ⅵ)工业废水，在地表水、地下水以及使用铸铁管或不锈钢管的供水管道中也被报道 Cr(Ⅵ)污染物的存在[71, 72]。Cr(Ⅵ)已被美国环境保护局和欧洲联盟列为优先控制污染物，是水污染"五毒"之一，给饮用水水质带来潜在威胁。世界卫生组织规定饮用水中 Cr(Ⅵ)的限值为 0.05mg/L[73]，美国加利福尼亚州更是率先于 2016 年对饮用水中 Cr(Ⅵ)的浓度制定了更为严格的标准，其限值为 0.01mg/L[74, 75]。可以预见，随着人们对饮用水水质要求的提高，各国对饮用水中 Cr(Ⅵ)的限值要求势必会更加严格。分散式饮用水处理系统(如使用点等)可有效降低暴露风险，保护用水者健康，因此，亟须强化饮用水处理系统或污水深度处理系统除 Cr(Ⅵ)新技术和新材料的研发。

常见的 Cr(Ⅵ)去除技术主要有：混凝法、离子交换法、吸附法和膜法等[74,76,77]。大多数技术存在成本高(膜法)、产生污泥(混凝法)、污染物去除效率低(离子交换法)等缺点。相比之下，吸附技术具有简单高效、不产生二次污染等优点，特别适用于分散式饮用水处理系统等中小型水处理工艺，受到研究人员的普遍关注[78]。吸附材料的研发是吸附技术的核心[79, 80]，目前已有很多关于寻找廉价高效的吸附材料以及简单有效的改性方法的研究。

本节在前期制备的 ZFCL、CZF 和 SZF 三种吸附剂基础上，以铬酸盐作为目标污染物进行研究，考察它们对铬酸盐的吸附效果，并对铬酸盐吸附过程的影响因素(投加量、初始浓度、初始 pH 值、吸附时间和吸附温度)进行了分析，进而对铬酸盐的吸附机理进行了初步分析。

3.6.1　铬酸盐吸附过程的影响因素分析

1. 吸附剂投加量的影响

在铬酸盐初始浓度为 30mg/L、pH 值为 6 的情况下，ZFCL、CZF 和 SZF 的投加量对铬酸盐去除率的影响如**图 3-39** 所示，其中吸附剂投加量分别为 0.1g/L、0.2g/L、0.4g/L、0.6g/L 和 0.8g/L。由图可知，随着吸附剂投加量的增加，铬酸盐去除率也随之增大，当吸附剂浓度达到 0.8g/L 时，三种吸附剂对铬酸盐的去除率分别为 69.5%、74.4%和 72.7%。实验结果表明，与磷酸盐相比，三种吸附剂对铬酸盐的吸附效果较差，即使投加量达到 0.8g/L，去除率依然低于 80%。其中，CZF 吸附剂效果较好，在不同的投加量条件下均有最高的吸附容量与去除率；ZFCL 相对较差，去除率不足 70%。但三种吸附剂总体差别不大，从吸附容量与去除率的对比来看，当吸附剂的投加量大于 0.4g/L 后，吸附效率明显下降，因此可以认为对于铬酸盐，三种吸附剂的最佳投加量都是 0.2~0.4g/L。

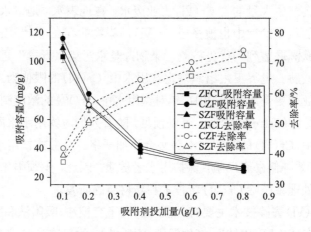

图 3-39   三种吸附剂投加量的影响

2. 铬酸盐初始浓度的影响

在初始 pH 值为 6、吸附剂投加量为 0.2g/L 的情况下，三种吸附剂对铬酸盐的吸附容量与去除率如**图 3-40** 所示。随着铬酸盐初始浓度的升高，三种吸附剂的去除率逐渐降低。在铬酸盐浓度为 5mg/L 时，ZFCL、CZF 和 SZF 的去除率分别为 69.6%、82.5% 和 74.1%，去除效果尚可；当浓度逐渐升高，超过 100mg/L 时，三种吸附剂的去除率均快速下降，而吸附容量基本达到平衡，不再随初始浓度的升高而增加；其中 CZF 的去除率略高于另外两种吸附剂。在较低浓度下，三种吸附剂的吸附容量差别不大，当铬酸盐初始浓度达到 300mg/L 的情况下，ZFCL、CZF 和 SZF 的吸附容量分别为 108.4mg/g、119.1mg/g 和 112.4mg/g。CZF 表现出较高的吸附容量，而 ZFCL 的吸附容量较低。在铬酸盐为 5~300mg/L 的范围内，CZF 的吸附容量均高于 ZFCL 与 SZF，说明羟基配位交换可能是吸附铬酸盐的主要原因，因而比表面积较大的 CZF 吸附效果更好。

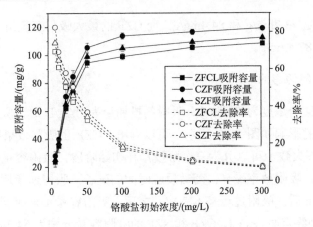

图 3-40　初始铬酸盐浓度影响

3. 溶液初始 pH 值的影响

在初始铬酸盐浓度为 30mg/L、吸附剂投加量为 0.2g/L 时，初始 pH 值对吸附剂吸附铬酸盐的影响如**图 3-41** 所示。可以看出，当溶液初始 pH 值大于 4 的情况下，三种吸附剂的吸附容量均随着 pH 值的升高而降低，这是由于在 pH 值较高时（$pH > pH_{ZPC}$），吸附剂表面带负电，其与同样带负电的铬酸根离子互相排斥；同时，溶液中的 OH^- 与铬酸离子竞争吸附，也降低了吸附剂的吸附容量，其原因与磷酸盐在高 pH 值条件下吸附容量降低的原因一致。而在 pH 值为 3 时，ZFCL 与 SZF 的吸附容量有所下降，可能由于这两种吸附剂在过低的 pH 值下会出现溶解。在不同 pH 值的条件下，CZF 均显示出比 ZFCL 与 SZF 更大的铬酸盐吸附容量。相比之下，在实验的 pH 值范围内，ZFCL 和 SZF 的最大吸附容量出现在 pH 4 处，

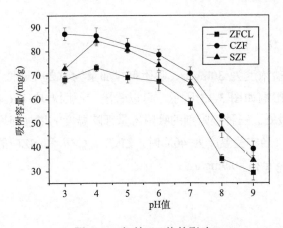

图 3-41　初始 pH 值的影响

吸附容量分别是 73.2mg/g 和 84.4mg/g。而 CZF 的最大吸附容量出现在 pH 3 处，其吸附容量为 87.4mg/g。

4. 吸附时间的影响

在初始铬酸盐浓度为 30mg/L、吸附剂投加量为 0.2g/L 时，吸附时间对吸附剂吸附铬酸盐的影响如**图 3-42** 所示。可以看出，CZF 的吸附效果优于 ZFCL 与 SZF。吸附过程大致上可以分为三个阶段，在初始阶段，吸附容量随着时间的增加而快速增大，吸附效率最高；随着反应时间的延长，吸附速率逐渐降低；当吸附时间达到 10h 后，吸附过程基本完成，之后，吸附容量不再随着时间的增加而增加。吸附达到终点时，ZFCL、CZF 和 SZF 的吸附容量分别为 64.2mg/g、79.7mg/g 和 68.3mg/g。

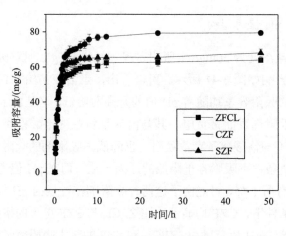

图 3-42　吸附时间的影响

5. 温度的影响

在初始铬酸盐浓度为 30mg/L、吸附剂投加量为 0.2g/L 时，吸附时间对吸附剂吸附铬酸盐的影响如**图 3-43** 所示。可以看出，不同温度下 CZF 的吸附容量均为最高，ZFCL 最低。三种吸附剂的吸附容量都随温度的增加而增加，说明该吸附过程为吸热反应。当实验温度为 40℃时，ZFCL、CZF 和 SZF 的吸附容量分别为 76.1mg/g、90.2mg/g 和 80.9mg/g。

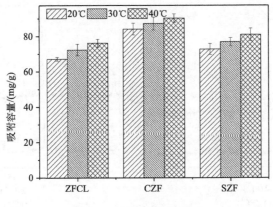

图 3-43　吸附温度的影响

3.6.2　铬酸盐与磷酸盐的吸附机理对比

　　为了对比分析 ZFCL、CZF 和 SZF 对铬酸盐的吸附机理及其对磷酸盐的吸附机理，对吸附铬酸盐后的三种吸附剂进行了 XRD 分析，其分析结果如**图 3-44** 所示。对该图进行分析可以发现，ZFCL、CZF 和 SZF 吸附铬酸盐之后的主要成分均为 $Zn_2CrO_5 \cdot H_2O$（11-0277），该结果与磷酸盐吸附后的结果类似，即三种吸附剂吸附后的主要成分均为同一种物质，这说明吸附过程与吸附机理与磷酸盐类似。结合对铬酸盐的影响因素实验，可以推断 ZFCL、CZF 和 SZF 对铬酸盐和磷酸盐的吸附机理一致，均具有较高的吸附容量。并且本研究发现，CZF 对硝酸盐和铬酸盐的吸附效果均好于 SZF，而 SZF 对磷酸盐的吸附效果最好。从 XRD 和 TEM 的表征可以看出，SZF 改性后层间距增大。而 XPS 的分析表明，SZF 的表面羟基利用率最高，这说明 SZF 在离子交换和表面羟基利用效率两方面都比 ZFCL 有所提升，但其比表面积有所下降。SZF 对铬酸盐的吸附效果低于 CZF，而对磷酸盐的效果好于 CZF。从离子交换权重的分析结果可以看出，其原因可能在于对磷酸盐的离子交换效率较高，而对于铬酸盐，可能由于其层间距的提高并不满足铬酸盐离子交换的需要，因此离子交换效率较磷酸盐低。综合而言，三种吸附剂各自的特点为：ZFCL 吸附剂制备最为方便，成本最低；CZF 吸附剂对多种阴离子污染物均有较好的吸附效果；SZF 是一种特别针对磷酸盐的高效吸附剂。

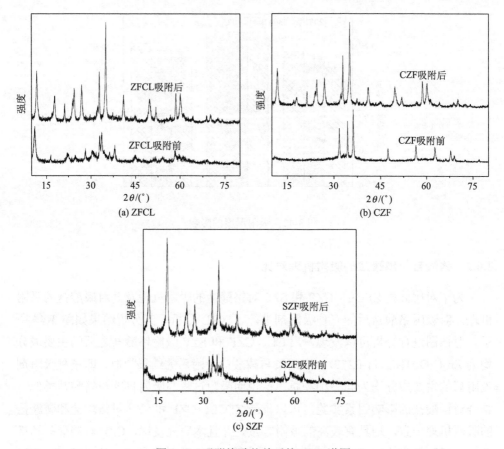

图 3-44　吸附铬酸盐前后的 XRD 谱图

3.6.3　小结

（1）吸附剂投加量对铬酸盐吸附效果的影响实验表明，ZFCL、CZF 和 SZF 的吸附容量差别不大，最高去除率在投加量 0.8g/L 时出现，分别为 69.5%、74.4% 和 72.7%，实验条件下三种吸附剂的最佳投加量都是 0.4g/L。

（2）铬酸盐初始浓度的影响实验表明，ZFCL、CZF 和 SZF 在铬酸盐浓度为 300mg/L 时的最高吸附容量分别为 108.4mg/g、119.1mg/g 和 112.4mg/g。在铬酸盐为 5~300mg/L 的范围内，CZF 的吸附容量均高于 ZFCL 与 SZF。

（3）pH 值对铬酸盐吸附效果的影响实验表明，在 pH 值为 3~9 的范围内，ZFCL 和 SZF 的最佳吸附容量出现在 pH 4 处，吸附容量分别是 73.2mg/g 和 84.4mg/g。而 CZF 的最佳吸附容量出现在 pH 3 处，其吸附容量为 87.4mg/g。pH 值大于 4 时，三种吸附剂对铬酸盐的吸附容量均随 pH 值的升高而降低。

(4) 吸附时间对铬酸盐吸附效果的影响实验表明，三种吸附剂的吸附平衡时间均为 10h，CZF 的吸附效果好于 ZFCL 与 SZF，吸附达到终点时，ZFCL、CZF 和 SZF 的吸附容量分别为 64.2mg/g、79.7mg/g 和 68.3mg/g。

(5) 温度对铬酸盐吸附效果的影响实验表明，三种吸附剂的吸附容量都随温度的增加而增加，说明该吸附过程为吸热反应。当温度为 40℃时，ZFCL、CZF 和 SZF 的吸附容量分别为 76.1mg/g、90.2mg/g 和 80.9mg/g。

(6) 对三种吸附剂吸附铬酸盐后的 XRD 谱图进行分析，发现 $Zn_2CrO_5 \cdot H_2O$ 是三种吸附剂吸附铬酸盐后的主要成分，其特点与吸附磷酸盐类似，说明吸附机理类似于磷酸盐。三种吸附剂各自的特点为：ZFCL 吸附剂制备最为方便，成本最低；CZF 吸附剂比表面积最大，对多种阴离子污染物均有较好的吸附效果；SZF 表面羟基利用率最高且离子交换能力最强，是一种特别针对磷酸盐的高效吸附剂。

参 考 文 献

[1] Wu X, Tan X, Yang S, et al. Coexistence of adsorption and coagulation processes of both arsenate and NOM from contaminated groundwater by nanocrystallined Mg/Al layered double hydroxides[J]. Water Research, 2013, 47(12): 4159-4168.

[2] Drenkova-Tuhtan A, Mandel K, Paulus A, et al. Phosphate recovery from wastewater using engineered superparamagnetic particles modified with layered double hydroxide ion exchangers[J]. Water Research, 2013, 47(15): 5670-5677.

[3] Guo Y, Zhu Z, Qiu Y, et al. Synthesis of mesoporous Cu/Mg/Fe layered double hydroxide and its adsorption performance for arsenate in aqueous solutions[J]. Journal of Environmental Sciences, 2013, 25(5): 944-953.

[4] Isaacs-Paez E D, Leyva-Ramos R, Jacobo-Azuara A, et al. Adsorption of boron on calcined AlMg layered double hydroxide from aqueous solutions. Mechanism and effect of operating conditions[J]. Chemical Engineering Journal, 2014, 245(2): 248-257.

[5] Ally M R, Braunstein J. Activity coefficients in concentrated electrolytes: a comparison of the Brunauer-Emmett-Teller(BET)model with experimental values[J]. Fluid Phase Equilibria, 1996, 120(1): 131-141.

[6] Legras A, Kondor A, Heitzmann M T, et al. Inverse gas chromatography for natural fibre characterisation: identification of the critical parameters to determine the Brunauer-Emmett-Teller specific surface area[J]. Journal of Chromatography A, 2015, 1425: 273-279.

[7] Colman M D, Lazzarotto S R D S, Lazzarotto M, et al. Evolved gas analysis(TG-DSC-FTIR)and(Pyr-GC-MS)in the disposal of medicines(aceclofenac)[J]. Journal of Analytical and Applied Pyrolysis, 2016, 119: 157-161.

[8] do Nascimento A L C S, Caires F J, Colman T A D, et al. Thermal study and characterization of nicotinates of some alkaline earth metals using TG-DSC-FTIR and DSC-system photovisual[J]. Thermochimica Acta, 2015, 604: 7-15.

[9] Sun R, Zhao M, Zhuang D, et al. Cu$_2$ZnSnS$_4$ ceramic target: determination of sintering temperature by TG-DSC[J]. Ceramics International, 2016, 42(8): 9630-9635.

[10] Zhang L, Hower J C, Liu W L. Non-isothermal TG-DSC study on prediction of caking properties of vitrinite-rich concentrates of bituminous coals[J]. Fuel Processing Technology, 2017, 156: 500-504.

[11] Zhang Y, Sun Q, Geng J. Microstructural characterization of limestone exposed to heat with XRD, SEM and TG-DSC[J]. Materials Characterization, 2017, 134: 285-295.

[12] Cernik R J. The development of synchrotron X-ray diffraction at Daresbury Laboratory and its legacy for materials imaging[J]. Journal of Non-Crystalline Solids, 2016, 451: 2-9.

[13] Dobročka E, Novák P, Búc D, et al. X-ray diffraction analysis of residual stresses in textured ZnO thin films[J]. Applied Surface Science, 2017, 395: 16-23.

[14] Lambert A, Bougrioua F, Abbas O, et al. Temperature dependent Raman and X-ray diffraction studies of anhydrous milk fat[J]. Food Chemistry, 2018, 267: 187-195.

[15] Stefanou M, Saita K, Shalashilin D V, et al. Comparison of ultrafast electron and X-ray diffraction—a computational study[J]. Chemical Physics Letters, 2017, 683: 300-305.

[16] Seigneur A, Hou S, Shaw R A, et al. Use of Fourier-transform infrared spectroscopy to quantify immunoglobulin G concentration and an analysis of the effect of signalment on levels in canine serum[J]. Veterinary Immunology and Immunopathology, 2015, 163(1): 8-15.

[17] Wu L M, Tong D S, Zhao L Z, et al. Fourier transform infrared spectroscopy analysis for hydrothermal transformation of microcrystalline cellulose on montmorillonite[J]. Applied Clay Science, 2014, 95: 74-82.

[18] Zheng N, Liang M, Zhang H D, et al. Fatal extensive bone cement embolism: histological findings confirmed by Fourier transform infrared spectroscopy[J]. Forensic Science International, 2013, 229(1): e23-e25.

[19] Dukhin A S, Parlia S. Measuring zeta potential of protein nano-particles using electroacoustics [J]. Colloids and Surfaces B: Biointerfaces, 2014, 121: 257-263.

[20] Marsalek R. Particle size and zeta potential of ZnO[J]. APCBEE Procedia, 2014, 9: 13-17.

[21] Song Y, Zhao K, Li M, et al. A novel method for measuring zeta potentials of solid-liquid interfaces[J]. Analytica Chimica Acta, 2015, 853: 689-695.

[22] Vercellone S Z, Sham E, Torres E M F. Measure of zeta potential of titanium pillared clays[J]. Procedia Materials Science, 2015, 8: 599-607.

[23] Wojciechowski K, Klodzinska E. Zeta potential study of biodegradable antimicrobial polymers[J]. Colloids and Surfaces A: Physicochemical and Engineering Aspects, 2015, 483: 204-208.

[24] Chen S, Xie L, Xue F. X-ray photoelectron spectroscopy investigation of commercial passivated tinplate surface layer[J]. Applied Surface Science, 2013, 276: 454-457.

[25] Ding T, Li R, Kong W, et al. Band alignments at interface of ZnO/FAPbI$_3$heterojunction by X-ray photoelectron spectroscopy[J]. Applied Surface Science, 2015, 357: 1743-1746.

[26] Hori H, Shikano M, Kobayashi H, et al. Analysis of hard carbon for lithium-ion batteries by hard

X-ray photoelectron spectroscopy[J]. Journal of Power Sources, 2013, 242: 844-847.

[27] Lenshin A S, Kashkarov V M, Domashevskaya E P, et al. Investigations of the composition of macro-, micro- and nanoporous silicon surface by ultrasoft X-ray spectroscopy and X-ray photoelectron spectroscopy[J]. Applied Surface Science, 2015, 359: 550-559.

[28] Guo Y, Zhu Z, Qiu Y, et al. Adsorption of arsenate on Cu/Mg/Fe/La layered double hydroxide from aqueous solutions[J]. Journal of Hazardous Materials, 2012, 239-240: 279-288.

[29] Meng Z, Zhang Y, Zhang Q, et al. Novel synthesis of layered double hydroxides (LDHs) from zinc hydroxide[J]. Applied Surface Science, 2017, 396: 799-803.

[30] Feng K, Li W, Xie S, et al. Nickel hydroxide decorated hydrogenated zinc oxide nanorod arrays with enhanced photoelectrochemical performance[J]. Electrochimica Acta, 2014, 137: 108-113.

[31] Du X, Han Q, Li J, et al. The behavior of phosphate adsorption and its reactions on the surfaces of Fe-Mn oxide adsorbent[J]. Journal of the Taiwan Institute of Chemical Engineers, 2017, 76: 167-175.

[32] Elrouby M, Abdel-Mawgoud A M, El-Rahman R A. Synthesis of iron oxides nanoparticles with very high saturation magnetization form TEA-Fe (III) complex via electrochemical deposition for supercapacitor applications[J]. Journal of Molecular Structure, 2017, 1147: 84-95.

[33] Goh K H, Lim T T, Dong Z. Enhanced arsenic removal by hydrothermally treated nanocrystalline Mg/Al layered double hydroxide with nitrate intercalation[J]. Environmental Science & Technology, 2009, 43 (7): 2537.

[34] Moaty S A A, Farghali A A, Khaled R. Preparation, characterization and antimicrobial applications of Zn-Fe LDH against MRSA[J]. Materials Science and Engineering C, 2016, 68: 184-193.

[35] Cao A, Yang Q, Wei Y, et al. Synthesis of higher alcohols from syngas over CuFeMg-LDHs/CFs composites[J]. International Journal of Hydrogen Energy, 2017, 42(27): 17425-17434.

[36] He J, Yang Z, Zhang L, et al. Cu supported on ZnAl-LDHs precursor prepared by in-situ synthesis method on γ-Al₂O₃ as catalytic material with high catalytic activity for methanol steam reforming[J]. International Journal of Hydrogen Energy, 2017, 42 (15): 9930-9937.

[37] Indrawirawan S, Sun H, Duan X, et al. Nanocarbons in different structural dimensions (0-3D) for phenol adsorption and metal-free catalytic oxidation[J]. Applied Catalysis B: Environmental, 2015, 179: 352-362.

[38] Silva-Bermudez P, Muhl S, Rodil S E. A comparative study of fibrinogen adsorption onto metal oxide thin films[J]. Applied Surface Science, 2013, 282: 351-362.

[39] Song H S, Park M G, Kwon S J, et al. Hydrogen sulfide adsorption on nano-sized zinc oxide/reduced graphite oxide composite at ambient condition[J]. Applied Surface Science, 2013, 276: 646-652.

[40] Ji H, Wu W, Li F, et al. Enhanced adsorption of bromate from aqueous solutions on ordered mesoporous Mg-Al layered double hydroxides (LDHs) [J]. Journal of Hazardous Materials, 2017, 334: 212.

[41] Michálková Z, Komárek M, Šillerová H, et al. Evaluating the potential of three Fe- and Mn-(nano)oxides for the stabilization of Cd, Cu and Pb in contaminated soils[J]. Journal of Environmental Management, 2014, 146: 226-234.

[42] Barnabas M J, Parambadath S, Mathew A, et al. Highly efficient and selective adsorption of In^{3+} on pristine Zn/Al layered double hydroxide(Zn/Al-LDH)from aqueous solutions[J]. Journal of Solid State Chemistry, 2016, 233: 133-142.

[43] Barnabas M J, Parambadath S, Ha C S. Amino modified core-shell mesoporous silica based layered double hydroxide(MS-LDH)for drug delivery[J]. Journal of Industrial and Engineering Chemistry, 53: 392-403.

[44] Cota I, Ramírez E, Medina F, et al. Influence of the preparation route on the basicity of La-containing mixed oxides obtained from LDH precursors[J]. Journal of Molecular Catalysis A: Chemical, 2016, 412: 101-106.

[45] Wang J, Wei Y, Yu J. Influences of polyhydric alcohol co-solvents on the hydration and thermal stability of MgAl-LDH obtained via hydrothermal synthesis[J]. Applied Clay Science, 2013, 72: 37-43.

[46] Xue L, Gao B, Wan Y, et al. High efficiency and selectivity of MgFe-LDH modified wheat-straw biochar in the removal of nitrate from aqueous solutions[J]. Journal of the Taiwan Institute of Chemical Engineers, 2016, 63: 312-317.

[47] Block T, Schmücker M. Metal oxides for thermochemical energy storage: a comparison of several metal oxide systems[J]. Solar Energy, 2016, 126: 195-207.

[48] Masoud E M, Hassan M E, Wahdaan S E, et al. Gel P(VdF/HFP)/PVAc/lithium hexafluoro phosphate composite electrolyte containing nano ZnO filler for lithium ion batteries application: effect of nano filler concentration on structure, thermal stability and transport properties[J]. Polymer Testing, 2016, 56: 277-286.

[49] Usoltseva N V, Korobochkin V V, Balmashnov M A, et al. Solution transformation of the products of AC electrochemical metal oxidation[J]. Procedia Chemistry, 2015, 15: 84-89.

[50] Yolshina L A, Kvashinchev A G. Chemical interaction of liquid aluminum with metal oxides in molten salts[J]. Materials & Design, 2016, 105: 124-132.

[51] Mallakpour S, Behranvand V. Recycled PET/MWCNT-ZnO quantum dot nanocomposites: adsorption of Cd(Ⅱ) ion, morphology, thermal and electrical conductivity properties[J]. Chemical Engineering Journal, 2017, 313: 873-881.

[52] Çlnar S, Kaynar H, Aydemir T, et al. An efficient removal of RB5 from aqueous solution by adsorption onto nano-ZnO/chitosan composite beads[J]. International Journal of Biological Macromolecules, 2017, 96: 459-465.

[53] Mabayoje O, Seredych M, Bandosz T J. Reactive adsorption of hydrogen sulfide on visible light photoactive zinc (hydr)oxide/graphite oxide and zinc (hydr)oxychloride/graphite oxide composites[J]. Applied Catalysis B: Environmental, 2013, 132-133: 321-331.

[54] Sharma G, Naushad M, Kumar A, et al. Efficient removal of coomassie brilliant blue R-250 dye using starch/poly(alginic acid-cl-acrylamide)nanohydrogel[J]. Process Safety and Environmental

Protection, 2017, 109: 301-310.

[55] Yang K, Yan L G, Yang Y M, et al. Adsorptive removal of phosphate by Mg-Al and Zn-Al layered double hydroxides: kinetics, isotherms and mechanisms[J]. Separation and Purification Technology, 2014, 124: 36-42.

[56] Vasei H V, Masoudpanah S M, Adeli M, et al. Solution combustion synthesis of ZnO powders using CTAB as fuel[J]. Ceramics International, 2018, 44(7): 7741-7745.

[57] Mohammed R, El-Maghrabi H H, Younes A A, et al. SDS-goethite adsorbent material preparation, structural characterization and the kinetics of the manganese adsorption[J]. Journal of Molecular Liquids, 2017, 231: 499-508.

[58] Zhao L, Cao X, Zheng W, et al. Endogenous minerals have influences on surface electrochemistry and ion exchange properties of biochar[J]. Chemosphere, 2015, 136: 133-139.

[59] Zhang P, Lo I, O'connor D, et al. High efficiency removal of methylene blue using SDS surface-modified $ZnFe_2O_4$ nanoparticles[J]. Journal of Colloid and Interface Science, 2017, 508: 39-48.

[60] Alves M D, Aracri F M, Cren C, et al. Isotherm, kinetic, mechanism and thermodynamic studies of adsorption of a microbial lipase on a mesoporous and hydrophobic resin[J]. Chemical Engineering Journal, 2017, 311: 1-12.

[61] Saruchi, Kumar V. Adsorption kinetics and isotherms for the removal of rhodamine B dye and Pb^{2+} ions from aqueous solutions by a hybrid ion-exchanger[J]. Arabian Journal of Chemistry, 2016, 12: 316-329.

[62] Torres P M C, Abrantes J C C, Kaushal A, et al. Influence of Mg-doping, calcium pyrophosphate impurities and cooling rate on the allotropic $\alpha \leftrightarrow \beta$-tricalcium phosphate phase transformations[J]. Journal of the European Ceramic Society, 2016, 36(3): 817-827.

[63] Zeng R C, Sun X X, Song Y W, et al. Influence of solution temperature on corrosion resistance of Zn-Ca phosphate conversion coating on biomedical Mg-Li-Ca alloys[J]. Transactions of Nonferrous Metals Society of China, 2013, 23(11): 3293-3299.

[64] Wang H, Wang N, Wang B, et al. Antibiotics in drinking water in Shanghai and their contribution to antibiotic exposure of school children[J]. Environmental Science & Technology, 2016, 50(5): 2692-2699.

[65] Alibakhshi E, Ghasemi E, Mahdavian M. Optimization of potassium zinc phosphate anticorrosion pigment by Taguchi experimental design[J]. Progress in Organic Coatings, 2013, 76(1): 224-230.

[66] Bernardo M P, Moreira F K V, Colnago L A, et al. Physico-chemical assessment of [Mg-Al-PO$_4$]-LDHs obtained by structural reconstruction in high concentration of phosphate[J]. Colloids and Surfaces A: Physicochemical and Engineering Aspects, 2016, 497: 53-62.

[67] Yan L G, Yang K, Shan R R, et al. Kinetic, isotherm and thermodynamic investigations of phosphate adsorption onto core-shell Fe_3O_4@LDHs composites with easy magnetic separation assistance[J]. Journal of Colloid and Interface Science, 2015, 448: 508-516.

[68] Satyavathi K, Subba Rao M, Nagabhaskararao Y, et al. Structural and spectral properties of

undoped and tungsten doped $Zn_3(PO_4)_2$ ZnO nanopowders[J]. Journal of Physics and Chemistry of Solids, 2018, 112: 200-208.

[69] Lǚ J, Liu H, Liu R, et al. Adsorptive removal of phosphate by a nanostructured Fe-Al-Mn trimetal oxide adsorbent[J]. Powder Technology, 2013, 233: 146-154.

[70] Shin E W, Han J S, Jang M, et al. Phosphate adsorption on aluminum-impregnated mesoporous silicates: surface structure and behavior of adsorbents[J]. Environmental Science & Technology, 2004, 38(3): 912-917.

[71] Peter K T, Johns A J, Myung N V, et al. Functionalized polymer-iron oxide hybrid nanofibers: electrospun filtration devices for metal oxyanion removal[J]. Water Research, 2017, 117: 207-217.

[72] Chowdhury S, Mazumder M A, Alattas O, et al. Heavy metals in drinking water: occurrences, implications, and future needs in developing countries[J]. Science of the Total Environment, 2016, 569-570: 476-488.

[73] WHO. Guidelines for Drinking-Water Quality[M]. 4th ed. Geneva, Switzerland: WHO Press, 2011.

[74] Korak J A, Huggins R, Arias-Paic M. Regeneration of pilot-scale ion exchange columns for hexavalent chromium removal[J]. Water Research, 2017, 118: 141-151.

[75] Gifford M, Hristovski K, Westerhoff P. Ranking traditional and nano-enabled sorbents for simultaneous removal of arsenic and chromium from simulated groundwater[J]. Science of the Total Environment, 2017, 601: 1008-1014.

[76] Martín-Domínguez A, Rivera-Huerta M L, Pérez-Castrejón S, et al. Chromium removal from drinking water by redox-assisted coagulation: chemical versus electrocoagulation[J]. Separation & Purification Technology, 2018, 200: 266-272.

[77] Qiu J, Liu F, Song C, et al. Recyclable nanocomposite of flowerlike MoS_2@Hybrid acid-doped PANI immobilized on porous PAN nanofibers for the efficient removal of Cr(VI)[J]. Acs Sustainable Chemistry & Engineering, 2017, 6(1): 447-456.

[78] Alvarez P J J, Chan C K, Elimelech M, et al. Emerging opportunities for nanotechnology to enhance water security[J]. Nature Nanotechnology, 2018, 13(8): 634-641.

[79] Wang G, Hua Y, Su X, et al. Cr(VI) adsorption by montmorillonite nanocomposites[J]. Applied Clay Science, 2016, 124-125: 111-118.

[80] Luo L, Cai W, Zhou J, et al. Facile synthesis of boehmite/PVA composite membrane with enhanced adsorption performance towards Cr(VI)[J]. Journal of Hazardous Materials, 2016, 318: 452-459.

第4章　氧化铁改性砂滤料吸附除磷技术

我国城市污水处理厂通常是将污水进行二级处理后直接排放，然而现有污水厂的二级处理出水磷通常难以达标，排放至水体中，容易造成水体的富营养化。研究表明，水体中的总磷浓度超过 0.02mg/L 即可能引起富营养化，而经过处理后的市政和工业废水的总磷浓度仍然较高，因此，需要进一步降低水中磷酸盐含量，使其达到排放标准。现有的除磷技术中，化学沉淀法利用无机阳离子 Ca^{2+}、Al^{3+}、Fe^{3+}与磷酸盐反应生成固态沉淀，会产生大量含金属的污泥，增加后续处理成本；生物法除磷去除率低，产生的污泥较多，对低浓度磷的去除效果也不佳。另外，二级处理出水中还存在有机物，也需进一步有效去除。在各种深度处理技术中，吸附法因操作简单、成本较低、绿色高效和可持续使用等优点，引起国内外研究者的广泛关注。

在污水深度处理中，颗粒滤料过滤(多层滤料滤池)是常用的工艺技术，例如在美国，普遍是在二级城市污水处理厂后增加过滤、消毒等深度处理工艺对现有二级污水处理厂进行升级改造[1]。单纯的颗粒滤料过滤有一定的除污效果(磷、有机物等)，但去除效率有限，若将颗粒滤料赋予吸附功能，则有可能强化其过滤除污效果。金属（铁、铝）氧化物通常具有良好的污染物吸附性能，但金属氧化物多呈粉末状，用于水处理时存在难以固液分离和重复使用的缺点，因此，很多研究者试图通过将金属氧化物制备成颗粒材料的方法，以强化其在水处理中的应用。将金属氧化物进行颗粒化，主要有两种方法：负载法和浸渍法。负载法中，石英砂滤料是常用的颗粒载体之一，因此研究者通过对石英砂等滤料进行改性，来提高滤料的吸附除污能力，并进行了一系列的研究[2, 3]。但这些研究主要集中于通过改性滤料过滤去除饮用水中的污染物，对改性滤料过滤处理城市污水的研究相对较少。本章中，作者采用自制的不同类型的石英砂改性滤料，通过实验研究了改性滤料过滤处理城市污水厂二沉池出水的性能，取得了良好的效果。

铁炭微电解法是工业废水处理常用的技术，主要用于印染、电镀、石油化工、砷氟废水、含油废水、含酚废水及垃圾渗滤液的治理等。铁炭微电解是利用金属腐蚀原理，形成原电池对废水进行处理的工艺，又称内电解法、铁屑过滤法等。铁炭微电解反应的结果是铁受到腐蚀变成铁离子进入溶液中，铁离子具有混凝作用，可有效去除水中的污染物[4-6]。由于铁炭微电解过程中产泥量大，所产生的铁泥中含有大量铁离子，经分析，其浓度在 600mg/L 以上。因此本章提出采用微电解工艺产生的副产物进行石英砂滤料改性的方案，作为滤料改性的方法之一，并进行了微电解副产物改性石英砂的实验研究。微电解副产物的浓缩产物称为铁泥，因调节 pH 值时所用材料不同，又分为 1#铁泥和 2#铁泥。同时与铁盐、铝盐及铁铝盐等改性砂过滤处理再生水的效果进行对比，以期为解决铁炭微电解工艺产生的铁泥问题提供一条可行方案。该研究思想同时为高浓度金属(铁、铝、锰等)废液的处理提供了一条有益的思路。

4.1　不同类型金属氧化物改性砂滤料吸附除磷对比

4.1.1　金属氧化物改性砂滤料的制备

将粒径 0.7~1.2mm 的石英砂滤料用自来水反复冲洗干净后，置于烘箱中于 100~110℃烘干，然后用 0.1~0.6mol/L 或 1mol/L 的盐酸浸泡 24h 后，用水冲洗干净，放入三角瓶中，在 100~110℃烘箱中烘干后储于有盖瓶中，待改性。

不同改性砂滤料的具体制备方法如下。

(1)涂铝改性石英砂滤料的制备。

配制 1mol/L 的 $AlCl_3 \cdot 6H_2O$ 溶液 50mL，用 NaOH 溶液调整 pH 值为所要求的涂层 pH 值，使其形成氧化铝悬浮液。将 100g 预处理后的石英砂加至装有氧化铝悬浮液的烧杯中，置于磁力搅拌器上，在 70℃条件下连续搅拌反应 8h，然后置于 110℃烘箱中加热 96h 以上。经烘干的铝涂层砂用水冲洗干净，在 110℃烘箱中烘干后，按照上述方法再进行一次涂层。这种类型的氧化铝涂层砂，命名为涂铝砂滤料(简称锅砂)。

(2)涂铁改性石英砂滤料的制备。

配制 50mL 浓度为 2.5mol/L 的 $FeCl_3 \cdot 6H_2O$ 溶液，将体积为 100mL 经过预处理的石英砂倒入上述装有 $FeCl_3 \cdot 6H_2O$ 溶液的烧杯中，混合均匀，置于 110℃烘箱中，间歇搅拌，加热 96h 以上。然后置于马弗炉中，在 550℃条件下，烘 3h，在室温条件冷却，用水冲洗干净，改性后的石英砂表面呈暗红色，按照上述方法再进行一次涂层。这种通过高温阶段制备的三氯化铁涂层砂，命名为涂铁砂滤料(简称铁砂)。

(3)涂铁铝改性石英砂滤料的制备。

与(2)中涂铁砂滤料的制备方法一样，在滤料涂过一层铝涂层的基础上，再涂一层三氯化铁，这种方法制备的涂一层三氯化铝和一层三氯化铁的涂层砂，命名为涂铁铝滤料(简称铁铝砂)。

(4)铁泥改性石英砂滤料的制备。

铁泥来源于处理工业嘧啶废水时的铁炭微电解工艺(静态实验，铁炭体积比和质量比分别为 1∶1 和 3∶1，pH 3~4，停留时间 60min)，反应后产生的 1#铁泥和 2#铁泥材料用于制备改性石英砂，改性步骤同涂铁改性砂。1#铁泥的主要成分为铁化合物、钙化合物及碳元素，2#铁泥中含钙化合物较少，含钠化合物较多。

4.1.2　改性砂滤料的物化性能测定方法

1. 扫描电镜和 X 射线衍射表面特征分析

为分析石英砂在改性前后的表面形态变化，采用扫描电镜(SEM，PHILIPS XL-30 ESEM)观察了石英砂及改性砂的表面形态结构。并采用 X 射线衍射分析仪(XRD，D/Max-2500)对石英砂和改性砂的物质成分进行了测定，分析表面物质对过滤性能的影响。

2. 滤料孔隙率的测定

取一定量的滤料，在 105℃下烘干称量，并用比重瓶测出密度。然后放入过滤筒中，用清水过滤一段时间后，量出滤层体积，按式(4-1)求出滤料孔隙率 m：

$$m = 1 - \frac{G}{\rho V} \tag{4-1}$$

式中，G 为烘干的砂质量，g；ρ 为砂密度，g/cm^3；V 为滤层体积，cm^3。

一般石英砂滤料的孔隙率在 0.42 左右。

3. 改性砂表面金属含量的测定

称取 5g 改性砂，用盐酸溶液加热溶解 30min，适当沉淀一定时间，取上清液稀释后，采用原子吸收光谱仪(Perkin Elmer Analyst 800)测定溶液中金属离子含量，分析改性砂表面负载金属的稳定性。

4. 滤料的盐酸可溶率

将滤料样品用蒸馏水洗净，置于干燥箱中于 105~110℃干燥至恒量。称取洗净干燥样品 50g，置于 500mL 烧杯中，加入(1+1)盐酸(1 体积分析纯盐酸与 1 体积蒸馏水混合)160mL(使样品完全浸没)，在室温下静置，间歇搅拌，待停止发泡 30min 后，倾出盐酸溶液，用蒸馏水反复洗涤样品(注意不要让样品流失)，直至用 pH 试纸检查洗净水呈中性为止。把洗净后的样品移入已恒量的称量瓶中，置于干燥箱中于 105~110℃干燥至恒量。

盐酸可溶率按式(4-2)计算:

$$盐酸可溶率(\%) = \frac{G - G_1}{G} \times 100\% \tag{4-2}$$

式中,G 为加盐酸前样品的质量,g;G_1 为加盐酸后样品的质量,g。

5. 改性砂滤料物理稳定性实验

选定最佳改性滤料进行冲洗,以检测改性滤料在一定冲洗强度下的物理稳定性,确定反复冲洗后,滤料是否仍能保持其去除有机物及其他污染物的性能。

取质量 X_1 为 40g 洗净烘干的改性砂,置于一定尺寸、底部铺有滤布的容器中。将容器竖直放在流量 Q 为 0.5m³/h 的恒定流下连续冲洗 24h,取出烘干后称得质量 X_2 g。结合滤料中改性剂的含量(计算出其质量分数),改性剂冲脱率为

$$改性砂的冲脱率(\%) = \frac{X_1 - X_2}{X_1} \times 质量分数 \tag{4-3}$$

因为滤池的冲洗时间一般为 5~7min,实验中 24h 的连续冲洗相当于冲洗了约 240 次,而且随着冲洗时间的延长,冲脱率越来越低,最终将达到完全稳定。

4.1.3　实验方法与进水水质

污水厂二级出水经蠕动泵增压后进入滤柱,实验用水取自天津市某污水厂二沉池出水,实验期间水质变化见**表 4-1**。玻璃滤柱高为 30cm,内径为 3cm。采用单层砂滤料,粒径为 0.7~1.2mm,滤层高度为 20cm,过水面积为 $7.065 \times 10^{-4} m^2$,滤料垫层为级配河卵石,高度为 4cm。分析出水浊度、化学需氧量(COD)、UV_{254} 和磷酸盐的含量变化,以确定不同滤料的过滤性能。

表 4-1　实验用水水质及分析方法

项目	浊度	COD	PO_4^{3-}含量	pH 值	色度
数值	3.5~18.2 NTU	14.6~67.6 mg/L	0.79~1.13 mgP/L	7.0~7.7	4.5~8.0 倍
分析方法	仪器法	重铬酸钾法	钼锑抗分光光度法	电极法	稀释倍数法

磷和有机物均是城市污水中的重要污染物,因此通过静态吸附实验对直接过滤实验中具有较好处理效果的 1#铁泥砂吸附除磷等温线和去除有机物(以 UV_{254} 表征)进行了研究,并与石英砂进行对比。为减少砂粒径大小引起的误差,吸附实验采用较窄粒径范围的改性砂,所用粒径为 0.8~0.9mm。模拟含磷污水溶液用

KH_2PO_4 (分析纯)和去离子水配制。吸附实验均在 100mL 三角瓶中进行，溶液体积为 50mL，改性砂投加量为 4g，通过水浴振荡器控制温度为 20℃，振荡速度为 120r/min。用 HNO_3 和 NaOH 溶液调节 pH 值为 6.8±0.1，背景电解质为 0.01mol/L 的 $NaNO_3$ 溶液，所有吸附实验均进行两次重复取平均值进行数据分析。

去除 UV_{254} 的实验中，采用二级出水进行，准确称取不同质量的 1#铁泥砂 (0~16g)于 50mL 溶液中，在 20℃下，以 120r/min 的振荡速度振荡吸附 24h。分析对 UV_{254} 的去除情况，并与石英砂进行对比。

4.1.4　金属氧化物改性砂除污染物性能

1. 滤料的性能分析

由于改性剂在石英砂表面的黏附，滤料表面的物理化学性质发生了很大的变化。对其表面的物理化学性质进行测定有助于解释宏观条件下对污染物的去除效果，SEM、XRD 和滤料的孔隙率、涂层质量、盐酸可溶率及物理稳定性的研究结果如下。

1)滤料的扫描电镜及 X 射线衍射分析

图 4-1 和**图 4-2** 分别为石英砂及改性砂的 2000 倍 SEM 照片及 XRD 分析结果。可以看出，石英砂表面具有一定的沟槽与凹坑，容易让改性剂附着，却难以吸附水体中的小颗粒，主要成分为硅的氧化物。与石英砂相比，改性滤料的表面明显更为粗糙，孔隙更多，并呈现出晶体的构造，表面形成一定的团状堆积物，涂层比较厚实，完全涂敷在石英砂表面。分析以上五种改性砂，铁砂表面堆积物密而小，比表面积大，且附着大量的晶体涂层，主要为铁的氧化物——无定形水铁矿、晶状针铁矿、赤铁矿、磁铁矿等；铁铝砂及 1#铁泥砂的表面堆积物密而小，微孔多，比表面积相应增大，更有利于对水体中颗粒的吸附。先涂敷铁氧化物再涂敷其他改性剂时，由于在加热条件下涂敷的改性剂会和铁氧化物涂层互相融合，从而起到增强改性剂涂敷强度的效果。1#铁泥砂表面沉积物主要为铁的氧化物及其他一些含碳物质；铝砂和 2#铁泥砂表面堆积物较多且分布有密密的微孔，孔径小而均匀，铝砂的表面沉积了大量三氯化铝水解聚合物——薄水铝石，2#铁泥砂表面沉积物主要为铁的氧化矿物及其他一些矿物，但是 2#铁泥砂涂层有较大的裂缝，XRD 测定结果表明铝砂和 2#铁泥砂中有很强烈的 SiO_2 的峰，在实际应用中证明涂层稳定性和耐久性差，处理出水水质下降快。

2)滤料表面物理性能分析

石英砂和改性砂的表面物理性能见**表 4-2**。由表可知，与石英砂相比，涂层后滤料的密度相对减小，且均接近于石英砂。改性后滤料孔隙率增大，这与 SEM 和 XRD 分析结果相对应。改性砂的盐酸可溶率符合国家标准，均小于 3.5%。铝砂冲脱率较高，说明铝砂涂层的稳定性较差，而铁铝砂、铁砂及 1#铁泥砂的冲脱率较低。因此，在后续的实验中采用这三种改性滤料，并与石英砂滤料进行对比实验。

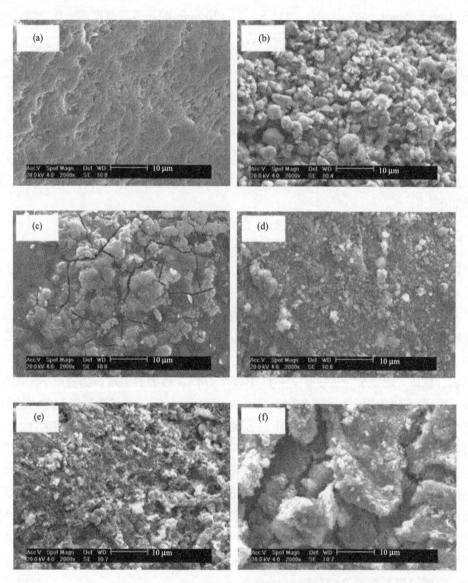

图 4-1　各种砂的 SEM 照片（×2000）

(a)石英砂；(b)铁砂；(c)铝砂；(d)铁铝砂；(e)1#铁泥砂；(f)2#铁泥砂

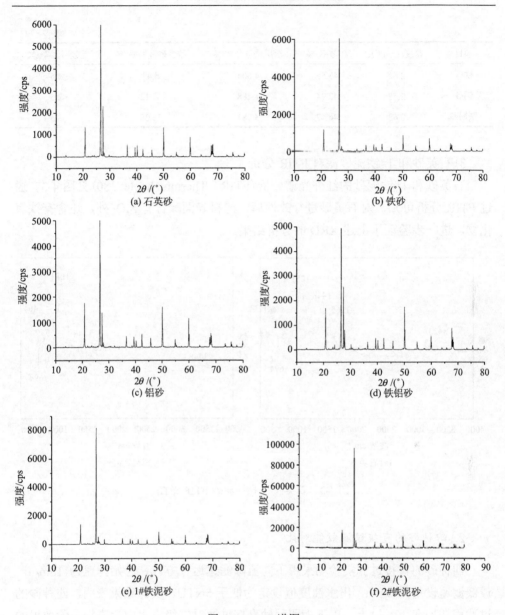

图 4-2　XRD 谱图

表 4-2　几种砂的表面物理性能

项目	密度/(g/mL)	孔隙率/%	涂层质量分数/%	改性砂冲脱率/%	盐酸可溶率/%
石英砂	2.65	42.57	/	/	/
1#铁泥砂	2.57	44.43	3.098	5.81	<3.5

续表

项目	密度/(g/mL)	孔隙率/%	涂层质量分数/%	改性砂冲脱率/%	盐酸可溶率/%
铁砂	2.62	43.55	4.604	5.43	<3.5
铝砂	2.58	42.94	1.488	57.12	<3.5
铁铝砂	2.63	46.47	3.284	13.39	<3.5

3）石英砂和 1#铁泥砂滤料 FTIR 分析

石英砂和 1#铁泥砂的红外光谱分析（FTIR，Thermo Nicolet 380）见**图 4-3**。通过 FTIR 分析可知，对石英砂进行改性后，滤料表面除含有 SiO_2 外，还含有铁氧化物，进一步验证了上述 XRD 的分析结果。

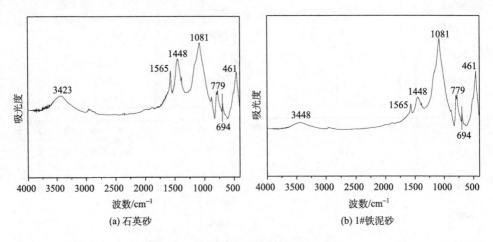

图 4-3　石英砂和 1#铁泥砂 FTIR 谱图

2. 四种砂的直接过滤效能对比

四种砂的直接过滤实验均采用下向流降滤速运行方式，起始滤速为 15m/h，最低滤速设定为 6m/h，出水浊度值设定为低于 5NTU。实验结果表明，四种砂的过滤周期均在 12h 以上。以下为四种砂直接过滤对二级出水中污染物去除效果的对比分析。

1）四种砂直接过滤对浊度的去除效果对比

图 4-4 为四种砂对浊度的去除效果对比。可以看出，四种砂对浊度的去除率差别不是很明显，但四种砂的浊度去除率均较高，在 60%以上，且运行 2h 后过滤效果趋于稳定，滤后水浊度均低于 2NTU。同时可以看出，石英砂的浊度去除

率略低于三种改性砂，分析其原因可能是原水中含有少量的有机物或被有机物包裹的矿物颗粒[7,8]，这些颗粒表面带有负电荷，并且包裹了一层水化膜，而石英砂表面也带有负电荷，在静电斥力和位阻效应的作用下，水中悬浮颗粒难以接近石英砂表面，因此过滤效果不佳；但改性砂表面带有正电荷，且含有大量的带羟基的活性吸附基团，能与一些有机物进行离子交换反应，因而改性砂更有利于提高浊度的去除率。

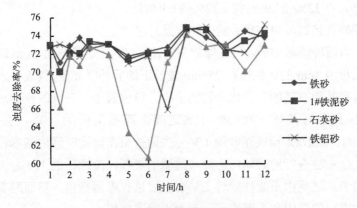

图 4-4　浊度的去除效果对比

2) 四种砂直接过滤对 COD 的去除效果对比

图 4-5 为四种砂对水中 COD 的去除效果对比。可以看出，在过滤刚开始运行的 2h 内，与石英砂相比，改性砂对 COD 的去除效果并不明显。但运行 4h 后，铁砂和 1#铁泥砂的 COD 去除效果均明显优于石英砂，但铁铝砂和石英砂对 COD 的去除效果差别不明显。并且，随着过滤的进行，铁砂和 1#铁泥砂对 COD 的去

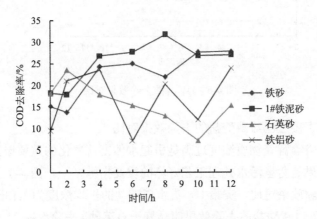

图 4-5　COD 的去除效果对比

除率有总体上提高的趋势，但铁铝砂对 COD 的去除率却不稳定。铁砂和 1#铁泥砂对 COD 的去除效果优于石英砂的原因可能是，铁砂和 1#铁泥砂表面的羟基被水中有机物阴离子官能团(如 RCOO—等)替代的化学吸附和物理吸附共同作用的结果[9]。但由于天然水和污水中所含有机物不尽相同，因此，改性滤料对二级出水中有机物的去除机理有待于进一步的实验研究。在过滤运行的 12h 内，铁砂、1#铁泥砂、铁铝砂和石英砂对 COD 的去除率分别为 13.82%~27.82%、17%~31.71%、7.32%~23.99%和 7.32%~23.58%。

3) 四种砂直接过滤对 UV_{254} 的去除效果对比

图 4-6 为四种砂对 UV_{254} 的去除效果对比。UV_{254} 是经过 0.45μm 滤膜过滤后的水样用光程为 1cm 的比色皿在 254nm 波长下的紫外吸光度，代表了水中芳香族化合物和具有共轭双键的有机化合物的多少。可以看出，三种改性砂对 UV_{254} 的去除率明显高于石英砂，在 3%~11%之间，而石英砂的 UV_{254} 去除率仅为 0.85%~2.87%。铁砂和 1#铁泥砂的 UV_{254} 去除效果在过滤时间内基本相似，差别不大。并且在实验进行的时间内，随着过滤的进行，改性砂的 UV_{254} 去除率有逐渐降低的趋势。这是由于改性砂对 UV_{254} 主要进行吸附截留，然而随着时间的延长，改性砂表面的吸附位逐渐饱和，因而去除率降低。

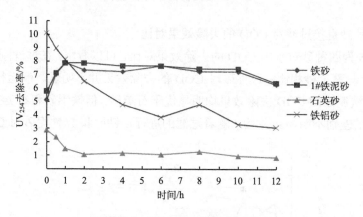

图 4-6　UV_{254} 的去除效果对比

4) 四种砂直接过滤对磷酸盐的去除效果对比

水体中氮磷等营养物质浓度过高是引起水体富营养化的重要原因。因此对水中磷的去除效果是衡量污水处理工艺好坏的重要指标之一。**图 4-7** 为四种砂对水中磷酸盐的去除效果对比，实验中，进水磷酸盐的平均浓度为 1.13mg/L。可以看出，三种改性砂对磷酸盐的去除效果明显好于石英砂，去除率在 24.68%~84.60%，并且四种砂过滤后的出水磷酸盐浓度均小于 1mg/L。同时发现，铁砂和 1#铁泥砂的滤后水磷酸盐平均浓度分别为 0.47mg/L 和 0.45mg/L，均低于石英砂的滤后水磷酸盐平均浓度 0.73mg/L。究其原因可能是，在进水的 pH 值范围内（pH 7.0~7.5），改性砂表面具有正电荷[10]，比表面带负电荷的石英砂更有利于吸附磷酸盐，同时改性砂表面的金属氧化物为吸附过程提供了活性吸附位[11]。

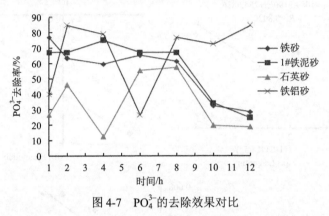

图 4-7　PO_4^{3-} 的去除效果对比

3. 石英砂和铁泥砂吸附除磷等温线

由上述二级出水的直接过滤实验结果可知，1#铁泥砂具有较好的处理效果，因此，进一步通过静态实验，对 1#铁泥砂和石英砂吸附去除水中磷酸盐与有机物（用 UV_{254} 表征）的机理进行了研究。

1）石英砂吸附等温线

本实验中，PO_4^{3-} 初始浓度范围为 0.2~15mg/L，石英砂的浓度为 80g/L，接触时间为 24h，温度为 20℃。

石英砂对 PO_4^{3-} 的吸附等温线及线性图解见**图 4-8** 和**图 4-9**，经线性图解求得

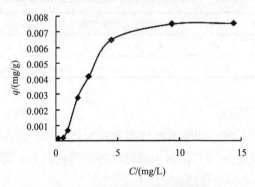

图 4-8　20℃石英砂吸附等温线

的各等温吸附模型的参数见表 **4-3**。可见，Langmuir、Freundlich 和 Temkin 等温吸附模型对石英砂吸附 PO_4^{3-} 的拟合相关系数 R^2 分别为 0.8020、0.8885 和 0.9015。Temkin 等温方程式对石英砂吸附 PO_4^{3-} 的拟合效果较好。由表可知，20℃时石英砂对水中 PO_4^{3-} 的饱和吸附量为 0.0039mgP/g。

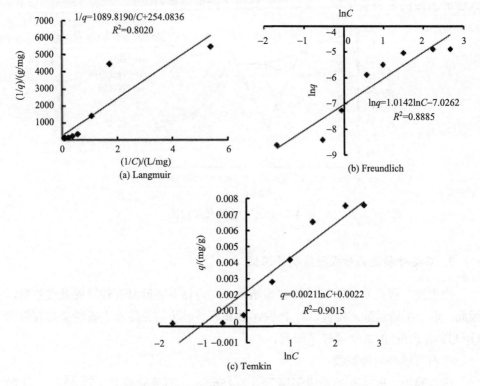

图 4-9　20℃石英砂吸附等温线线性图解

表 4-3　20℃石英砂吸附等温线线性图解参数

Langmuir 参数			Freundlich 参数			Temkin 参数		
q_m/(mg P/g)	b/(L/mg P)	R^2	K_F	$1/n$	R^2	A	B	R^2
0.0039	0.2353	0.8020	0.0009	1.0142	0.8885	0.0022	0.0021	0.9015

　　2）铁泥砂吸附等温线

　　等温吸附实验中，PO_4^{3-} 初始浓度范围为 0.2~15mg/L，铁泥砂的浓度为 80g/L，接触时间为 24h，温度为 20℃。对于固液体系的吸附行为，常用两参数吸附等温方程式式(4-4)~式(4-6)进行描述：

Langmuir 等温方程式：$q = \dfrac{bq_{\mathrm{m}}C}{1+bC}$　　　　　　　　　　　　　　　(4-4)

Freundlich 等温方程式：$q = K_{\mathrm{F}}C^{\frac{1}{n}}$　　　　　　　　　　　　　(4-5)

Temkin 等温方程式：$q = A + B\ln C$　　　　　　　　　　　(4-6)

式中，q 为吸附平衡时的 PO_4^{3-} 吸附量，mg/g；q_{m} 为 PO_4^{3-} 饱和吸附量，mg/g；C 为吸附平衡时溶液中 PO_4^{3-} 的浓度，mg/L；b、K_{F}、n、A 和 B 均为常数，可通过实验数据经回归分析后求出。

本研究中铁泥砂对 PO_4^{3-} 的吸附等温线见**图 4-10**。该图表明了不同 PO_4^{3-} 平衡浓度时铁泥砂的吸附行为及其差异。经对 Langmuir 等温方程式和 Freundlich 等温方程式数学变换后，分别得到线性关系式(4-7)和式(4-8)：

$$\frac{1}{q} = \frac{1}{(q_{\mathrm{m}}bC)} + \frac{1}{q_{\mathrm{m}}}$$　　　　　　　　　(4-7)

$$\ln q = \frac{1}{n}\ln C + \ln K_{\mathrm{F}}$$　　　　　　　　　(4-8)

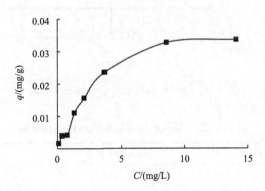

图 4-10　20℃铁泥砂对磷酸盐的吸附等温线

Langmuir、Freundlich 和 Temkin 等温线的线性图解见**图 4-11**。通过线性图解得出的铁泥砂对溶液中 PO_4^{3-} 吸附的等温方程式的各参数及相关系数见**表 4-4**。可见，20℃时铁泥砂对水中 PO_4^{3-} 的饱和吸附量为 0.0187mg/g。与石英砂相比，铁泥砂对 PO_4^{3-} 的吸附量明显增加。各吸附等温式的相关系数均较高，铁泥砂对溶液中 PO_4^{3-} 吸附的拟合曲线的相关性大小顺序为 Freundlich>Langmuir>Temkin。铁泥砂对磷酸盐的吸附用 Freundlich 等温方程式能更好地拟合。

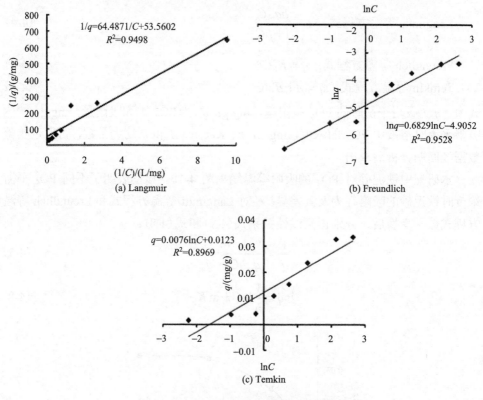

图 4-11　20℃铁泥砂吸附等温线线性图解

表 4-4　20℃铁泥砂吸附等温线线性图解参数

Langmuir 参数			Freundlich 参数			Temkin 参数		
q_m/(mg P/g)	b/(L/mg P)	R^2	K_F	$1/n$	R^2	A	B	R^2
0.0187	0.8293	0.9498	0.0074	0.6829	0.9528	0.0123	0.0076	0.8969

4. 铁泥砂与石英砂去除 UV_{254}

不同剂量铁泥砂和石英砂吸附去除二级出水中 UV_{254} 的结果见**图 4-12**。可见，经 24h 吸附后，平衡 UV_{254} 均随着剂量的增加而降低，当铁泥砂和石英砂的剂量增加到 16g 时，UV_{254} 去除率分别达 9.1% 和 3.3%。与石英砂相比，铁泥砂对 UV_{254} 有更好的吸附效果。

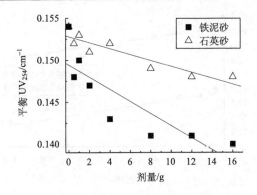

图 4-12 不同砂剂量对去除 UV_{254} 的影响

5. 磷解吸过程研究

磷解吸过程解吸率和 pH 值的变化分别见**图 4-13** 和**图 4-14**。实验中采用不同浓度的 NaOH 溶液对吸附初始浓度为 3mg/L 的 PO_4^{3-} 溶液后的铁泥砂进行解吸。解吸率按照式(4-9)进行计算:

$$解吸率(\%) = \frac{解吸的 PO_4^{3-} 含量}{吸附的 PO_4^{3-} 量} \times 100\% \tag{4-9}$$

由**图 4-13** 可知,NaOH 溶液的浓度对 PO_4^{3-} 的解吸率有很重要的影响,当 NaOH 溶液浓度由 0.1mol/L 提高到 0.5mol/L 时,PO_4^{3-} 的平均解吸率提高了 4.11%,但平均解吸率均低于 30%,这说明铁泥砂表面的铁氧化物对磷的吸附并不完全可逆,铁氧化物与吸附的磷形成的键较牢固,因而磷的解吸相对困难。

并且发现,随着解吸的进行,溶液 pH 值均逐渐降低,这可能是由于铁泥砂在 pH 6.8 时,表面 Fe_2O_3 会发生羟基化(用 SOH 表示羟基化氧化物),溶液中磷主要以 $H_2PO_4^-$ 和 HPO_4^{2-} 的形式存在,其吸附反应方程式如下[12]:

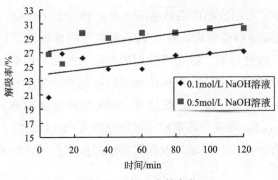

图 4-13 解吸率的变化

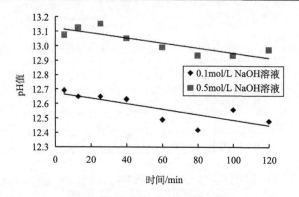

图 4-14　解吸过程 pH 值的变化

$$SOH + H_2PO_4^- + H^+ \Longrightarrow SH_2PO_4 + H_2O$$

$$SOH + HPO_4^{2-} + 2H^+ \Longrightarrow SH_2PO_4 + H_2O$$

当用 NaOH 溶液进行解吸时，溶液中 OH^- 会与铁泥砂表面吸附的 PO_4^{3-} 进行阴离子配位交换，使溶液中 OH^- 浓度逐渐降低，pH 值降低。

4.1.5　小结

(1)经过对微电解工艺过程进行分析，发现微电解过程中产泥量大，所产生的铁泥中含有大量铁离子(浓度在 600mg/L 以上)，从而提出采用微电解工艺产生的副产物铁泥进行石英砂滤料改性的方案，作为滤料改性的方法之一。与氯化铁、氯化铝等常规改性剂相比，铁泥作为改性剂节省了改性成本，为解决铁炭微电解工艺产生的铁泥问题提供了一条可行的方案，以废治废，具有良好的应用价值。该研究思想同时为高浓度金属(铁、铝、锰等)废液的处理提供了一条有益的思路。

(2)通过对石英砂和改性砂的 SEM、XRD 以及物理化学稳定性分析可知，铁砂和 1#铁泥砂表面涂层附着牢固，稳定性好，涂层主要以铁的各种氧化物为主，比表面积大幅增加；而铝砂和铁铝砂涂层物质主要为铝化合物，附着稳定性较差。

(3)动态过滤实验结果表明，由于其表面存在的各种基团以及在过滤过程中的吸附截留作用，改性砂对二级出水浊度的去除率较高，均在 60%以上。改性砂与石英砂相比，对 COD、UV_{254} 和 PO_4^{3-} 的去除率均有一定的提高，并且过滤出水 PO_4^{3-} 浓度均小于 1mg/L。其中，铁砂和 1#铁泥砂过滤出水 PO_4^{3-} 浓度分别为 0.47mg/L 和 0.45mg/L，均低于石英砂过滤出水浓度(0.73mg/L)。铁砂和 1#铁泥砂对四种污染物的去除率相对稳定，改性滤料过滤技术在城市污水回用中有较好的应用潜力。

(4)20℃时铁泥砂和石英砂对水中磷的饱和吸附量分别为 0.0187mg/g 和

0.0039mg/g。与石英砂相比，铁泥砂对 PO_4^{3-} 和 UV_{254} 的吸附效果明显增强。使用 NaOH 溶液可以对吸附磷后的铁泥砂进行解吸，0.5mol/L NaOH 溶液的解吸率比 0.1 mol/L NaOH 溶液的解吸率高，但均低于 30%。随着解吸的进行，溶液 pH 值逐渐降低，说明铁泥砂对磷的吸附除静电吸附外，可能存在离子交换吸附。

4.2　铁氧化物改性砂滤料吸附除磷

磷是引起水体富营养化的重要因素，除磷的方法很多，常见的有化学沉淀法（如铝盐、铁盐和钙盐等）、生物法和吸附法。与前两种方法相比，吸附法具有产泥量少、吸附剂可重复使用和经济高效的优点，并且对去除水中的微量污染物具有独特的优势。因此，吸附法去除水中污染物的研究引起了国内外的广泛关注，所研究的吸附剂主要有赤泥[13, 14]、粉煤灰[15, 16]、沸石[17]及其他废物材料[18, 19]等。

金属（铁、锰、铝等）的氧化物具有良好的吸附性，可用来去除水中的重金属[20, 21]，但其多呈粉末状，固液分离困难，难以用于水处理中。近年来有研究表明，石英砂等滤料表面负载金属氧化物后[22]，对水中的阴离子（PO_4^{3-}、AsO_4^{3-}）和阳离子（Cu^{2+}、Pb^{2+}、Mn^{2+}）均具有良好的吸附性能[23-25]，同时滤料又可以再生回用。石英砂滤料经铁氧化物改性后，既保留了石英砂的过滤截留功能，又增加了其对污染物的吸附能力，有利于对现有水处理工艺中滤池的升级改造，因而具有很好的开发潜力。

在用金属氧化物改性石英砂的过程中，改性条件（如 pH 值、温度等）会影响所制备的改性石英砂的表面性能[26-28]。目前，不同工艺条件下制备的改性砂滤料去除水中磷的吸附和过滤研究尚未见报道。

在 4.1 节的研究中发现，与铝改性砂滤料相比，铁改性砂滤料（IOCS）具有更好的物化稳定性，且对二级出水具有较好的处理效果，因此，在本节中作者以三氯化铁为改性剂，通过改变改性时的 pH 值和温度条件制备出两种铁改性砂滤料，并对两种铁改性砂滤料吸附过滤去除水中的磷进行了对比研究，进而对除磷吸附过滤影响因素和机理进行了探讨，研究取得了良好效果。

4.2.1　IOCS 的制备与表征

1. IOCS 的制备

将筛分后的石英砂滤料用自来水反复冲洗干净后，置于烘箱中于 100~110℃ 烘干，然后用 0.1mol/L 稀盐酸溶液浸泡 24h 后，再用水冲洗干净，于烘箱中烘干后待用，用于除磷的铁改性砂滤料的制备步骤如下。

低温条件下制备铁改性砂滤料（IOCS-1）：将 400mL 浓度 2.5mol/L $FeCl_3\cdot6H_2O$ 溶液与 1mL 浓度 10mol/L NaOH 溶液混合，即使 Fe^{3+} 与 OH^- 摩尔比为 100 的情况下混合，将混合溶液与上述石英砂 800mL 混合，即以 1∶2 体积比混合，并搅拌均匀后，置于干燥箱中于 110℃ 烘 96h 以上，并间歇搅拌至干。然后在 200℃ 下烘干，冷却后用水冲洗干净，在 110℃ 下烘干，重复上述改性步骤后得到的滤料即为 IOCS-1。

高温条件下制备铁改性砂滤料（IOCS-2）：将一定体积的 2.5mol/L $FeCl_3\cdot6H_2O$ 溶液与上述石英砂以 1∶2 的体积比混合，并搅拌均匀后，置于干燥箱中于 110℃ 烘 96h 以上，并间歇搅拌至干。然后在 550℃ 下烘干，冷却后用水冲洗干净，在 110℃ 下烘干，重复上述改性步骤后得到的滤料即为 IOCS-2。

石英砂、IOCS-1 和 IOCS-2 的照片见**图 4-15**。

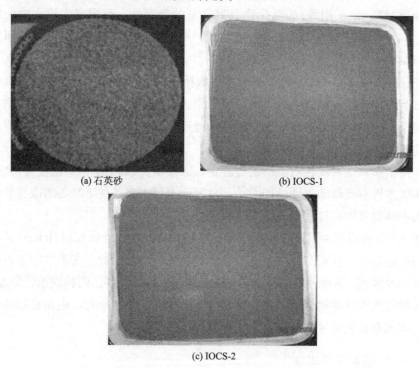

(a) 石英砂　　　　　　　　　　　(b) IOCS-1

(c) IOCS-2

图 4-15　石英砂和 IOCS 照片

2. 滤料的表征

由于铁氧化物在石英砂表面的黏附，改性砂滤料表面的物理化学性质会发生变化。为此，本研究对石英砂滤料和改性砂滤料进行了表面铁含量测定（原子吸收光谱仪，Perkin Elmer Analyst 800）、酸碱抗性实验，以及 SEM（PHILIPS XL-30 ESEM）、FTIR（Thermo Nicolet 380）及 XRD（D/max-2500，Rigaku）的表面成分分析。

IOCS 表面的铁含量可以表明负载金属氧化物的多少，表面铁含量的测定方法如下：准确称取 1g IOCS，加至 50mL 1∶1 盐酸中，在 150℃下加热消解，待显出石英砂的本色后，停止消解并冷却，经滤纸过滤定容后，采用原子吸收光谱仪测定滤液中铁浓度，两种改性砂均做三个平行样取平均值。

酸碱抗性实验可以表明 IOCS 在强酸和强碱条件下的稳定性。实验中称取质量为 5g 的 IOCS 加至 50mL 的盐酸溶液（pH 2）和 NaOH 溶液（pH 12）中，在 20℃下于恒温水浴振荡器中振荡 2h，振荡速度为 120r/min。取样经滤纸过滤定容后，采用原子吸收光谱仪测定滤液中铁浓度，两种改性砂均做三个平行样取平均值，以分别确定负载氧化铁在酸、碱溶液中的溶解百分比。溶解百分比=溶解铁量与总负载铁量的比值。IOCS 表面铁含量及酸碱抗性实验的结果见**表 4-5**。

表 4-5　IOCS 表面铁含量及酸碱抗性实验结果

项目	IOCS-1	IOCS-2
表面铁含量/（mgFe/g）	31.13	24.59
酸溶解百分比/%	2.8	2.3
碱溶解百分比/%	5.7	5.2

由表可以看出，低温条件下制备 IOCS-1 比高温加热法制备 IOCS-2 的表面铁含量稍高，IOCS-1 和 IOCS-2 在碱溶液中的溶解百分比略大于在酸溶液中的溶解百分比，但是溶解百分比均较低，说明 IOCS 的酸碱抗性较好，表面铁氧化物较为稳定，在石英砂表面的附着强度较高。

IOCS 等电点（pH_{ZPC}）的测定方法：在六个 150mL 具塞三角瓶中加入 50mL 去离子水，使用 0.1mol/L HNO_3 和 0.1mol/L NaOH 分别调节 pH 值范围在 2.2~10.0，背景电解质均为 0.01mol/L 的 NaOH。然后准确称取 0.2g 的 IOCS，分别加到三角瓶中，置于恒温水浴振荡器中以 120r/min 的速度振荡 2h。再测定其 pH 值。最后做出 ΔpH（平衡 pH–初始 pH）与初始 pH 值的关系曲线。所得曲线与横轴的交点所得的 pH 值即为 pH_{ZPC}。

4.2.2　实验方法

1. 静态吸附与解吸实验

静态吸附实验主要研究了普通石英砂、IOCS-1 和 IOCS-2 的吸附等温线，pH 值、接触时间和改性砂剂量对 IOCS 吸附 PO_4^{3-} 的影响，并进行了热力学及溶液中常见共存阴离子(Cl^-、SO_4^{2-}、HCO_3^-)对吸附的影响研究。采用的 IOCS 粒径均为 0.8~0.9mm。含磷原水用 KH_2PO_4 和去离子水配制。所有吸附实验均在 100mL 锥形瓶中进行，含磷原水体积均为 50mL。通过水浴振荡器控制温度，振荡速度为 120r/min。用硝酸和 NaOH 溶液调节 pH 值，背景电解质为 0.01mol/L 的 $NaNO_3$ 溶液，所有吸附实验均进行两次重复取平均值进行数据分析。

等温吸附实验中，PO_4^{3-} 初始浓度范围为 0.6~14mg/L，石英砂、IOCS-1 和 IOCS-2 的浓度分别为 80g/L、20g/L 和 80g/L，pH 6.8±0.1，接触时间为 24h，温度为 25℃。

溶液初始 pH 值是改性砂吸附 PO_4^{3-} 的重要影响因素。实验中，PO_4^{3-} 初始浓度为 5.5mg/L，接触时间为 24h，温度为 25℃，IOCS-1 和 IOCS-2 的浓度分别为 20g/L 和 40g/L。

接触时间对改性砂吸附 PO_4^{3-} 的影响实验中，PO_4^{3-} 初始浓度为 5.14mg/L，IOCS-1 和 IOCS-2 浓度均为 80g/L，pH 6.8±0.1，温度为 20℃。

铁改性砂剂量对 PO_4^{3-} 吸附的影响实验中，PO_4^{3-} 初始浓度为 2.2mg/L，接触时间为 24h，pH 6.8±0.1，温度为 20℃。

吸附 PO_4^{3-} 后的铁改性砂能否再生关系到其实用性，因此，将等温吸附实验中吸附初始浓度为 3mg/L PO_4^{3-} 溶液后的改性砂进行再生研究，实验中，所用解吸液为不同浓度的 NaOH 溶液。

2. 动态过滤实验

通过上述吸附实验优选出适合于再生水除磷的功能性滤料为 IOCS-1，因此，动态过滤实验中，对 IOCS-1 吸附过滤去除水中磷的影响因素和滤柱再生循环利用进行了研究。

滤柱直径为 2.5cm，高度为 100cm，有机玻璃制成，两个滤柱同时运行进行对比实验，见图 4-16。滤柱底部为 4cm 高的卵石层，上层为改性砂滤料，滤料粒径均为 0.7~1.2mm。含磷原水通过 KH_2PO_4 溶液配制，初始浓度为 1.2mg/L，背景电解质为 0.01mol/L 的 NaCl 溶液。原水通过蠕动泵提升进入滤柱，通过蠕动泵调节进水流速，所有过滤均采用下向流恒滤速方式运行。

实验中研究了不同初始 pH 值（5.2、7.0、8.9）、不同流速（23mL/min、32mL/min 和 50mL/min）和不同滤床深度（35cm 和 50cm）对 IOCS-1 过滤除磷的影响。

吸附饱和后滤柱能否再生利用影响到改性滤料的实用性，因此对吸附饱和滤柱（过滤实验中以 23mL/min 运行的床深为 35cm 的滤柱）进行了再生研究。所用再生液为 NaOH 溶液，一定浓度的 NaOH 溶液通过蠕动泵提升进入滤柱，采用上向流方式运行。以 40mL/min 的滤速运行 30min，间隔一定时间取样分析再生出水中磷的浓度。然后以 40mL/min 的滤速用自来水反冲洗 3min。吸附再生循环实验连续进行三个周期，三个周期实验均在相同的实验条件下进行。

图 4-16 过滤实验装置

4.2.3 滤料表征结果

对石英砂、IOCS-1 和 IOCS-2 进行 SEM、FTIR 及 XRD 分析，其结果分别见**图 4-17~图 4-19**。

SEM 照片表明，石英砂表面具有一定的沟槽与凹坑，改性过程容易让金属氧化物附着。而铁改性砂表面明显粗糙，表面附有大量颗粒物，且孔隙更多，比表面积大；IOCS-1 与 IOCS-2 相比，表面附有大量的颗粒物，且颗粒物分布更趋于均匀。FTIR 分析表明，改性石英砂除表现出 SiO_2 的特征外（1082cm^{-1}、778cm^{-1} 和 693cm^{-1}），还具有铁氧化物的特征（1550cm^{-1}）。

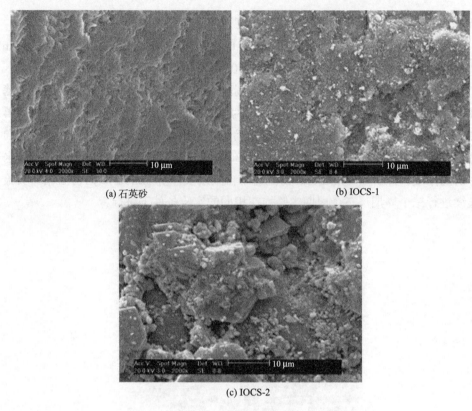

(a) 石英砂　　　　　　　　　(b) IOCS-1

(c) IOCS-2

图 4-17　SEM 照片(×2000)

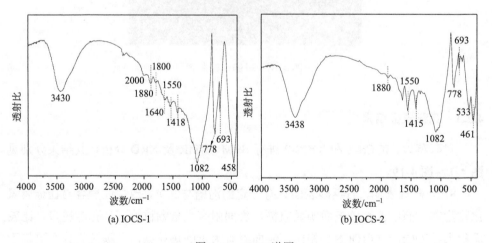

(a) IOCS-1　　　　　　　　　(b) IOCS-2

图 4-18　FTIR 谱图

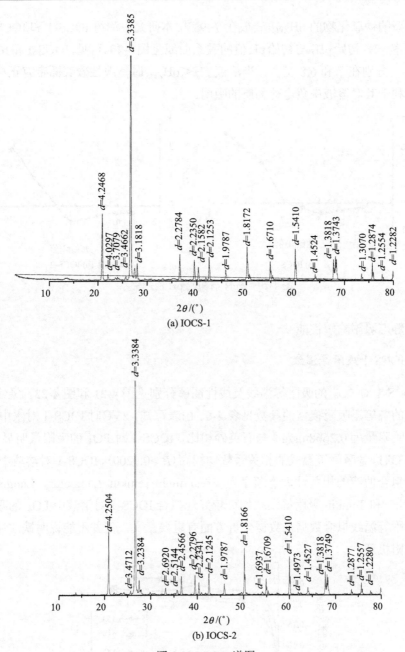

图 4-19　XRD 谱图

经 XRD 进一步分析表明，所含物质除 SiO_2 外，IOCS-1 和 IOCS-2 的表面负载的铁氧化物存在差别，IOCS-1 所含氧化物主要是针铁矿（FeOOH）、磁铁矿（Fe_3O_4）和赤铁矿（Fe_2O_3），而 IOCS-2 主要是赤铁矿。

典型的铁氧化物的 pH$_{ZPC}$ 一般在 7~9[29]，本研究中测得 IOCS-1 和 IOCS-2 的 ΔpH（平衡 pH–初始 pH）与初始 pH 值的关系曲线见**图 4-20**。可见，IOCS-1 和 IOCS-2 的 pH$_{ZPC}$ 分别在 7 和 6.8 左右。当溶液 pH＜pH$_{ZPC}$ 时，改性砂表面带有正电荷，因而有利于其对溶液中负电荷物质的吸附。

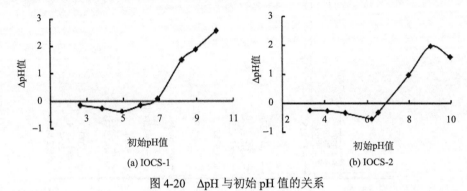

(a) IOCS-1　　　　　　　　　(b) IOCS-2

图 4-20　ΔpH 与初始 pH 值的关系

4.2.4　静态吸附除磷性能

1. IOCS-1 吸附等温线

IOCS-1 对 PO$_4^{3-}$ 的吸附等温线及线性图解分别见**图 4-21** 和**图 4-22**，经线性图解求得的各等温吸附模型的参数见**表 4-6**。由表可知，25℃时 IOCS-1 对水中 PO$_4^{3-}$ 的饱和吸附量为 0.2668mg/g。与石英砂相比，IOCS-1 对 PO$_4^{3-}$ 的吸附量明显增加。

25℃时，各吸附等温式的相关系数均较高（R^2>0.9200），IOCS-1 对溶液中 PO$_4^{3-}$ 吸附的拟合曲线的相关性大小顺序为 Freundlich>Temkin>Langmuir，Langmuir、Freundlich 和 Temkin 吸附等温线均可较好地拟合 IOCS-1 对溶液中 PO$_4^{3-}$ 的吸附。虽然吸附等温线拟合数据在数据分析方面有重要意义，但并不能说明铁改性砂的实际吸附机理。

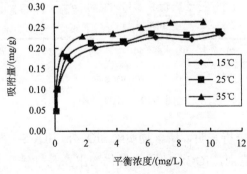

图 4-21　IOCS-1 吸附等温线

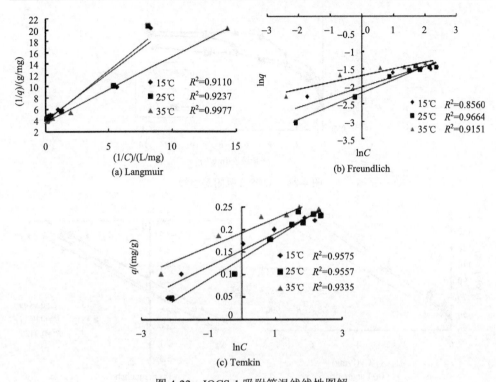

图 4-22　IOCS-1 吸附等温线线性图解

表 4-6　不同温度时 IOCS-1 吸附等温线线性图解参数

温度 /℃	Langmuir 等温线参数			Freundlich 等温线参数			Temkin 等温线参数		
	q_m/(mg P/g)	b/(L/mg P)	R^2	K_F	$1/n$	R^2	A	B	R^2
15	0.2456	2.4493	0.9110	0.1326	0.2893	0.8560	0.1542	0.0365	0.9575
25	0.2668	2.0903	0.9237	0.1125	0.3741	0.9664	0.1363	0.0460	0.9557
35	0.2740	3.1645	0.9977	0.1836	0.1920	0.9151	0.1937	0.0317	0.9335

2. IOCS-2 吸附等温线

IOCS-2 对 PO_4^{3-} 的吸附等温线及线性图解分别见**图 4-23** 和**图 4-24**，经线性图解求得的各等温吸附模型的参数见**表 4-7**。由表可知，25℃时 IOCS-2 对水中 PO_4^{3-} 的饱和吸附量为 0.0234mg/g。与石英砂相比，IOCS-2 对 PO_4^{3-} 的吸附量明显增加。

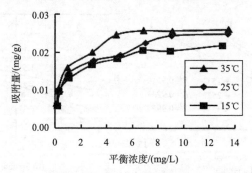

图 4-23　IOCS-2 吸附等温线

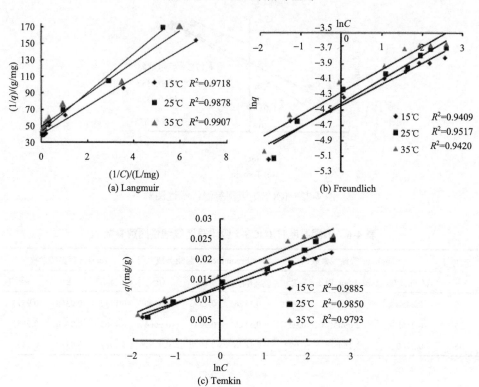

图 4-24　IOCS-2 吸附等温线线性图解

表 4-7　不同温度时 IOCS-2 吸附等温线线性图解参数

温度 /℃	Langmuir 等温线参数			Freundlich 等温线参数			Temkin 等温线参数		
	q_m/(mg P/g)	b/(L/mg P)	R^2	K_F	$1/n$	R^2	A	B	R^2
15	0.0206	2.4831	0.9718	0.0117	0.2753	0.9409	0.0130	0.0035	0.9885
25	0.0234	1.8154	0.9878	0.0121	0.3140	0.9517	0.0136	0.0044	0.9850
35	0.0255	2.2987	0.9907	0.0139	0.2988	0.9420	0.0158	0.0045	0.9793

25℃时,各吸附等温式的相关系数均较高($R^2 > 0.9500$),IOCS-2 对溶液中 PO_4^{3-} 吸附的拟合曲线的相关性大小顺序为 Langmuir > Temkin > Freundlich,Langmuir、Freundlich 和 Temkin 吸附等温线均可较好地拟合 IOCS-2 对溶液中 PO_4^{3-} 的吸附。虽然吸附等温线拟合数据在数据分析方面有重要意义,但并不能说明铁改性砂的实际吸附机理。

不同改性方法制备的用于除磷的改性砂滤料的 Langmuir 饱和吸附量比较见表 4-8。

表 4-8　不同改性砂吸附 PO_4^{3-} 的 Langmuir 吸附量比较

改性砂制备方法	吸附温度/℃	吸附量/(mg/g)	文献
粒径≤0.1mm 的石英砂 50g(粉末状),与 100mL 0.4mol/L 的 $Fe(NO_3)_3 \cdot 9H_2O$ 溶液混合,加 30%氨水调节 pH 值至 7.5,将固体分离清洗至净后,在 40℃下烘干	20	4.4	[30]
粒径 0.71~1.0mm 的石英砂 200g,与 100mL $Fe(NO_3)_3 \cdot 9H_2O$ 溶液混合,110℃烘干制备	20	0.08	[31]
粒径 0.5~1.25mm 的石英砂,与 2mol/L 氯化铁溶液和 10mol/L 的 NaOH 溶液混合,先于 110℃烘 24h,冷却后用蒸馏水冲洗干净,烘干后再次用上述方法涂层,最后用高温加热法,与浓度为 2.5mol/L 的 $FeCl_3$ 溶液混合均匀,于 500℃高温加热 3h	30	0.1471	[32]
粒径 0.8~0.9mm 的石英砂,将 400mL 浓度 2.5mol/L $FeCl_3 \cdot 6H_2O$ 溶液与 1mL 浓度 10mol/L NaOH 溶液混合,即使 Fe^{3+} 与 OH^- 摩尔比为 100 的情况下混合,将混合溶液与上述石英砂 800mL 混合,即以 1∶2 体积比混合,并搅拌均匀后,置于干燥箱中于 110℃烘 96h 以上,并间歇搅拌至干。然后在 200℃下烘干,冷却后用水冲洗干净,在 110℃下烘干,重复上述改性步骤后得到的滤料即为 IOCS-1	25	0.2668	本研究
粒径 0.8~0.9mm 的石英砂,将一定体积的 2.5mol/L $FeCl_3 \cdot 6H_2O$ 溶液与上述石英砂以 1∶2 的体积比混合,并搅拌均匀后,置于干燥箱中于 110℃烘 96h 以上,并间歇搅拌至干。然后在 550℃下烘干,冷却后用水冲洗干净,在 110℃下烘干,重复上述改性步骤后得到的滤料即为 IOCS-2	25	0.0234	本研究

可见,与国内的其他研究相比,作者低温条件下所制备的铁改性砂滤料 IOCS-1 对 PO_4^{3-} 的吸附效果明显提高。Arias 等[30]的研究中,虽然对 PO_4^{3-} 的吸附量很大,但因其呈粉末状(粒径≤0.1mm),不适宜在滤池改造时用作滤料。不同研究者所得铁改性砂对水中 PO_4^{3-} 的吸附量存在差别的主要原因是,改性过程中改性剂种类、单位砂量所用改性剂量、改性温度、pH 值、改性时间和次数等不同,从而使石英砂负载的金属含量和氧化物类型不同,所得改性砂的吸附性能不同。

综上所述，与其他同类研究相比，作者在制备温度和单位砂量所用改性剂量较低的条件下，制备出的新型铁改性砂 IOCS-1 对水中 PO_4^{3-} 的吸附量大大增加，吸附速度快，去除率高，是性价比高的改性滤料。

3. IOCS-1 和 IOCS-2 吸附 PO_4^{3-} 的影响因素分析

1）初始 pH 值的影响

溶液 pH 值是影响固液界面 PO_4^{3-} 吸附的重要因素。本实验中，PO_4^{3-} 初始浓度为 5.5mg/L，接触时间为 24h，温度为 25℃，IOCS-1 和 IOCS-2 的浓度分别为 20g/L 和 40g/L。不同初始 pH 值（2.4~9.5）对铁改性砂吸附磷的影响见**图 4-25**。可见，pH 值对两种砂吸附 PO_4^{3-} 的影响有所差异。随着 pH 值的增加，IOCS-1 对 PO_4^{3-} 的吸附量呈降低趋势，且降低趋势较平缓。而 IOCS-2 对 PO_4^{3-} 的吸附量先增加后降低，在 pH 4.5 附近达最大。已有研究表明[33, 34]，pH 值为 4~10 之间时，赤铁矿、γ-Al_2O_3 和铝土矿等对 PO_4^{3-} 吸附随着 pH 值的增加逐渐降低，可见，本研究的实验结果与已有研究的结论类似。

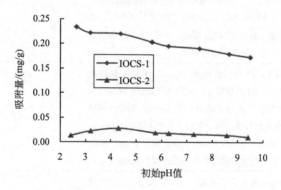

图 4-25　初始 pH 值对铁改性砂吸附 PO_4^{3-} 的影响

同时可以看出，IOCS-1 对 PO_4^{3-} 的吸附量明显大于 IOCS-2，IOCS-1 对 PO_4^{3-} 的去除率保持在 62%~84%，说明在较宽的 pH 值范围内，IOCS-1 对 PO_4^{3-} 均保持较高的去除率，受原水 pH 值的影响较小，因而有利于在实际工程中应用。由于实际应用时水和废水的 pH 值一般在中性附近，因而后续研究在 pH 6.8±0.1 时进行。

2）接触时间的影响

接触时间对铁改性砂吸附 PO_4^{3-} 的影响见**图 4-26**，PO_4^{3-} 初始浓度为 5.14mg/L，IOCS-1 和 IOCS-2 浓度均为 80g/L，温度为 20℃。可见，两种铁改性砂对 PO_4^{3-} 的

去除率均随着接触时间的增加而逐渐增加，且 IOCS-1 对 PO_4^{3-} 的去除率明显高于 IOCS-2，IOCS-1 和 IOCS-2 对 PO_4^{3-} 的吸附分别在约 200min 和 800min 时达到平衡，IOCS-1 对 PO_4^{3-} 的吸附明显比 IOCS-2 快，其后，铁改性砂对 PO_4^{3-} 的吸附变化趋势比较平缓，即经较长的时间后，对 PO_4^{3-} 的吸附达到稳定。

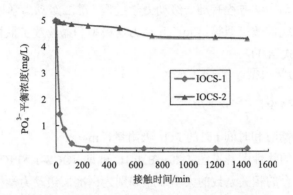

图 4-26　接触时间对铁改性砂吸附 PO_4^{3-} 的影响

3) 铁改性砂剂量的影响

铁改性砂剂量对溶液中 PO_4^{3-} 吸附的影响见**图 4-27**，PO_4^{3-} 初始浓度为 2.2mg/L，接触时间为 24h，温度为 20℃。可见，当 PO_4^{3-} 初始浓度一定时，两种铁改性砂对溶液中 PO_4^{3-} 的去除率随着铁改性砂剂量的增加而迅速增加，直至铁改性砂剂量分别达到 1g 和 8g 时（即 IOCS-1 和 IOCS-2 浓度分别为 20g/L 和 160g/L），去除率增加变缓，直至去除率达到最大值。PO_4^{3-} 去除率增加的主要原因可能是铁改性砂剂量的增加提供了更多的活性吸附位点和表面积，因此提高铁改性砂的浓度有助于使溶液中 PO_4^{3-} 去除率提高。这与 Gupta 等[35]用铁改性砂对溶液中 As(Ⅲ) 进行吸附的实验结果类似。

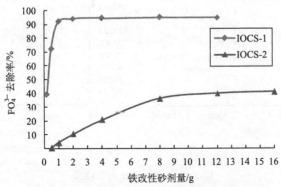

图 4-27　铁改性砂剂量对其吸附 PO_4^{3-} 的影响

4. IOCS-1 和 IOCS-2 吸附 PO_4^{3-} 的动力学分析

实验中，PO_4^{3-} 初始浓度为 5mg/L，IOCS-1 和 IOCS-2 浓度均为 80g/L，pH 6.8±0.1，振荡速度为 120r/min，温度为 20℃，不同接触时间取样进行分析。

常见的吸附动力学方程有准一级动力学模型、准二级动力学模型、Elovich 动力学模型和抛物线扩散模型等。Elovich 动力学模型和抛物线扩散模型的表达式分别见式(4-10)和式(4-11)：

Elovich 动力学模型：$\quad q = \alpha + \beta \ln t$ $\qquad\qquad\qquad$ (4-10)

抛物线扩散模型：$\dfrac{q}{t} = \alpha + \beta t^{-0.5}$ $\qquad\qquad\qquad$ (4-11)

q_e 和 q_t 分别为平衡时和时间 t 时的 PO_4^{3-} 吸附量，mg/g。

动力学模型的线性图解见**图 4-28~图 4-31**。可见，IOCS-1 和 IOCS-2 吸附 PO_4^{3-} 的动力学模型拟合的相关系数的大小顺序分别为：准二级动力学模型(0.9999) ＞

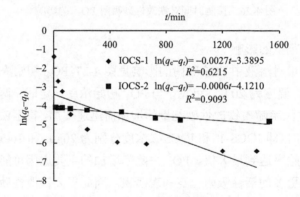

图 4-28　准一级动力学模型

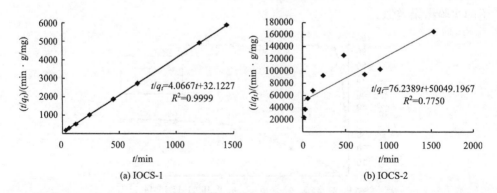

(a) IOCS-1

(b) IOCS-2

图 4-29　准二级动力学模型

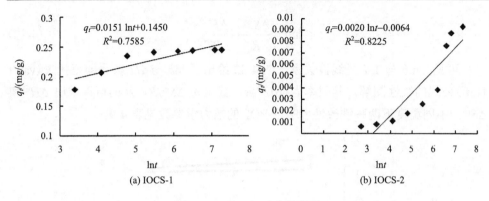

图 4-30　Elovich 动力学模型

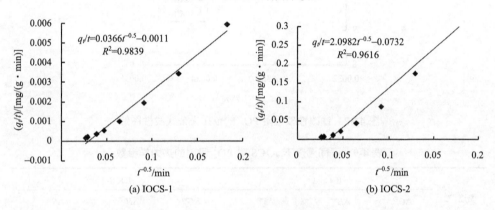

图 4-31　抛物线扩散模型

抛物线扩散模型 (0.9839) ＞Elovich 动力学模型 (0.7585) ＞准一级动力学模型 (0.6215)；抛物线扩散模型 (0.9616) ＞准一级动力学模型 (0.9093) ＞Elovich 动力学模型 (0.8225) ＞准二级动力学模型 (0.7750)。准二级动力学模型和抛物线扩散模型分别对 IOCS-1 和 IOCS-2 吸附 PO_4^{3-} 的动力学数据有最好的拟合效果。

5. IOCS-1 和 IOCS-2 吸附 PO_4^{3-} 的热力学分析

为说明吸附过程中温度对吸附的影响，需要确定吸附的标准吉布斯函数变 $\Delta G^{\ominus}$、标准焓变 $\Delta H^{\ominus}$ 和标准熵变 $\Delta S^{\ominus}$ 等热力学参数。标准吉布斯函数变 $\Delta G^{\ominus}$ 通过式 (4-12) 确定：

$$\Delta G^{\ominus} = -RT\ln b \qquad (4-12)$$

式中，R 为摩尔气体常量，$8.314\times10^{-3}kJ/(mol\cdot K)$；$T$ 为热力学温度，K；b 为温度 T 时的吸附平衡常数。

确定标准焓变 $\Delta H^{\ominus}$ 和标准熵变 $\Delta S^{\ominus}$ 的关系为

$$\ln b = \frac{\Delta S^{\ominus}}{R} - \frac{\Delta H^{\ominus}}{RT}$$ (4-13)

可见，$\ln b$ 与 $1/T$ 呈线性关系，**图 4-32** 给出了 $\ln b$ 与 $1/T$ 关系即范托夫(van't Hoff)公式的线性图解，其斜率为 $-\Delta H^{\ominus}/R$，截距为 $\Delta S^{\ominus}/R$，从而可以求出 $\Delta H^{\ominus}$ 和 $\Delta S^{\ominus}$。不同温度下两种铁改性砂吸附 PO_4^{3-} 的热力学参数见**表 4-9**。

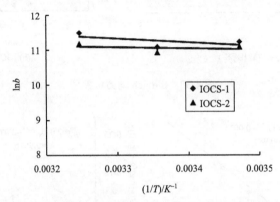

图 4-32　铁改性砂吸附 PO_4^{3-} 的范托夫公式线性图解

表 4-9　不同温度下 IOCS 对 PO_4^{3-} 吸附的热力学参数

温度/℃	IOCS-1			IOCS-2		
	$\Delta G^{\ominus}$ /(kJ/mol)	$\Delta H^{\ominus}$ /(kJ/mol)	$\Delta S^{\ominus}$ /[kJ/(mol·K)]	$\Delta G^{\ominus}$ /(kJ/mol)	$\Delta H^{\ominus}$ /(kJ/mol)	$\Delta S^{\ominus}$ /[kJ/(mol·K)]
15	−26.91	9.207	0.125	−26.56	2.733	0.101
25	−27.45	9.207	0.125	−27.10	2.733	0.101
35	−29.43	9.207	0.125	−28.61	2.733	0.101

从表中可以看出，$\Delta G^{\ominus}$ 为负值，说明吸附过程可以自发进行，随着温度升高，$\Delta G^{\ominus}$ 减少，说明高温有利于吸附反应的进行。$\Delta H^{\ominus}$ 为正值，说明铁改性砂吸附 PO_4^{3-} 为吸热反应。$\Delta S^{\ominus}$ 为正值，说明 PO_4^{3-} 吸附过程中固液界面的混乱度增加。

6. 共存阴离子对 IOCS-1 吸附磷的影响

溶液中共存阴离子会对吸附过程产生影响，如果共存阴离子的竞争吸附能力强，则不利于改性滤料在实际工程中的应用，因此有必要对共存阴离子的影响进行考察。实验中，PO_4^{3-} 初始浓度为 5.5mg/L，IOCS-1 的浓度为 20g/L，接触时间为 24h，温度为 25℃，不同浓度 SO_4^{2-}、Cl^-、HCO_3^- 对 IOCS-1 吸附 PO_4^{3-} 的影响结果见**图 4-33**。

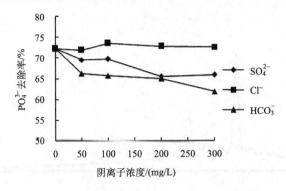

图 4-33　共存阴离子对 IOCS-1 吸附 PO_4^{3-} 的影响

可见，随着三种阴离子浓度的增加(0~300mg/L)，IOCS-1 对 PO_4^{3-} 的去除率总体上呈降低趋势，三种阴离子对 PO_4^{3-} 吸附影响的大小顺序为 $HCO_3^- > SO_4^{2-} > Cl^-$，$Cl^-$ 对 PO_4^{3-} 的去除率影响很小。同时可以看出，三种阴离子在较宽的浓度范围内，对 IOCS-1 吸附 PO_4^{3-} 的影响不大，说明三种阴离子在 IOCS-1 上的吸附均比 PO_4^{3-} 弱，在工程应用时实际水体的背景离子强度下，共存阴离子对 IOCS-1 吸附 PO_4^{3-} 没有明显影响。

7. PO_4^{3-} 吸附前后的铁改性砂 EDAX 分析

PO_4^{3-} 吸附前后铁改性砂的元素组成 EDAX 分析采用 X 射线能谱仪(Oxford Inca Energy 300)进行测定，测定的谱图结果见图 4-34。可见，除了石英砂原有的 C、Si 和 O 等元素外，改性后石英砂表面因附有铁的氧化物，故均观察到元素 Fe 的存在。同时在吸附 PO_4^{3-} 后铁改性砂表面均观察到元素 P 的存在，从而直接证明铁改性砂对 PO_4^{3-} 的吸附作用。

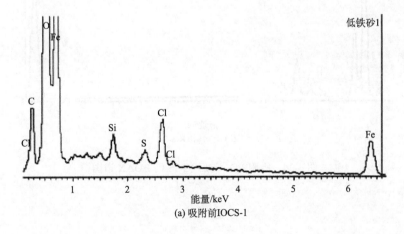

(a) 吸附前IOCS-1

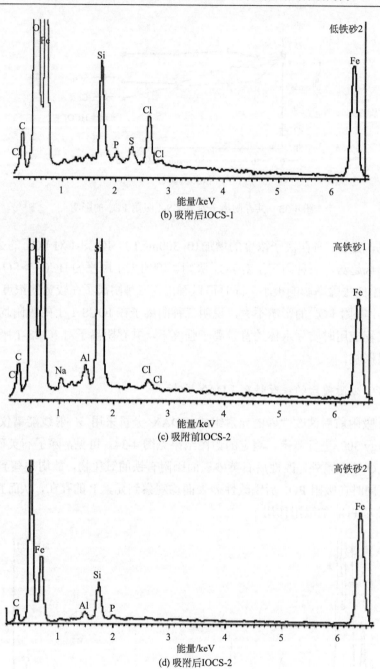

图 4-34　吸附 PO_4^{3-} 前后 IOCS 的 EDAX 谱图

4.2.5 解吸过程研究

不同浓度的 NaOH 溶液对吸附初始浓度为 3mg/L 的 PO_4^{3-} 溶液后的铁改性砂进行解吸，其对解吸率的影响见**图 4-35**。

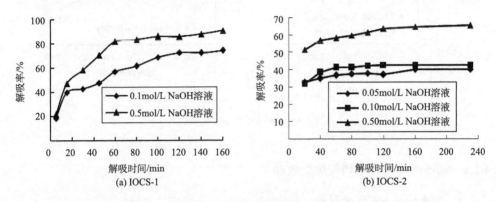

图 4-35　解吸过程解吸率变化

可见，NaOH 溶液浓度对 IOCS-1 和 IOCS-2 中 PO_4^{3-} 解吸率有很重要的影响。IOCS-1 经 160min 的解吸后，解吸率均较高，其大小与解吸液浓度有关；并且发现，解吸开始时解吸速度很快，当 NaOH 再生液浓度分别为 0.5mol/L 和 0.1mol/L 时，解吸率分别在约 60min 和 100min 时趋于稳定，铁改性砂的最大解吸率分别为 91% 和 74%，IOCS-1 具有良好的再生效果。对 IOCS-2 而言，当 NaOH 溶液浓度由 0.05mol/L 提高到 0.50mol/L 时，PO_4^{3-} 的平均解吸率提高了 22.98%，经 230min 的解吸后，解吸率最大为 65.38%，IOCS-2 与 IOCS-1 相比，解吸效果稍差。因此可以利用 NaOH 溶液对吸附 PO_4^{3-} 的涂铁砂滤料进行解吸再生。

对解吸时的 pH 值变化进行了观察，其结果见**图 4-36**。可见，随着解吸时间的进行，溶液 pH 值均呈现降低趋势。这可能是在 pH 6.8 时，改性砂表面的金属氧化物会发生羟基化(用 SOH 表示羟基化氧化物)，溶液中磷主要以 $H_2PO_4^-$ 和 HPO_4^{2-} 形式存在，其吸附反应式如下：

$$SOH+H_2PO_4^-+H^+ \Longrightarrow SH_2PO_4+H_2O$$
$$SOH+HPO_4^{2-}+2H^+ \Longrightarrow SH_2PO_4+H_2O$$

由于 NaOH 溶液进行解吸时，溶液中 OH^- 会与改性砂表面吸附的 PO_4^{3-} 进行阴离子配位交换，因此溶液中 OH^- 浓度逐渐降低，pH 值降低。

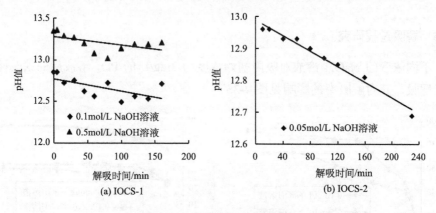

图 4-36 解吸过程 pH 值变化

4.2.6 动态吸附过滤除磷与再生效能

1. 溶液初始 pH 值的影响

溶液初始 pH 值是影响固液界面阴离子吸附的重要因素，实验中，床深 50cm，滤速 23mL/min，不同初始 pH 值(5.2、7.0 和 8.9)对 IOCS-1 吸附 PO_4^{3-} 的影响见**图 4-37**。可见，在初始 pH 7.0 时，出水 PO_4^{3-} 浓度比在 pH 5.2 和 pH 8.9 时低。在初始 pH 7 时，在 7h 的运行时间内，PO_4^{3-} 去除率范围为 47%~92%。并且在不同初始 pH 值下，随着运行时间的增加，PO_4^{3-} 去除率均逐渐降低。在初始 pH 5.2 时，随着时间的增加，出水 PO_4^{3-} 浓度迅速增加，在运行时间约为 4h 时，滤柱耗尽。

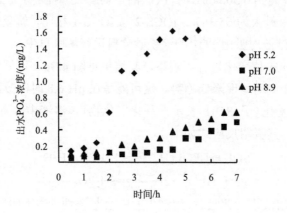

图 4-37 不同初始 pH 值对 IOCS-1 吸附 PO_4^{3-} 的影响

2. 滤速的影响

实验中，床深为 50cm，初始 PO_4^{3-} 浓度为 1.17mg/L，滤速变化对 PO_4^{3-} 去除率的影响见**图 4-38**。可见，随着滤速从 23mL/min 增加到 50mL/min，出水 PO_4^{3-} 浓度也有所增加，即滤速增加，穿透时间提前。在 7h 的运行时间内，滤速 23mL/min、32mL/min 和 50mL/min 的 PO_4^{3-} 平均去除率分别为 82%、52% 和 44%。同时可以看出运行时间对去除率的影响，在滤速 23mL/min 和 32mL/min 时，PO_4^{3-} 去除率分别在 4h 和 2h 内基本保持稳定，但在滤速为 50mL/min 时，PO_4^{3-} 去除率随着运行时间的增加迅速降低。这主要是因为当滤速增加时，改性砂与 PO_4^{3-} 接触时间变短，吸附率降低。

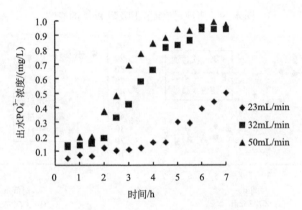

图 4-38　不同滤速对 IOCS-1 吸附 PO_4^{3-} 的影响

3. 床深的影响

实验中，初始 PO_4^{3-} 浓度为 1.17mg/L，滤速为 23mL/min，床深对 PO_4^{3-} 去除率的影响见**图 4-39**。可见，当床深从 35cm 增加到 50cm 时，出水 PO_4^{3-} 浓度明显降低。这主要是因为床深增加时，IOCS-1 的量增加，从而使 IOCS-1 与 PO_4^{3-} 接触的表面积和吸附位点增加。在床深 35cm 和 50cm 时，PO_4^{3-} 去除率分别在 2h 和 4.5h 内保持稳定。

4. 滤柱再生循环利用研究

吸附饱和后滤柱能否再生利用及其处理效果影响改性砂的实用性，因此，实验对床深 35cm 和 50cm 滤柱进行了连续三次过滤再生循环利用实验，所用再生液分别为 0.1mol/L NaOH 和 0.05 mol/L NaOH 溶液，三次过滤实验 PO_4^{3-} 去除效果对

比和再生过程出水 PO_4^{3-} 浓度对比见**图 4-40** 和**图 4-41**。

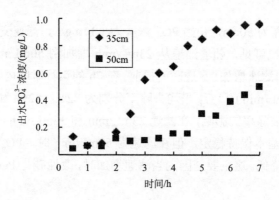

图 4-39 床深对 IOCS-1 吸附 PO_4^{3-} 的影响

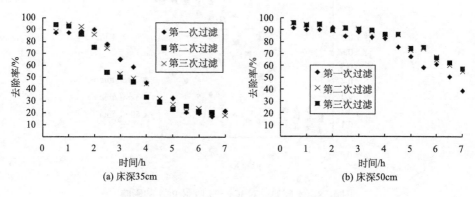

(a) 床深35cm

(b) 床深50cm

图 4-40 滤柱再生循环利用 PO_4^{3-} 去除效果对比

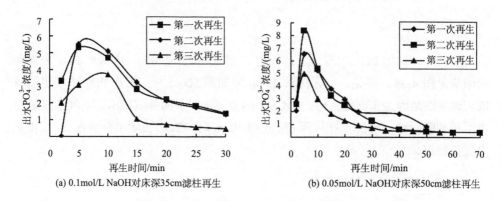

(a) 0.1mol/L NaOH对床深35cm滤柱再生

(b) 0.05mol/L NaOH对床深50cm滤柱再生

图 4-41 滤柱再生过程出水 PO_4^{3-} 浓度对比

可见，连续三次过滤实验中，铁改性砂吸附过滤均保持较高的 PO_4^{3-} 去除率，运行时间 7h 内的平均去除率均在 50%以上，使用 0.1mol/L NaOH 溶液可以对吸附后铁改性砂滤料进行解吸再生，使其多次循环利用。

再生出水 PO_4^{3-} 浓度呈现相同的趋势，即在短时间内出水 PO_4^{3-} 浓度达到峰值，然后逐渐降低，经用水反冲洗后即可恢复改性滤料原有的吸附能力。

4.2.7 小结

(1) IOCS-1 和 IOCS-2 表面负载的铁氧化物的种类及铁附着量不同，IOCS-1 所含氧化物主要是针铁矿($FeOOH$)、磁铁矿(Fe_3O_4)和赤铁矿(Fe_2O_3)，而 IOCS-2 主要是赤铁矿。低温条件和高温条件下制备的铁改性砂 IOCS-1 和 IOCS-2 铁附着量分别约为 31.13mg/g 和 24.59mg/g，低温条件下制备的铁改性砂铁附着量高。IOCS-1 和 IOCS-2 的 pH_{ZPC} 分别在 7 和 6.8 左右。

(2) pH 值、接触时间和铁改性砂剂量等均会影响其对溶液中 PO_4^{3-} 的吸附。相同条件时，低温铁改性砂的 PO_4^{3-} 吸附去除效果明显优于高温铁改性砂。在以除磷为目标的滤池改造工程中，可优先考虑采用低温铁改性砂。

(3) Langmuir、Freundlich 和 Temkin 吸附等温线均可较好地拟合铁改性砂对溶液中 PO_4^{3-} 的吸附。由 Langmuir 吸附等温式得出的低温铁改性砂和高温铁改性砂对 PO_4^{3-} 的饱和吸附量分别为 0.2668mg/g 和 0.0234mg/g。

(4) IOCS-1 和 IOCS-2 吸附 PO_4^{3-} 的动力学方程式拟合的相关系数的大小顺序分别为：准二级动力学模型(R^2=0.9999)＞抛物线扩散模型(R^2=0.9839)＞Elovich 动力学模型(R^2=0.7585)＞准一级动力学模型(R^2=0.6215)；抛物线扩散方程(R^2=0.9616)＞准一级动力学模型(R^2=0.9093)＞Elovich 动力学模型(R^2=0.8225)＞准二级动力学模型(R^2=0.7750)。准二级动力学模型和抛物线扩散模型分别对 IOCS-1 和 IOCS-2 吸附 PO_4^{3-} 的动力学数据有最好的拟合效果。

(5) 吸附热力学研究表明，铁改性砂 IOCS-1 和 IOCS-2 对 PO_4^{3-} 的吸附过程是自发的、吸热的化学过程。

(6) 共存阴离子 SO_4^{2-}、Cl^-、HCO_3^- 对低温铁改性砂吸附 PO_4^{3-} 影响的大小顺序为 HCO_3^-＞SO_4^{2-}＞Cl^-，但影响不大。

(7) 吸附 PO_4^{3-} 后 IOCS-1 和 IOCS-2 均可以通过一定浓度的 NaOH 溶液解吸再生，且 IOCS-1 的解吸再生效果好于 IOCS-2。

(8) 动态过滤实验表明，在 7h 的过滤过程中，初始 pH 7 的吸附效果好于酸性和碱性；在滤速 23mL/min、床深 50cm 时，具有最好的过滤除磷效果，平均 PO_4^{3-} 去除率达 82%。

本研究结果表明，与国内外相关研究相比，低温制备铁改性砂滤料对水中 PO_4^{3-} 具有良好的吸附性，材料成本低，经实验表明可再生重复利用，具有环境友好性，因而有利于对现有水和废水处理中过滤除磷工艺的升级改造。

参 考 文 献

[1] 聂梅生. 美国污水回用技术调研分析[J]. 给水排水, 2001, 27(9): 23-25.

[2] 高乃云, 徐迪民, 范瑾初. 氧化铁涂层砂变性滤料除砷性能研究[J]. 上海环境科学, 2001, (9): 417-419.

[3] Chang Y, Li C W, Benjamin M M. Iron oxide-coated media for NOM sorption and particulate filtration[J]. Journal-American Water Works Association, 1997, 89(5): 100-113.

[4] 王永广, 杨剑锋. 微电解技术在工业废水处理中的研究与应用[J]. 环境工程学报, 2002, 3(4): 69-73.

[5] 胡春, 曲久辉, 刘会娟, 等. 水固液微界面氧化还原反应过程与污染物控制研究[J]. 环境科学学报, 2009, 29(1): 28-33.

[6] Rocca C D, Belgiorno V, Meriç S. Overview of *in-situ* applicable nitrate removal processes[J]. Desalination, 2007, 204(1): 46-62.

[7] 盛力, 马军. 滤料表面电位对滤床过滤效果的影响[J]. 工业水处理, 2002, 22(12): 34-36.

[8] 马军, 盛力. 涂铁砂的直接过滤效果及其再生方法研究[J]. 中国给水排水, 2002, 18(4): 1-4.

[9] Thirunavukkarasu O S, Viraraghavan T, Subramanian K S, et al. Organic arsenic removal from drinking water[J]. Urban Water, 2002, 4(4): 415-421.

[10] Zhang Y, Yang M, Huang X. Arsenic(V) removal with a Ce(IV)-doped iron oxide adsorbent[J]. Chemosphere, 2003, 51(9): 945.

[11] 许光眉, 施周, 邓军. 石英砂负载氧化铁吸附除锑、磷的 XRD、FTIR 以及 XPS 研究[J]. 环境科学学报, 2007, 27(3): 402-407.

[12] Khaodhiar S, Azizian M F, Osathaphan K, et al. Copper, chromium, and arsenic adsorption and equilibrium modeling in an iron-oxide-coated sand, background electrolyte system[J]. Water Air & Soil Pollution, 2000, 119(1-4): 105-120.

[13] López E, Soto B, Arias M, et al. Adsorbent properties of red mud and its use for wastewater treatment[J]. Water Research, 1998, 32(4): 1314-1322.

[14] Pradhan J, Das J, Das S, et al. Adsorption of phosphate from aqueous solution usingactivated red mud[J]. Journal of Colloid and Interface Science, 1998, 204(1): 169.

[15] Weng C H, Huang C P. Adsorption characteristics of Zn(II) from dilute aqueous solution by fly ash[J]. Colloids & Surfaces A: Physicochemical & Engineering Aspects, 2004, 247(1): 137-143.

[16] Oguz E. Sorption of phosphate from solid/liquid interface by fly ash[J]. Colloids & Surfaces A: Physicochemical & Engineering Aspects, 2005, 262(1): 113-117.

[17] Tillman F D, Jr, Bartelt-Hunt S L, Craver V A, et al. Relative metal ion sorption on natural and

engineered sorbents: batch and column studies[J]. Environmental Engineering Science, 2005, 22(3): 400-410.

[18] Nano G V, Strathmann T J. Ferrous iron sorption by hydrous metal oxides[J]. Journal of Colloid and Interface Science, 2006, 297(2): 443-454.

[19] Agyei N M, Strydom C A, Potgieter J H. The removal of phosphate ions from aqueous solution by fly ash, slag, ordinary Portland cement and related blends[J]. Cement & Concrete Research, 2002, 32(12): 1889-1897.

[20] 赵颖. 改性赤泥除磷剂的研制与除磷新技术研究[D]. 北京: 中国科学院研究生院, 2009.

[21] Han R, Zhu L, Zou W, et al. Removal of copper(II) and lead(II) from aqueous solution by manganese oxide coated sand : II. Equilibrium study and competitive adsorption[J]. Journal of Hazardous Materials, 2006, 137(1): 480-488.

[22] Saha G, Maliyekkal S M, Sabumon P C, et al. A low cost approach to synthesize sand like AlOOH nanoarchitecture(SANA) and its application in defluoridation of water[J]. Journal of Environmental Chemical Engineering, 2015, 3(2): 1303-1311.

[23] Hu P Y, Hsieh Y H, Chen J C, et al. Characteristics of manganese-coated sand using SEM and EDAX analysis[J]. Journal of Colloid and Interface Science, 2004, 272(2): 308-313.

[24] Han R, Zhu L, Zou W, et al. Removal of copper(II) and lead(II) from aqueous solution by manganese oxide coated sand : I. Characterization and kinetic study[J]. Journal of Hazardous Materials, 2006, 137(1): 384-395.

[25] Vaishya R C, Gupta S K. Arsenic removal from groundwater by iron impregnated sand[J]. Journal of Environmental Engineering, 129(1): 89-92.

[26] 梁咏梅, 何利华, 仇荣亮, 等. 焙烧温度对铁覆膜砂 IOCS 吸附 Cr(VI) 的影响[J]. 环境科学学报, 2007, 27(11): 1887-1891.

[27] 雷国元, 王占生. 滤料表面改性及其在水处理中的应用[J]. 净水技术, 2001, 20(1): 20-24.

[28] Boujelben N, Bouzid J, Elouear Z. Adsorption of nickel and copper onto natural iron oxide-coated sand from aqueous solutions: study in single and binary systems[J]. Journal of Hazardous Materials, 2009, 163(1): 376-382.

[29] Stumm W, Morgan J J. Aquatic Chemistry: Chemical Equilibria and Rates in Natural Waters[M]. New Jersey: John Wiley & Sons, 2012.

[30] Arias M, Da S C J, Garcíarío L, et al. Retention of phosphorus by iron and aluminum-oxides-coated quartz particles[J]. Journal of Colloid and Interface Science, 2006, 295(1): 65.

[31] 许光眉, 施周, 邓军. 石英砂负载氧化铁吸附除磷的热动力学研究[J]. 环境工程学报, 2007, 1(6): 15-18.

[32] 王俊岭, 冯萃敏, 龙莹洁, 等. 改性石英砂过滤除磷试验研究[J]. 工业水处理, 2008, 28(5): 60-62.

[33] Horányi G, Joó P. Some peculiarities in the specific adsorption of phosphate ions on hematite and γ-Al$_2$O$_3$ as reflected by radiotracer studies[J]. Journal of Colloid and Interface Science, 2002, 247(1): 12-17.

[34] Altundoğan H S, Tümen F. Removal of phosphates from aqueous solutions by using bauxite. I: Effect of pH on the adsorption of various phosphates[J]. Journal of Chemical Technology & Biotechnology, 2010, 77(1): 77-85.

[35] Gupta V K, Saini V K, Jain N. Adsorption of As(III) from aqueous solutions by iron oxide-coated sand[J]. Journal of Colloid & Interface Science, 2005, 288(1): 55.

第5章　颗粒化壳聚糖偶联纳米氧化铁吸附除磷技术

由第 4 章对铁氧化物改性砂滤料的研究可知，铁氧化物改性砂滤料在一定程度上改善了砂滤料的除污效能，但铁氧化物在砂滤料表面的负载量有限，负载过程不易形成纳米级铁氧化物，吸附性能难以进一步提高，另外，长期的运行也可能导致铁氧化物的脱落，提高颗粒吸附剂的稳定性也是工程应用时应解决的重要问题。为此，本章中，作者尝试采用浸渍法来制备颗粒化氧化铁，采用对磷酸盐可能具有吸附能力的生物基聚合物——壳聚糖作为载体。壳聚糖是甲壳素脱乙酰基产物，甲壳素广泛来源于蟹、虾和昆虫外壳中。壳聚糖本身具有自交联作用，且在酸性条件下会形成具有空间网状结构的溶胶，具有纳米尺寸限域效应，当在其中加入铁盐或纳米氧化铁时，金属氧化物会浸渍其中，有效控制金属氧化物形成纳米结构。碱性条件时复合材料会固化形成以壳聚糖为骨架的纳米氧化铁颗粒材料，该吸附材料在机械强度、吸附性能、比表面积、化学稳定性等方面都有可能明显提高，在水处理中显示出良好的应用前景。因壳聚糖为固体形态，以往的研究中，大多数研究者采用乙酸等有机酸溶剂来溶解壳聚糖[1, 2]，以形成壳聚糖溶胶，并辅以铁盐和 NaOH 等原材料来制备以壳聚糖为骨架的氧化铁颗粒材料。

因为 Fe(III) 在溶液中会发生水解反应，因而三价铁盐溶液呈酸性，其水解反应为

$$Fe^{3+}+3H_2O \longrightarrow Fe(OH)_3+3H^+$$

由于壳聚糖可以溶于酸性溶液中，则壳聚糖有溶解于三氯化铁溶液的可能性。壳聚糖主链上存在许多氨基，其上的氮原子存在未配对电子，使得显碱性的氨基可以结合氢离子而带正电，壳聚糖的氢键被破坏，使壳聚糖可以溶于铁盐溶液中[3]。

因此，本章尝试不投加有机酸(乙酸等)的方法，以绿色低廉的壳聚糖、Fe(III)盐和 NaOH 作为原材料，充分利用铁盐溶液的酸性特征，通过原位浸渍法制备出粒径可控的颗粒化壳聚糖偶联纳米氧化铁吸附材料(NIOC)，对 NIOC 吸附除磷进行了优选和物化表征分析，考察了其吸附除磷影响因素，并对其吸附除磷机理进行探讨。

5.1　颗粒化 NIOC 的优化设计

5.1.1　主要仪器设备与试剂

实验过程中所需要的主要仪器设备和化学药剂分别如**表 5-1** 和**表 5-2** 所示。

表 5-1　实验仪器设备

仪器名称	仪器型号	生产厂家
旋转摇床	Dr-Mix	北京昊诺斯科技有限公司
磁力搅拌器	EMS-3B	北京昊诺斯科技有限公司
电子天平	BSA224S	Sartorius，德国
电热恒温鼓风干燥箱	DHG-9070A	北京昊诺斯科技有限公司
真空冷冻干燥机	FD-1-50	北京博医康实验仪器有限公司
水浴振荡器	HZS-H	哈尔滨市东联电子技术开发有限公司
比表面积及孔径分析仪	NOVA-6000	Quantachrome，美国
Zeta 电位分析仪	Nano ZS	Malvern，英国
X 射线衍射仪	D/MAX-2500	日本理学公司
高分辨率透射电镜（HRTEM）	Tecnai G2 F20	荷兰 FEI 公司
傅里叶变换红外光谱分析仪	TENSOR27	Bruker，德国
总有机碳测定仪	TOC-VCPH	Shimadzu，日本
超纯水机	GWA-UN	北京普析通用仪器有限责任公司
多参数测定仪	S220	Mettler Toledo，瑞士

表 5-2　主要化学药剂

试剂	纯度	生产厂家
$FeCl_3 \cdot 6H_2O$	分析纯	天津市光复精细化工研究所
KH_2PO_4	分析纯	天津市风船化学试剂科技有限公司
NaOH	分析纯	天津市风船化学试剂科技有限公司
HCl	分析纯	北京化工厂
抗坏血酸	分析纯	天津市光复精细化工研究所
浓硫酸	分析纯	天津富起力公司
钼酸铵	分析纯	天津市光复精细化工研究所
酒石酸锑氧钾	分析纯	天津市光复精细化工研究所
NaCl	分析纯	天津市永大化学试剂有限公司

续表

试剂	纯度	生产厂家
$Na_2SiO_3 \cdot 9H_2O$	分析纯	天津市化学试剂厂
碳酸钠	光谱纯	国药集团化学试剂有限公司
$MgCl_2 \cdot 6H_2O$	光谱纯	天津市光复精细化工研究所
$CaCl_2 \cdot 2H_2O$	光谱纯	天津市光复精细化工研究所
$Na_2SO_4 \cdot 10H_2O$	光谱纯	天津市光复精细化工研究所
壳聚糖	分析纯	国药集团化学试剂有限公司

5.1.2　吸附剂的制备

1. 壳聚糖球的制备

称取固定质量的壳聚糖至 HCl 溶液中，加热搅拌至均匀，形成胶体，再将胶体用一注射器抽取，逐滴滴加到 0.5mol/L 的 NaOH 溶液中，此时即会形成颗粒状的吸附剂小球，形成的粒径尺寸可通过滴加量的大小加以控制。使用去离子水反复进行冲洗并浸泡，直到浸泡液的 pH 值呈中性（7.0±0.1），60℃下恒温干燥 12h。干燥前后的壳聚糖球如**图 5-1** 和**图 5-2** 所示。由**图 5-1** 可以看出，干燥前形成的壳聚糖球为较规则的白色球体吸附剂。当白色小球在溶液中浸泡至呈中性后，放入烘箱干燥，得到棕黄色的坚硬的壳聚糖球。

图 5-1　干燥前的壳聚糖球　　　　　图 5-2　干燥后的壳聚糖球

2. 不同配比颗粒化 NIOC 复合吸附剂的制备

不同配比 NIOC 以廉价的 Fe(Ⅲ) 和壳聚糖为原料，采用原位浸渍法制备，如

图 5-3 所示。先称取一定质量的壳聚糖，将其溶于不同浓度(0.2~0.8mol/L)的 Fe(Ⅲ)溶液中，将其混合液在水浴锅上加热，同时用玻璃棒不断搅拌，直至混合液均匀，然后逐滴滴加到 0.5mol/L 的 NaOH 溶液中，形成颗粒状的小球，通过去离子水反复冲洗并浸泡，直到浸泡液的 pH 值呈中性(7.0±0.1)，60℃下恒温干燥12h，得到颗粒状的 NIOC 复合吸附材料，可根据需要通过控制滴加量的大小将 NIOC 的粒径控制在不同尺寸(0.2~2mm)。

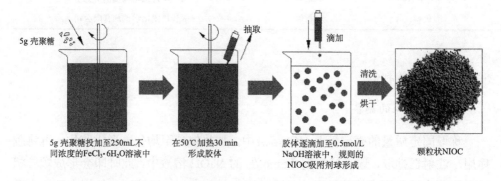

图 5-3　NIOC 制备过程示意

制备过程中 Fe(Ⅲ)与壳聚糖单体的摩尔比(R)设定如表 5-3 所示。其中，$R=0$ 时所制备的吸附材料即为壳聚糖球。

表 5-3　NIOC 制备过程 Fe(Ⅲ)与壳聚糖单体的摩尔比

Fe(Ⅲ)与壳聚糖单体摩尔比	Fe(Ⅲ)溶液浓度/(mol/L)
0	0
1.6	0.2
2.4	0.3
3.2	0.4
4.0	0.5
4.8	0.6
5.6	0.7
6.4	0.8

5.1.3　吸附剂的表征方法

将吸附剂用去离子水冲洗至中性后，置于冰箱的冷冻层，最后将冷冻好的样品置于冷冻干燥机中干燥，干燥后的样品进行下列分析。

1) HRTEM 分析

HRTEM 可对各种纳米材料进行分析。检测前，将测试样品溶于无水乙醇，用微波处理并破碎，最后将悬浮液滴加至铜网，自然风干。

2) 能量色散 X 射线(EDS)分析

样品的预处理参照 HRTEM 的方式，在进行 HRTEM 测试过程中，对吸附材料的某一特殊部位进行点发射，并得到 EDS 的分析图以及各原子质量分数和原子分数数据。

3) XRD 分析

高分辨率透射电镜可以判断材料的主要晶体结构，采用 Cu K$_\alpha$(λ=1.54Å)特征衍射辐射连续扫描模式进行扫描；测试后将获得的数据用 Jade6.0 软件进行分析。

4) FTIR 分析

傅里叶变换红外光谱仪可以测定材料中含有的官能团，利用溴化钾压片法制备样品。具体步骤为将吸附剂与烘干的 KBr 以 99∶1 的质量比混合并研磨均匀，经过压片后在室温下测量。

5) 比表面积和孔径分布

使用 NOVA-6000 型比表面积及孔径分析仪得到吸附剂的 N$_2$ 吸附-脱附等温线。采用 Brunauer-Emmett-Teller(BET)方法计算比表面积，Barrett-Joyner-Halenda(BJH)方法计算孔径分布。

6) 机械强度

采用 YHKC-2A 型颗粒强度测定仪对颗粒吸附剂的机械强度进行测试，该测定仪适用于圆球状或圆柱状的颗粒材料抗压碎强度测定，通过选取 50 个颗粒材料，测定其压力大小，然后取平均值。

7) Zeta 电位

吸附材料的投加量为 0.5g/L，配制两组磷浓度分别为 10mg/L 和 30mg/L 的溶液，溶液 pH 值分别调至 3、4、5、6、7、8、9、10 进行吸附反应后，通过 Zeta 电位分析仪来测定吸附剂在不同 pH 值溶液中的 Zeta 电位，用来判断其表面电荷及等电点。

8) 热重-差热分析(TG-DTA)

采用热重-差热分析仪分析样品质量和分子结构随温度变化的情况。

9) 吸附剂的化学稳定性

吸附剂在不同 pH 值水溶液中的化学稳定性决定了其在实际水处理工艺中的推广及应用，是评价吸附剂性能的关键因素。化学稳定性测试方法如下：在一系列溶液体积为 40mL 的塑料管中, 分别投加吸附剂 0.02g, 采用 HCl 和 NaOH 溶液分别将溶液 pH 值调至 3、4、5、6、7、8、9、10, 在摇床上振荡吸附 24h, 经 0.45μm 混合纤维微孔滤膜过滤后, 测定各滤液中铁离子及总有机碳两项指标, 考察吸附剂在不同 pH 值的溶出情况。

5.2 实 验 方 法

除吸附动力学外, 吸附实验均在 50mL 的聚乙烯塑料瓶中进行。配制一定浓度的 KH_2PO_4 溶液, 背景电解质为 0.01mol/L 的 NaCl 溶液, 吸附剂投加量均为 0.02g, 在(20±1)℃、转速为 50 r/min 的旋转摇床反应 24h, 其间使用 NaOH 或 HCl 溶液调节 pH 值。前 9h 里每 3h 调节一次 pH 值, 使 pH 值在反应过程中能够稳定在(7.0±0.1)左右(pH 值对吸附的影响实验除外), 吸附反应平衡后, 反应液用 0.45 μm 混合纤维微孔滤膜过滤, 分析滤液中磷的浓度。

吸附动力学: 在磷浓度分别为 10mg/L 和 30mg/L 的 500mL 烧杯中进行, 吸附剂投加量均为 0.5g/L, 每隔一定的时间间隔(0.083h、0.167h、0.25h、0.5h、1h、2h、3h、5h、10h、16h、24h、36h 和 48h)过膜取样, 分析溶液中磷的浓度。

吸附等温线: 实验在盛有不同浓度(0.5mg/L、1.0mg/L、5.0mg/L、10mg/L、20mg/L、30mg/L、50mg/L 和 80mg/L)磷溶液的聚乙烯塑料瓶中进行, 考察不同 pH 值(3~10)和不同浓度的 NaCl(0.01mg/L、0.1mg/L 和 0.5mol/L)对吸附效果的影响。

共存离子的影响: 在盛有浓度为 10mg/L 磷溶液的聚乙烯塑料瓶中, 分别考察不同浓度(0mmol/L、0.1mmol/L、1.0mmol/L 和 10mmol/L)的阴阳离子(SiO_3^{2-}、CO_3^{2-}、SO_4^{2-}、Mg^{2+}和 Ca^{2+})对磷吸附效果的影响。

吸附热力学: 实验在盛有不同浓度(0.5mg/L、1.0mg/L、5.0mg/L、10mg/L、20mg/L、30mg/L、50mg/L 和 80mg/L)磷溶液的聚乙烯塑料瓶中进行, 研究在不同的温度(20℃、25℃和 30℃)下的吸附效果; 选取 10mg/L 磷溶液在不同温度下进行振荡, 在不同的时间间隔取样测定吸附后溶液中磷的浓度, 计算并分析吸附热力学的各个反应参数。

吸附-脱附实验: 室温条件下, 在磷浓度分别为 10mg/L 和 30mg/L 的 500mL 烧杯中进行吸附实验, 吸附剂投加量为 0.25g, 在恒温磁力搅拌下反应 24h, 滤出吸附剂, 分析溶液中剩余磷浓度。将吸附剂置于 0.5mol/L 的 200mL 体积的 NaOH 溶液中解吸 8h, 然后用水进行冲洗, 直到浸泡溶液的 pH 值呈中性, 置于温度为 50℃的烘箱中, 将吸附剂烘干。再将该吸附剂放入另外两组初始浓度相同的含磷溶液重复如上实验三次。每次吸附剂烘干后测量其质量，计算出质量损失的百分数。

磷酸盐检测方法参考《水和废水监测分析方法》(第四版)，采用钼锑抗分光光度法测定。

5.3　颗粒化 NIOC 的形貌和吸附容量对比

5.3.1　不同摩尔比 NIOC 的外观形貌

不同 Fe(III)/壳聚糖单体摩尔比的 NIOC 吸附剂的外观形貌如图 5-4 所示。可见，随着制备过程 Fe(III)摩尔浓度的不断增加，吸附剂的颜色发生了明显的变化，由最初的黄色，变为深褐色，最后更接近红褐色；并且当 Fe(III)=0.7mol/L 时(R=5.6)，壳聚糖在 Fe(III)中形成的溶胶滴加至 NaOH 溶液中不再形成颗粒，因此以 Fe(III)=0.6mol/L(R=4.8)为颗粒化吸附剂形成的临界点，R 小于临界点时，可形成颗粒化吸附剂，呈毫米级尺寸，因此后续实验选择颗粒化吸附剂进一步进行研究。

图 5-4　不同摩尔比的 NIOC 吸附剂外观形貌

5.3.2　除磷吸附剂 NIOC 最优摩尔比的确定

通过考察常温(20±1)℃时不同摩尔比复合材料对磷的吸附容量，以期获得最佳摩尔比，确定最优除磷吸附剂。等温吸附结果如图 5-5 所示，实验过程采用背景电解质为 0.01mol/L 的 NaCl 溶液，吸附剂投加量均为 0.4g/L，pH 7.0±0.1。

从图中可以看出，纯壳聚糖球对磷的吸附容量很低，掺杂铁氧化物后的壳聚糖球的吸附容量均高于纯壳聚糖球，但并不完全与 Fe(Ⅲ)摩尔浓度的增加成比例，并且发现 Fe(Ⅲ)=0.6mol/L(R=4.8)所制备的 NIOC 具有最高的吸附容量；进一步分析动力学吸附结果(图 5-6)，也发现 R=4.8 所制备的 NIOC 的吸附容量最高，这与等温线实验结果一致。因此，可以认为 Fe(Ⅲ)/壳聚糖单体的摩尔配为 4.8 所制备的 NIOC 具有最优除磷效果，后续实验均以此最优材料作为吸附剂进一步进行研究。

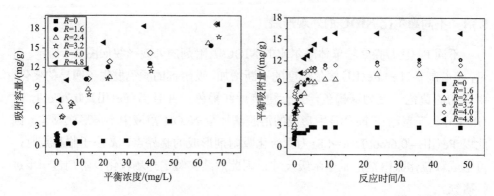

图 5-5　6 种摩尔比吸附剂的等温吸附容量对比　　图 5-6　6 种摩尔比材料的动力学吸附

5.4　NIOC 的物化特征

5.4.1　NIOC 的 HRTEM 分析

通过 HRTEM 可以观察颗粒化材料的形貌特征，**图 5-7(a)**是实验室购买的纯壳聚糖的 HRTEM 照片，可以看出，纯壳聚糖表面光滑，无明显的孔隙；**图 5-7(b)**是颗粒化壳聚糖球，其呈空间网状结构，具有清晰的孔隙结构，紧密排列；**图 5-7(c)**是 NIOC 吸附剂，明显可见壳聚糖的网状结构中嵌入了铁氧化物，其孔洞和通道结构更为丰富，孔道之间相互连通。

5.4.2　NIOC 的 XRD 和 SAED 分析

吸附磷前后 NIOC 的 XRD 谱图如**图 5-8** 和**图 5-9** 所示，从图中可以观察到，吸附反应前后的 NIOC 在角度 26.725°、35.161°、39.219°、46.433°、55.901°和 61.642°处出现了 6 个较明显的特征峰，与此对应的标准谱图的 PDF 卡片为 34-1266，表明吸附剂中有针铁矿(β-FeOOH)的晶体结构；此外，吸附反应后的 NIOC 在 18.062°处出现突出峰，经过分析此晶体为 C70，其 PDF 卡片为 48-1449。

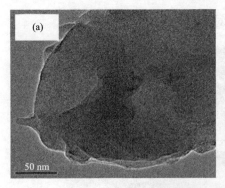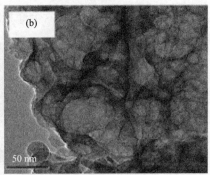

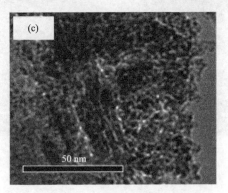

图 5-7　HRTEM 照片

(a)纯壳聚糖；(b)壳聚糖球；(c)NIOC

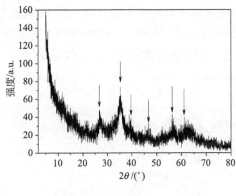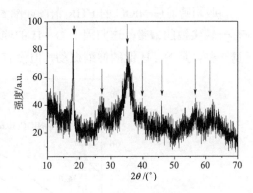

图 5-8　NIOC 吸附前的 XRD　　　　　图 5-9　NIOC 吸附后的 XRD

图 5-10 为 NIOC 的选区电子衍射(SAED)谱图，由于 NIOC 呈条状，则出现的是同心圆的衍射环，且衍射环清晰，可判断该晶体为多晶衍射。根据公式 $Rd=L\lambda$，求出 SAED 各个衍射环所对应的 d，分别为 0.142nm、0.154nm、0.175nm、0.215nm、

0.247nm 和 0.330nm，与 XRD 六个峰相对应。

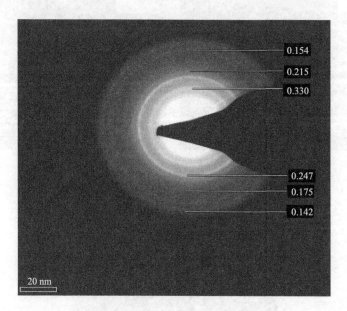

图 5-10　NIOC 的 SAED

图中数据单位为 nm

5.4.3　NIOC 的 FTIR 分析

　　吸附磷前后 NIOC 的 FTIR 谱图如**图 5-11** 所示。从图中可以看出，在 3620cm^{-1} 有一较尖锐的谱带，这归因于 O—H 的伸缩振动；在 3420cm^{-1} 处峰较弱，谱带较宽一些，是 N—H 键的伸缩振动，但没有 O—H 的氢键作用强；在 1643cm^{-1} 处为

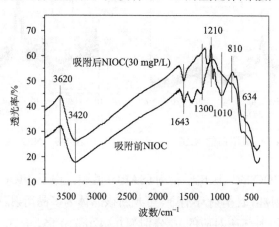

图 5-11　吸附磷前后 NIOC 的 FTIR 谱图

乙酰基(Ac——)的特征吸收峰，因为实验室所用的壳聚糖(脱乙酰化度为 96%)中有少量的乙酰基存在；在 1300~1500cm^{-1} 处的谱带，是水吸收峰；在 1210cm^{-1} 处的谱带是吸附后峰突起，是由于磷氧化物 P—O 的伸缩振动；在 1010cm^{-1} 处谱带尖锐，是由于仲醇键的振动，吸附前仲醇键与 Fe—O 键结合，吸附后可能与 P—O 键发生配位交换；在 810cm^{-1} 处谱带变宽，峰变得尖锐，是由于 P—H 键的变形振动；在 634cm^{-1} 处的谱带，归因于 Fe—O 键的振动[4]。

5.4.4　NIOC 的机械强度、比表面积及孔径分布

为测定不同摩尔比 NIOC 吸附剂颗粒的机械强度，从 60℃烘干后的吸附剂颗粒中，随机挑选出 50 个均质大小的颗粒，测量并计算出其平均机械强度(**表 5-4**)。从表中可知，纯壳聚糖球的机械强度最大(>500N)，超过了所用仪器的检测上限，随着制备过程 Fe(Ⅲ)摩尔浓度的增加，其机械强度逐渐减弱，当摩尔比为 4.8 时，其机械强度为 10.427 N。这说明 NIOC 颗粒吸附剂机械性能优良，具有良好的物理稳定性，便于在固定床吸附柱系统中装载应用。

表 5-4　不同 Fe(Ⅲ)/壳聚糖单体摩尔配比复合颗粒吸附剂的物理性质

摩尔比	Fe(Ⅲ)/(mol/L)	壳聚糖/g	比表面积/(m^2/g)	孔径/nm	机械强度/N
0	0	5	0.569	2.647	>500
1.6	0.2	5	5.400	1.614	16.669
2.4	0.3	5	76.240	1.475	16.002
3.2	0.4	5	88.502	5.439	43.393
4.0	0.5	5	90.660	7.452	29.785
4.8	0.6	5	102.277	7.811	10.427
5.6	0.7	5	—	—	—
6.4	0.8	5	—	—	—

从表中也可以看出不同摩尔比复合颗粒吸附剂的比表面积和孔径分布大小，纯壳聚糖球的比表面积很小，仅为 0.569m^2/g，随着 Fe(Ⅲ)摩尔浓度的增加，比表面积逐渐增加，当摩尔比为 4.8 时，比表面积增加至最大，为 102.277m^2/g。这与吸附剂的外观形貌及前述吸附动力学和等温线实验中的吸附容量的研究结果是一致的，因为吸附剂呈多孔网状结构，从而使其比表面积较大，吸附材料的大的比表面积和多孔隙有利于其对污染物的吸附，因而摩尔比为 4.8 时所制备的复合颗粒吸附剂具有最好的吸附效果。

图 5-12 为壳聚糖球的 N_2 吸附-脱附曲线。从图中可知,壳聚糖球的等温线吸附容量很小,该曲线为Ⅳ型等温线,属于介孔固体产生的吸附类型。根据图 5-13 计算得出其平均孔径为 2.647nm,壳聚糖球具有小的比表面积和小孔径,致使其吸附容量较小,吸附能力较弱,这与前述吸附容量研究结果(图 5-5 和图 5-6)是一致的。

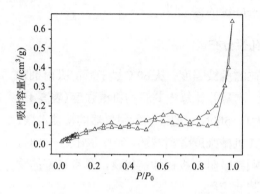

图 5-12　壳聚糖的 N_2 吸附-脱附曲线　　　　图 5-13　壳聚糖的孔径分布曲线

NIOC 吸附剂的 N_2 吸附-脱附曲线和孔径分布如图 5-14 和图 5-15 所示。可见,该曲线属于Ⅳ型等温线,是介孔固体产生的吸附类型[5]。介孔材料的吸附过程中往往伴随着吸附-脱附滞后现象,通常将其归因于热力动力学和网状效应;热力动力学效应与吸附等温线的稳定性有关,即相比于在气相或液相的介孔中,在相对高或低的压力下毛细管凝聚或者蒸发可能会导致延迟的发生。低压滞后环的出现说明吸附过程中吸附剂的膨胀或物理吸附中伴随着化学吸附过程。根据国际纯粹与应用化学联合会分类,该滞后环属于 H3 类,相对压力与饱和蒸气压值相互接近时,没有达到平衡,表明该材料中存在由松散聚合物片状颗粒形成的狭缝状孔,

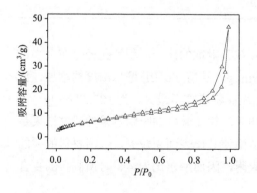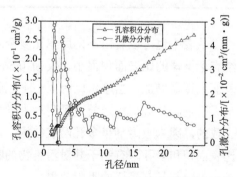

图 5-14　NIOC 的 N_2 吸附-脱附曲线　　　　图 5-15　NIOC 的孔径分布曲线

与图 5-7 呈现的摩尔比为 4.8 的吸附材料的形貌特征相符。由孔径分布曲线可以看出，峰形较陡，有 6 个突出峰，孔径宽度主要分布在 1.5~17nm 之间；BET 测定的比表面积为 102.277m^2/g，平均孔径宽度为 7.811nm。

5.4.5　Zeta 电位分析

不同 pH 值条件下 NIOC 的吸附性能，与磷酸盐的形态和表面电荷的分布有关。因此，本研究考察了吸附磷前后 NIOC 的 Zeta 电位随 pH 值的变化规律，初始磷浓度分别为 10mg/L、30mg/L，吸附时间 24h，其结果如图 5-16 所示，可见，NIOC 的等电点约为 7.1，吸附磷后（10mg/L、30mg/L）的等电点分别为 4.5 和 4.3，其等电点向左偏移，说明磷在 NIOC 的表面产生了阴离子专性吸附，生成了内层络合物；在高磷酸盐浓度下，NIOC 表面吸附了更多负电性磷（PO_4^{3-}/HPO_4^{2-}/$H_2PO_4^-$），导致表面电荷逐渐下降；在 pH-Zeta 曲线中，Zeta 电位表现出先快速降低（pH 3~4），后缓慢下降（pH 4~10）的趋势。pH 3~4 时，磷在 NIOC 表面的吸附主要为快速静电吸引[6]，表面电荷的下降幅度大；pH 4~10 时，NIOC 表面电荷下降趋于平缓，这可能是因为活性较低的吸附位点或中性吸附位点都可以与磷络合形成内层络合物[7]，生成的内层络合物会部分转变成电中性的表面沉淀[8]（称间接沉淀）。

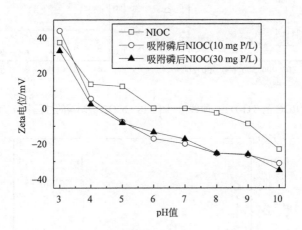

图 5-16　吸附磷前后 NIOC 的 Zeta 电位

5.4.6　NIOC 的稳定性分析

采用 TG-DTA 考察了 NIOC 的热稳定性，如图 5-17 所示。可见，NIOC 在 30~150℃失重 1.76%，材料的温度达到玻璃化温度（T_g）[9]；在 150~300℃失重

24.72%，并且产生明显的放热峰(T_c)和吸热峰(T_m)，这是由于温度高于T_g时，样品中的铁氧化物可以结晶，并释放出结晶热，出现放热峰，温度继续升高，结晶的部分开始熔融并吸热，则出现了吸热峰；300~550℃失重 14.14%，出现了放热峰，可能是由于 NIOC 发生了氧化、交联反应而放热产生的；当温度在 550~700℃时，失重基本结束，NIOC 发生分解、断链，出现很小的吸热峰。综上所述，材料的热稳定性良好。

在溶液 pH 4~10 内，考察了 NIOC 的化学稳定性，测试了 NIOC 吸附磷的过程中 Fe^{3+} 和总有机碳(TOC)的溶出情况(**图 5-18**)。由图可知，在实验考察的 pH 值范围内，溶液中 Fe^{3+} 的浓度为 0.011~0.039mg/L，显著低于《生活饮用水卫生标准》(GB 5749—2006)规定的浓度限值(≤0.3mg/L)[10]。对溶液中 TOC 测试结果发现，随着溶液 pH 值的不断升高，TOC 浓度均在 1.2mg/L 以下，说明吸附材料基本没有溶解或降解，NIOC 具有良好的化学稳定性。

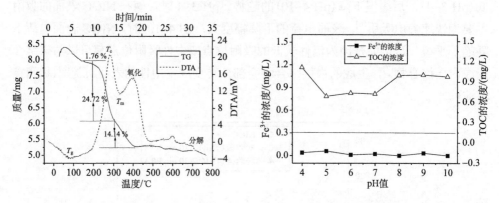

图 5-17　NIOC 的 TG-DTA 曲线　图 5-18　NIOC 吸附磷的过程中 Fe^{3+} 和 TOC 的溶出情况

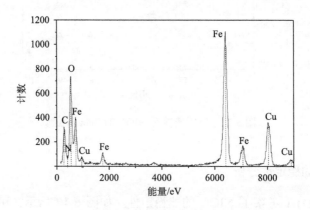

图 5-19　NIOC 的 EDX 谱图

5.4.7　NIOC 的表面元素含量

图 5-19 为 NIOC 的 EDX 谱图，可以观察到，NIOC 表面主要元素为 C、N、O 和 Fe，其对应元素所占的质量分数分别为 15.99%、1.97%、22.44% 和 42.70%，Cu(K) 占 16.87%，原子摩尔分数分别为 34.09%、3.61%、35.91% 和 19.57%，与 FeOOH 中 Fe 与 O 所占的比例接近。

5.5　NIOC 吸附除磷行为

5.5.1　吸附动力学

不同磷初始浓度(10mg/L 和 30mg/L)时，磷在 NIOC 上的吸附反应动力学数据如图 5-20 所示。由图可知，接触反应 12h 基本上达到吸附平衡状态。并且，随着溶液中磷初始浓度的增大，所对应的相同吸附时间点的 NIOC 的吸附量也越大。从该图还可以观察到，在吸附反应进行的前 5h 内速率很快，主要在于吸附反应刚开始阶段，NIOC 上的活性吸附位点较多，磷酸根离子在吸附剂的固液界面形成较大的浓度梯度，产生较大的传质推动力，有利于吸附质与吸附剂表面产生静电引力和络合作用[11]；随着吸附反应的进行，NIOC 对磷的吸附反应速率逐渐变得缓慢，吸附反应体系内吸附质的浓度逐渐变小，吸附剂与吸附质在固液界面的浓度梯度变小，由此产生较小的传质推动力，导致磷酸根离子在吸附剂表面及孔道内的扩散速率变小[10]；然而单位质量 NIOC 表面的活性吸附位点的数量一定，所以当吸附反应进行到 24h 时，吸附量变得稳定，基本达到吸附反应的平衡状态。

进一步采用准一级动力学、准二级动力学和 Elovich 方程对 NIOC 吸附磷的动力学数据进行了拟合，得到吸附动力学拟合曲线(图 5-20)和相关参数(表 5-5)。

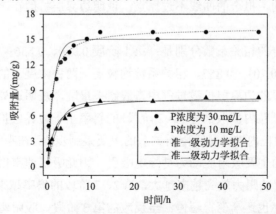

图 5-20　不同磷初始浓度时吸附时间对 NIOC 吸附的影响

根据表中三种方程拟合的相关系数大小顺序可知，准二级动力学方程的相关系数最大（$R^2>0.99$），准二级动力学方程对 NIOC 吸附除磷动力学行为具有最好的拟合效果，表明磷在 NIOC 上的吸附过程主要受化学吸附作用主导[12, 13]，并且准二级动力学计算得到的 $q_{e,cal}$ 更接近实验中测得的 $q_{e,exp}$。

表 5-5　磷在 NIOC 上的吸附动力学拟合参数

模型名称	参数	参数值	
		10mg P/L	30mg P/L
准一级动力学方程	$q_{e,exp}/(mg/g)$	15.70	22.32
	$q_{e,cal}/(mg/g)$	6.81	10.83
	K_1/min^{-1}	0.023	0.020
	R^2	0.60	0.66
准二级动力学方程	$q_{e,cal}/(mg/g)$	15.60	22.20
	$K_2/[g/(mg\cdot min)]$	0.04	0.03
	R^2	0.992	0.994
Elovich 方程	$1/\beta E$	1.84	2.35
	R^2	0.987	0.966

进一步采用颗粒内扩散方程对吸附动力学数据进行拟合，所得结果如**图 5-21**所示。两种浓度下的拟合曲线均分为三条线性部分，分别代表了吸附的后三个过程：边界层扩散、颗粒内扩散和吸附质与吸附位点相互作用的过程，分别记为第 1 阶段、第 2 阶段、第 3 阶段。拟合方程的斜率大小代表了吸附过程的快慢，斜率越小，吸附速率越慢[14]。平衡吸附阶段是吸附质浓度减小导致颗粒内扩散吸附速率降低而造成的。拟合的曲线不过原点，说明边界层扩散在一定程度上限制了吸附过程的速率。

三个阶段拟合的相关系数分别是：第 1 阶段 0.920、0.836；第 2 阶段 0.966、0.923；第 3 阶段 0.701、0.855。相关系数均较高，两种浓度下的拟合曲线都未经过原点，第 1 阶段的边界层扩散过程中直线斜率最陡，表明边界层扩散过程的扩散速率很快[15]，颗粒内扩散部分（第 2 阶段）的斜率小于边界层扩散（第 1 阶段）直线的斜率，说明颗粒内扩散是吸附质扩散的主要限制步骤。在吸附反应第 1 阶段，NIOC 与磷酸盐的主要吸附驱动力是静电吸引，因此吸附速率很快；随着吸附反应的进行，边界层的阻力效应越来越大，第 2、3 阶段的斜率越来越平缓，表明吸附过程中吸附速率也逐渐变得缓慢；至反应的第 3 阶段，吸附驱动力主要是位点吸附，因为 NIOC 中的铁氧化物会与水反应形成羟基化表面，表面的羟基基团与 PO_4^{3-}、HPO_4^{2-}、$H_2PO_4^-$ 发生阴离子交换反应，同时释放羟基[16]。实验过程中测得溶液的 pH 值从 7.0 逐渐上升到 8.0 左右，证明了该反应的发生有 OH^- 的产生。

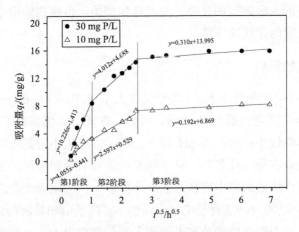

图 5-21　内扩散方程拟合曲线

5.5.2　溶液 pH 值的影响

溶液 pH 值既能影响吸附剂的表面性质，也会影响吸附质的存在状态，例如，磷在不同 pH 值条件下呈现出不同的形态，可能是分子或离子。本研究考察了不同初始 pH 值条件下吸附反应后 NIOC 的吸附容量和反应后 pH 值，其结果如**图 5-22** 所示，可以看出，在两种不同的磷初始浓度条件下（10mg/L、30mg/L），随着初始 pH 值的增大，NIOC 对磷的吸附量逐渐降低。达到吸附平衡后，溶液的

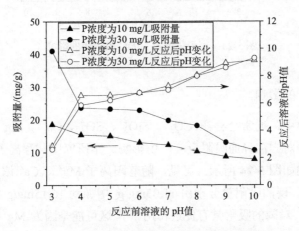

图 5-22　溶液 pH 值对 NIOC 吸附磷的影响

pH 值变化在初始 pH 值的 ±1 范围内。磷初始浓度为 30mg/L，pH 值在 3~4 内，磷的吸附量随 pH 值的增加快速下降；pH 值在 4~10 内，随着 pH 值的增加，磷的吸附量呈缓慢下降趋势。而磷初始浓度为 10mg/L 时，磷的吸附量随 pH 值的增加下降缓慢，可能是因为吸附剂的总吸附位点是相同的，但磷初始浓度高时，吸附位点快速被反应，吸附量快速下降。

5.5.3　离子强度的影响

　　不同 pH 值 (3~10) 条件下 NaCl 离子强度大小 (0.01mol/L、0.1mol/L、0.5mol/L) 对 NIOC 吸附磷的影响如**图 5-23** 所示。可见，在低 pH 值条件下 (≤6)，离子强度对磷吸附的影响较小；而在高 pH 值下，离子强度大小对磷吸附的影响比较明显[17]。原因可能是在低 pH 值时，离子强度的增加对吸附质所产生的静电引力较弱，即对磷吸附作用的影响不明显；在高 pH 值下，吸附磷酸盐之后的吸附剂表面带有较多的负电荷，NaCl 背景电解质中的 Na^+ 离子中和吸附剂表面的负电荷，并产生共吸附，从而削弱磷酸盐与吸附剂之间的静电阻力，有利于磷的吸附。

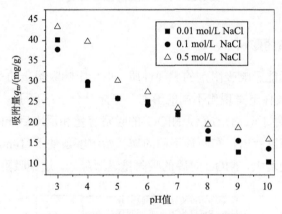

图 5-23　离子强度对 NIOC 吸附磷的影响

5.5.4　共存离子的影响

　　在天然水体中，通常会存在 CO_3^{2-}、SiO_3^{2-}、SO_4^{2-}、Ca^{2+}、Mg^{2+} 等阴阳离子，这些离子可能会对固液界面吸附反应产生影响。本研究中共存离子对 NIOC 吸附除磷效果的影响如**图 5-24** 所示。可见，随着阳离子 Mg^{2+}、Ca^{2+} 浓度从 0mol/L 增加到 10mmol/L，磷的吸附量分别由 11.03mg/g 增加到 16.15mg/g 和 19.30mg/g，说明 Mg^{2+}、Ca^{2+} 对磷的吸附具有促进作用[10]，这可能是因为 Mg^{2+}、Ca^{2+} 与 PO_4^{3-} 产生共沉淀引起；而阴离子对磷的吸附总体上具有抑制作用，其中，SiO_3^{2-} 对磷的吸附抑制影响最为明显，当其浓度从 0mol/L 增大到 10mmol/L 时，磷的吸附量从 11.03mg/g 降至 1.58mg/g，这是因为硅酸根的结构与磷酸根相类似，与磷酸根竞争吸附剂表面的吸附位点；随着 CO_3^{2-} 浓度从 0mol/L 增大到 10mmol/L，磷的吸附量从 11.03mg/g 降至 6.30mg/g，说明 CO_3^{2-} 的存在也对磷的吸附具有一定程度的抑制作用；而 SO_4^{2-} 对磷的吸附影响较小，通常认为 SO_4^{2-} 与金属氧化物表面的吸附位点络合能力很弱，只能形成外球络合物，因而导致 SO_4^{2-} 的竞争影响很小。三种阴离子对磷吸附影响的大小顺序为：$SiO_3^{2-} > CO_3^{2-} > SO_4^{2-}$。

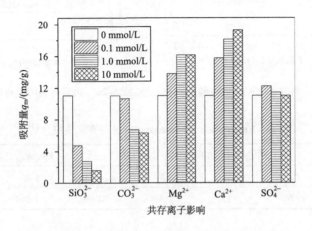

图 5-24　共存离子对 NIOC 吸附磷的影响

5.5.5　吸附等温线

在不同温度(20℃、25℃、30℃)时，考察了 NIOC 对磷的等温吸附，结果如**图 5-25** 所示。从图中可以看出，当磷平衡浓度由 0mg/L 增加至 5mg/L 时，磷吸附容量快速增加至约 10mg/g 以上，且在磷平衡浓度小于 5mg/L 时，不同温度条件下的磷吸附量差别不大。当磷平衡浓度大于 5mg/L 时，温度对吸附反应影响明显，随着温度的升高，其所对应的吸附量逐渐增大，表明高温环境有利于磷吸附反应向正反应方向进行，判断该吸附过程为吸热反应。

进一步采用 Freundlich 方程和 Langmuir 方程对 30℃的等温线数据进行拟合，所得的拟合曲线和各项参数分别如**图 5-26** 和**表 5-6** 所示。可见，Freundlich 方程的相关系数为 0.958，$1/n$ 为 0.379，其值小于 0.5，表明磷在 NIOC 上的吸附为有利吸附；而 Langmuir 方程的相关系数为 0.810，由 Langmuir 方程计算的理论饱和吸附量 q_m=42.06mg/g，与实际最大吸附量 $q_{e,exp}$=35.79mg/g 相差稍大。综上所述，与 Langmuir 方程相比，Freundlich 方程能够更好地描述 NIOC 对磷的吸附等温线特征，表明 NIOC 对磷的吸附过程主要为多分子层吸附。

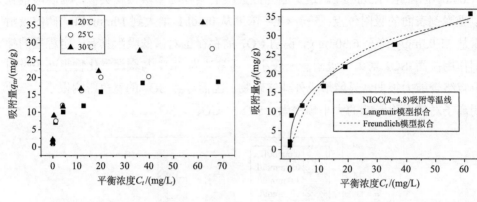

图 5-25　温度对 NIOC 吸附磷的影响　　图 5-26　30℃时 NIOC 对磷的吸附等温线

表 5-6　Freundlich 和 Langmuir 吸附等温线拟合结果

温度/K	Freundlich 方程			Langmuir 方程		
	K_F	$1/n$	R^2	q_m/(mg/g)	b	R^2
303	7.226	0.379	0.958	42.060	0.064	0.810

进一步将本研究中的 NIOC 吸附剂与其他研究所报道的铁氧化物和壳聚糖基吸附剂的吸附容量进行对比，结果列于表 5-7。可见，与其他吸附材料相比，本研究中经过优化设计的摩尔比为 4.8 的 NIOC 吸附材料在比表面积和吸附容量方面均具有明显的优势，具有很好的机械稳定性和化学稳定性，便于装柱使用，是一种具有良好应用潜力的吸附材料。

表 5-7　常见吸附剂吸附容量对比

吸附剂	比表面积/(m²/g)	吸附条件	q_m/(mg/g)	文献
铁锰复合氧化物/壳聚糖珠	248	pH 7.0	13.3	[18]
铁改性壳聚糖珠	1.18	30℃	15.7	[19]
铁氧化物改性颗粒炭	441	pH 6.5，22℃	10.8	[20]
蒙脱石-壳聚糖复合物	—	pH 6.0	16.15	[21]
铁氧化物改性颗粒生物炭	219	pH 7.0，25℃	0.96	[22]
NIOC	102.277	pH 7.0	35.79	本研究

5.5.6　吸附热力学分析

不同温度（20℃、25℃、30℃）时，NIOC 对磷的吸附量随时间的变化曲线如图 **5-27** 所示。可见，20℃、25℃、30℃时的平衡吸附量分别为 9.35mg/g、12.91mg/g 和 15.87mg/g，并且吸附反应温度越高，平衡吸附量越大，温度升高有利于吸附反应的进行，表明该反应为吸热反应。

根据吉布斯方程计算了 NIOC 对磷吸附的相关热力学参数，结果见表 **5-8**。图 **5-28** 和图 **5-29** 分别为焓变（ΔH）和反应活化能（E）的拟合图，通过计算吉布斯自由能（ΔG）、熵变（ΔS）、焓变和反应活化能来评价 NIOC 对磷吸附的热力学性质。根据以往的研究结果，吉布斯自由能在–20~0 kJ/mol 属于物理吸附过程，在–400~ –80 kJ/mol 属于化学吸附过程；当焓变值在 0~30 kJ/mol 范围时，吸附质与吸附剂之间的相互作用主要是物理吸附，当焓变值在 80~200 kJ/mol 为化学吸附；活化能小于 42 kJ/mol 时为物理吸附，大于 42 kJ/mol 时为化学吸附[23]。

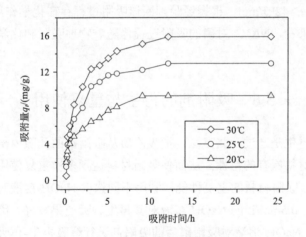

图 5-27　NIOC 对磷的吸附热力学曲线

表 **5-8**　NIOC 的热力学参数

T/K	$1/T$	K_D	$\ln K_D$	$\Delta G/$(kJ/mol)	$\Delta S/$[J/(mol·K)]	$\Delta H/$(kJ/mol)	$E/$(kJ/mol)
293	3.41×10^{-3}	2.351	0.855	–2.083	29.683		
298	3.36×10^{-3}	2.976	1.088	–2.696	31.242	6.614	53.707
303	3.30×10^{-3}	3.220	1.169	–2.945	31.548		

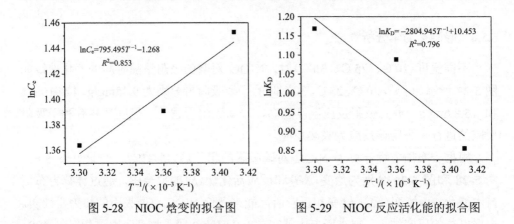

图 5-28　NIOC 焓变的拟合图　　　　图 5-29　NIOC 反应活化能的拟合图

根据**表 5-8**，ΔH 为 6.614 kJ/mol，$\Delta H>0$，表明 NIOC 与磷酸盐反应的过程是吸热的，其相互作用为物理吸附；在三个不同的温度下，ΔG 在 $-2.945\sim-2.083$kJ/mol 范围内，$\Delta G<0$，表明该吸附过程是自发的，吸附过程存在物理作用；E 为 53.707kJ/mol，$E>42$kJ/mol，根据经验判断该吸附过程存在化学作用。综上所述，从热力学角度来看，NIOC 对磷的吸附过程伴随着物理吸附和化学吸附，吸附机理较为复杂。

5.6　吸附剂的再生与重复使用

吸附材料再生是通过一些方法，把吸附质从吸附剂的孔隙内部洗脱出来，并且不改变吸附材料原有的特性，从而使吸附材料达到多次重复使用的过程。为了有效评价 NIOC 吸附材料的重复性能，利用不同浓度 NaOH 溶液对其进行解吸再生。结果发现，0.5mol/L 的 NaOH 溶液对其再生解吸效果较好。因此，本研究采用 0.5mol/L 的 NaOH 溶液对吸附磷后的吸附剂进行解吸再生-再吸附实验，总共进行 4 次循环，其中，0 次循环是指原 NIOC 吸附剂对磷的吸附量，4 次循环解有再生-再吸附的结果如**图 5-30** 所示。可见，原 NIOC 对磷的吸附量分别为 20.09mg/g 和 12.61mg/g，第 1 次再生后 NIOC 对磷的吸附量均低于原 NIOC 的吸附量，分别为 18.91mg/g 和 11.43mg/g，分别保持了原 NIOC 吸附量的 94.13%和 90.64%，第 2、3、4 次再生后磷的吸附量均有所降低，第 4 次再生后磷的吸附量分别保持了原 NIOC 吸附量的 72.57%和 68.76%，暗示着 NIOC 有较好的解吸再生性能。并进一步考察了解吸再生-再吸附过程中 NIOC 的质量变化（**图 5-31**）。可以看出，每次再生实验后，NIOC 吸附材料的质量均轻微减少，然而这 4 次循环反应后计算出的质量损失率均低于 10%（相对于原 NIOC），这说明 NIOC 吸附材料具有很好的回收利用性。综上所述，再生后的吸附剂与新制备的 NIOC 相比，对磷的吸附量略有降低，且吸附剂具有很好的可回收性能，是一种具有良好应用潜力的水处理吸附材料。

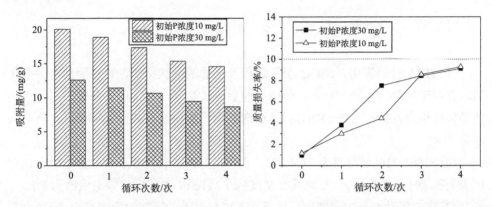

图 5-30　NIOC 吸附剂的解吸再生-再吸附性能　　图 5-31　NIOC 循环利用次数的质量损失评价

5.7　吸附机理分析

考虑到实际水体的 pH 值通常在 6~9 之间，由磷的形态分布曲线可知，在此 pH 值范围内，磷酸盐形态主要为 $H_2PO_4^-$ 和 HPO_4^{2-}。由前述可知，制备过程中 Fe(III) 与壳聚糖通过水解沉淀和络合等作用，会形成羟基氧化铁及其络合物，呈相互连通的网状结构，因此可以推测出在 pH 7 时 NIOC 吸附除磷的主要机理（**图 5-32**）。

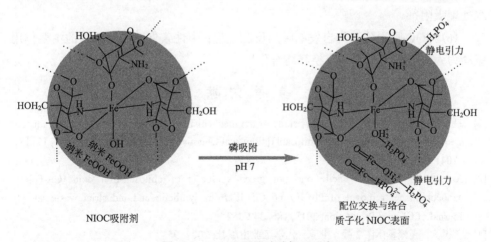

图 5-32　NIOC 吸附除磷机理示意

其主要机理包括：①吸附剂表面的带正电基团($—NH_3^+$、$—OH_2^+$)与磷之间的静电引力；②在吸附剂表面形成的羟基铁氧化物与磷发生阴离子配位交换，再通过络合作用形成内层表面配合物。

5.8　本章结论

(1)TEM 分析表明，NIOC 呈孔道相互连通的网状结构，且表面具有很多孔隙，有利于其对污染物的吸附；吸附磷前后 NIOC 的 XRD 衍射分析表明，其主要晶体结构为针铁矿(β-FeOOH)；通过选区电子衍射测定的衍射环分析判断其为多晶衍射。

(2)NIOC 的机械强度为 10.427N，具有良好的热稳定性和化学稳定性，BET 比表面积为 $102.277m^2/g$，平均孔径宽度为 7.811nm，NIOC 的等电点约为 7.1。

(3)准二级动力学方程能更好地描述 NIOC 对磷的吸附动力学行为，颗粒内扩散是其吸附扩散的主要速率限制步骤；Freundlich 方程能够更好地描述 NIOC 对磷的吸附等温线特征，表明该过程主要为多分子层吸附。

(4)溶液中共存阳离子 Mg^{2+}、Ca^{2+} 可与 PO_4^{3-} 产生共沉淀，对 NIOC 吸附除磷产生促进作用；三种阴离子对磷吸附的影响大小顺序为 $SiO_3^{2-} > CO_3^{2-} > SO_4^{2-}$，$SiO_3^{2-}$ 对 NIOC 吸附除磷具有一定的抑制作用。

(5)吸附磷后的 NIOC 可以通过 NaOH 溶液解吸再生后多次重复使用，并具有较好的可回收性能。与已有报道的相关吸附剂相比，NIOC 吸附容量高，呈毫米尺寸，可通过装载于吸附柱中用于污水深度除磷，是一种具有良好应用潜力的水处理吸附剂。

(6)NIOC 吸附除磷为自发的吸热反应过程；中性条件下吸附除磷的主要作用驱动力为静电引力、离子交换和络合作用。

参 考 文 献

[1] Zhang J, Chen N, Tang Z, et al. A study of the mechanism of fluoride adsorption from aqueous solutions onto Fe-impregnated chitosan[J]. Physical Chemistry Chemical Physics, 2015, 17(18): 12041.

[2] Ahmad R, Mirza A. Facile one pot green synthesis of chitosan-iron oxide(CS-Fe₂O₃) nanocomposite: removal of Pb(Ⅱ)and Cd(Ⅱ)from synthetic and industrial wastewater[J]. Journal of Cleaner Production, 2018, 186: 342-352.

[3] 蒋挺大. 壳聚糖[M]. 2 版. 北京: 化学工业出版社, 2007: 95.

[4] 王俊岭, 冯萃敏, 龙莹洁, 等. 改性石英砂过滤除磷试验研究[J]. 工业水处理, 2008, 28(5):

60-62.

[5] Tesh S J, Scott T B. Nano-composites for water remediation: a review[J]. Advanced Materials, 2014, 26(35): 6056-6068.

[6] Zhang Y, Bing W, Hui X, et al. Nanomaterials-enabled water and wastewater treatment[J]. Nanoimpact, 2016, 3-4: 22-39.

[7] Yean S, Cong L, Yavuz C T, et al. Effect of magnetite particle size on adsorption and desorption of arsenite and arsenate[J]. Journal of Materials Research, 2005, 20(12): 3255-3264.

[8] Sarkar S, Guibal E, Quignard F, et al. Polymer-supported metals and metal oxide nanoparticles: synthesis, characterization, and applications[J]. Journal of Nanoparticle Research, 2012, 14(2): 715.

[9] Lu J, Liu H, Xu Z, et al. Phosphate removal from water using freshly formed Fe-Mn binary oxide: adsorption behaviors and mechanisms[J]. Colloids & Surfaces A: Physicochemical & Engineering Aspects, 2014, 455(1): 11-18.

[10] Qu X, Alvarez P J J, Li Q. Applications of nanotechnology in water and wastewater treatment[J]. Water Research, 2013, 47(12): 3931-3946.

[11] 孔晶晶, 裴志国, 温蓓, 等. 磺胺嘧啶和磺胺噻唑在土壤中的吸附行为[J]. 环境化学, 2008, 1(6): 736-741.

[12] Xu P, Zeng G M, Dan L H, et al. Use of iron oxide nanomaterials in wastewater treatment: a review[J]. Science of the Total Environment, 2012, 424(4): 1-10.

[13] Zhao Y, Tan Y, Guo Y, et al. Interactions of tetracycline with Cd(II), Cu(II) and Pb(II) and their cosorption behavior in soils[J]. Environmental Pollution, 2013, 180(3): 206-213.

[14] Cheung W H, Szeto Y S, Mckay G. Intraparticle diffusion processes during acid dye adsorption onto chitosan[J]. Bioresource Technology, 2007, 98(15): 2897-2904.

[15] Öztel M D, Akbal F, Altaş L. Arsenite removal by adsorption onto iron oxide-coated pumice and sepiolite[J]. Environmental Earth Sciences, 2015, 73(8): 4461-4471.

[16] Zach-Maor A, Semiat R, Shemer H. Synthesis, performance, and modeling of immobilized nano-sized magnetite layer for phosphate removal[J]. Journal of Colloid & Interface Science, 2011, 357(2): 440-446.

[17] Zhao X, Lv L, Pan B, et al. Polymer-supported nanocomposites for environmental application: a review[J]. Chemical Engineering Journal, 2011, 170(2-3): 381-394.

[18] 付军, 范芳, 李海宁, 等. 铁锰复合氧化物/壳聚糖珠: 一种环境友好型除磷吸附剂[J]. 环境科学, 2016, (12): 4882-4890.

[19] Boaiqi Z, Nan C, Chuanping F, et al. Adsorption for phosphate by crosslinked/non-crosslinked-chitosan-Fe(III) complex sorbents: characteristic and mechanism[J]. Chemical Engineering Journal, 353: 361-372.

[20] Suresh Kumar P, Prot T, Korving L, et al. Effect of pore size distribution on iron oxide coated granular activated carbons for phosphate adsorption—importance of mesopores[J]. Chemical Engineering Journal, 2017, 326: 231-239.

[21] 胡超, 王有宁, 郑足红, 等. 蒙脱石-壳聚糖复合物对磷吸附性能的研究[J]. 农业环境科学

学报, 2017, 36(10): 2086-2091.

[22] Ren J, Li N, Li L, et al. Granulation and ferric oxides loading enable biochar derived from cotton stalk to remove phosphate from water[J]. Bioresource Technology, 2015, 178: 119-125.

[23] 程翔. 类水滑石吸附和蓝铁石沉淀回收污水中磷的研究[D]. 哈尔滨: 哈尔滨工业大学, 2010.

第 6 章 铁基氧化物吸附除铬技术

如前所述，吸附法是一种有效的除铬技术，铁氧化物吸附剂因具有优良的性能，如更高的吸附容量、高等电点及较强的吸附选择性引起了研究者的重视[1]。特别是铁基复合氧化物因具有不同于单一金属氧化物的物化特征，近年来引起了研究人员的广泛关注。锆氧化物是一种绿色低廉、具有良好酸碱抗性的金属氧化物，可以预测，若合成出铁锆复合氧化物，其可以兼具铁、锆元素对 Cr(VI) 的亲和性、铁氧化物的廉价性、锆氧化物抗酸碱性及氧化还原的稳定性，有望成为一类良好的除铬吸附材料[2]。

介孔材料是一类基于无机前驱体与有机表面活性剂之间相互作用所形成的孔径或层间距处于纳米量级(2~50nm)的自组装体系。与普通金属氧化物相比，具有介孔结构特性的金属氧化物具有大比表面积和孔容、大而均一的孔径、孔道结构长等优点[3]，介孔材料的高比表面积和多孔结构有利于其更好地吸附污染物。目前有关将介孔材料用于吸附除 Cr(VI) 的研究对象主要有介孔硅、介孔 Fe_2O_3 和介孔 TiO_2 等[4, 5]。但目前尚未发现利用介孔铁锆复合氧化物去除水中 Cr(VI) 的研究报道。结合铁锆复合氧化物和介孔材料的特性，可以推测介孔铁锆复合氧化物可能对 Cr(VI) 具有很强的净化能力。

本章内容主要包括三部分：①采用十六烷基三甲基溴化铵(CTAB)作为模板剂合成了介孔铁锆氧化物吸附剂，探讨了制备条件对吸附剂吸附 Cr(VI) 效果的影响，并对其进行物化性能表征，研究介孔铁锆复合氧化物对水中 Cr(VI) 的吸附性能，考察其再生性能，并对其吸附除 Cr(VI) 机理进行了探讨；②针对第 5 章所制备的颗粒化壳聚糖偶联纳米氧化铁(NIOC, $R=2.4$)，通过静态实验考察了不同水质条件(时间、温度、pH 值、离子强度及共存离子)对 NIOC 吸附 Cr(VI) 的影响，并对吸附过程进行动力学、等温线和热力学拟合，考察 NIOC 再生性能，探索 NIOC 吸附 Cr(VI) 界面反应机理，同时进行动态柱实验，考察 NIOC 动态吸附除 Cr(VI) 效果；③针对不同摩尔比的颗粒化 NIOC 吸附材料，通过比表面积、机械强度、孔径等物理性能及饱和 Cr(VI) 吸附量的对比分析，对其最佳配比进行优选，对优选的 NIOC 的形貌特征和功能组分进行高分辨率透射电镜(HRTMR)、X 射线衍射(XRD)、扫描电镜(SEM)、X 射线光电子能谱(XPS)和傅里叶变换红外光谱(FTIR)等表征分析，考察主要水质影响因素和动力学、热力学、等温线等吸附性能。

6.1　介孔铁锆氧化物吸附除 Cr(Ⅵ)

6.1.1　介孔铁锆氧化物的制备、优选与表征

本研究采用表面活性剂作为软模板剂的模板法制备介孔材料,该法利用表面活性剂分子相互聚集起来的多分子聚集体作为模板来合成介孔材料[6]。制备过程中,所选用的表面活性剂的性质对合成的材料具有重要影响,不同的表面活性剂合成不同的介孔材料。表面活性剂主要分为:阴离子表面活性剂、阳离子表面活性剂和非离子型表面活性剂。关于软模板剂的去除,主要有两种方法:①程序升温,通过加热的方法去除表面活性剂;②采用适当的萃取剂去除表面活性剂,如乙醇。

实验选用常见的表面活性剂 CTAB 作为软模板剂,乙醇作为萃取剂,同时不加表面活性剂制备金属氧化物作为空白对照。并采用常见的表征方法对介孔材料进行测试分析,主要采用的表征方法包括 X 射线衍射、N_2 吸附-脱附曲线、扫描电镜、傅里叶变换红外光谱、Zeta 电位分析、X 射线光电子能谱。

1. 试剂与仪器

实验所用到的主要试剂和仪器设备分别如**表 6-1** 和**表 6-2** 所示。

表 6-1　实验主要试剂

试剂	纯度	生产厂家
$FeCl_3·6H_2O$	分析纯	国药集团化学试剂有限公司
$ZrOCl_2·8H_2O$	分析纯	国药集团化学试剂有限公司
CTAB	分析纯	国药集团化学试剂有限公司
$K_2Cr_2O_7$	分析纯	国药集团化学试剂有限公司
CH_3CH_2OH	体积分数≥99.7%	国药集团化学试剂有限公司
NH_3	体积分数=25%	国药集团化学试剂有限公司
NaOH	分析纯	国药集团化学试剂有限公司
HCl	分析纯	国药集团化学试剂有限公司
KBr	分析纯	国药集团化学试剂有限公司

表 6-2　主要仪器设备

仪器	型号	生产厂家
比表面积和孔径分析仪	NOVA-6000	美国康塔
X 射线衍射仪	RIGAKU UltimaIV-185	Rigaku Corporation, Japan
扫描电镜	S-3500N	Hitachi Ltd., Japan
傅里叶变换红外光谱分析仪	TENSO27	Bruker, Germany
X 射线光电子能谱仪	Kratos AXIS ULTRA DLD	Japan
Zeta 电位分析仪	Nano ZS	Malvern Co., UK
烘箱	DG202 型	天津市天宇实验仪器有限公司

2. 实验方法

1) 吸附剂的制备

称取一定量的 $FeCl_3 \cdot 6H_2O$ 和 $ZrOCl_2 \cdot 8H_2O$ 分别溶于相同体积的无水乙醇中，混合搅拌 30min，再加入一定量已溶于 90mL 去离子水的 CTAB，用 25%的氨水将混合液的 pH 值调节到 9.5±0.02，继续搅拌 60min。将所得产物密封放置于干燥箱中于 80℃烘干，24h 后取出，冷却至室温后，用去离子水和无水乙醇各清洗三遍后，将产物放置于 103℃的烘箱烘干，24h 后取出，研细，过 140 目筛。吸附剂制备流程如**图 6-1** 所示。

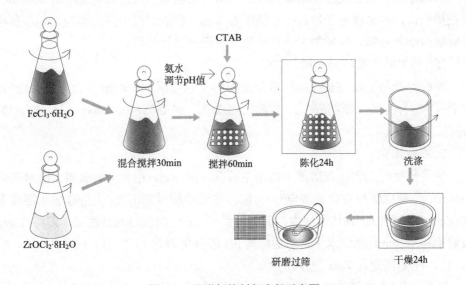

图 6-1　吸附剂的制备流程示意图

A. Fe/Zr 摩尔比的筛选

按上述方法制备吸附剂，控制 Fe 和 Zr 的总摩尔数为 0.072mol，CTAB 的量为 0.036mol，溶剂乙醇的体积为 100mL，制取介孔纯铁氧化物和介孔纯锆氧化物及 Fe/Zr 摩尔比分别为 10∶1、5∶1、4∶1、2∶1 的复合氧化物吸附剂，分别记为 MIZO$_{(1/0)}$、MIZO$_{(0/1)}$、MIZO$_{(10/1)}$、MIZO$_{(5/1)}$、MIZO$_{(4/1)}$和 MIZO$_{(2/1)}$。

B. 普通铁锆复合氧化物的制备

按上述方法制备吸附剂，控制 Fe/Zr 摩尔比为 5∶1，不加入 CTAB，其他操作方法均一致制备吸附剂，即得普通铁锆复合氧化物，记为 IZO。

2) 吸附剂的表征方法

A. N$_2$ 吸附-脱附等温线

N$_2$ 吸附-脱附等温线用来评价介孔材料的比表面积和孔结构。实验采用 NOVA-6000 快速全自动比表面积和孔径分析仪对吸附剂进行比表面积、孔径和孔容分析。分别使用 Brunauer-Emmett-Teller(BET)法计算吸附剂的比表面积和 Barrett-Joyner-Halenda(BJH)法计算吸附剂的孔径分布和孔容。

B. X 射线衍射(XRD)

用 X 射线衍射仪对吸附剂的晶型结构进行分析，实验条件为：Cu K$_{\alpha1}$ 射线波长 λ 为 0.15406nm，管电压为 40kV，管电流为 40mA，扫描步长 0.02°。

C. 扫描电镜(SEM)

扫描电镜可以直观显示物质表面的结构。实验采用日立公司生产的 S-3500N 型扫描电镜，其二次电子像最小分辨率为 3nm，背散射最小分辨率为 5nm，有利于对吸附剂的外貌、颗粒的大小及分散均匀程度进行分析。

D. 傅里叶变换红外光谱(FTIR)

将吸附剂与干燥的 KBr 按质量分数为 99∶1(吸附剂∶KBr)混合后研磨均匀，然后压片进行测量。测量条件为：室温(25±2)℃、波数为 400~4000cm^{-1}，分辨率为 2cm^{-1}。

E. Zeta 电位

为了解吸附剂表面在溶液中的带电情况，用 Zeta 电位分析仪测定吸附剂的 Zeta 电位。MIZO 和 IZO 的等电点(pH$_{ZPC}$)通过绘制吸附剂在不同 pH 值水溶液下的 Zeta 电位所得。具体方法为：配制一系列 1g/L 的吸附剂悬浊液，即将 40mg 吸附剂移至 40mL 蒸馏水中，随后将其 pH 值分别调为 1、2、3、4、5、6、7、8、9、10、11 后测定其 Zeta 电位。

F. X 射线光电子能谱(XPS)

采用 X 射线光电子能谱技术测定样品表面组成，进行价态分析以及半定量分析等。实验所使用的 X 射线光电子能谱仪以 Al K_α(1253.6eV)的 X 射线作为辐射源，以表面污染碳的 C 1s 结合能 284.6eV 来校对催化剂表面物种中各元素的结合能，利用 CasaXPS 软件对所得数据进行分析。

3. 吸附剂的优选与表征

1) 最佳 Fc/Zr 摩尔比

不同 Fe/Zr 摩尔比吸附剂的表面特性及其对 Cr(VI)的吸附容量见**表 6-3**。可见，相对于不含锆的 MIZO(1/0)来说，吸附剂中锆的引入一定程度上提高了吸附剂对 Cr(VI)的吸附容量，其中当 Fe/Zr 摩尔比为 5∶1 时，所制备的吸附剂对 Cr(VI)的吸附容量达到最大，为 47.25mg/g，而当 Fe/Zr 摩尔比大于 5∶1 后，即当锆的含量大于一定值后，吸附容量不再升高，反而降低，Fe/Zr 摩尔比存在一个极佳值。单纯的锆氧化物 MIZO(0/1)的吸附容量也较低，只有 25.61mg/g，该结果表明，MIZO(5/1)制备过程中铁氧化物和锆氧化物产生了良好的协同作用，形成了复合氧化物，从而使其 Cr(VI)吸附性能优于单一的金属氧化物。

不同 Fe/Zr 摩尔比对吸附剂的比表面积、孔容也存在影响。当 Fe/Zr 摩尔比为 5∶1 时，比表面积和孔容也达到最大，分别为 75.843m^2/g 和 0.165cm^3/g。其他条件下，所制备的吸附剂的比表面积均低于此值，这与吸附容量呈现出了相同的规律。这是因为吸附剂的比表面积影响表面吸附位点的数量，高的比表面积意味着更多的吸附位点，从而使吸附剂具有更大的吸附容量，吸附剂的孔径和孔容也呈现出了相似的规律。

表 6-3　不同 Fe/Zr 摩尔比吸附剂表面特性和吸附容量

吸附剂	平均孔径/nm	比表面积/(m^2/g)	孔容/(cm^3/g)	吸附容量/(mg/g)
MIZO(1/0)	3.40	60.502	0.108	38.11
MIZO(10/1)	6.20	63.334	0.146	40.92
MIZO(5/1)	6.50	75.843	0.165	47.25
MIZO(4/1)	3.79	70.919	0.145	43.09
MIZO(2/1)	3.81	64.474	0.113	41.28
MIZO(0/1)	7.93	57.074	0.164	25.61

图 6-2 (a) 是 MIZO(1/0)、MIZO(5/1)和 MIZO(0/1)的 N_2 吸附-脱附等温线，根据 IUPAC 的分类，三种吸附剂为Ⅳ型，曲线是典型的介孔结构吸附-脱附等温线。样品在相对压力为 0.5~0.9 时出现滞后环，说明样品存在大量的介孔结构。因此，所制备的铁氧化物、锆氧化物和铁锆复合氧化物均具有典型的介孔结构特征。与

MIZO$_{(1/0)}$和 MIZO$_{(0/1)}$的孔径分布［**图 6-2（b）**］相比，MIZO$_{(5/1)}$所呈现的峰唯一且陡峭，表明其孔径分布更均匀。

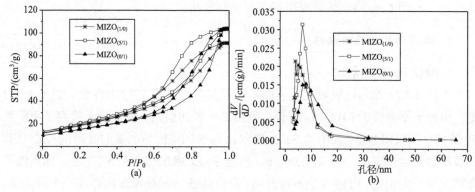

图 6-2　吸附剂的 N$_2$ 吸附-脱附等温曲线（a）和孔径分布（b）图

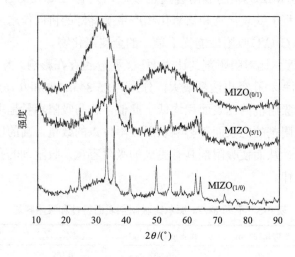

图 6-3　吸附剂的 XRD 谱图

图 6-3 为 MIZO$_{(1/0)}$、MIZO$_{(5/1)}$和 MIZO$_{(0/1)}$的 XRD 谱图。MIZO$_{(1/0)}$的结晶度最佳，在 24.01°、33.14°、35.84°、40.52°、49.52°、54.12°、62.48° 和 64.15°有明显的衍射峰，峰形尖锐，属于 α-Fe$_2$O$_3$（JCPDS No.33-0664）[3]。MIZO$_{(5/1)}$在 33.14°、35.84°、40.52°、54.12° 和 64.15° 处出现较为明显的衍射峰，但强度弱，属于 α-Fe$_2$O$_3$，在 28.38° 和 34.17° 处出现的弱峰为 ZrO$_2$（JCPDS No.78-0047）。MIZO$_{(0/1)}$无明显的衍射峰，表明介孔锆氧化物主要以无定形态存在。据此，锆的引入，降低了介孔铁氧化物的结晶性，使所制备的介孔铁锆复合氧化物主要以无定形态存在，为 ZrO$_2$ 和 α-Fe$_2$O$_3$ 的复合物。有研究表明[7]，较结晶态良好的金属

氧化物，无定形或弱结晶态的金属氧化物具有更大的比表面积，因此可能具有更大的吸附容量。这与**表 6-3** 中 MIZO$_{(5/1)}$ 具有比铁氧化物和锆氧化物更高的比表面积和吸附容量的研究结果是一致的。因此，后续实验中，选择比表面积和吸附容量最大、孔径和孔容较大的 MIZO$_{(5/1)}$ 作为吸附剂，记为 MIZO。

2) 吸附剂 MIZO 和 IZO 的表征

A. N$_2$ 吸附-脱附等温线

MIZO 和 IZO 的 N$_2$ 吸附-脱附等温线如**图 6-4** 所示，其比表面积和孔径如**表 6-4** 所示。根据 IUPAC 的分类，MIZO 的 N$_2$ 吸脱-脱附等温线为 IV 型，且在相对压力为 0.5~0.9 时出现滞后环，说明样品呈介孔结构。而在 IZO 中未发现类似的滞后环。因此铁锆复合氧化物 MIZO 具有典型的介孔结构特征，MIZO 的孔径分布曲线所呈现的峰比 IZO 更为均一和陡峭，说明 MIZO 比 IZO 的孔径分布更均匀。同时，MIZO 比 IZO 具有更大的孔容和孔径。

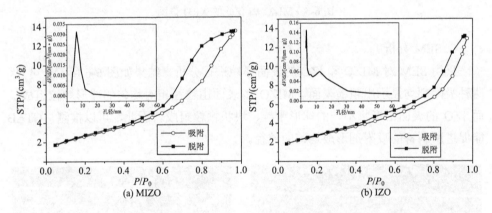

图 6-4　吸附剂的 N$_2$ 吸附-脱附等温线

表 6-4　**MIZO 和 IZO 的 BET 比表面积、平均孔径和孔容**

吸附剂	平均孔径/nm	BET 比表面积/(m²/g)	孔容/(cm³/g)
MIZO	6.50	75.843	0.165
IZO	3.76	77.836	0.146

B. XRD 表征

图 6-5 为 MIZO 和 IZO 的 XRD 谱图。在 IZO 中未发现有关铁氧化物或锆氧化物的特征峰。MIZO 在 24.01°、33.14°、35.84°、40.52°、49.52°、54.12°、62.48° 和 64.15° 有明显的衍射峰，峰形尖锐，属于 α-Fe$_2$O$_3$（JCPDS No.33-0664），在 28.38°

和 34.17°处出现的弱峰为 ZrO$_2$（JCPDS No.78-0047）。但这些特征峰均为弱峰，说明 MIZO 和 IZO 均呈无定形态。

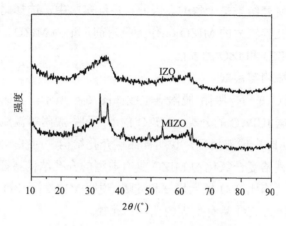

图 6-5　MIZO 和 IZO 的 XRD 谱图

C. SEM 分析

采用 SEM 对 MIZO 和 IZO 的表面形貌进行分析，结果如**图 6-6** 所示。可见，两种吸附剂均显示出粗糙表面，MIZO 的表面由粒径相对均匀的球形颗粒组成，而 IZO 的表面由形状不一的球形颗粒、块状颗粒组成。因此，可以推测，CTAB 能促进所制备的吸附剂形成均匀的粒径。

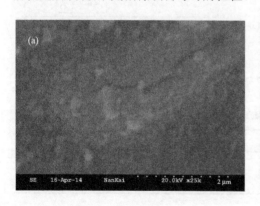
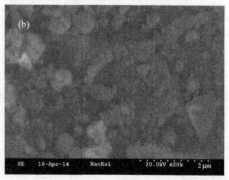

图 6-6　MIZO(a)和 IZO(b)的 SEM 谱图

D. FTIR 表征

图 6-7 为 MIZO 和 IZO 的 FTIR 谱图，其中 3000~3500cm^{-1} 的宽吸收峰为 —OH 伸缩振动峰[8]；1620cm^{-1}、1400cm^{-1}、1110cm^{-1} 和 1020cm^{-1} 代表 M—OH 中

羟基的弯曲振动峰(M 代表金属元素)，且此类峰中 MIZO 均比 IZO 的强度大。580cm^{-1} 为 Fe—O 伸缩振动峰，450cm^{-1} 为 Zr—O 伸缩振动峰[8]。较之 IZO，MIZO 出现几个新的特征峰，2915cm^{-1} 和 1400cm^{-1} 代表 C—H 的不对称伸缩峰[9]。

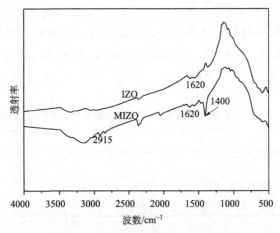

图 6-7 MIZO 和 IZO 的 FTIR 谱图

E. Zeta 电位

MIZO 和 IZO 的 pH$_{ZPC}$ 通过绘制吸附剂在不同 pH 值水溶液下的 Zeta 电位所得，结果如**图 6-8** 所示。可见，随着 pH 值的增加，MIZO 和 IZO 的 Zeta 电位由正值逐渐降低，直至变成负值，得到 MIZO 和 IZO 的 pH$_{ZPC}$ 分别为 10.2 和 7.5。在水溶液中，金属氧化物表面常形成羟基化表面，羟基化表面随溶液酸度的不同发生质子化或去质子化。当溶液 pH 值小于 pH$_{ZPC}$ 时，吸附剂表面由于质子化带

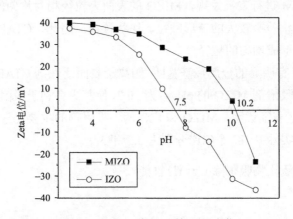

图 6-8 MIZO 和 IZO 的 Zeta 电位

正电荷；当 pH 值大于 pH_{ZPC} 时，吸附剂表面由于去质子化带负电荷。因此，当溶液初始 pH 值小于 10.2 时，吸附剂 MIZO 均带正电，与 Cr(VI) 存在静电引力，有利于对 Cr(VI) 的吸附。

F. XPS 分析

经 XPS 测试获得的 MIZO 和 IZO 的表面元素摩尔分数见**表 6-5**。可见，两种吸附剂的主要元素及含量相似。由此计算得到的 MIZO 和 IZO 的表面 Fe/Zr 摩尔比分别为 3.7 和 3.9。

表 6-5 介孔铁锆复合氧化物和普通铁锆复合氧化物中的元素含量

吸附剂	含量/%			
	O	Fe	Zr	Cl
MIZO	77.5	16.4	4.4	1.7
IZO	80.3	14.8	3.8	1.1

4. 小结

(1)与其他铁锆氧化物相比，Fe/Zr 摩尔比为 5:1 所制备的铁锆复合氧化物 MIZO 对 Cr(VI) 的吸附容量最高(47.25mg/g)。MIZO 具有较大的比表面积、孔径和孔容，比表面积达到 $75.843m^2/g$，孔容为 $0.165cm^3/g$，呈典型的介孔结构和无定形态。

(2)N_2 吸附-脱附等温线分析表明，软模板剂 CTAB 能促使所制备的吸附剂 MIZO 具有典型的介孔材料特征，具有更大的孔容，形成更为均匀的孔径。

(3)通过 SEM 进行表征发现，MIZO 的表面为粒径相对均匀的球形颗粒，而 IZO 的表面为形状差距较大的球形颗粒、块状颗粒。因此，CTAB 的加入能促进所制备的吸附剂形成均匀的粒径。

(4)MIZO 具有明显的金属羟基基团，阳离子表面活性剂 CTAB 作为软模板剂能提高所制备的吸附剂 MIZO 的 pH_{ZPC} 为 10.2，使其更有利于吸附阴离子污染物。

(5)XPS 测试表征说明，MIZO 和 IZO 两种吸附剂的主要元素及其含量相似，MIZO 和 IZO 的实际 Fe/Zr 摩尔比分别为 3.7 和 3.9。

6.1.2 介孔铁锆氧化物吸附除 Cr(VI) 性能

1. 实验方法

吸附实验采用摇床振荡平衡法。将配好的一定浓度的 Cr(VI) 溶液放入离心管中，然后将定量吸附剂投至离心管中，一边摇匀一边快速将其放入已经设定好参数的恒温摇床中。摇床转速设定在 210 r/min，温度为 30℃。

将 $K_2Cr_2O_7$ 在 120℃烘箱中干燥 2h，称取 1.4145g，用少量蒸馏水溶解后转移至 1000mL 容量瓶中，配制 500mg/L 的 Cr(Ⅵ)储备液。实验所用 Cr(Ⅵ)溶液根据需要在此浓度基础上进行稀释配制。

将 40mL 已调好 pH 值的 Cr(Ⅵ)溶液转移至 50mL 离心管中，称取一定量的吸附剂加入到上述溶液中，摇匀，在振荡器上恒温(30℃)振荡 24h，经 0.45 μm 滤膜过滤后测定滤液中的 Cr(Ⅵ)浓度。Cr(Ⅵ)溶液的 pH 值由 0.1mol/L 的 HCl 和 NaOH 溶液调节。

采用二苯碳酰二肼显色法测定 Cr(Ⅵ)，其原理为：在酸性溶液中，Cr(Ⅵ)与二苯碳酰二肼反应生成紫红色化合物，于波长 540nm 处进行分光光度测定。

为了更好地研究吸附剂 MIZO 的吸附性能，所有实验均与普通铁锆复合氧化物 IZO 做比较，进一步说明采用十六烷基三甲基溴化铵制备的介孔材料的优越性能。

1) 吸附剂投加量的影响

将 40mL 浓度为 50mg/L、pH 值为 5 的 Cr(Ⅵ)溶液转移至 50mL 离心管中，分别称取吸附剂 10mg、20mg、40mg、60mg、80mg 加至上述溶液中，摇匀，在摇床上恒温(30℃)振荡 24h，经 0.45μm 滤膜过滤后测定滤液中的 Cr(Ⅵ)浓度。考察的吸附剂投加量分别为 0.25g/L、0.5g/L、1g/L、1.5g/L、2g/L。

2) 初始 pH 值的影响

将 40mL 浓度为 50mg/L、pH 值分别为 1、2、3、4、5、6、7、8、9、10 的 Cr(Ⅵ)溶液转移至 50mL 离心管中，吸附剂投加量为 1g/L，摇匀，在摇床上恒温 (30℃)振荡 24h，经 0.45μm 滤膜过滤后测定滤液中的 Cr(Ⅵ)浓度。

3) Cr(Ⅵ)初始浓度的影响

将 pH 5，体积为 40mL，初始浓度分别为 5mg/L、10mg/L、25mg/L、50mg/L、75mg/L、100mg/L 的 Cr(Ⅵ)溶液分别转移至 50mL 离心管中，吸附剂投加量为 1g/L，摇匀，在摇床上恒温(30℃)振荡 24h，经 0.45μm 膜过滤后测定滤液中的 Cr(Ⅵ)浓度。

4) 吸附时间的影响

将 40mL 浓度为 50mg/L、pH 值为 5 的 Cr(Ⅵ)溶液转移至 50mL 离心管中，吸附剂投加量为 1g/L，摇匀，在摇床上恒温(30℃)分别振荡 1min、2min、3min、5min、10min、30min、60min、120min、180min、240min、360min、480min、540min、600min。经 0.45μm 滤膜过滤后测定滤液中的 Cr(Ⅵ)浓度。

5) 共存离子的影响

将 40mL、pH 值为 5 的 Cr(Ⅵ) 溶液转移至 50mL 离心管，并在 Cr(Ⅵ) 溶液中分别添加 Cl^-、NO_3^-、CH_3COO^-、SO_4^{2-}、$H_2PO_4^-$、CO_3^{2-}，使最终 Cr(Ⅵ) 浓度为 50mg/L，各共存离子浓度分别为 0mmol/L、1mmol/L、10mmol/L、100mmol/L。吸附剂投加量为 1g/L，摇匀，在摇床上恒温 (30℃) 振荡 24h，经 0.45μm 滤膜过滤后测定滤液中的 Cr(Ⅵ) 浓度。

6) MIZO 和 IZO 的解吸再生实验

采用四次吸附-脱附循环实验以考察吸附剂的再生能力。将 40mg 吸附剂在吸附 Cr(Ⅵ) 后分离，投至 20mL 0.05mol/L 的 NaOH 溶液中，摇匀，放入恒温摇床，在转速 210r/min 和 30℃条件下，振荡 4h，以脱出 Cr(Ⅵ)。随后将吸附剂分离，用蒸馏水将其洗至中性后过滤，冷冻干燥后再用于 Cr(Ⅵ) 吸附。

2. 去除率和吸附容量计算方法

Cr(Ⅵ) 去除率由式 (6-1) 计算得到。

$$去除率(\%) = \frac{C_0 - C_e}{C_0} \times 100\% \tag{6-1}$$

式中，C_0、C_e 分别为 Cr(Ⅵ) 溶液的初始浓度和吸附平衡浓度，单位均为 mg/L。

Cr(Ⅵ) 吸附容量由式 (6-2) 计算而得。

$$q_e = \frac{(C_0 - C_e) \times V}{m} \tag{6-2}$$

式中，q_e 为吸附平衡时每克吸附剂吸附的 Cr(Ⅵ) 的量，mg/g；V 和 m 分别为 Cr(Ⅵ) 的体积和吸附剂的质量，单位分别为 L 和 g。

3. 介孔铁锆氧化物吸附除铬行为

1) 吸附剂投加量的影响

吸附剂的投加量是采用吸附法处理水与废水最为基本的影响参数，当投加量不足时，达不到理想的处理效果；投加量过大，不仅造成严重的浪费，还有可能造成处理效果不好，因此实验首先确定吸附剂投加量。

在初始 Cr(Ⅵ) 浓度为 50mg/L、pH 值为 5 时，吸附剂投加量对 Cr(Ⅵ) 去除效果的影响见图 6-9。由图可知，吸附剂投加量不同对 Cr(Ⅵ) 吸附容量有较明显的影响，且 MIZO 和 IZO 的变化趋势相似。随着吸附剂投加量的增加，Cr(Ⅵ) 吸附容量也随之增大，吸附剂投加量大于 1g/L 后，吸附容量降低。在吸附剂投加量为 1g/L 时，MIZO 和 IZO 的吸附容量最大，分别是 47.56mg/g 和 29.93mg/g。吸

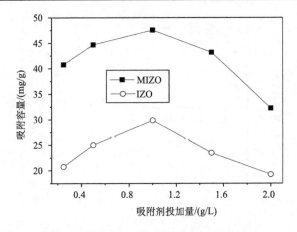

图 6-9 吸附剂投加量对吸附 Cr(VI)的影响

附容量之所以出现最大点是因为在吸附剂投加量小于 1g/L 时，随着吸附剂投加量的增加，吸附位点的数量相应增多，进而提高对 Cr(VI)的吸附容量；而在吸附剂投加量大于 1g/L 以后，吸附剂的浓度较高，可能造成颗粒间的相互碰撞和聚集效应增强[10]，致使随着吸附剂用量的增加，单位质量的吸附剂对 Cr(VI)的吸附量反而减小。因此，本研究条件下的最佳吸附剂投加量为 1g/L。

2) 初始 pH 值的影响

溶液 pH 值是影响吸附的重要因素，因为 pH 值能够影响 Cr(VI)在水中的存在形态和吸附剂表面的带电特征。因此在采用吸附法处理含铬水与废水时，溶液 pH 值是一个不可忽视的因素。以下是 pH 值对 Cr(VI)形态影响的反应式[11]：

$$HCrO_4^- \rightleftharpoons H^+ + CrO_4^{2-} \qquad pK_a=5.9$$

$$H_2CrO_4 \rightleftharpoons H^+ + HCrO_4^- \qquad pK_a=4.1$$

$$Cr_2O_7^{2-} + H_2O \rightleftharpoons 2HCrO_4^- \qquad pK_a=2.2$$

在初始 Cr(VI)浓度为 50mg/L、吸附剂投加量为 1g/L 时，初始 pH 值对吸附剂吸附 Cr(VI)的影响如**图 6-10** 所示。总体而言，酸性条件更有利于吸附剂对 Cr(VI)的吸附，MIZO 和 IZO 分别在 pH 值为 3 和 2 时获得最大的 Cr(VI)去除率，为 96%和 90%。就 MIZO 而言，当 pH 值增加至 6 后，Cr(VI)去除率仍大于 87%；当 pH 值升至 8，Cr(VI)去除率少量降低至 81%；随后当 pH 值由 8 升至 10，去除率显著下降。而 IZO 对 Cr(VI)的去除率在 pH 值大于 2 后便明显下降。溶液 pH 值对 IZO 的影响强于对 MIZO 的影响，说明 MIZO 对溶液 pH 值具有更强的适应能力。

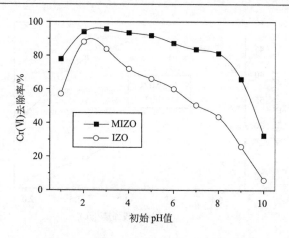

图 6-10　初始 pH 值对吸附 Cr(VI) 的影响

　　在 6.1.1 节中，测定了 MIZO 和 IZO 两种吸附剂的 pH$_{ZPC}$。IZO 的表面在溶液 pH 值低于其 pH$_{ZPC}$(7.5) 时，其表面羟基质子化而带正电，由于在 pH 2~6 时，IZO 表面的 Cr(VI) 阴离子存在静电引力，因而在此 pH 值范围的去除率较高；而随后去除率的降低主要归因于吸附剂表面的质子化作用降低；碱性 pH 值下，Cr(VI) 去除率的显著降低，主要因为：①吸附剂表面带负电，与 Cr(VI) 阴离子产生静电排斥；②溶液中 OH$^-$ 与 CrO$_4^{2-}$ 的竞争吸附[12]。而 MIZO 的 pH$_{ZPC}$ 为 10.2，因此 MIZO 的表面在整个实验 pH 值范围内 (1~10) 均带正电，这一特性解释了 MIZO 能够在较宽 pH 值范围内均有良好去除效果的原因。而在 pH 值大于 8 后，MIZO 对 Cr(VI) 去除率的显著降低可能是由 OH$^-$ 和 Cr(VI) 的竞争吸附造成的。在 pH 值低于 2 时，MIZO 和 IZO 对 Cr(VI) 的去除率均明显降低，可能是吸附剂在强酸条件下溶解造成的；同时，有研究表明当 H$^+$ 离子浓度很高时，CrO$_4^{2-}$ 离子很可能转化为 Cr$_2$O$_7^{2-}$。而 Cr$_2$O$_7^{2-}$ 的尺寸是 CrO$_4^{2-}$ 的两倍，使其难以进入吸附剂的孔内[13]。

　　关于 Cr(VI) 吸附剂的研究大部分需要在 pH 值小于 6 才有效，在中性和碱性时，吸附去除率显著下降[14, 15]。然而，常规水质多为中性偏弱碱。因此，对于这种特征的含 Cr(VI) 水与废水，需要一种能在中性和弱碱性条件下对 Cr(VI) 有较好吸附作用的吸附剂。尽管 MIZO 对 Cr(VI) 的去除率在中性偏弱碱性的时候 (pH 值为 6~8 时，去除率为 81%~87%) 小于酸性条件 (去除率>90%)，但是其在中性和弱碱性的条件仍能发挥较好的吸附作用。考虑到去除率和实验操作的可行性，后续研究选择初始 pH 值为 5±0.02 进行。

　　3) Cr(VI) 初始浓度的影响

　　含 Cr(VI) 水与废水多种多样，每种水的物理化学性质都会有差别，如水中的

Cr(Ⅵ)浓度。吸附剂对 Cr(Ⅵ)的吸附具有一定的吸附容量,在一定的浓度范围内可以达到理想的处理效果,当水中初始 Cr(Ⅵ)浓度偏离吸附剂的适应范围,处理效果就会急剧下降,因此研究了初始 Cr(Ⅵ)浓度对铬去除率的影响。

在初始 pH 5、吸附剂投加量为 1g/L 的条件下,MIZO 和 IZO 在不同 Cr(Ⅵ)初始浓度下对 Cr(Ⅵ)的去除率见**图 6-11**。两种吸附剂对 Cr(Ⅵ)的去除率均随着 Cr(Ⅵ)初始浓度的增加而降低;在整个实验范围内[Cr(Ⅵ)初始浓度为 5~100mg/L],MIZO 对 Cr(Ⅵ)的去除率均高于 IZO。在 Cr(Ⅵ)初始浓度较低时(< 20mg/L),MIZO 和 IZO 对 Cr(Ⅵ)均能较好地去除,去除率均高于 96%。然而当 Cr(Ⅵ)初始浓度超过 25mg/L 后,IZO 对 Cr(Ⅵ)的去除率迅速下降,而 MIZO 对初始浓度小于 50mg/L 的 Cr(Ⅵ)溶液的去除率仍在 93%以上。显然 MIZO 比 IZO 能适应更宽范围的 Cr(Ⅵ)初始浓度。

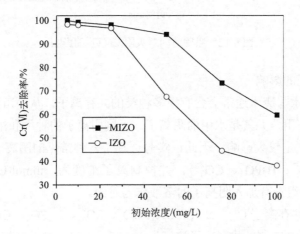

图 6-11　Cr(Ⅵ)初始浓度对吸附 Cr(Ⅵ)的影响

4)吸附时间的影响

吸附时间是吸附法处理水与废水的另一个重要影响因素,吸附剂吸附 Cr(Ⅵ)的吸附速率是决定反应时间的关键。为了达到更好的处理效果和应用该吸附剂处理含 Cr(Ⅵ)水与废水,进一步探讨了吸附时间对 Cr(Ⅵ)去除率的影响。

在 pH 值为 5、Cr(Ⅵ)初始浓度为 50mg/L、吸附剂投加量为 1g/L 的条件下,MIZO 和 IZO 对 Cr(Ⅵ)的吸附容量随吸附反应时间的变化如**图 6-12** 所示。MIZO 和 IZO 对 Cr(Ⅵ)均能迅速吸附;且在整个吸附过程中,MIZO 对 Cr(Ⅵ)的吸附容量均大于 IZO。两者对 Cr(Ⅵ)的吸附速率稍有差别,在吸附进行的前 30min,MIZO 和 IZO 分别吸附了平衡吸附量的 97%和 99%。此后,MIZO 对 Cr(Ⅵ)的吸附容量稍微上升,IZO 基本保持不变。MIZO 和 IZO 对 Cr(Ⅵ)的吸附平衡时间均小于 1h。

这一数值远快于泥炭(约 6h)和活性炭(约 10~70h)[16]。研究的吸附剂对 Cr(VI)如此快速的吸附,说明吸附剂的吸附位点主要存在于表面,并且 Cr(VI)很容易到达。

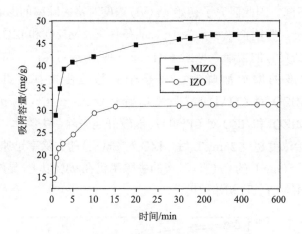

图 6-12　吸附时间对吸附 Cr(VI)的影响

5)共存离子的影响

含 Cr(VI)水与废水通常会含有很多种类的共存离子,从而可能与 Cr(VI)的吸附产生竞争作用,尤其是水中的阴离子,不同阴离子的种类和浓度都会对吸附剂的吸附效果产生较大影响。因此,实验选择了六种常见的阴离子(Cl⁻、NO₃⁻、CH₃COO⁻、SO₄²⁻、H₂PO₄⁻、CO₃²⁻),并控制离子浓度为 1mmol/L、10mmol/L、100mmol/L,一组没有加入阴离子的溶液作为对照。

图 6-13 为共存离子 Cl⁻、NO₃⁻、CH₃COO⁻、SO₄²⁻、H₂PO₄⁻、CO₃²⁻对 MIZO 和 IZO 吸附 Cr(VI)的影响,共存离子浓度为 1~100mmol/L。对于每种共存离子而言,

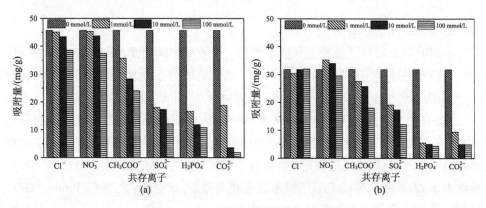

图 6-13　共存离子对吸附 Cr(VI)的影响

其竞争吸附作用随着浓度的增加而增加。较之 IZO，除了与 10~100mmol/L 的 CO_3^{2-} 共存时，总体上 MIZO 比 IZO 对 Cr(Ⅵ)的吸附容量更佳。共存离子对 MIZO 吸附 Cr(Ⅵ)的竞争吸附作用由强到弱为：CO_3^{2-}>$H_2PO_4^-$>SO_4^{2-}>CH_3COO^->NO_3^-≈Cl^-；而 IZO 为：$H_2PO_4^-$>CO_3^{2-}>SO_4^{2-}>CH_3COO^->NO_3^-≈Cl^-。其原因可能是 MIZO 和 IZO 不同的化学组成造成的。进一步分析，可以发现 Cl^- 和 NO_3^- 对吸附剂吸附 Cr(Ⅵ)无明显影响，SO_4^{2-}、$H_2PO_4^-$ 和 CO_3^{2-} 对吸附剂吸附 Cr(Ⅵ)有显著影响。例如，当分别与 100mmol/L 的 SO_4^{2-}、$H_2PO_4^-$ 和 CO_3^{2-} 共存时，MIZO 对 Cr(Ⅵ)的吸附容量将由 46mg/g 降低至 12mg/g、6 mg/g 和 2mg/g，IZO 对 Cr(Ⅵ)的吸附容量从 32mg/g 减少至 12mg/g、5mg/g 和 5mg/g。$H_2PO_4^-$ 之所以有如此显著的竞争吸附作用主要是因为其与 Cr(Ⅵ)相似的四面体结构[17]。CO_3^{2-} 的显著竞争吸附作用可能是因为 Cr-C 络合物，从而阻止 Cr(Ⅵ)吸附到吸附剂的表面。CH_3COO^- 的竞争吸附作用居中，可能是由于实验所采用的 CH_3COO^- 源自 CH_3COOH，CH_3COOH 既是酸，又具有有机物的性质。作为有机物，其将会与吸附剂发生络合反应；而作为酸，将会降低溶液 pH 值，从而促进吸附的进行。

4. 与其他吸附剂的吸附容量对比

表 6-6 列出了不同金属氧化物吸附材料对水溶液中 Cr(Ⅵ)的理论最大吸附容量 q_m 对比。可见，与其他吸附剂相比，本研究制备出的吸附剂对 Cr(Ⅵ)具有更高的吸附容量，综合考虑成本、吸附速率、pH 值适应范围等因素，介孔 Fe/Zr 复合氧化物是一种具有较好应用潜力的去除水中 Cr(Ⅵ)的吸附材料。

表 6-6　不同金属氧化物吸附材料去除 Cr(Ⅵ)的吸附容量

吸附剂	pH 值	q_m/(mg/g)	文献
介孔 Fe/Zr 复合氧化物	5	59.88	本研究
介孔 Mn/Fe 复合氧化物	2	40	[18]
介孔 Fe/Mg 复合氧化物	2	31	[19]
Fe/Ni 复合氧化物	5	30	[20]
介孔 MgO	4	20	[21]
水合 TiO_2	1.5	11	[22]

5. 吸附剂的再生与重复使用

吸附剂的再生和重复使用是吸附剂进行实际应用的重要影响因素。MIZO 和

IZO 对 Cr(Ⅵ)的吸附再生实验结果见**图 6-14**。经 1 次再生后，MIZO 对 Cr(Ⅵ)的吸附容量由 47.07mg/g 降低至 44.32mg/g，IZO 的由 30.88mg/g 降低至 28.31mg/g。经 3 次再生后，吸附剂的吸附容量有少量的降低。MIZO 在第 4 次循环吸附中对 Cr(Ⅵ)的吸附容量为 38.06mg/g，这一数值仍大于原始吸附容量的 80%；IZO 的这一数值为 76%。这些结果说明本研究的 Cr(Ⅵ)吸附剂能用 NaOH 溶液实现有效再生和循环使用。

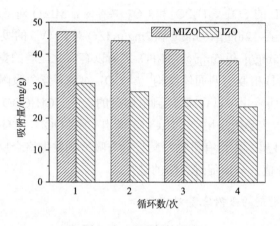

图 6-14　吸附剂的再生

6. 小结

(1)实验条件下，初始浓度为 50mg/L、pH 值为 5 的 Cr(Ⅵ)的最佳吸附剂投加量为 1g/L；MIZO 和 IZO 分别在 pH 值为 3 和 2 时达到最大去除率，分别为 96% 和 88%。MIZO 比 IZO 能适应更宽的 pH 值范围，在 pH 值为 2~8 时，MIZO 对 Cr(Ⅵ)的去除率均高于 80%，而 IZO 对 Cr(Ⅵ)的去除率则由 88%降低至 43%。

(2)MIZO 和 IZO 对 Cr(Ⅵ)的去除率随着 Cr(Ⅵ)初始浓度的增加而减少，吸附容量随着吸附时间的增加而增加。两种吸附剂对 Cr(Ⅵ)的吸附速率均较快，吸附平衡时间均小于 1h。

(3)共存离子对 MIZO 和 IZO 均具有竞争吸附作用，且随着共存离子浓度的增大，其竞争吸附作用也加大。其中 Cl^- 和 NO_3^- 的影响不明显，$H_2PO_4^-$、SO_4^{2-} 和 CO_3^{2-} 有明显的竞争吸附作用。研究还发现 MIZO 对共存离子的适应性强于 IZO。

(4)MIZO 和 IZO 均可采用 NaOH 溶液进行再生，再生效果较好，循环使用四次后，MIZO 的吸附容量降低 20%，IZO 的降低 24%。

(5)与其他金属氧化物对水溶液中 Cr(Ⅵ)的理论最大吸附容量相比，本研究所制备的吸附剂 MIZO 对 Cr(Ⅵ) 具有更高的吸附容量。

6.1.3 介孔铁锆氧化物吸附 Cr(Ⅵ) 机理

吸附法作为水处理技术常用的方法，为更好地指导和应用吸附剂获得良好处理效果，有必要深入地研究吸附剂吸附目标污染物的机理，这也是科学研究的本质。吸附过程从本质上说是一种传质的过程，介孔吸附剂的吸附过程可分为三个阶段：①膜扩散；②颗粒内扩散；③活性位点吸附，这是一个动态的稳定过程。

吸附动力学反映的是目标污染物在吸附剂上的吸附特性，目前最为常用的吸附动力学模型为准一级动力学模型和准二级动力学模型。吸附等温线是指在一定温度下溶质分子在两相界面上进行的吸附过程达到平衡时，它们在两相中浓度之间的关系曲线，Langmuir 吸附等温式和 Freundlich 吸附等温式是较为常见的等温线方程式。

为了研究介孔铁锆复合氧化物对 Cr(Ⅵ) 的吸附机理，实验采用 Zeta 电位仪、傅里叶变换红外光谱仪、X 射线衍射仪分析 MIZO 吸附 Cr(Ⅵ) 前后的变化。其中，通过测定 Zeta 电位可以了解吸附剂表面在溶液中的带电情况，考察吸附剂的等电位点的变化；介孔材料吸附 Cr(Ⅵ) 后可能会导致其表面官能团的变化，这些变化可以通过 FTIR 谱图来分析；X 射线光电子能谱是目前常用的元素化学状态分析技术，采用 X 射线光电子能谱分析可以确定 Cr(Ⅵ) 在吸附剂上存在的价态、相应的含量和吸附剂吸附 Cr(Ⅵ) 前后的元素组成变化。

1. 实验仪器设备与方法

1) 实验仪器与设备

本研究采用的主要仪器及设备如**表 6-7** 所示。

表 6-7 主要仪器设备

仪器	型号	生产厂家
快速全自动比表面积和孔径分析仪	NOVA-6000	美国康塔
X 射线衍射仪	RIGAKU UltimaⅣ-185	Rigaku Corporation, Japan
扫描电镜	S-3500N	Hitachi Ltd., Japan
傅里叶变换红外光谱分析仪	TENSO27	Bruker, Germany
X 射线光电子能谱分析仪	Kratos AXIS ULTRA DLD	Japan
Zeta 电位分析仪	Nano ZS	Malvern Co., UK
烘箱	DG202 型	天津市天宇实验仪器有限公司

2) 实验方法

A. pH 值影响实验

将 40mL 浓度 50mg/L，pH 值分别为 1、2、3、4、5、6、7、8、9、10 的 Cr(Ⅵ) 溶液转移至 50mL 离心管中，吸附剂投加量为 1g/L，摇匀，在摇床上恒温(30℃) 振荡 24h，经 0.45μm 滤膜过滤后测定滤液中的 Cr(Ⅵ) 浓度。

B. 吸附等温线

吸附等温线实验步骤如下：吸附剂投加量为 1g/L，初始 pH 5.0±0.02，Cr(Ⅵ) 的初始浓度分别设置为 5~100mg/L，在 30℃ 条件下，振荡 24h 后取样。样品取样 方法同上。

C. 吸附动力学

吸附实验采用摇床振荡平衡法，在 30℃ 条件下进行。吸附动力学的实验步骤 如下：Cr(Ⅵ) 初始浓度为 50mg/L，吸附剂投加量为 1g/L，初始 pH 5.0±0.02，0~6h 间隔取样。样品取样方法同上。

D. 吸附前后 Zeta 电位的变化

通过测定 MIZO 吸附 Cr(Ⅵ) 前后 pH_{ZPC} 的变化，推测吸附剂和吸附质界面的 相互作用。MIZO 吸附 Cr(Ⅵ) 前的 pH_{ZPC} 的测定方法前已述及，吸附后 pH_{ZPC} 的 测定方法为：将 40mL 浓度为 50mg/L 的 Cr(Ⅵ) 溶液转移至 50mL 离心管，称取 40mg 吸附剂 MIZO 加入上述溶液，摇匀，在摇床上恒温(30℃)振荡 24h，在振荡 过程中分别使溶液的 pH 值为 1、2、3、4、5、6、7、8、9、10、11。

E. 吸附前后 FTIR 的变化

FTIR 是用于表征吸附剂官能团的重要技术手段，通过分析 MIZO 吸附 Cr(Ⅵ) 前后的 FTIR 谱图变化，可以分析 MIZO 吸附 Cr(Ⅵ) 前后的官能团变化，进而推 测吸附机理。

F. 吸附前后 XPS 的变化

XPS 不仅能得出物质的元素含量，还能判断价态变化，因此，通过分析 MIZO 吸附 Cr(Ⅵ) 前后的元素及其价态变化，可以判断可能的吸附方式，如离子交换、 氧化还原等。

2. 介孔铁锆氧化物吸附除 Cr(Ⅵ) 机理探讨

1) pH 值的影响

MIZO 对 Cr(Ⅵ) 的吸附量随着 pH 值的增大而降低，说明 MIZO 与 Cr(Ⅵ) 之 间存在静电吸附作用。因为 MIZO 的 pH_{ZPC} 为 10.2，在 pH 值为 1~10 的情况下， MIZO 的表面由于质子化而带正电，Cr(Ⅵ) 带负电，而 MIZO 的质子化程度由于

pH 值的升高而降低，从而降低它们之间的静电作用，使 MIZO 对 Cr(Ⅵ) 的吸附量减少。

2) 吸附等温线

吸附等温线可以反映目标污染物的浓度对吸附效果的影响，即吸附剂对污染物的吸附遵循某种数学规律。Langmuir 等温方程式和 Freundlich 等温方程式是较为常见的两种等温线方程式，本研究在 pH 5.0±0.02 和 30℃ 条件下，获得了 MIZO 对 Cr(Ⅵ) 的吸附等温线数据(**图 6-15**)和吸附等温线的拟合参数(**表 6-8**)。可见，采用 Freundlich 模型拟合的相关系数只有 0.892；而 Langmuir 模型拟合的相关系数为 0.999，理论吸附容量为 59.88mg/g，这说明 MIZO 表面的吸附位点分布均匀，使 Cr(Ⅵ) 在 MIZO 上的吸附为单分子层吸附。

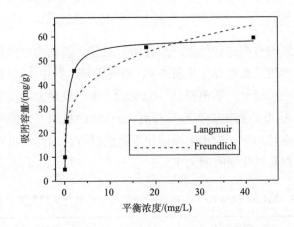

图 6-15　MIZO 吸附 Cr(Ⅵ) 的 Langmuir 和 Freundlich 拟合曲线

吸附剂投加量 1g/L，pH 5.0±0.02，30℃

表 6-8　MIZO 吸附 Cr(Ⅵ) 的 Langmuir 和 Freundlich 参数

吸附剂	Langmuir 等温线			Freundlich 等温线		
	q_{m}/(mg/g)	b/(L/mg)	R^2	K_{F}	n	R^2
MIZO	59.88	1.34	0.999	21.68	2.89	0.892

注：吸附剂投加量 1g/L，pH 5.0±0.02，30℃。

3) 吸附动力学

为了研究时间对吸附效果的影响，即吸附动力学，采用准一级动力学方程和准二级动力学方程来描述与分析 MIZO 吸附 Cr(Ⅵ) 的动力学过程，所得的吸附动力学数据和拟合曲线如**图 6-16** 所示。

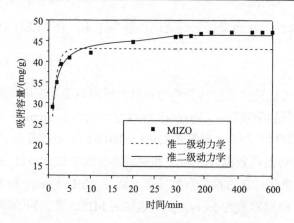

图 6-16　MIZO 吸附 Cr(Ⅵ)的准一级和准二级动力学拟合曲线

初始 Cr(Ⅵ)浓度 50mg/L，吸附剂投加量 1g/L，pH 5.0±0.02，30℃

对吸附时间影响数据进行处理，拟合所得的准一级动力学常数(K_1)、准二级动力学常数(K_2)和相关系数(R^2)见**表 6-9**。如表所示，其中 Cr(Ⅵ)在吸附剂上的吸附行为更符合准二级动力学模型(R^2=0.9996)。准一级动力学模型拟合的结果较差(R^2=0.8356)。因此，判定介孔吸附剂对 Cr(Ⅵ)的吸附行为遵循准二级反应动力学。准二级反应动力学一般用来描述化学吸附过程，因此可以判断，吸附剂对 Cr(Ⅵ)的吸附过程是以化学吸附为主。

表 6-9　MIZO 吸附 Cr(Ⅵ)的准一级和准二级动力学模型拟合参数

吸附剂	准一级动力学			准二级动力学		
	K_1/min^{-1}	$q_e/(mg/g)$	R^2	$K_2/[g/(mg·min)]$	$q_e/(mg/g)$	R^2
MIZO	0.812	45.47	0.8356	0.02	47.10	0.9996

注：初始 Cr(Ⅵ)浓度 50mg/L，吸附剂投加量 1g/L，pH 5.0±0.02，30℃。

4)吸附前后的 Zeta 电位变化分析

吸附前后 MIZO 的 Zeta 电位随 pH 值的变化如**图 6-17** 所示。由图可知，MIZO 的 pH_{ZPC} 约为 10.2，这表明当 pH 值低于 10.2，吸附剂表面带正电，吸附剂与水体中的阴离子 Cr(Ⅵ)之间存在静电引力，因此可以在较大的 pH 值范围内有较好的去除效果；吸附剂吸附 Cr(Ⅵ)后的 pH_{ZPC} 下降到 8.8，显然阴离子 Cr(Ⅵ)使 MIZO 表面的负电荷变多。

通常吸附剂与吸附质形成的外层配合物不会改变 pH_{ZPC}，因为它们之间没有特殊的化学反应发生[6]。吸附 Cr(Ⅵ)后吸附剂的 pH_{ZPC} 下降，这表明在吸附剂

MIZO 上生成了带负电荷的内层配合物。因此，Cr(Ⅵ) 与 MIZO 之间存在专性吸附，而不是单纯的静电引力。

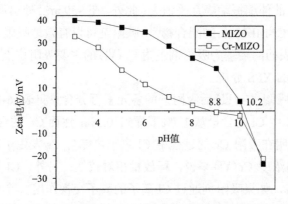

图 6-17　MIZO 吸附 Cr(Ⅵ) 前后的 Zeta 电位变化

5) 吸附前后的 FTIR 分析

红外光谱是利用物质中的分子吸收红外辐射后，分子中的官能团或化学键发生振动吸收，由于不同的官能团或化学键吸收不同波长的红外线，因此在红外光谱上出现在不同的位置，从而获得物质分子中所含官能团的信息。

本研究采用 FTIR 来考察吸附剂吸附 Cr(Ⅵ) 后的官能团的变化，FTIR 谱图见**图 6-18**。吸附前，MIZO 在 $3000\sim3500cm^{-1}$ 处的吸收峰是—OH 的伸缩振动特征峰；$1620cm^{-1}$ 位置的吸收特征峰是—OH 典型的伸缩振动峰；$1000\sim1100cm^{-1}$ 之间的吸收峰是吸附剂表面带有的羟基(M—OH)弯曲振动形成的，M 指的是铁或者锆；吸

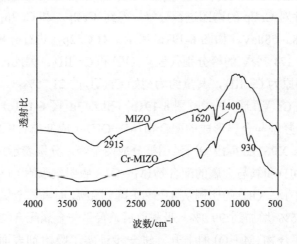

图 6-18　MIZO 吸附前后的 FTIR 谱图

收峰从 $500cm^{-1}$ 到 $1000cm^{-1}$ 为 M—O 特征振动峰的叠加；$2915cm^{-1}$、$1400cm^{-1}$ 代表 C—H 非对称伸缩振动[6]。吸附剂吸附 Cr(Ⅵ)后，—OH 的伸缩振动峰强度明显下降，M—OH 的伸缩振动峰几乎消失；此外，在 $930cm^{-1}$ 处出现了新的吸收峰，这是由于生成了 Cr-MIZO 新的配合物[6]，吸附剂可以有效地吸附 Cr(Ⅵ)。这些结果表明，MIZO 表面的羟基为吸附剂吸附 Cr(Ⅵ)的主要吸附位点。

　　6)吸附前后的 XPS 分析

　　原吸附剂和吸附 Cr(Ⅵ)后吸附剂的各元素百分含量见**表 6-10**。吸附剂吸附 Cr(Ⅵ)后，MIZO 中 Cl 的含量从 1.7%下降到 0.3%，然而 Cr 的含量从 0%上升到 5.3%。尽管这表明在吸附 Cr 的过程中 Cl 离子可能与 Cr 发生了离子交换，但是 Cl 离子相对于高浓度 Cr(Ⅵ)来说，释放量相对较低；另外，Cl 离子质量分数只占 MIZO 的 1.7%，如果吸附剂通过 Cl 离子的离子交换作用去除水体的 Cr(Ⅵ)，是明显低于实验实际去除率的，因此 Cl 离子的离子交换作用不是吸附剂有效去除 Cr(Ⅵ)的主要原因。

表 6-10　MIZO 吸附 Cr(Ⅵ)前后的元素含量

	元素含量/%				
	Fe	Zr	O	Cl	Cr
MIZO	16.4	4.4	77.5	1.7	0
吸附铬后 MIZO	15.5	3.9	75.0	0.3	5.3

　　图 6-19 是吸附剂吸附铬前后 Cr 2p、Fe 2p、Zr 3d 和 O 1s 的 XPS 谱图。使用 CasaXPS 软件对 Cr 2p 的谱图进行分峰，得到 Cr $2p_{3/2}$ 和 Cr $2p_{1/2}$，分别出现在 573~578eV 和 583~588eV，如**图 6-19(a)**所示。对 Cr $2p_{3/2}$ 进行分峰，得到的结合能 576.89 eV 和 574.75eV 的峰分别代表 Cr(Ⅵ)和 Cr(Ⅲ)。因此，部分 Cr(Ⅵ)在吸附剂表面被还原为 Cr(Ⅲ)，其量约为初始 Cr(Ⅵ)的 21.75%。

　　吸附剂吸附 Cr(Ⅵ)后，Fe 2p[**图 6-19(b)**]和 Zr 3d[**图 6-19(c)**]的波峰能量衰减，可能是由于羟基与金属形成的配合物(M—OH)生成低结合能的 M—O 配合物。此外，O 1s XPS[**图 6-19(d)**]谱图被分成两个峰，分别表示羟基与金属形成的配合物(M—OH)和氧与金属的配合物(M—O)。吸附剂吸附 Cr(Ⅵ)后，羟基与金属形成配合物(M—OH)的比例从 81.5%下降到 0%，而氧与金属的配合物(M—O)的比例从 18.5% 增加到 99.9%。吸附前后，羟基与金属配合物(M—OH)的下降，氧与金属配合物(M—O)的上升，进一步证实了吸附剂表面的羟基是吸附 Cr(Ⅵ)的主要吸附机理。

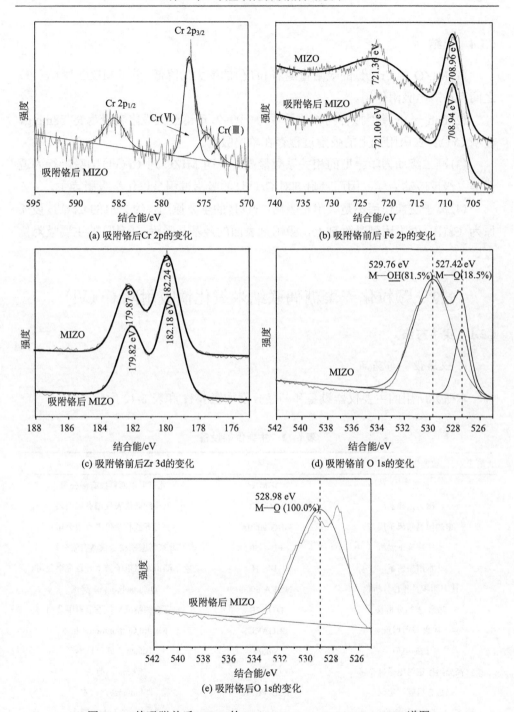

图 6-19　铬吸附前后 MIZO 的 Cr 2p、Fe 2p、Zr 3d、O 1s XPS 谱图

6.1.4 小结

（1）MIZO 对 Cr(VI) 的吸附量随着 pH 值的增大而降低，说明 MIZO 与 Cr(VI) 之间存在静电吸附作用。

（2）Langmuir 模型拟合的相关系数为 0.9992，理论最大吸附容量为 59.88mg/g，表明 Cr(VI) 在吸附剂上的吸附过程存在单层吸附。

（3）准二级动力学模型的相关系数最高，说明 MIZO 对 Cr(VI) 的吸附行为遵循准二级反应动力学，因而吸附剂对 Cr(VI) 的吸附过程是以化学吸附为主。

（4）离子交换作用不是吸附剂吸附 Cr(VI) 的主要原因，约 22% 的 Cr(VI) 被还原为 Cr(III) 而吸附到吸附剂上，吸附剂表面的羟基是吸附 Cr(VI) 的主要吸附位点。

6.2 颗粒化壳聚糖偶联纳米氧化铁吸附除 Cr(VI)

6.2.1 实验方法

1. 仪器设备与药品

本研究所用的主要仪器设备和药品分别如**表 6-11** 和**表 6-12** 所示。

表 6-11 主要仪器设备

仪器设备名称	型号	生产厂家
旋转摇床	Dr-Mix	北京昊诺斯科技有限公司
磁力搅拌器	EMS-3B	天津欧诺仪表仪器有限公司
电热恒温鼓风干燥箱	DHG-9070A	上海齐欣科学仪器有限公司
真空冷冻干燥机	FD-1-50	北京博医康实验仪器有限公司
水浴振荡器	HZS-H	哈尔滨市东联电子技术开发有限公司
比表面积及孔径分析仪	NOVA-6000	Quantachrome，美国
热重-差热分析仪	DTU-2B	北京博渊精准科技发展有限公司
X 射线衍射仪	RIGAKU	Rigaku Corporation，日本
扫描电镜	S4800	Hitachi Ltd.，日本
高分辨率透射电子显微镜	G2 F20	Tecnai，荷兰
总有机碳测定仪	TOC-VCPH	Shimadzu，日本
多参数测定仪	S220	Mettler Toledo，瑞士
分光光度计	T6	北京普析通用仪器有限责任公司

续表

仪器设备名称	型号	生产厂家
Zeta 电位分析仪	Nano ZS	Malvern，英国
傅里叶变换红外光谱分析仪	TENSORR27	Bruker，德国
X 射线光电子能谱仪	Axis Ultra DLD	Krato，日本

表 6-12　实验药品

药剂名称	纯度	生产厂家
$FeCl_3 \cdot 6H_2O$	分析纯	天津市风船化学试剂科技有限公司
NaOH	分析纯	天津市风船化学试剂科技有限公司
HCl	分析纯	北京化工厂
$(NH_4)_2Fe(SO_4)_2 \cdot 6H_2O$	分析纯	天津市永大化学试剂有限公司
浓 H_2SO_4	分析纯	天津富起力公司
盐酸羟胺	分析纯	天津市风船化学试剂科技有限公司
乙酸铵	分析纯	天津市风船化学试剂科技有限公司
冰醋酸	分析纯	天津市风船化学试剂科技有限公司
邻菲啰啉	分析纯	天津市化学试剂厂
壳聚糖	分析纯	国药集团化学试剂有限公司

2. 实验内容

1) NIOC 的制备

NIOC 的制备过程类似于 5.1 节，制备过程采用的 Fe(III) 与壳聚糖单体摩尔比为 2.4，最终获得褐色的 NIOC 吸附剂小球(**图 6-20**)，通过触摸可知材料质地坚硬。将干燥后的 NIOC 研磨并过 80 目网筛用于表征和静态吸附实验，NIOC 小球(1.6~2mm)用于动态吸附实验。

2) Cr(VI) 母液的配制

称取一定量的 $K_2Cr_2O_7$ 于瓷坩埚中，105℃的烘箱中烘 2h，冷却至室温，称取 2.829g 上述 $K_2Cr_2O_7$，稀释定容至 1000mL，此溶液中 Cr(VI) 的浓度为 1000mg/L。标准使用液 Cr(VI) 浓度为 100mg/L，移取 10mL 母液至 1000mL 的容量瓶中，稀释至刻度摇匀后可得，常温下可保存 6 个月。

图 6-20　NIOC 颗粒状吸附剂

3) 吸附剂的表征

A. SEM 和 HRTEM

SEM 用来观察吸附材料表面的外观形貌特征，HRTEM 用来观察吸附材料的超微结构。测样时将制备的吸附剂用去离子水清洗后置于冰箱中冷冻，冷冻好的样品放入冷冻干燥机中，干燥 24h 后进行表征测试。以下表征方法所用材料均按此法制得。

B. 比表面积和孔径分布

使用 NOVA-6000 型比表面积和孔径分析仪得到吸附剂的 N_2 吸附-脱附等温线。采用 BET 法计算比表面积，BJH 法计算孔径分布。

C. XRD

XRD 可以分析材料的晶体结构，所用射线为 Cu K_α 射线，波长 0.15406nm，扫描步长 0.02°，管电压 40kV，管电流 40mA。

D. FTIR

FTIR 可以测定材料的官能团，采用 KBr 压片法制样。具体步骤：将吸附剂与烘干的 KBr 以质量分数为 99：1 的比例混合并研磨均匀，压片后在室温下测量，波长为 400~4000cm^{-1}，分辨率为 2cm^{-1}。

E. Zeta 电位

吸附剂颗粒的带电情况可以用 Zeta 电位分析仪测定。NIOC 吸附剂的投加量为 0.5g/L，配制一系列相同浓度的溶液 40mL，pH 值分别调至 4、5、6、7、8、9、10 后测定吸附剂的 Zeta 电位以得到吸附剂的表面带电情况及等电点。

F. 吸附剂的稳定性

吸附剂在水溶液中的稳定性影响其在实际中的应用，是评价吸附剂的一个重要指标。稳定性的测定实验步骤如下：在一系列 50mL 塑料管中，分别移入 50mL 去离子水，吸附剂的投加量为 1g/L，pH 值分别调至 2、3、4、5、6、7、8、9、10，振荡吸附 24h，过 0.45μm 滤膜后测定各溶液中铁的溶出情况及总有机碳 (TOC)。溶液中铁的测定方法采用邻菲啰啉分光光度法，TOC 采用 TOC-VCPH 总有机碳测定仪测定。

4) 静态吸附实验

静态吸附实验在 50mL 塑料管中进行，装有 40mL 一定浓度的 Cr(Ⅵ) 溶液。投加一定量的吸附剂后调节至目标 pH 值，然后置于旋转摇床上，在 60r/min 的转速下振荡摇匀至吸附平衡。如无特殊说明，吸附实验均按照此方法进行。平衡后的溶液过 0.45μm 滤膜后测定滤液中 Cr(Ⅵ) 的浓度。pH 值由一系列浓度的 HCl 或者 NaOH 溶液调节。

A. 动力学实验

动力学实验在 500mL 烧杯中进行，溶液 Cr(Ⅵ) 初始浓度分别为 10mg/L 和 20mg/L。吸附剂的投加量为 0.5g/L，溶液 pH 值稳定为 5±0.1，在磁力搅拌下使吸附达到平衡。在不同的时间间隔下取样，过 0.45μm 滤膜后测定滤液中 Cr(Ⅵ) 的浓度。取样间隔为 5min、10min、15min、30min、60min、120min、180min、300min、600min、960min、1440min、2160min。

B. 等温线与热力学实验

实验在 50mL 塑料管中进行，Cr(Ⅵ) 的初始浓度分别为 5mg/L、10mg/L、20mg/L、30mg/L、40mg/L、50mg/L、60mg/L。吸附剂投加量为 0.5g/L，溶液的 pH 值稳定在 5±0.1。将旋转摇床置于恒温培养箱中，预调温度分别为 10℃、20℃、30℃。振荡吸附 24h 后过膜测定滤液中 Cr(Ⅵ) 的浓度。

C. pH 值和离子强度影响

Cr(Ⅵ) 的初始浓度为 10mg/L，吸附剂投加量 0.5g/L。溶液的 pH 值分别稳定在 4、5、6、7、8、9、10。离子强度分别为 0.001mmol/L、0.01mmol/L、0.1 mmol/L (NaCl)。室温下在旋转摇床上振荡吸附 24h 后过 0.45μm 滤膜，测定滤液中 Cr(Ⅵ) 的浓度。

D. 共存离子影响

共存离子影响实验在 50mL 塑料管中进行，装有 40mL 浓度为 10mg/L 的 Cr(Ⅵ) 溶液。研究共存离子 CO_3^{2-}、SO_4^{2-}、SiO_3^{2-}、PO_4^{3-} 的影响，浓度梯度分别为 0mmol/L、0.5mmol/L、5mmol/L、10mmol/L。吸附剂的投加量为 0.5g/L，溶液 pH

值稳定在 5±0.1。室温下在旋转摇床上振荡吸附 24h 后过 0.45μm 滤膜，测定滤液中 Cr(Ⅵ)的浓度。

E. 吸附剂再生

采用三次吸附-解吸实验来考察吸附剂的再生能力。在吸附环节，吸附剂投加量为 0.5g/L，溶液中 Cr(Ⅵ)的浓度为 20mg/L，吸附过程溶液 pH 值稳定在 5±0.1，室温下磁力搅拌 24h 后，取样过 0.45μm 滤膜，测定滤液中 Cr(Ⅵ)的浓度。将吸附 Cr(Ⅵ)的吸附剂分离后解吸再生。在解吸环节，将饱和吸附的吸附剂移入 0.01mol/L 的 NaOH 溶液中，磁力搅拌解吸 12h。之后将吸附剂用去离子水清洗至洗液显中性。干燥后的吸附剂用于下一个吸附-解吸循环。

F. 吸附容量的计算方法

吸附剂 Cr(Ⅵ)的吸附容量 q_e(mg/g)按式(6-3)计算：

$$q_e = \frac{(C_0 - C) \times V}{m} \tag{6-3}$$

式中，C_0 为溶液初始浓度，mg/L；C 为平衡浓度，mg/L；V 为溶液体积，mL；m 为吸附剂质量，g。

G. 吸附前后 Zeta 电位和 X 射线能谱分析

吸附前的 Zeta 电位测定方法前已述及。吸附后的 Zeta 电位测定方法如下：Cr(Ⅵ)的初始浓度分别为 10mg/L 和 50mg/L，取 40mL 溶液于 50mL 塑料管中，吸附剂投加量为 0.5g/L，pH 值分别调至 4、5、6、7、8、9、10。振荡吸附 24h 后测定各溶液的 Zeta 电位。

在测定 SEM 图像的同时可以获得 EDS 能谱，均是用场发射扫描电子显微镜获得。通过 EDS 能谱可以得知吸附剂表面的各元素摩尔分数。

H. 吸附前后 FTIR 和 XPS 变化

为了确定 NIOC 吸附 Cr(Ⅵ)前后官能团的变化，测定了吸附前后吸附剂的 FTIR 和 XPS 谱图变化以探索其吸附机理。称取 0.5g NIOC，置于 500mL 浓度为 100mg/L 的 Cr(Ⅵ)溶液中，调节溶液的 pH 值至 5，磁力搅拌 24h 后用去离子水清洗吸附剂，冷冻干燥后用于 FTIR 和 XPS 的表征。通过 XPS 测试可以得知吸附前后元素的价态变化，从而判断参与吸附的元素和官能团，进而可以推断出吸附的机理。测试时使用的射线源为 Al K_α X 射线，功率为 150 W，以污染碳的 C 1s 结合能(284.8eV)进行荷电校正，最小能量分辨率 0.48eV，最小 XPS 分析直径 15 μm。分析软件为 XPSPEAK。

5)动态实验

所用装置如图 **6-21** 所示。动态柱采用有机玻璃制成，内径16mm，床深260mm，

NIOC 粒径 1.4~2mm。动态实验采用上向流方式，流速 7mL/min，由蠕动泵控制流速，对应的空床停留时间（EBCT）为 7.5min。Cr（Ⅵ）初始浓度为 3.67~3.85mg/L，溶液 pH 5.0。滤液中 Cr（Ⅵ）的浓度采用紫外分光光度法测定。酸性条件下，Cr（Ⅵ）可与显色剂二苯碳酰二肼生成紫红色络合物，在波长为 540nm 处进行测定。

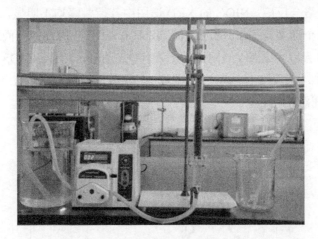

图 6-21　动态实验装置

6.2.2　吸附剂的物化特征

1. NIOC 形貌和结构特征

NIOC 的扫描电镜图像如**图 6-22** 所示。可见，吸附剂表面粗糙，呈现许多不规则的沟壑，这暗示着吸附剂可能具有较大的比表面积和良好的吸附性能。

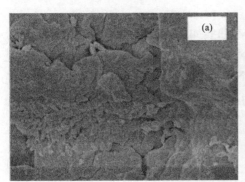

图 6-22　NIOC 的 SEM 图像

(a)×10000；(b)×50000

吸附剂 NIOC 及壳聚糖的 XRD 谱图如**图 6-23** 所示。可见，单纯壳聚糖在 20°有一个明显的尖峰，这对应了壳聚糖聚合物中的亲水基团，但是在 NIOC 的 XRD 谱图中未发现 20° 峰，可以推测壳聚糖聚合物上的亲水基团(氨基、羟基)与三价铁离子发生了络合反应。NIOC 的 XRD 谱图中各衍射峰均不明显，表明 NIOC 为无定形态，四个晶面对应于 SAED[**图 6-24(c)**]计算获得的四个间距(3.333 Å、2.550 Å、1.643 Å、1.485 Å)，经确认为正方针铁矿(β-FeOOH，JCPDS No.34-1266)；NIOC 为纳米棒状(长约 10nm，宽约 2nm)，条纹间距 d=2.477Å，这与 β-FeOOH 的(011)晶面间距相吻合。

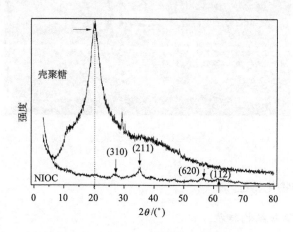

图 6-23　NIOC 及壳聚糖的 XRD 谱图

2. 比表面积和孔径分布

NIOC 的 N_2 吸附-脱附曲线及孔径分布曲线如**图 6-25** 所示。根据 IUPAC 分类，其吸附-脱附曲线属于Ⅳ型 H3 滞回环，属于多孔性吸附材料[23]。由 NIOC 的孔径分布图可以看出，峰形较陡，且仅有一个峰，表明孔径分布比较均匀，平均孔径约为 38nm。BET 测试结果表明，NIOC 的比表面积为 8.46m^2/g，孔容为 1.94cm^3/g。

3. Zeta 电位分析

通过测定水溶液中 NIOC 在不同 pH 值下的 Zeta 电位可以获得 NIOC 的等电点，结果如**图 6-26** 所示。随着 pH 值的增加，NIOC 的 Zeta 电位逐渐下降。NIOC 的 pH$_{ZPC}$ 约为 7.5。当溶液 pH< pH$_{ZPC}$ 时，吸附剂表面的羟基质子化，NIOC 表面带正电。当溶液 pH>pH$_{ZPC}$ 时，NIOC 表面去质子化而带负电。

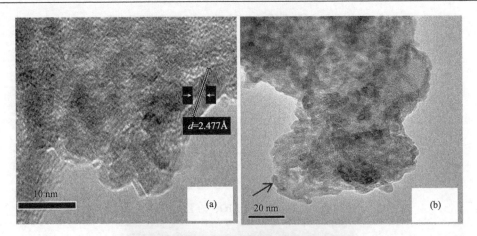

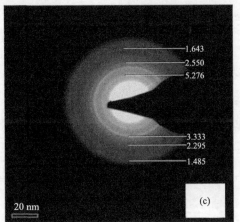

图 6-24　NIOC 的 TEM 照片(a~b)和 SAED 照片(c)

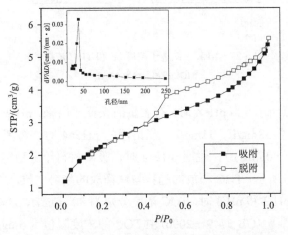

图 6-25　NIOC 的 N_2 吸附-脱附曲线和孔径分布曲线

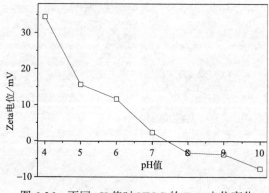

图 6-26　不同 pH 值时 NIOC 的 Zeta 电位变化

4. 吸附剂的化学稳定性

吸附剂的稳定性是影响其实际工程应用的关键因素，不同 pH 值下的溶液中铁的浓度和 TOC 的浓度结果如**图 6-27** 所示。铁的浓度采用邻菲啰啉分光光度法测定，TOC 的浓度采用总有机碳测定仪测定。

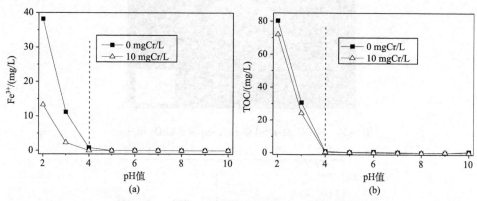

图 6-27　溶液中铁离子浓度（a）和 TOC 浓度（b）

NIOC 投加量均为 0.5g/L

如**图 6-27（a）**所示，当 pH<4 时，有大量的铁释放出来，pH 2 和 pH 3 时，Fe^{3+} 的浓度分别达到了 38mg/L、11mg/L；当溶液的 pH≥4 时，溶液中的总铁含量已经低于检测下限（0.05mg/L），说明 pH≥4 时，吸附材料十分稳定。

如**图 6-27（b）**所示，TOC 释放的趋势与铁释放的趋势一致，当 pH<4 时，TOC 的浓度较高，在 pH 2 和 pH 3 时，TOC 浓度分别为 80.3mg/L、30.6mg/L。我国《生活饮用水卫生标准》（GB 5749—2006）中 TOC 的浓度限值为 5mg/L。可见，当溶

液的 pH≥4 时，NIOC 在溶液中十分稳定。

6.2.3　NIOC 吸附除 Cr(VI)行为

1. 吸附动力学

吸附平衡时间的长短对吸附剂的实际应用有很重要的影响，为了确定吸附的平衡时间，研究吸附时间对 Cr(VI)去除的影响。结果如**图 6-28** 所示。

可见，初始阶段 NIOC 对 Cr(VI)的吸附速率较快，对于初始浓度分别为 10mg/L 和 20mg/L 的两实验组，在 pH 5 的条件下，前 30min 内的吸附容量就已经分别达到平衡吸附容量的 80%和 60%。之后是慢速吸附过程，吸附分别进行 300min 和 600min 后，两实验组达到平衡。通过分析可知，NIOC 适合低浓度的含 Cr(VI)水与废水的处理。

通过研究吸附动力学，可以确定吸附的平衡时间，可以估算吸附速率，还可以推断吸附机理，建立合适的动力学模型，进而可推出速率表达式。选择恰当的动力学模型可以很好地描述吸附反应的过程。

通过准一级动力学、准二级动力学和 Elovich 模型对 NIOC 吸附 Cr(VI)的动力学数据进行了拟合。采用的 Elovich 方程式可表述为

$$q_t = \frac{\ln(\alpha\beta)}{\beta} + \frac{\ln t}{\beta} \tag{6-4}$$

式中，q_t 为 t 时的吸附容量，mg/g；α 为初始的 Cr(VI)吸附速率，mg/(mg·min)；β 为解吸常数，g/mg。

三种方程的拟合曲线和拟合参数分别如**图 6-28** 和**表 6-13** 所示。由拟合曲线可知，准二级动力学模型和 Elovich 模型对动力学的结果拟合相对较好。

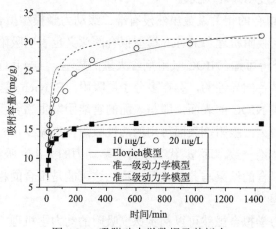

图 6-28　吸附动力学数据及其拟合

表 6-13　NIOC 吸附 Cr（Ⅵ）动力学模型拟合参数

模型名称	参数	参数值	
		10mg/L	20mg/L
准一级动力学模型	q_e/(mg/g)	15.0	26.0
	K_1/min^{-1}	$1.08×10^{-1}$	$6.54×10^{-2}$
	R^2	0.802	0.601
准二级动力学模型	q_e/(mg/g)	16.0	31.3
	K_2/[g/(mg·min)]	$7.09×10^{-3}$	$1.02×10^{-3}$
	R^2	0.998	0.998
Elovich 模型	α/[mg/(g·min)]	42.6	21.3
	β/(g/mg)	0.552	0.291
	R^2	0.964	0.992

通过比较三个方程的相关系数可知，拟合效果顺序为：准二级动力学模型>Elovich 模型>准一级动力学模型。而且准二级动力学拟合出的平衡吸附量分别为 16.0 mg/g（10mg/L）和 31.3mg/g（20mg/L），与吸附过程实际的平衡吸附量相近。准二级动力学对吸附过程描述较好，说明吸附过程主要是化学吸附。准二级动力学包含吸附的整个过程，如边界层扩散、颗粒表面扩散和颗粒内扩散等，所以此模型能全面地反映 NIOC 吸附 Cr（Ⅵ）的动力学机理。初始浓度为 10mg/L 和 20mg/L 的 K_2 值分别为 $7.09×10^{-3}$g/(mg·min) 和 $1.02×10^{-3}$g/(mg·min)，可见 10mg/L 组的吸附速率约是 20mg/L 组的 7 倍，平衡吸附容量也随着 Cr（Ⅵ）初始浓度的增大而增大，这主要是因为吸附质浓度大，传质推动力也相应增大[24]。K_2 值随着 Cr（Ⅵ）初始浓度的减小而增大，说明 NIOC 对 Cr（Ⅵ）浓度较低的废水吸附速率较快，适合处理低浓度 Cr（Ⅵ）废水。

Elovich 模型拟合的相关系数虽然没有准二级动力学模型拟合的相关系数高，但也可以用来解释吸附机理。Elovich 模型拟合的意义也表明吸附过程是多分子层吸附[25]，由表征分析可知，NIOC 吸附剂含大量的羟基，且与 β-FeOOH 复合而成，所以吸附剂表面是各向异性的，存在多分子层吸附。Elovich 模型拟合结果表明，Cr（Ⅵ）主要吸附在 NIOC 的表面，即与表面的官能团发生络合反应而被吸附。随着吸附质浓度的增大，吸附剂表面可用的活性吸附位点减少，β 值也相应减小，拟合的结果与此结论一致。而 α 代表了传质驱动力的大小，吸附质浓度越大，α 值也相应较大，拟合的结果与此结论不一致，这可能是拟合的相关系数较低，不适合描述吸附过程[25]。

以上三种动力学拟合虽然可以初步探究吸附的动力学机理，但是不能确定吸附过程的速率限制因素及扩散机制，为此，采用了 Weber 和 Morris[26]提出的颗粒内扩散模型来拟合动力学数据。拟合的结果如**图 6-29** 所示。可见，两种浓度下的拟合曲线均分为三条线性部分，分别代表了前述的吸附的三个过程：边界层扩散、颗粒内扩散和吸附质与吸附位点相互作用的过程。拟合方程的斜率大小代表了吸附过程的快慢，斜率越小，吸附速率越慢。平衡吸附阶段是吸附质浓度减小导致颗粒内扩散吸附速率降低而造成的。拟合的曲线并不过原点，说明边界层扩散在一定程度上限制了吸附过程的速率。颗粒内扩散部分(第三步)的斜率小于边界层扩散(第二步)直线的斜率，说明颗粒内扩散是吸附质扩散的主要限制步骤。

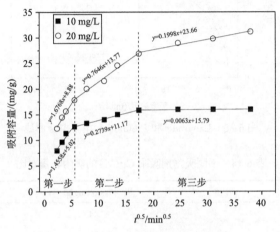

图 6-29　颗粒内扩散模型拟合曲线

2. 吸附等温线

吸附等温线实验结果如**图 6-30** 所示，吸附等温线反映了吸附容量与平衡浓度之间的关系。可见，在三种温度(10°C、20°C、30°C)条件下，NIOC 对 Cr(VI)均有较高的吸附容量。分析结果可知，在 Cr(VI)的初始浓度小于等于 10mg/L 时，三种温度下 NIOC 对 Cr(VI)的去除率均达到 90%以上。当 Cr(VI)的平衡浓度为 25mg/L 时，三个温度下 Cr(VI)的去除率仍有约 50%。等温线实验结果进一步说明 NIOC 用于处理低浓度(<10mg/L)的 Cr(VI)废水非常有利，这与动力学实验所得出的结论一致。另外，由曲线可知，吸附容量随着温度的降低而增加，表明 NIOC 吸附 Cr(VI)是一个放热过程，温度由低到高时 NIOC 吸附 Cr(VI)的最大吸附容量分别为 72.55mg/g、69.77mg/g、63.29mg/g，相比活性炭、矿物、金属氧化物等所报道的吸附剂，NIOC 对 Cr(VI)有更大的吸附容量。**表 6-14** 为不同吸附剂吸附 Cr(VI)的吸附容量对比。由表可以看出，活性氧化铝、赤铁矿、针铁矿、壳聚糖

和 MWCNTs 对 Cr(VI)的最大吸附容量分别为 7.44mg/g、2.30mg/g、1.96mg/g、35.6mg/g、和 2.84mg/g，而 NIOC 对 Cr(VI)的吸附容量为 69.8mg/g(20℃)，说明 NIOC 吸附剂具有良好的用于 Cr(VI)水与废水深度处理的潜力。

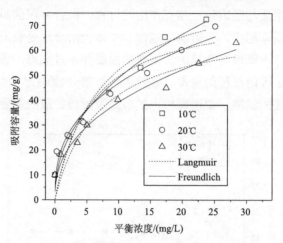

图 6-30 Langmuir 和 Freundlich 模型拟合曲线

表 6-14 不同吸附剂吸附 Cr(VI)的吸附容量对比

吸附剂	pH 值	吸附容量/(mg/g)	参考文献
活性氧化铝	7	7.44	[27]
赤铁矿	8	2.30	[28]
针铁矿	8	1.96	[28]
壳聚糖	4	35.6	[29]
MWCNTs	2.8	2.84	[30]
NIOC	5	69.8	本研究

进一步对三个温度下 NIOC 吸附 Cr(VI)的等温线数据，采用 Langmuir 模型和 Freundlich 模型进行了拟合，拟合参数见表 6-15。

表 6-15 NIOC 吸附 Cr(VI)的 Langmuir 和 Freundlich 模型拟合参数

温度/℃	Langmuir 模型			Freundlich 模型		
	q_m/(mg/g)	b/(L/mg)	R^2	K_F	n	R^2
10	88.3	0.144	0.895	17.7	2.258	0.980
20	77.4	0.177	0.781	20.1	2.727	0.949
30	71.8	0.142	0.879	15.1	2.413	0.966

由表可以看出，10℃、20℃、30℃时 Freundlich 模型拟合的相关系数分别为 0.980、0.949、0.966，均大于各温度下 Langmuir 模型拟合的相关系数(0.895、0.781、0.879)，说明 Freundlich 模型对吸附过程拟合较好。一般而言，符合 Langmuir 模型的吸附过程是单分子层吸附，吸附剂表面的吸附位点性质相同，吸附剂的表面也不与吸附质发生化学反应。然而，由前述分析可知，NIOC 的表面含大量的羟基(—OH)和氨基(—NH$_2$)官能团，且 NIOC 是由壳聚糖和氯化铁反应制得，嵌有 β-FeOOH，这预示着 NIOC 表面吸附位点的性质各不相同，吸附质以多层吸附在吸附剂的表面。这些都符合 Freundlich 模型的假设，所以，Freundlich 模型拟合的相关系数高，对吸附过程描述较好。另外，三种温度下 Freundlich 模型拟合的 n 值均大于 1，说明 NIOC 对 Cr(Ⅵ)具有良好的吸附能力。

3. 热力学分析

为了确定温度对吸附过程的影响，基于吸附等温线数据，进行了热力学分析。热力学参数可通过**式(6-5)**进行计算。

$$\ln K_{\mathrm{D}} = \frac{\Delta S}{R} - \frac{\Delta H}{RT} \tag{6-5}$$

式中，K_{D} 为 Cr(Ⅵ)的平衡吸附量与平衡浓度的比值；ΔH 为焓变，kJ/mol；ΔS 为熵变，J/(mol/K)；R 为摩尔气体常量，J/(mol·K)；T 为反应的热力学温度，K。ΔH 和 ΔS 分别是 van't Hoff 方程的斜率和截距($\ln K_{\mathrm{D}}$ 对 T^{-1} 作图)，$\ln K_{\mathrm{D}}$ 对 T^{-1} 曲线如**图 6-31** 所示，两者的相关系数达到了 0.946，线性良好。

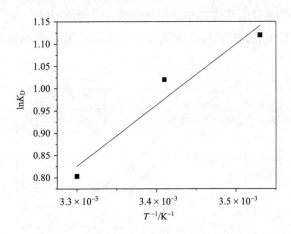

图 6-31　NIOC 吸附 Cr(Ⅵ)的 van't Hoff 曲线

吉布斯自由能（ΔG, kJ/mol）可通过式（6-6）进行计算：

$$\Delta G = \Delta H - T\Delta S \qquad (6\text{-}6)$$

经拟合所得的热力学参数列于表 6-16。

表 6-16　NIOC 吸附 Cr（Ⅵ）的热力学参数

T/K	$1/T$	K_D	$\ln K_D$	$\Delta G/(KJ/mol)$	$\Delta S/[J/(mol\cdot K)]$	$\Delta H/(KJ/mol)$
283	3.53×10^{-3}	3.06	1.12	−2.68		
293	3.41×10^{-3}	2.78	1.02	−2.38	−30.0	−11.2
303	3.30×10^{-3}	2.23	0.803	−2.08		

由该表可以看出，三种温度下的 ΔG 值均为负值，说明吸附过程是自发有利的。ΔH 小于零，表明吸附过程放热，所以较低的温度对吸附过程的进行是有利的。增大温度有利于 Cr（Ⅵ）离子克服空间位阻，加速吸附过程的进行。由等温线实验结果可以看出，10℃下的吸附容量最大。ΔG 随着温度的降低而降低，同样说明低温有利于吸附过程的进行和系统的稳定[31]。ΔS 的值为负，表明吸附剂与水溶液接触面的混乱度随着吸附过程的进行而降低。

4. pH 值和离子强度影响

pH 值是吸附过程的重要影响因素，因为 pH 值可以影响吸附质的形态和吸附剂表面的电荷性质。离子强度也是影响吸附过程的一个重要因素，因为水溶液中的阴阳离子可以影响吸附剂表面双电层的厚度和表面的电势，进而影响吸附的离子的种类。本研究中 pH 值和离子强度影响的实验结果如**图 6-32** 所示。可见，随

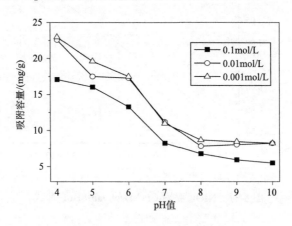

图 6-32　pH 值和离子强度影响

着 pH 值和离子强度的增加，NIOC 对 Cr(Ⅵ) 的吸附能力逐渐下降。在 pH 4~10 的范围内，Cr(Ⅵ) 的最大吸附容量在 pH 4 处，0.001mol/L(NaCl) 离子强度下吸附容量达到了 22.98mg/g，随着 pH 值的增加，NIOC 对 Cr(Ⅵ) 的吸附能力逐渐减小，pH 值增大到 10 时吸附容量减少到 8.25mg/g，降低了 64.1%。在此 pH 值范围内，当离子强度由 0.001mol/L 增大到 0.1mol/L 时，NIOC 对 Cr(Ⅵ) 吸附能力也逐渐下降。pH 4 时，当离子强度从 0.001mol/L 增大到 0.1mol/L 时，吸附容量由 22.98mg/g 减少到 17.09mg/g，减少了约 25.6%。在 pH 10 处，吸附容量降低幅度最大，达到了 33.2%。

离子强度对吸附过程的负面影响，可能是由于离子强度影响双电层的厚度和吸附剂表面的电势。当固体表面的羟基质子化或去质子化时，其表面的电荷会相应增加，但这些电荷会被溶液中一层带相反电荷的离子中和掉，因此固体表面是电中性的。带电的表面与电性相反的离子所在的电层组成了所谓的双电子层。相比内层络合，外层络合更易受到离子强度的影响，这主要是因为背景电解质离子与外层络合物处于同一平面。总之，表面络合的吸附机理受 pH 值的影响明显，而离子交换的机理主要受离子强度的影响[28]。NIOC 吸附 Cr(Ⅵ) 受 pH 值和离子强度的影响均较明显，所以 NIOC 吸附 Cr(Ⅵ) 主要是形成表面络合物，两者之间可能存在离子交换。

重金属离子的吸附机理比较复杂，通常包括离子交换、络合作用、静电引力、氧化还原等过程。pH 值对吸附过程影响较大，通过分析 pH 值对吸附过程的影响，对探索吸附的机理有一定的帮助。

一方面，pH 值可以影响水溶液中 Cr(Ⅵ) 离子的形态。水溶液中 Cr(Ⅵ) 的形态分布图见**图 6-33**。可见，当溶液 pH<6 时，铬主要以 $HCrO_4^-$ 的形态存在。随着 pH 值的增加，铬的主要形态由 $HCrO_4^-$ 变为 CrO_4^{2-}。当水溶液的 pH>7 时，Cr(Ⅵ) 主要以 CrO_4^{2-} 的形式存在。

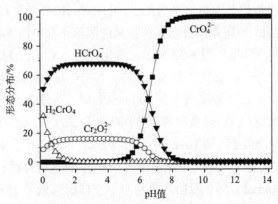

图 6-33　水溶液中 Cr(Ⅵ) 的形态分布图

另一方面，pH 值可以影响吸附剂表面的带电性质。**图 6-34** 为 Cr(VI) 吸附前后 NIOC 的 Zeta 电位变化图。NIOC 的 pH_{ZPC} 为 7.5。当 pH<7.5 时，NIOC 的表面带正电，此时 Cr(VI) 的主要形态是 $HCrO_4^-$，静电引力是主要的吸附作用力。同时，由于吸附了 Cr(VI) 离子，NIOC 表面的 Zeta 电位降低了。由图可知，吸附后 NIOC 表面的 Zeta 电位有所降低，而 Cr(VI) 初始浓度为 50mg/L 的溶液中吸附剂的 Zeta 电位降低的幅度大于初始浓度为 10mg/L 的实验组，这主要是因为 Cr(VI) 浓度较高，吸附剂表面大量的吸附位点与 Cr(VI) 结合，吸附剂表面电荷大量减少从而使 Zeta 电位大幅下降。当 $pH > pH_{ZPC}$ 时，NIOC 的表面带负电荷，而此时 Cr(VI) 的主要形态是 CrO_4^{2-}，两者之间存在静电斥力，从而导致碱性条件下 Cr(VI) 的吸附容量大幅降低。

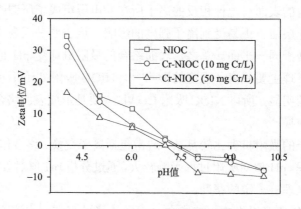

图 6-34　NIOC 吸附 Cr(VI) 前后 Zeta 电位变化

5. 共存阴离子影响

含 Cr(VI) 水中往往共存着许多阴离子，可能对 NIOC 吸附 Cr(VI) 产生不同程度的竞争吸附。因此，本研究探讨了几种常见的阴离子（CO_3^{2-}、SO_4^{2-}、SiO_3^{2-}、PO_4^{3-}）对吸附过程的影响，结果如**图 6-35** 所示。可见，对于 CO_3^{2-}、SO_4^{2-}、SiO_3^{2-} 三种阴离子，随着浓度从 0mmol/L 增大到 5mmol/L，NIOC 对 Cr(VI) 的吸附容量轻微降低了 0.73%~1.3%；然而当浓度增大到 10mmol/L 时，三种离子与 Cr(VI) 形成强烈的竞争吸附，NIOC 对 Cr(VI) 吸附容量分别降低了 20.6%、23.7% 和 28.4%。但水中这些离子的浓度一般小于 0.1mmol/L [32]，因此，NIOC 用于实际水处理工艺时这些共存阴离子的竞争作用很小。相比之下，PO_4^{3-} 对吸附过程有明显的影响。当 PO_4^{3-} 浓度仅为 0.5mmol/L 时，吸附容量相对于空白组降低了 35.6%；而当 PO_4^{3-} 的浓度增大到 10mmol/L 时，吸附容量降低到了空白组的 59.8%。PO_4^{3-} 的结构与

$HCrO_4^-$的结构相似，导致 PO_4^{3-} 与 $HCrO_4^-$形成强烈的竞争吸附[33]。

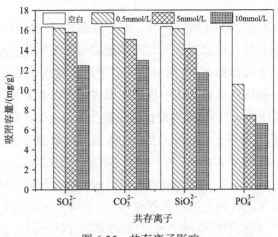

图 6-35　共存离子影响

6.2.4　吸附剂的解吸再生

吸附剂能否有效再生是影响其实际应用的一个关键因素。本研究采用三次吸附-解吸实验来考察 NIOC 的再生回用性，结果如**图 6-36** 所示。可见，NIOC 对 Cr(Ⅵ)的初始吸附容量为 28.42mg/g，第一次再生后，吸附容量略微降低了 3.52%。第二次循环中，吸附容量相比初始吸附和第一次再生分别降低了 9.2% 和 6.4%。三次循环过后 NIOC 仍保留了对 Cr(Ⅵ)的 87%的吸附能力。再生实验结果表明，NIOC 对 Cr(Ⅵ)具有良好的去除率，而且可以通过 NaOH 溶液再生，该吸附剂具有用于水与废水中 Cr(Ⅵ)吸附去除的良好潜力。

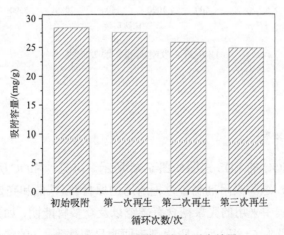

图 6-36　NIOC 吸附 Cr(Ⅵ)再生结果

6.2.5 动态柱结果

考虑到颗粒化吸附剂的工程实用性，有必要通过吸附柱研究考察其动态吸附效果，研究其泄漏曲线，估算其泄漏时间和相应的床体积数。NIOC 吸附 Cr(VI) 的泄漏曲线及解吸曲线如**图 6-37** 所示。曲线中床体积数(BV)为所处理水的体积与吸附柱中装载的吸附剂体积之比。根据我国《污水排入城镇下水道水质标准》(GB/T 31962—2015)，Cr(VI) 的排放标准限值为 0.5mg/L。由吸附曲线可知，吸附柱可处理的 Cr(VI) 溶液的床体积数为 1600，对应的泄漏时间为 200h，在 Cr(VI) 初始浓度为 3.67~3.85mg/L、溶液 pH 5.0 时，NIOC 吸附柱很容易将溶液中 Cr(VI) 浓度降至 0.5mg/L 以下，并且持续运行较长时间。吸附饱和后的 NIOC 吸附剂，容易通过 0.5mol/L NaOH 再生液将其原位再生。解吸液中最大 Cr(VI) 浓度出现在 24 个床体积数时，对应的解吸液 Cr(VI) 浓度高达 600mg/L，然后逐渐降低，在 225 床体积数时，浓度低于 0.5mg/L。

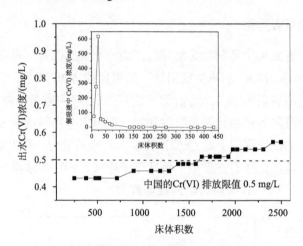

图 6-37　吸附泄漏和解吸曲线

6.2.6 吸附机理

1. EDS 结果分析

吸附前后 NIOC 的 EDS 谱图如**图 6-38** 所示。可见，NIOC 吸附剂中含有 C、N、O、Fe 元素，这与吸附剂制备过程所用的原材料(铁盐和壳聚糖)的成分是一致的，因为制备程中采用的壳聚糖含有碳链以及众多官能团，如羟基(—OH)、氨基(—NH$_2$)等。吸附 Cr(VI) 后，吸附剂表面明显观察到 Cr 的峰，说明 Cr(VI) 被吸附在 NIOC 表面。

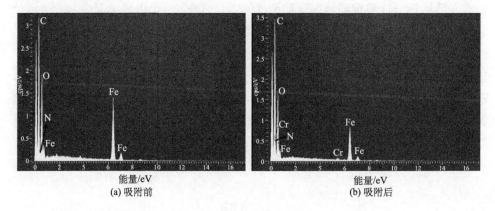

图 6-38　吸附前后 EDS 谱图

吸附前后吸附剂表面各元素的摩尔比如**表 6-17** 所示。可见，吸附前 NIOC 表面的 C、N、O 和 Fe 的摩尔比分别为 50%、5.54%、34.01% 和 10.45%。吸附 Cr（Ⅵ）后，吸附剂表面 Cr 的摩尔比从 0% 增加到 0.34%。吸附前后，N 和 Fe 的摩尔比变化不明显，但是 C 元素的摩尔比明显减少，这可能是六价铬（主要是 $HCrO_4^-$）的吸附造成的，使得 O 元素的摩尔比增加到 43.13%。

表 6-17　吸附前后吸附剂中元素摩尔比变化

	摩尔比/%				
	C	N	O	Fe	Cr
NIOC	50	5.54	34.01	10.45	0
Cr-NIOC	40	6.76	43.13	9.77	0.34

2. FTIR 结果分析

吸附前后 NIOC 的 FTIR 谱图如**图 6-39** 所示。由谱图可以看出在 3200~3400cm^{-1} 有一较宽的谱带，这是 O—H 和 N—H 的伸缩振动造成的[34]。2857cm^{-1} 处的波峰是甲基（—CH$_3$）和亚甲基（—CH$_2$）上的 C—H 伸缩振动造成的[35]。查阅文献知，壳聚糖的红外谱图在 1598cm^{-1} 处存在氨基（—NH$_2$）产生的谱带[36]，但是在壳聚糖三价铁复合吸附剂的 FTIR 谱图中该谱带出现明显的宽化，这是氨基与三价铁离子络合而导致的。二级羟基上的 C—O 单键的信号可以在 1158cm^{-1}、1072cm^{-1} 和 1030cm^{-1} 观察到，然而这些波段的强度都有所减弱，这与 3000cm^{-1}

处观察到的结果一致[37]。因此，可以推测二级羟基参与了和三价铁的络合。604cm^{-1}处的谱带是 Fe—O 单键的伸缩振动造成的[38]。另外，一个铁离子至少与一个水分子络合[39]，以上的分析与已有的文献报道一致[37]。

与 NIOC 相比，吸附 Cr(VI) 后 NIOC 的 FTIR 曲线有两个变化。首先是 604cm^{-1}处的 Fe—O 键的强度轻微减弱，表明 Fe—OH 参与了吸附过程。此外在 790cm^{-1}、936cm^{-1} 两处出现了新的谱带，这分别是 Cr—O 单键和 Cr=O 双键造成的[14]。这表明 Cr(VI) 吸附在 NIOC 的表面，这也是吸附后 EDS 结果中 O 元素摩尔比上升的原因。

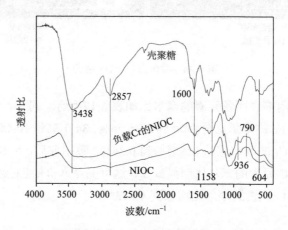

图 6-39   壳聚糖、NIOC 和吸附铬的 NIOC 的 FTIR 谱图

3. XPS 结果分析

吸附前后 NIOC 的 XPS 谱图(O 1s 和 Cr 2p)如**图 6-40** 所示。通过分析比对吸附前后的 XPS 谱图可知，吸附后谱图中明显发现 Cr 峰的出现，说明 Cr(VI) 被 NIOC 所吸附。对 Cr 2p 进行分峰后可以得到 Cr 2p$_{1/2}$ 和 Cr 2p$_{3/2}$，两者分别出现在 583~588eV 和 573~578eV，对 Cr 2p$_{3/2}$ 进行分峰，得到结合能为 576.7 eV 和 574.4eV 的峰，分别代表 Cr(VI) 和 Cr(III)[40]。因此可以推测，在 NIOC 吸附 Cr(VI) 的过程中，可能有部分 Cr(VI) 被还原成 Cr(III)，占初始 Cr(VI) 的比例为 22.02%。酸性条件下，可能发生如下还原反应：

$$HCrO_4^- + 7H^+ + 3e^- \rightleftharpoons Cr^{3+} + 4H_2O$$

当有足够的质子和电子时，反应向右侧进行。表征材料制备时的溶液 pH 值为 5，在复合吸附剂中含有酸性官能团(主要是—OH)的条件下，反应可以向右侧进行。壳聚糖 C6 上的羟基可以被 Cr(VI) 氧化为醛基或者羧基，但是—OH 并不是还原 Cr(VI) 的良好的电子供体[29]，所以，被还原的 Cr(VI) 的量较少。

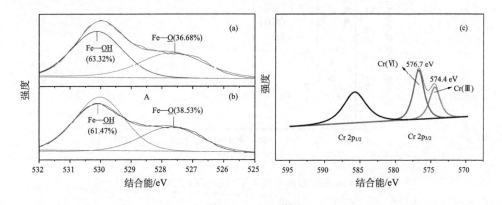

图 6-40　XPS 谱图

(a) NIOC 的 O 1s 谱图；(b) Cr-NIOC 的 O 1s 谱图；(c) Cr-NIOC 的 Cr 2p 谱图

　　根据吸附前后 O1s 分峰谱图，吸附前 Fe—OH 的含量为 63.32%，Fe—O 的含量为 36.68%。吸附后，Fe—OH 的含量减少至 61.47%，Fe—O 的含量增大到 38.53%。可以推断出金属氧化物的羟基(Fe—OH)和壳聚糖上的羟基参与了吸附反应，因此配位交换反应可能在 Fe—OH 和铬酸盐之间发生。并且在 pH 5 时，质子化的 NIOC 表面可能含有 Fe—OH、Fe—OH$_2^+$ 和 NH$_3^+$官能团。因此，静电引力和配位交换可能是 Cr(VI) 吸附的作用机理，反应式如下所示。

静电引力：$Fe—OH_2^+ + HCrO_4^- \longrightarrow Fe—OH_2^+—HCrO_4^-$

$$NH_3^+ + HCrO_4^- \longrightarrow NH_3^+—HCrO_4^-$$

配位交换：$Fe—OH + HCrO_4^- \longrightarrow Fe—HCrO_4 + OH^-$

　　为验证 Cr(VI) 被吸附剂基团还原为 Cr(III) 的可能性，进一步考察了吸附过程中溶液中不同 Cr 形态[TCr、Cr(VI)、Cr(III)]的浓度变化，其中 T$_{Cr}$ 表示总铬浓度，结果如图 6-41 所示。可见，随着时间的进行，T$_{Cr}$ 在前 30min 内快速降低，然后是一个趋于稳定的过程。相比之下，Cr(VI) 浓度逐渐降低，在 1440min 时达到 1.0mg/L。然而，溶液中 Cr(III) 浓度刚开始时降低，然后逐渐增加，在实验结束时达到 2.3mg/L。Cr(III) 浓度的增加，可能是由于在 NIOC 表面 Cr(VI) 被还原为 Cr(III)，被还原的 Cr(III) 又被快速吸附至 NIOC 表面。然而，Cr(III) 吸附活性位点在 30min 内快速达到饱和。由于 Cr(VI) 持续被还原为 Cr(III)，因此，溶液中 Cr(III) 的浓度继续增加，直至实验结束。

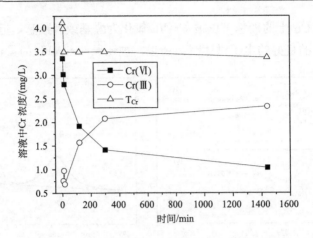

图 6-41　吸附过程溶液中不同形态 Cr 的浓度变化

基于上述分析，溶液中 Cr(Ⅵ)被还原为 Cr(Ⅲ)的同时，吸附剂表面的伯醇羟基(R—CH₂OH)可能被氧化成羰基(C＝O)[29]，Cr(Ⅲ)随后被吸附剂的氨基(—NH₂)络合在表面，反应式可以表示如下。

Cr(Ⅵ)被还原为 Cr(Ⅲ)：$HCrO_4^- \longrightarrow Cr(Ⅲ)$

R—CH₂OH 被氧化为 R—CH＝O：$R—CH_2OH \longrightarrow R—CH＝O$

Cr(Ⅲ)被—NH₂络合：$—NH_2 + Cr(Ⅲ) \longrightarrow NH_2—Cr(Ⅲ)$

综上所述，NIOC 吸附 Cr(Ⅵ)的主要机理有以下三点：①吸附剂与 $HCrO_4^-$ 之间的静电引力；②吸附剂中的羟基与 $HCrO_4^-$ 之间的配位交换；③位于壳聚糖 C6 上的羟基可以将部分 Cr(Ⅵ)还原成 Cr(Ⅲ)，Cr(Ⅲ)进而被氨基(—NH₂)所络合。Cr(Ⅵ)吸附机理如**图 6-42** 所示。

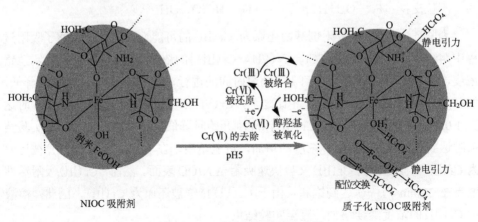

图 6-42　Cr(Ⅵ)吸附机理示意图

6.2.7　小结

(1)通过控制合适的反应条件和组分配比,制备出稳定性良好的颗粒化 NIOC 吸附剂,SEM 表征结果表明,NIOC 表面相对粗糙,有许多沟壑,暗示着该吸附剂可能具有良好的吸附性能。

(2)XRD 和 SAED 分析表明,NIOC 为无定形态,纳米棒状铁氧化物(长约 10nm,宽约 2nm)嵌入其中,经确认为正方针铁矿(β-FeOOH)。Zeta 电位结果表明,NIOC 的 pH_{ZPC} 为 7.5。

(3)稳定性结果表明,当溶液 pH$\geq$4 时,吸附剂很稳定,溶液中的 TOC 含量和 Fe^{3+} 含量分别小于生活饮用水中 TOC 浓度限值(5mg/L)和铁的限值(0.3mg/L)。

(4)NIOC 对 Cr(VI)的吸附速率较快,准二级方程对动力学数据具有最好的拟合,说明 NIOC 吸附 Cr(VI)是一个化学吸附过程,颗粒内扩散是 Cr(VI)吸附扩散过程的主要速率限制步骤。

(5)等温吸附数据可以用 Freundlich 方程很好地拟合,表明 NIOC 吸附 Cr(VI)是一个多分子层的吸附过程。随着温度的增加,NIOC 对 Cr(VI)的吸附容量逐渐下降,20℃、pH 5 条件下最大吸附容量可以达到 69.8mg/g。NIOC 对 Cr(VI)的吸附是自发的放热反应。

(6)共存阴离子 CO_3^{2-}、SO_4^{2-}、SiO_3^{2-} 对 NIOC 吸附 Cr(VI)的竞争作用较小,PO_4^{3-} 竞争作用明显。吸附 Cr(VI)后的 NIOC 易于通过 NaOH 溶液获得再生。

(7)动态柱研究表明,Cr(VI)初始浓度为 3.67~3.85mg/L、Cr(VI)限值为 0.5mg/L 时,可处理的 Cr(VI)溶液的床体积数为 1600,对应的泄漏时间为 200h,吸附饱和后的 NIOC 吸附剂容易通过 0.5mol/L NaOH 再生液原位再生。

(8)NIOC 吸附 Cr(VI)的主要机理包括:吸附剂与 $HCrO_4^-$ 之间的静电引力;吸附剂中的羟基与 $HCrO_4^-$ 之间的配位交换;位于壳聚糖 C6 上的羟基可以将部分 Cr(VI)氧化成 Cr(III),Cr(III)进而被氨基(—NH_2)所络合。

6.3　除 Cr(VI)颗粒化壳聚糖偶联纳米氧化铁的优选与性能

6.3.1　仪器设备与试剂

实验所用的仪器和试剂分别如**表 6-18** 和**表 6-19** 所示。

表 6-18　实验仪器

仪器名称	仪器型号	生产厂家
电子天平	BSA224S	Sartorius，德国
电热恒温鼓风干燥箱	DHG-9070A	江苏省金坛市荣华仪器制造有限公司
真空冷冻干燥机	FD-1-50	北京市博医康实验仪器有限公司
磁力搅拌器	EMS-3B	江苏省金坛市荣华仪器制造有限公司
恒温旋转振荡器	Dr-Mix	北京昊诺斯科技有限公司
比表面积及孔径分析仪	NOVA-6000	Quantachrome，美国
Zeta 电位分析仪	Nano ZS	Malvern，英国
X 射线衍射仪	D/MAX-2500	日本理学公司
高分辨率透射电镜	Tecnai G2 F20	荷兰 FEI 公司
傅里叶变换红外光谱分析仪	TENSOR27	Bruker，德国
X 射线电子能谱分析仪	Thermo escalab 250Xi	美国热电
总有机碳测定仪	TOC-VCPH	Shimadzu，日本
原子吸收光谱仪	AA800	美国 PE
紫外分光光度计	T6	北京普析通用仪器有限责任公司
pH 计	S220	Mettler Toledo，瑞士
扫描电镜	S4800	Hitachi Ltd，日本
超纯水机	GWA-UN	北京普析通用仪器有限责任公司

表 6-19　实验试剂

试剂名称	规格	生产厂家
$FeCl_3·6H_2O$	分析纯	天津市光复精细化工研究所
壳聚糖	分析纯	国药集团化学试剂有限公司
$K_2Cr_2O_7$	分析纯	天津市风船化学试剂科技有限公司
NaOH	分析纯	天津市风船化学试剂科技有限公司
HCl	分析纯	北京化工厂
浓硫酸	分析纯	天津富起力公司
磷酸	分析纯	北京化工厂
二苯碳酰二肼	分析纯	天津市风船化学试剂科技有限公司
NaCl	分析纯	天津市永大化学试剂有限公司
丙酮	分析纯	天津市江天化工技术股份有限公司

6.3.2 吸附剂的优化制备与表征方法

1. 吸附剂的制备

用 $FeCl_3 \cdot 6H_2O$ 和壳聚糖制备 NIOC 复合材料。制备步骤简单描述如下：分别配制 250mL 不同摩尔浓度的 $FeCl_3$ 溶液，称取固定质量的壳聚糖粉末加入装有不同浓度 $FeCl_3$ 溶液的烧杯中，放置在 50℃的水浴锅中加热并用玻璃棒不停地搅拌，直至溶液呈现凝胶状或黏稠状。然后用注射器将制备的胶体或黏稠液体滴入 NaOH 溶液中，使其形成尺寸统一的颗粒。上述制备的吸附剂颗粒用去离子水冲洗或浸泡，直至滤出液接近中性。最后将吸附剂颗粒放入 50℃的烘箱中烘 24h 将其烘干。本研究中共制备了 6 种不同配比的复合材料，根据其 Fe(III) 和壳聚糖单体的摩尔比 R 值的不同分别将其分别命名为 NIOC-1($R=0$，即纯壳聚糖球)、NIOC-2($R=1.6$)、NIOC-3($R=2.4$)、NIOC-4($R=3.2$)、NIOC-5($R=4.0$)、NIOC-6 ($R=4.8$)。将制备的吸附剂研磨后过 80 目筛，得到粉末材料，用于材料的表征研究。

2. 吸附剂的表征

研磨好的未反应吸附剂粉末可以直接进行表征研究，反应后的吸附剂需经去离子水冲洗后置于冷冻干燥机中干燥后进行表征。

1) HRTEM

HRTEM 可对各种纳米材料进行分析；将制备的吸附剂用去离子水清洗后置于冰箱中冷冻，冷冻好的样品放入冷冻干燥机中，干燥 24h 后进行表征测试。以下表征方法所用材料均按此法制得。检测前，将测试样品溶于无水乙醇，用微波进行振荡并破碎，最后将悬浮液滴加至铜网，自然风干。

2) SEM

SEM 可直接利用样品表面材料的性能进行微观成像，观察吸附材料表面的形貌特征。

3) XRD

XRD 可以判断材料的主要晶体结构，采用 Cu K_α ($\lambda=1.54$Å) 特征衍射辐射连续扫描模式进行扫描；测试后将获得的数据用 Jade6.0 软件进行分析。

4) 比表面积和孔径分布

吸附剂的 N_2 吸附-脱附等温线是用 NOVA-6000 型比表面积和孔径分析仪来测定的，然后将得到的数据用 BET 法计算可以得到吸附剂的比表面积，用 BJH 法计算可以得到吸附剂的孔径分布。

5）机械强度

选取 50 个颗粒材料，用 YHKC-2A 型颗粒强度测定仪检测所制备的颗粒吸附剂的抗压碎强度，得到其压力大小的数据，然后通过计算取平均值。

6）XPS

通过该表征手段可以获知吸附材料表面元素的组成及价态。此表征方法使用的射线源为 Al K_α X 射线，功率为 150 W，以碳的 C 1s 结合能（284.8eV）进行荷电校正，分析软件为 Advantage。

7）FTIR

FTIR 可以测定材料的官能团，所用方法为 KBr 压片法。具体步骤：将吸附剂与烘干的 KBr 以质量比为 99：1 的比例混合并研磨均匀，压片后在室温下测量，波长为 400~4000cm^{-1}，分辨率为 2cm^{-1}。

8）吸附剂的稳定性

吸附剂在不同 pH 值的水溶液中的稳定性决定了其在实际水处理中的推广及应用，是评价吸附剂性能的关键因素。稳定性研究与 pH 值的影响实验同步进行，实验及检测方法如下：在一系列 50mL 规格的塑料管中，分别移入 40mL 的反应液，投加量是 0.02g，pH 值分别调至 3、4、5、6、7、8、9、10，在摇床上振荡吸附 24h，过 0.45μm 混合纤维微孔滤膜后测定各溶液中铁的溶出情况及总有机碳两项指标。

6.3.3　实验方法

除吸附动力学实验外，其他吸附实验的反应时间均为 24h，在 50mL 塑料瓶中进行。所有实验的吸附剂投加量均为 0.5g/L，温度为（20±1）℃，使用 NaOH 或 HCl 调节 pH 值，除 pH 值影响实验外其他实验的 pH 值均稳定在 5.0±0.1，除离子强度影响实验外其余实验的背景电解质均为 0.01mol/L 的 NaCl 溶液。所有试验在反应后，用 0.45μm 混合纤维微孔滤膜过滤水样，分析 Cr(VI) 和 TCr 的浓度。动力学实验在 Cr(VI) 浓度分别为 10mg/L 和 30mg/L 的 0.5 L 烧杯中进行，在磁力搅拌下，每间隔一定的时间（5~2880min）取样。等温吸附和热力学实验中，取定量不同初始浓度的 Cr(VI) 溶液于 50mL 塑料瓶中，调节温度分别为 20℃、25℃和 30℃，然后置于恒温振荡摇床上反应 24h。

关于不同的水体环境的影响（共存离子、pH 值和离子强度）对 Cr(VI) 吸附的影响实验，其条件分别为：共存阴离子（CO_3^{2-}、SO_4^{2-}、SiO_3^{2-}、PO_4^{3-}）和共存阳离子（Ca^{2+}、Mg^{2+}、Cu^{2+}、Ni^{2+}、Na^+），不同离子的浓度分别为 0.001mol/L、0.01mol/L 和 0.1mol/L；pH 值影响实验的条件范围是 3~10；离子强度影响实验中 NaCl 浓度

分别为 0.001mol/L、0.01mol/L 和 0.1mol/L。

　　Zeta 电位测定：吸附材料的投加量为 0.5g/L，配制一系列两组浓度分别为 10mg/L 和 30mg/L 的溶液，pH 值分别调至 3、4、5、6、7、8、9、10 进行吸附反应，通过 Zeta 电位仪来测定吸附剂在不同 pH 值溶液中的 Zeta 电位，用来判断其表面电荷及等电点。

　　吸附-脱附实验：在 Cr(Ⅵ) 浓度为 10.00mg/L 的 500mL 烧杯中室温下进行，在恒温磁力搅拌下反应 24h，取出吸附剂，分析溶液中剩余 Cr(Ⅵ) 浓度。将吸附剂置于 250mL 浓度 0.5mol/L 的 NaOH、Na_2CO_3 和 $NaHCO_3$ 溶液中解吸 8h，然后用水进行冲洗至溶液的 pH 值呈中性，置于温度为 50℃ 的烘箱中烘干。再将该吸附剂放入初始浓度相同的 Cr(Ⅵ) 溶液中进行再吸附实验，重复如上实验 5 次。

　　动态吸附柱实验：在高度为 35cm、内径为 25mm 的玻璃柱中进行柱实验，其中吸附剂材料在吸附柱内的装载高度为 34cm。Cr(Ⅵ) 浓度为 0.2mg/L，流速为 7mL/min，以下行上给的方式通过吸附柱，反应的初始 pH 5.0，背景离子 SO_4^{2-}、Cl^-、HCO_3^- 的离子浓度均为 100mg/L。

6.3.4　不同配比吸附剂的物化性能对比

　　图 6-43 为六种不同配比 NIOC 的吸附等温线数据对比。明显地，NIOC-2 具有最高的 Cr(Ⅵ) 和 TCr 吸附容量。获得的六种不同配比 NIOC 的 Langmuir 吸附容量和物化性质如表 6-20 所示。对比表中的数据可以发现，六种 NIOC 的比表面积随着 R 的增加而增加，孔径是先降低后逐渐增加；纯壳聚糖球(NIOC-1)具有最高的机械强度(>500N)，NIOC-6 的机械强度最低，这与材料的实际形貌和状况

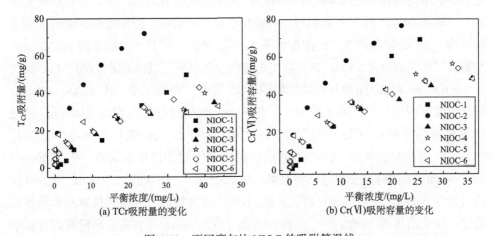

图 6-43　不同摩尔比 NIOC 的吸附等温线

一致(见 **5.3.1**),当材料中铁的含量超过一定比例时,材料中壳聚糖的相对比例过小,材料的交联性变差,机械强度变低。对比分析吸附等温线数据获得的 Langmuir 吸附容量可以发现,NIOC-2 材料显示出最高的 Cr(Ⅵ) 和 T$_{Cr}$ 吸附容量,分别为 92.04mg/g 和 86.16mg/g,NIOC-2 具有最好的铬吸附效果,加之 NIOC-2 的良好的机械强度(16.669N),因此选取 NIOC-2 作为最优除铬吸附剂(后续均将 NIOC-2 简写为 NIOC),采用 NIOC-2 吸附剂进行后续研究。

表 6-20　不同摩尔比颗粒吸附剂的 BET、机械强度和吸附容量对比

吸附剂	R	Fe(Ⅲ)/(mol/L)	比表面积/(m²/g)	孔径/nm	机械强度/N	Langmuir 吸附容量/(mg/g)	
						Cr(Ⅵ)	TCr
NIOC-1	0	0	0.569	2.647	>500	87.89	77.89
NIOC-2	1.6	0.2	5.400	1.614	16.669	92.04	86.16
NIOC-3	2.4	0.3	76.240	1.475	16.002	69.79	42.10
NIOC-4	3.2	0.4	88.502	5.439	43.393	79.26	42.74
NIOC-5	4.0	0.5	90.660	7.452	29.785	77.99	63.09
NIOC-6	4.8	0.6	102.277	7.811	10.428	46.37	30.24

6.3.5　最优吸附剂的表征

图 6-44(a) 为获得的最优 NIOC 复合材料的放大倍数为 1000 倍的 SEM 图,可以观察到复合材料呈不规则状且表面粗糙,边缘有棱角,预示着吸附剂可能具有良好的吸附性能。图 6-44(b) 为 NIOC 复合材料的 HRTEM 图,可以观察到吸附剂中形成的纳米 Fe 氧化物颗粒,且颗粒表面比较粗糙,为长度约 300nm 的微聚体结构。NIOC 吸附剂的外观图像如图 6-44(c) 所示,可见本次制备的 NIOC 吸附剂颗粒尺寸大小约为 2mm,在实际工程应用中可以根据具体要求控制尺寸大小。

NIOC 的 FTIR 光谱分析结果如图 6-45 所示。由图可知,在 3200~3400cm^{-1} 附近的宽带可能是壳聚糖上的 N—H 和—OH 伸缩振动引起的[41];2897cm^{-1} 处的特征峰是由甲基(—CH$_3$)和亚甲基(—CH$_2$)上的 C—H 键伸缩振动引起的;1378cm^{-1} 处的特征峰是—CHOH 基团中的 C—H 键的伸缩振动峰;在 1150cm^{-1} 和 1590cm^{-1} 处的峰是伯氨基的特征峰;在 1062cm^{-1}、894cm^{-1}、700cm^{-1} 处的特征峰可能为 FeOOH 的典型特征峰。可见,NIOC 复合材料上存在大量氨基和羟基官能团,这个结果与 Vieira 等[42]的研究结果一致。Vieira 等制备壳聚糖凝胶过程中添加环氧氯丙烷和戊二醛交联剂,结果表明不同的交联情况导致壳聚糖与铬酸盐

之间发生反应的活性位点不同，添加交联剂交联后壳聚糖的部分活性位点失去活性，且凝胶和铬酸盐之间的相互作用主要是氨基，少部分是羟基。

图 **6-46** 为 NIOC 的 XRD 谱图，在 2θ 范围为 $10°\sim80°$，对比 XRD 谱图和各种物质的标准谱图的 PDF 卡片，找出能匹配上的材料中可能出现的物质。由图可知，在 $11.803°$、$16.827°$、$26.884°$、$39.592°$、$46.691°$、$52.882°$、$56.676°$ 和 $61.072°$ 处都出现了比较明显的特征峰，能匹配上的标准谱图的 PDF 卡片编号为 PDF#34-1266，为针铁矿(β-FeOOH)晶体结构，在 $24.300°$、$35.611°$、$49.479°$、$56.150°$、$68.012°$、$71.935°$、$75.609°$ 和 $78.913°$ 处出现的特征峰对应的卡片编号为 PDF#33-0664，代表的是另一种铁氧化物 Fe_2O_3 的晶体结构，这说明在 NIOC 复合吸附剂中铁氧化物的主要存在形式有两种：β-FeOOH 和 Fe_2O_3。

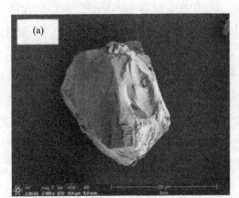
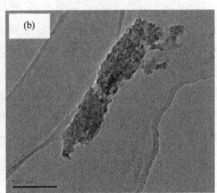

图 6-44　NIOC 复合材料电镜图及尺寸

(a) SEM 谱图(×1000)；(b) HRTEM 谱图；(c) 吸附剂的尺寸

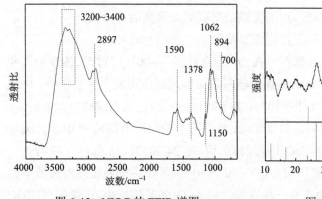

图 6-45 NIOC 的 FTIR 谱图

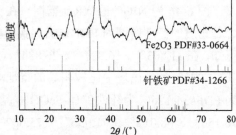

图 6-46 NIOC 的 XRD 谱图

NIOC 的 XPS 全谱图如**图 6-47** 所示。从图中可以看出，NIOC 主要包含的元素有 C、O、Fe、N，相对应的质量分数见**表 6-21**，分别为 58.82%，32.51%、3.21% 和 5.46%。**图 6-48(a)** 为 N 1s 的分峰图，由图可知，在 399.1eV、400.2eV、401.3eV 处的峰分别对应的是—NH_2、—NH^-、—NH_3^+，可知材料中存在不同形态的氨基及氨根正离子，可能对 Cr(Ⅵ) 的吸附反应产生不同的作用。将 Fe 2p 分峰图与 O 1s 分峰图共同分析，**图 6-48(b)** 为 Fe 2p 的分峰图，从图中可以观察到，在 710.5eV、713.1eV 处对应的可能为 Fe_2O_3 和 FeOOH，而 724.3eV 处对应的是 Fe_2O_3；而 O 1s

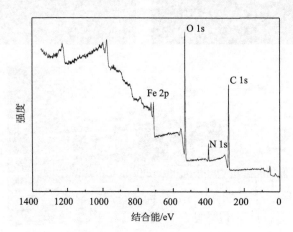

图 6-47 NIOC 的 XPS 全谱图

表 6-21 NIOC 复合吸附剂的元素质量分数

元素	C	N	O	Fe
质量分数/%	58.82	5.46	32.51	3.21

分峰图［**图 6-48(c)**］表明，532.50eV 处的特征峰对应的是 C—O、O—H，在529.55eV、530.85eV 处对应的特征峰分别是 C=O 和 Fe—O，结合分析后发现两个分析结果可以互补，结果一致，说明在 NIOC 复合吸附剂中可能存在的铁氧化物为 Fe_2O_3 和 FeOOH 的混合物，且这个结果与 XRD 的分析结果也相同。羟基的来源主要有两个，一个是壳聚糖分子链上的二级羟基，另一个是金属氧化物表面的羟基，两者皆易于质子化和去质子化，是金属氧化物和壳聚糖具有较强吸附能力的原因之一。再对 C 1s 元素的分峰图［**图 6-48(d)**］进行分析发现，在 284.5eV、286.1eV、287.8eV 处的峰分别对应的是 C—C、C—N、C=O，这说明材料中壳聚糖的存在引入了氨基和羧基，而氨基和羧基是反应活性较大、容易被氧化的基团，这两种基团的存在有利于增加吸附剂的吸附性能，这与 FTIR 的结果分析一致。

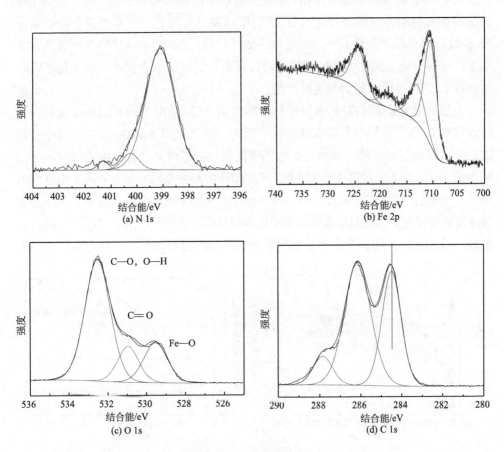

图 6-48　分峰拟合图

6.3.6　Cr(Ⅵ)静态吸附性能

1. 吸附动力学

NIOC 对 Cr(Ⅵ) 的吸附动力学结果如**图 6-49** 所示。可见，在前 30min，NIOC 对 Cr(Ⅵ) 的吸附速率非常快，达到 Cr(Ⅵ) 平衡吸附容量的 61%，随后的吸附速率逐渐降低，吸附量逐渐升高，在反应发生 24h 后逐渐达到平衡，最终对 Cr(Ⅵ) 的去除率可达到 97.95%。TCr 的吸附动力学曲线类似，反应发生 24h 后逐渐达到平衡。同时发现，2000min 内，溶液中 Cr(Ⅲ) 的浓度逐渐降低，说明被还原的 Cr(Ⅵ) 变成 Cr(Ⅲ) 后，进而被吸附剂表面的活性基团所络合，2000min 后，随着吸附剂表面的 Cr(Ⅲ) 活性基团逐渐饱和，溶液中的 Cr(Ⅲ) 浓度不再变化。进一步采用准一级和准二级动力学模型对 Cr(Ⅵ) 动力学结果进行拟合，所得的拟合参数示于**表 6-22**。根据相关系数大小，拟合顺序如下：准二级动力学模型＞准一级动力学模型。这说明准二级动力学模型对吸附过程具有更好的拟合效果，表明化学吸附可能在 Cr(Ⅵ) 吸附过程中起主导作用。

为进一步考察 Cr(Ⅵ) 扩散过程的速率控制步骤，采用 Weber-Morris 颗粒内扩散方程对 Cr(Ⅵ) 吸附动力学数据进行了拟合，结果如**图 6-49(b)** 表示。其中吸附的三个过程边界层扩散、颗粒内扩散和吸附质与吸附位点相互作用的过程，分别记为第 1 步、第 2 步和第 3 步。可见，三步拟合的相关系数分别是：第 1 步 0.980；第 2 步 0.991；第 3 步 0.945。相关系数均较高，拟合曲线均未经过原点，第 1 步的边界层吸附过程中直线斜率最陡，表明边界层吸附过程的扩散速度很快[31]，颗粒内扩散部分(第 2 步)的斜率小于边界层扩散(第 1 步)直线的斜率，说明颗粒内扩散

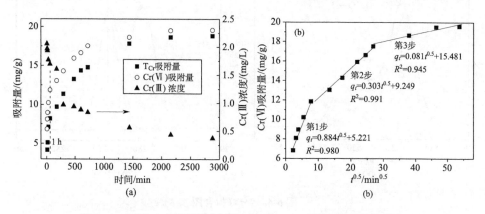

图 6-49　吸附动力学数据(a)和 Weber-Morris 颗粒内扩散方程(b)

是吸附质扩散的主要限制步骤。在吸附反应第 1 步，NIOC 与磷酸盐的主要吸附驱动力是静电吸引，因此吸附速率很快；随着吸附反应的进行，边界层的阻力效应越来越大，第 2、3 步的斜率逐渐平缓，表明吸附过程中吸附速率也逐渐变得缓慢；至反应的第 3 步，吸附驱动力主要是位点吸附，因为 NIOC 中的铁氧化物会与水反应形成羟基化表面，表面的羟基基团与 Cr(VI) 发生阴离子交换反应，同时释放羟基。

表 6-22　NIOC 吸附 Cr(VI) 的动力学拟合参数

模型类型	参数	按 T_{Cr} 吸附量计算	按 Cr(VI) 吸附量计算
	$q_e/(mg/g)$	15.26	16.467
准一级动力学模型	K_1/min^{-1}	1.36×10^{-2}	0.047
	R^2	0.753	0.654
	$q_e/(mg/g)$	17.043	17.290
准二级动力学模型	$K_2/[g/(mg\cdot min)]$	8.63×10^{-4}	0.004
	R^2	0.872	0.811

2. 溶液 pH 值的影响

溶液 pH 值对 Cr(VI) 和 T_{Cr} 吸附的影响结果如图 6-50 所示，可见，NIOC 对 Cr(VI) 和 TCr 的吸附影响呈现出相同的趋势，即吸附量随着 pH 值的增加呈现一个先增加后降低的趋势，在 pH 4 时对 Cr(VI) 和 T_{Cr} 的去除率最大，且在实验的 pH 值范围内，溶液中 Cr(III) 的浓度均低于 0.3mg/L，在 pH≥5 时溶液中 Fe 的浓度均为 0，说明在 pH≥5 时，NIOC 吸附材料具有良好的稳定性。前已述及，这种吸附变化趋势主要与铬在水中的存在形态和吸附剂表面的带电特征有关。水溶液中 Cr(VI) 离子的形态分布图如图 6-51 所示。可见，当溶液 pH<6 时，Cr(VI) 离子的主要存在形式是带负电的 $HCrO_4^-$。随着 pH 值的增加，铬的主要形态由 $HCrO_4^-$ 变为 CrO_4^{2-}。当水溶液的 pH>7 时，Cr(VI) 离子则是主要以 CrO_4^{2-} 的形式存在。

同时，溶液 pH 值也影响着吸附剂表面的带电性质。图 6-52 为原始 NIOC 吸附剂和 NIOC 分别吸附 Cr(VI) 初始浓度为 10mg/L、50mg/L 后的 Zeta 电位变化图。可以看出，NIOC 的 pH_{ZPC} 约为 7.5。当 pH<7.5 时，NIOC 吸附剂的表面带正电，此时 Cr(VI) 离子的主要形态是带负电的 $HCrO_4^-$，在吸附剂与 Cr(VI) 离子之间主要的作用力是静电引力。而在吸附 Cr(VI) 离子之后，发现 NIOC 表面的 Zeta 电位

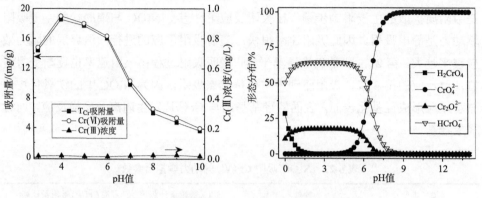

图 6-50 pH 值对 NIOC 吸附铬的影响   图 6-51 Cr(Ⅵ)形态分布图

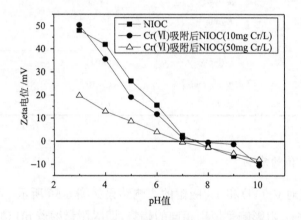

图 6-52 吸附 Cr(Ⅵ)前后的 Zeta 电位变化

降低，且 Cr(Ⅵ)初始浓度为 50mg/L 的溶液中吸附剂的 Zeta 电位降低的幅度大于初始浓度为 10mg/L 的实验组，这主要是因为 Cr(Ⅵ)浓度较高，吸附剂表面大量的吸附位点与 Cr(Ⅵ)结合，吸附剂表面带电量大量减少从而使 Zeta 电位大幅下降。而且，当 pH<7.5 时，随着 Cr(Ⅵ)浓度的增加，pH_{ZPC} 曲线明显发生移动，而 pH>7.5 时，pH_{ZPC} 曲线变化不明显，因此，吸附过程存在阴阳离子铬的同步吸附，致使吸附机理复杂。当 pH>pH_{ZPC} 时，由 Zeta 电位图可知，NIOC 的表面带负电荷，而此时 Cr(Ⅵ)的主要形态是 CrO_4^{2-}，两者之间存在静电斥力，从而导致碱性条件下 NIOC 吸附剂对 Cr(Ⅵ)的吸附容量大幅降低；同时，随着 pH 值的增加，溶液中 OH^- 离子的增加可能与 CrO_4^{2-} 激烈竞争吸附位点，这也是 Cr(Ⅵ)吸附量在高 pH 值条件下减少的原因之一。但当溶液的 pH 值大于 pH_{ZPC} 时，仍然存在吸附行为，说明除了静电引力之外还存在其他的吸附作用力。

3. 离子强度的影响

离子强度对 NIOC 吸附铬的影响如**图 6-53** 所示，可见，离子强度对 NIOC 吸附 Cr(VI) 和 TCr 的影响呈现出相似的趋势，即随着离子强度的增大，铬吸附量逐渐下降。

离子强度影响双电层的厚度和吸附剂表面的电势，因此可以影响吸附的离子的种类。当固体表面的羟基质子化或去质子化时，其表面的电荷会相应增加，但这些电荷会被溶液中一层带相反电荷的离子中和，因此固体表面是电中性的。带电的表面与电性相反的离子所在的电层组成了双电层。对离子强度的影响机理进行详细分析，发现外层络合和离子交换很容易受到离子强度的影响，而对内层络合造成的影响较小，这主要是因为背景电解质离子与外层络合物处于同一平面。因此，表面络合的反应机理受到 pH 值的影响比较明显，而离子交换的反应机理主要是受到离子强度的影响。实验是以 NaCl 作为离子强度来考察其对 Cr(VI) 的影响，当溶液中的离子强度增大时，溶液中 Cl 浓度增加，铬吸附量降低。这是因为在 pH 5 的酸性条件下，NIOC 材料表面的氨基和羟基会发生质子化反应变成带正电的氨基和羟基，从而与带负电的氯离子之间通过静电吸引形成双电层，使材料表面呈电中性，降低了对铬离子的吸附能力。pH 值和离子强度对 NIOC 吸附 Cr(VI) 的影响比较明显，所以可以推测 NIOC 吸附 Cr(VI) 主要是形成表面络合物，而且两者之间存在离子交换。

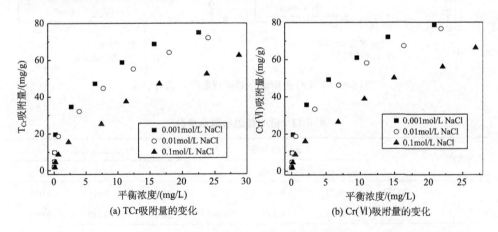

(a) TCr吸附量的变化　　　　　　　(b) Cr(VI)吸附量的变化

图 6-53　离子强度对 NIOC 吸附铬的影响

4. 吸附等温线与热力学分析

图 6-54 为不同温度下（10℃、20℃、30℃）NIOC 吸附剂对 Cr(Ⅵ) 的吸附等温线数据和采用常用的等温线模型（Langmuir 和 Freundlich）进行拟合的结果，拟合所得的参数列于**表 6-23**。显然，由表中数据可知，无论是按 T_{Cr} 的吸附量还是 Cr(Ⅵ) 的吸附量计算，三种温度（10℃、20℃和30℃）条件下，用 Freundlich 模型拟合的相关系数均大于 Langmuir 模型拟合的相关系数，这说明 Freundlich 模型能更好地描述该吸附过程。通常，与 Freundlich 模型拟合效果好的吸附过程都满足 Freundlich 模型的假设条件，即制备的 NIOC 材料表面的吸附位点的性质各不相同，这是由于壳聚糖表面本来有大量的氨基（—NH_2）和羟基（—OH），且壳聚糖和 $FeCl_3$ 在制备材料过程中会生成 FeOOH 和 Fe_2O_3；同时吸附质在吸附剂表面上也是多层吸附的，所以 Freundlich 模型对 NIOC 吸附 Cr(Ⅵ) 的过程描述较好。而且，

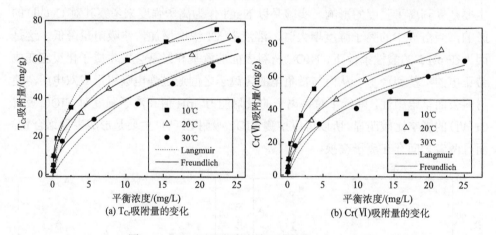

(a) T_{Cr}吸附量的变化　　　　(b) Cr(Ⅵ)吸附量的变化

图 6-54　NIOC 吸附除铬等温线数据及拟合结果

表 6-23　吸附等温线拟合参数

温度/℃		Langmuir 模型			Freundlich 模型		
		q_m/(mg/g)	b/(L/mg)	R^2	K_F	n	R^2
10	Cr(Ⅵ)	94.59	0.348	0.979	27.36	0.411	0.989
	T_{Cr}	81.63	0.345	0.980	24.19	0.382	0.983
20	Cr(Ⅵ)	92.04	0.173	0.952	21.00	0.418	0.998
	T_{Cr}	86.16	0.162	0.953	19.49	0.410	0.996
30	Cr(Ⅵ)	87.07	0.116	0.950	15.42	0.458	0.993
	T_{Cr}	109.08	0.055	0.926	11.91	0.518	0.970

由该图也可以看出，在低温条件下 NIOC 对 Cr(VI) 的吸附量比高温条件下更高，说明此反应为放热反应。同时由拟合参数可知，10℃、20℃和30℃三种温度下拟合得到的 Cr(VI) 的最大吸附量分别为 94.59mg/g、92.04mg/g、87.07mg/g。

将本研究所制备的 NIOC 与其他文献所报道的相关除 Cr(VI) 吸附剂进行对比的结果如表 6-24 所示。可见，与针铁矿、赤铁矿、壳聚糖等吸附剂相比，本研究所制备的 NIOC 吸附剂的吸附容量明显高于其他相关吸附剂，且 NIOC 呈颗粒状，粒径大小可控，在水与废水除铬处理工艺中具有良好的应用潜力。

表 6-24　相关吸附剂的 Cr(VI) 吸附量对比

吸附剂	实验条件	吸附容量/(mg/g)	文献
δ-FeOOH 涂层 γ-Fe$_2$O$_3$	pH 2.5, 25℃	25.80	[43]
赤铁矿	pH 8, 25℃	2.30	[28]
针铁矿	pH 8, 25℃	1.96	[28]
壳聚糖	pH 4, 25℃	35.60	[29]
活性炭	pH 4, 25℃	46.90	[29]
多壁碳纳米管	pH 2.8, 25℃	2.48	[44]
NIOC	pH 5, 20℃	92.04	本研究

基于等温线实验数据，进一步对三种温度(10℃、20℃、30℃)条件下的 NIOC 吸附 Cr(VI) 的吸附过程进行了热力学分析，所得到的拟合曲线(lnK_D 对 T^{-1} 作图)如图 6-55 所示，对应得到的 R^2 值为 0.985，拟合效果良好。表 6-25 为 NIOC 对 Cr(VI) 的吸附热力学参数。由表可知，三种温度下的焓变 $\Delta H<0$，说明吸附过程

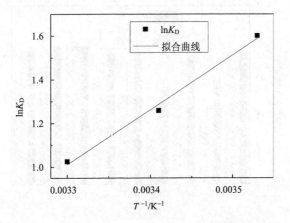

图 6-55　NIOC 吸附 Cr(VI) 的 van't Hoff 拟合曲线

表 6-25　　在不同温度下 NIOC 上 Cr(Ⅵ) 的吸附热力学参数

T/K	$1/T$	K_D	$\ln K_D$	$\Delta G/(kJ/mol)$	$\Delta S/[J/(mol \cdot K)]$	$\Delta H/(kJ/mol)$
283	3.53×10^{-3}	4.957	1.60	−37.88		
293	3.41×10^{-3}	3.521	1.26	−38.49	60.30	−20.82
303	3.30×10^{-3}	2.790	1.03	−39.09		

是放热反应，与等温线数据显示的结果一致，因此 NIOC 对 Cr(Ⅵ) 的吸附过程在低温条件下较易进行，低温有利于吸附过程的发生。增大温度有利于 Cr(Ⅵ) 离子克服空间位阻，加速吸附过程的进行，但是吸附量反而会降低。由等温线实验结果可以看出，10℃ 条件下的吸附容量最大。$\Delta S > 0$ 表明吸附剂与水溶液接触面的混乱度随着吸附过程的进行而增加。ΔG 均为负值，说明吸附过程是自发有利的，并且 ΔG 随着温度的降低而降低，同样说明了温度越低，越有利于吸附过程的自发反应和系统的稳定。

5. 共存离子的影响

实际的水体环境中往往会含有很多阴阳离子，这些离子可能会对 Cr(Ⅵ) 吸附过程产生不同程度的竞争影响，因此，本研究考察了共存阴阳离子对 NIOC 吸附铬的影响，研究中涉及的共存阴离子有 CO_3^{2-}、SO_4^{2-}、SiO_3^{2-} 和 PO_4^{3-}，共存阳离子有 Ca^{2+}、Mg^{2+}、Cu^{2+}、Ni^{2+} 和 Na^+，浓度分别为 0.001mol/L、0.01mol/L 和 0.1mol/L。图 6-56 为共存离子对 NIOC 吸附 T_{Cr} 和 Cr(Ⅵ) 的影响结果，可见，对 CO_3^{2-} 和 Cu^{2+} 而言，在 0.001~0.1mol/L 的浓度范围内，二者对铬吸附过程基本未产生抑制作用；

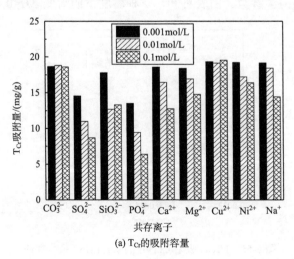

(a) T_{Cr} 的吸附容量

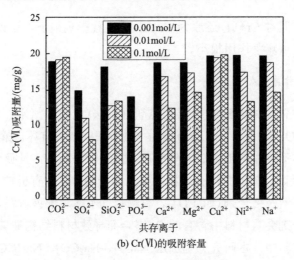

(b) Cr(Ⅵ)的吸附容量

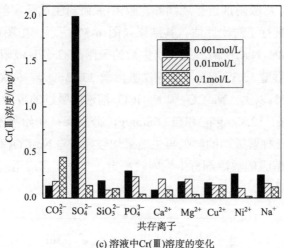

(c) 溶液中Cr(Ⅲ)溶度的变化

图 6-56　共存离子对 NIOC 吸附铬的影响

除 PO_4^{3-} 和 SO_4^{2-} 以外，其他共存离子的竞争作用均很弱，当共存离子浓度增加至 0.1mol/L 时，吸附量均保持在初始吸附量(0.001mol/L)的 70%以上；相比之下，PO_4^{3-} 和 SO_4^{2-} 对 TCr 和 Cr(Ⅵ)吸附具有明显的竞争作用，随着共存离子的浓度增大，TCr 和 Cr(Ⅵ)的吸附量明显降低，PO_4^{3-} 和 SO_4^{2-} 的吸附抑制作用明显比其他共存离子更强，这可能是因为 PO_4^{3-} 和 SO_4^{2-} 的结构与 $HCrO_4^-$ 类似，均为正四面体结构，所以 PO_4^{3-} 和 SO_4^{2-} 会与 $HCrO_4^-$ 强烈竞争 NIOC 表面的吸附位点。但当 SO_4^{2-} 离子浓度较低时，Cr(Ⅲ)的浓度比其他共存离子存在时都要高，这表明 SO_4^{2-} 会竞争材料表面的对铬离子有直接吸附作用的活性位点，从而抑制对 Cr(Ⅵ)和被还原的

Cr(Ⅲ)的吸附，但对 Cr(Ⅵ)还原为 Cr(Ⅲ)的过程影响很小，这说明 SO_4^{2-} 对材料表面的还原性位点竞争作用很小。

6. 吸附-脱附再生研究

吸附剂再生常用的方法有：无机溶剂再生法(盐酸、氨水、NaOH、NaCl、Na_2CO_3、$NaHCO_3$ 等)[45]、有机溶剂再生法(Na_2EDTA、抗坏血酸等)[46]和热解再生法等[46, 47]。本研究中的 NIOC 吸附剂在碱性条件下制备，且吸附材料本身含有金属元素 Fe，吸附材料的骨架壳聚糖本身易溶于酸，且为有机物，经过前期初步实验发现酸性溶液及络合剂(如 EDTA)等解吸剂不适用于该材料，酸性溶液会将材料溶解，络合剂会与材料中含有的 Fe 络合而导致材料结构被破坏，材料裂解，因此，在再生实验中，本研究分别选用 NaOH、Na_2CO_3、$NaHCO_3$ 三种常见的碱性溶液进行解吸，对吸附剂进行连续 6 次吸附-脱附再生循环实验，对三种解吸剂的解吸再生效果进行了对比评估，其结果如图 6-57 所示。由图可见，在 6 次吸附-脱附再生循环内，NaOH 溶液解吸再生后的吸附剂 Cr(Ⅵ)吸附量最佳且变化幅度最小，初次吸附量 13.37mg/g，第 6 次吸附量 13.23mg/g，6 次循环后仍保持初始吸附量的 98.95%以上。Na_2CO_3 和 $NaHCO_3$ 溶液解吸过的吸附剂对 Cr(Ⅵ)的吸附量也分别维持在 12.83mg/g 和 12.68mg/g，分别保持初始吸附量的 96.11%和94.63%。可见，三种解吸剂的解吸再生效果均较好，与 Na_2CO_3 和 $NaHCO_3$ 相比，经过 NaOH 溶液解吸的吸附剂再生性能较稳定，实际工程应用时可考虑将 NaOH 溶液作为最佳解吸液。

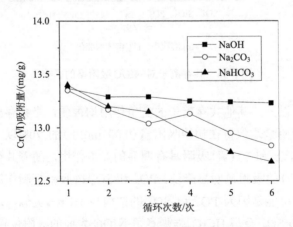

图 6-57　吸附剂解吸再生结果

7. 动态柱吸附性能

根据世界卫生组织和我国《生活饮用水卫生标准》(GB 5749—2006)规定,饮用水中 Cr(Ⅵ)的浓度限值为 0.05mg/L。本研究中,在高度为 35cm、内径为 25mm 的玻璃柱中进行动态柱吸附实验,NIOC 吸附剂的装载高度为 34cm,对连续流动态条件下 NIOC 吸附除 Cr(Ⅵ)的性能进行了考察,连续 120d 运行的实验结果如**图 6-58**所示。可见,在进水 Cr(Ⅵ)浓度为 0.2mg/L、空床接触时间(EBCT) 23.8min 时,最大处理床体积数可达 4800,出水水质达到我国《生活饮用水卫生标准》(GB 5749—2006)中 Cr(Ⅵ)的限值要求,且吸附材料保持稳定。经过长时间(75d) 连续运行后,出水浓度超出 0.05mg/L,吸附柱穿透,由此可见,针对低浓度含铬地下水或废水,材料吸附除铬性能良好,且有良好的应用前景。

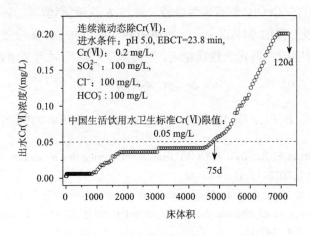

图 6-58　NIOC 吸附柱穿透曲线(20℃)

6.3.7　小结

(1)基于物化特征和铬吸附容量,对 Fe(Ⅲ)/壳聚糖单体的不同摩尔比的颗粒化吸附剂进行了优化设计,得到其最佳除铬吸附剂的摩尔比为 1.6,即 NIOC-2 吸附剂(简写为 NIOC),并对其进行后续研究。NIOC 吸附剂的机械强度为 16.669 N,BET 比表面积为 5.4m²/g,平均孔径宽度为 1.614nm。

(2)扫描电镜及高分辨率透射电镜表征分析可知,NIOC 吸附剂表面相对粗糙,呈微聚体结构。XRD 分析表明,NIOC 中的主要氧化物为针铁矿(β-FeOOH)和 Fe_2O_3。

(3)NIOC 吸附剂对 Cr(Ⅵ)的最大吸附量为 92.04mg/g(pH 5.0±0.1, 20℃),

Freundlich 模型能更好地描述其吸附等温线特征，表明其不是单纯的单分子层吸附；动力学吸附过程更符合准二级动力学模型，颗粒内扩散是吸附扩散的主要速率限制步骤。热力学分析表明，NIOC 吸附 Cr(Ⅵ)属于放热反应，该吸附过程伴随着物理吸附和化学吸附。

(4)NIOC 吸附剂对 Cr(Ⅵ)的吸附能力随着 pH 值的增加呈现先增加后降低的趋势，通过 Zeta 电位测试获得的 NIOC 的 pH_{ZPC}=7.5；随着离子强度的增加，NIOC 对 Cr(Ⅵ)的吸附能力逐渐下降，说明离子强度对吸附过程具有抑制作用，NIOC 对 Cr(Ⅵ)的吸附属于外层表面络合。共存离子影响研究表明，共存 PO_4^{3-} 和 SO_4^{2-} 对 Cr(Ⅵ)吸附竞争影响较大。

(5)NIOC 吸附剂的吸附-脱附再生研究表明，颗粒化 NIOC 具有良好的解吸再生性能，在水处理中具有良好的应用潜力。NaOH、$NaHCO_3$ 和 Na_2CO_3 三种解吸液均显示出良好的 Cr(Ⅵ)解吸再生性能，经过 6 次吸附-解吸循环，吸附剂吸附量均保持初始吸附量的 94%以上。三种解吸液当中，NaOH 解吸液的解吸性能最佳，且解吸过程吸附材料化学性质稳定，是实际工程应用时可考虑采用的解吸剂。

参 考 文 献

[1] 许可, 刘军坛, 彭伟功, 等. 铁锰复合氧化物处理含铬废水的研究[J]. 水处理技术, 2011, (12): 20-23.

[2] Altun T, Pehlivan E. Removal of Cr(Ⅵ) from aqueous solutions by modified walnut shells[J]. Food Chemistry, 2012, 132(2): 693-700.

[3] Chen B, Zhu Z, Guo Y, et al. Facile synthesis of mesoporous Ce-Fe bimetal oxide and its enhanced adsorption of arsenate from aqueous solutions[J]. Journal of Colloid and Interface Science, 2013, 398: 142-151.

[4] Wang P, Lo I M C. Synthesis of mesoporous magnetic γ-Fe₂O₃ and its application to Cr(Ⅵ) removal from contaminated water[J]. Water Research, 2009, 43(15): 3727-3734.

[5] Li J, Miao X, Hao Y, et al. Synthesis, amino-functionalization of mesoporous silica and its adsorption of Cr(Ⅵ)[J]. Journal of Colloid and Interface Science, 2008, 318(2): 309-314.

[6] 孔晶晶, 裴志国, 温蓓, 等. 磺胺嘧啶和磺胺噻唑在土壤中的吸附行为[J]. 环境化学, 2008, 27(6): 736-741.

[7] 孙笑非, 胡春. Zr-Fe 双组分复合除砷吸附剂的优化制备及性能评价[J]. 环境工程学报, 2010, (4): 843-846.

[8] Basahel S N, Ali T T, Narasimharao K, et al. Effect of iron oxide loading on the phase transformation and physicochemical properties of nanosized mesoporous ZrO₂[J]. Materials Research Bulletin, 2012, 47(11): 3463-3472.

[9] Gupta V K, Agarwal S, Saleh T A. Chromium removal by combining the magnetic properties of iron oxide with adsorption properties of carbon nanotubes[J]. Water Research, 2011, 45(6):

2207-2212.

[10] 王洋, 张雪峰, 张保生, 等. 介孔纳米 γ-Al₂O₃ 对稀土元素镧、铈的吸附性能[J]. 环境工程学报, 2012, (12): 4519-4524.

[11] Wang X H, Liu F F, Lu L, et al. Individual and competitive adsorption of Cr(VI) and phosphate onto synthetic Fe-Al hydroxides[J]. Colloids and Surfaces A: Physicochemical and Engineering Aspects, 2013, 423: 42-49.

[12] Chen B, Zhu Z, Guo Y, et al. Facile synthesis of mesoporous Ce-Fe bimetal oxide and its enhanced adsorption of arsenate from aqueous solutions[J]. Journal of Colloid and Interface Science, 2013, 398: 142-151.

[13] Asuha S, Zhou X G, Zhao S. Adsorption of methyl orange and Cr(VI) on mesoporous TiO₂ prepared by hydrothermal method[J]. Journal of Hazardous Materials, 2010, 181(1): 204-210.

[14] Deng S, Bai R. Removal of trivalent and hexavalent chromium with aminated polyacrylonitrile fibers: performance and mechanisms[J]. Water Research, 2004, 38(9): 2424-2432.

[15] Weng C H, Sharma Y, Chu S H. Adsorption of Cr(VI) from aqueous solutions by spent activated clay[J]. Journal of Hazardous Materials, 2008, 155(1): 65-75.

[16] Yuan P, Fan M, Yang D, et al. Montmorillonite-supported magnetite nanoparticles for the removal of hexavalent chromium [Cr(VI)] from aqueous solutions[J]. Journal of Hazardous Materials, 2009, 166(2-3): 821-829.

[17] Su C, Puls R W. Arsenate and arsenite removal by zerovalent iron: kinetics, redox transformation, and implications for *in situ* groundwater remediation[J]. Environmental Science & Technology, 2001, 35(7): 1487-1492.

[18] 贾志刚, 彭宽宽, 许立信, 等. 磁性介孔锰铁复合氧化物对 Cr(VI) 的吸附性能研究[J]. 环境工程学报, 2012, (1): 157-162.

[19] 彭宽宽, 贾志刚, 诸荣孙, 等. 介孔铁镁复合氧化物对 Cr(VI) 的吸附性能[J]. 硅酸盐学报, 2011, (10): 1651-1658.

[20] Wei L, Yang G, Wang R, et al. Selective adsorption and separation of chromium(VI) on the magnetic iron-nickel oxide from waste nickel liquid[J]. Journal of Hazardous Materials, 2009, 164(2): 1159-1163.

[21] Gao C, Zhang W, Li H, et al. Controllable fabrication of mesoporous MgO with various morphologies and their absorption performance for toxic pollutants in water[J]. Crystal Growth and Design, 2008, 8(10): 3785-3790.

[22] Debnath S, Ghosh U C. Kinetics, isotherm and thermodynamics for Cr(III) and Cr(VI) adsorption from aqueous solutions by crystalline hydrous titanium oxide[J]. The Journal of Chemical Thermodynamics, 2008, 40(1): 67-77.

[23] Tang D, Zhang G. Efficient removal of fluoride by hierarchical Ce-Fe bimetal oxides adsorbent: thermodynamics, kinetics and mechanism[J]. Chemical Engineering Journal, 2016, 283: 721-729.

[24] 陈素红. 玉米秸秆的改性及其对六价铬离子吸附性能的研究[D]. 济南: 山东大学, 2012.

[25] Hamdaoui O, Naffrechoux E. Modeling of adsorption isotherms of phenol and chlorophenols

onto granular activated carbon. Part I. Two-parameter models and equations allowing determination of thermodynamic parameters[J]. Journal of Hazardous Materials, 2007, 147(1-2): 381-394.

[26] Weber W J, Morris J C. Kinetics of adsorption on carbon from solution[J]. Asce Sanitary Engineering Division Journal, 1963, 1(2): 1-2.

[27] Mor S, Ravindra K, Bishnoi N R. Adsorption of chromium from aqueous solution by activated alumina and activated charcoal[J]. Bioresource Technology, 2007, 98(4): 954-957.

[28] Ajouyed O, Hurel C, Ammari M, et al. Sorption of Cr(VI) onto natural iron and aluminum (oxy) hydroxides: effects of pH, ionic strength and initial concentration[J]. Journal of Hazardous Materials, 2010, 174(1-3): 616-622.

[29] Jung C, Heo J, Han J, et al. Hexavalent chromium removal by various adsorbents: powdered activated carbon, chitosan, and single/multi-walled carbon nanotubes[J]. Separation and Purification Technology, 2013, 106: 63-71.

[30] Sankararamakrishnan N, Jaiswal M, Verma N. Composite nanofloral clusters of carbon nanotubes and activated alumina: an efficient sorbent for heavy metal removal[J]. Chemical Engineering Journal, 2014, 235(1): 1-9.

[31] Inglezakis V J, Zorpas A A. Heat of adsorption, adsorption energy and activation energy in adsorption and ion exchange systems[J]. Desalination & Water Treatment, 2012, 39(1-3): 149-157.

[32] Morgan J J. Aquatic Chemistry: Chemical Equilibria and Rates in Natural Waters [M]. 3rd ed. Now York: Wiley-Interscience, 1996.

[33] Qi J, Zhang G, Li H. Efficient removal of arsenic from water using a granular adsorbent: Fe-Mn binary oxide impregnated chitosan bead[J]. Bioresource Technology, 2015, 193: 243-249.

[34] Lv L, Xie Y, Liu G, et al. Removal of perchlorate from aqueous solution by cross-linked Fe(III)-chitosan complex[J]. Journal of Environmental Sciences, 2014, 26(4): 792-800.

[35] Elwakeel K Z, Guibal E. Arsenic(V) sorption using chitosan/Cu(OH)$_2$ and chitosan/CuO composite sorbents[J]. Carbohydrate Polymers, 2015, 134: 190-204.

[36] 蒋挺大. 壳聚糖[M]. 2 版. 北京：化学工业出版社, 2007: 95.

[37] Hernández R B, Franco A P, Yola O R, et al. Coordination study of chitosan and Fe^{3+}[J]. Journal of Molecular Structure, 2008, 877(1-3): 89-99.

[38] Yang X, Zhang X, Ma Y, et al. Superparamagnetic graphene oxide-Fe$_3$O$_4$ nanoparticles hybrid for controlled targeted drug carriers[J]. Journal of Materials Chemistry, 2009, 19(18): 2710-2714.

[39] Rinaudo M. Chitin and chitosan: properties and applications[J]. Progress in Polymer Science, 2007, 38(27): 603-632.

[40] Battistoni C, Mattogno G, Paparazzo E, et al. X-ray photoelectron spectroscopy studies of chromium compounds[J]. Surface & Interface Analysis, 1986, 29(36): 1550-1563.

[41] Lu J, Xu K, Yang J, et al. Nano iron oxide impregnated in chitosan bead as a highly efficient sorbent for Cr(VI) removal from water[J]. Carbohydrate Polymers, 2017, 173: 28-36.

[42] Vieira R S, Meneghetti E, Baroni P, et al. Chromium removal on chitosan-based sorbents—an EXAFS/XANES investigation of mechanism[J]. Materials Chemistry and Physics, 2014, 146(3): 412-417.

[43] Jing H, Lo I M C, Chen G. Performance and mechanism of chromate (VI) adsorption by δ-FeOOH-coated maghemite (γ-Fe$_2$O$_3$) nanoparticles[J]. Separation & Purification Technology, 2007, 58(1): 76-82.

[44] Hu J, Chen C, Zhu X, et al. Removal of chromium from aqueous solution by using oxidized multiwalled carbon nanotubes[J]. Journal of Hazardous Materials, 2009, 162(2-3): 1542-1550.

[45] Korak J A, Huggins R, Arias-Paic M. Regeneration of pilot-scale ion exchange columns for hexavalent chromium removal[J]. Water Research, 2017, 118: 141-151.

[46] Jiang W, Wang W, Pan B, et al. Facile fabrication of magnetic chitosan beads of fast kinetics and high capacity for copper removal[J]. Acs Applied Materials & Interfaces, 2014, 6(5): 3421-3426.

[47] Shaikh S H, Kumar S A. Polyhydroxamic acid functionalized sorbent for effective removal of chromium from ground water and chromic acid cleaning bath[J]. Chemical Engineering Journal, 2017, 326: 318-328.

第7章 吸附-共沉淀用于水体除磷控藻的中试研究

在实际工程中，以往吸附剂的应用多采用吸附柱装入颗粒化吸附剂的方法，吸附剂颗粒因粒径较大，导水性好，可以提高滤速，因而得到了广泛的应用，但颗粒化吸附剂显然不太适合用于水体除磷控藻。而粉末吸附剂因粒径小、导水性差等特点，难以采用吸附柱的方法使用。在本书的第2章中，作者对新生态铁锰复合氧化物吸附除磷和 Fe^{2+}-KMnO$_4$ 工艺吸附-共沉淀除磷进行了实验室小试实验，结果表明这两种吸附剂应用方式均可以通过新生态微界面反应来完成高效吸附，显示出比常规粉末吸附剂更好的除磷效果，同时也便于实际工程应用。因此，为了将这两种方式应用于工程实际，本章提出了新生态铁锰复合氧化物和 Fe^{2+}-KMnO$_4$ 原位制备及投加的工程应用新方法，新生态铁锰复合氧化物为悬浮液，呈流动态，便于管道混合和投加，而 Fe^{2+}-KMnO$_4$ 工艺集絮凝吸附作用于一体，也可以通过管道实现原位反应与投加，新生态铁锰复合氧化物和 Fe^{2+}-KMnO$_4$ 工艺有效简化了金属氧化物吸附剂的制备程序(过滤、干燥等)，且易于保持吸附剂的高吸附性能，是一种有潜力的水环境修复方法。本章重点对这两种方式用于示范工程水体除磷的效果进行考察，探索吸附剂的原位制备方法和投加方式，以期为粉末吸附剂的工程应用提供一条新的途径。

7.1 材料与方法

7.1.1 试剂与材料

中试试验所用试剂除 KMnO$_4$ 为分析纯外，其他试剂如 FeSO$_4$·7H$_2$O、FeCl$_3$、NaOH、硫酸等均为工业级。

为保证试验更能模拟水库水质实际情况，进水采用水库原水，试验期间进水水质如**表 7-1** 所示。

表 7-1　试验期间进水水质指标

pH 值	浊度/NTU	DOC/(mg/L)	TDP/(mgP/L)	SiO$_3^{2-}$/(mg Si/L)	溶解态 Fe/(mg/L)	溶解态 Mn/(mg/L)
7.28~8.18	18.1~47.9	2.67~12.83	0.03~0.13	4.76~5.91	0.01~0.24	0.002~0.015

7.1.2　中试试验

　　示范工程建于南方某城市大型水库水源地,所采用的工艺流程如**图 7-1** 所示。共四个反应池(**图 7-2**),单池长度×宽度=50m×5m,池深 4.5m,水深 4m,底泥按深 0.5m 设计,每个反应池进水流量为 3.25m³/h,均采用进水穿孔花墙均匀布水,出水堰采用溢流三角堰,出水收集后统一排至尾水池,水力停留时间约为 13d,接近于水库水实际停留时间,13d 后三角堰开始溢流出水,同时进行水样采集。加药间设有吸附剂在线制备与投加系统(**图 7-3**),完成吸附剂的制备与投加,中试试验采用的主要设备如**表 7-2** 所示。

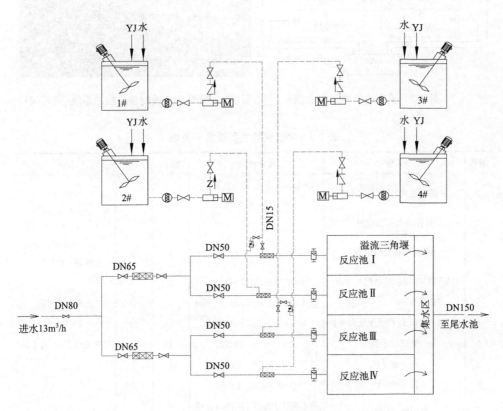

图 7-1　中试试验工艺流程图

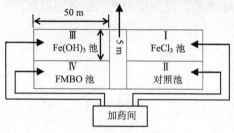

图 7-2　反应池实物与示意图　　　　图 7-3　吸附剂在线制备与投加系统(加药间)

表 7-2　中试试验主要设备一览表

编号	名称	技术性能	数量	单位	备注
1	加药计量泵 DFD-02-16-X	Q=5L/h，压力 16×10^5Pa，H=2m，P=30W	8	台	7 用 1 备
2	搅拌桨及配套电机		8	台	7 用 1 备，搅拌加药罐
3	65WFB-B 型自吸泵	Q=15m³/h，H=41m，H_s=5m	2	台	集水区出水泵。材质为碳钢，1 用 1 备
4	65WFB-B 型自吸泵配套电机	n=2900r/min，P=11kW	2	台	
5	5T100WFB-CD 自吸泵	Q=100m³/h，H=11m，H_s=6m	1	台	反应池排空泵
6	5T100WFB-CD 自吸泵配套电机	n=1450r/min，P=11kW	1	台	
7	管道增压泵	Q>13m³/h，DN80	1	台	材质为碳钢，1 用 1 备
8	转子流量计	Q=0~8m³/h，DN65	2	个	
9	转子流量计	Q=0~4m³/h，DN50	4	个	
10	静态管式混合器	进水管径 DN65，加药口管径 DN15	2	套	
11	静态管式混合器	进水管径 DN50，加药口管径 DN15	4	套	
12	D343-16C 手动蝶阀	DN80，PN1.6MPa	5	个	
13	D343-16C 手动蝶阀	DN65，PN1.6MPa	4	个	

续表

编号	名称	技术性能	数量	单位	备注
14	D343-16C 手动蝶阀	DN50，PN1.6MPa	9	个	
15	D343-16C 手动蝶阀	DN15，PN1.6MPa	11	个	
16	漂白粉加药泵	$Q=30L/h$			加药泵流量 30L/h，扬程 5m
17	配药桶	体积 500L	7	个	
18	管道采样阀	DN50	4	个	管道上采集水样用

注：Q：流量；n：转速；P：功率；H：扬程；H_s：吸程。

试验时，设定进水 TDP=0.1mg/L，进行吸附剂投加量的设计。根据前面小试研究结果（**第 2 章**）可知，新生态 FMBO 和 Fe^{2+}-$KMnO_4$ 工艺除磷在 (Fe+Mn)/P 摩尔比约为 12 时具有最好的除磷效果，因此中试试验也按此比例投加，对于 $FeCl_3$ 和 $Fe(OH)_3$ 则按 Fe/P=12 投加。前期实验室小试的研究表明，新生态 FMBO 和 Fe^{2+}-$KMnO_4$ 工艺除磷效果较好，$Fe(OH)_3$ 也有一定的除磷效果，均有望用于工程实际；另外 $FeCl_3$ 也是水处理常用的化学除磷混凝剂，因此，第一批中试试验中四个反应池分别为：对照池（不投加任何药剂）、$FeCl_3$ 反应池、$Fe(OH)_3$ 反应池、FMBO 反应池，四个反应池分别对应于四根药剂投加管道，出水溢流后连续运行 15d，每天进出水对应各取 5 个水样，现场测定 pH 值、透明度、浊度、粒径四个指标。其中透明度、粒径在 25m 及 50m 处分别测定。TDP、DOC、SiO_3^{2-}、Fe、Mn 等指标在实验室测定。第二批中试试验比较了 Fe^{2+}-$KMnO_4$ 工艺和 FMBO 工艺的效果，Fe^{2+}-$KMnO_4$ 工艺中，将 $FeSO_4 \cdot 7H_2O$、$KMnO_4$ 和 NaOH 按比例配制，配药时将 $FeSO_4 \cdot 7H_2O$ 单独配制到一个加药桶里，将 $KMnO_4$ 和 NaOH 配制到另一个加药桶里，然后通过管道混合器将两个加药桶里的试剂同时与原水混合，再进入反应池。

7.1.3　分析和表征方法

透明度采用海水透明度盘（Secchi disc，又称赛西氏透明度板）测定，浊度采用哈希便携式浊度仪（2100Q Turbidimeter, Hach Co., USA），进水 25m 和 50m 处的颗粒数（< 10 μm）采用 Versacount IBR 便携式颗粒计数仪（IBR inter basic resources Inc., USA）进行测定。

TDP、SiO_3^{2-}、Fe、Mn 浓度采用 ICP-OES（ICP-OES 700, Agilent Technologies, USA）测定，DOC 的测定采用总有机碳分析仪（TOC-VCPH, Shimadzu, Japan）进行。

7.2　吸附-共沉淀法中试效果

7.2.1　对 TDP 的去除效果

FeCl$_3$ 反应池、Fe(OH)$_3$ 反应池、对照池、新生态 FMBO 反应池中进出水的 TDP 浓度变化如**图 7-4** 所示，同时对进出水 pH 值进行了测定(**图 7-5**)，发现 pH 值基本在±0.5 的范围内变化，相对稳定。

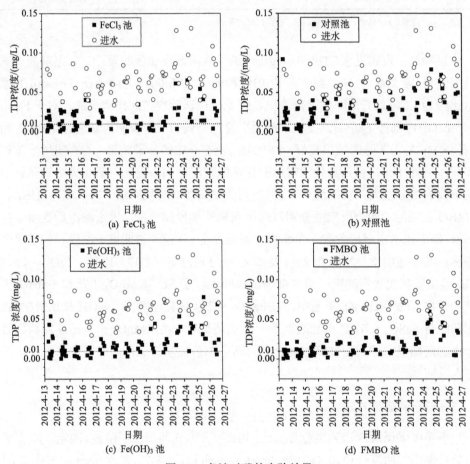

图 7-4　各池对磷的去除效果

国外 Sas 等的研究指出只要水体可溶性磷高于 0.01mg/L，藻类生物量就不会降低。另外根据我国《地表水环境质量标准》中Ⅰ、Ⅱ类标准限值，总磷≤0.01mg/L 划为Ⅰ类标准(即**图 7-4** 中标出的虚线)，因此，以此限值标准来讨论各工艺对磷的去除效果。由图可见，Fe(OH)$_3$ 池在溢流后 7d 内对 TDP 的去除较稳定，基本维持在 0.01mg/L 左右，但是从第 7d 开始，TDP 浓度基本维持在 0.01mg/L 以上，有些偏高。FMBO 对磷的去除也较稳定，溢流后 7~10d 有波动，但基本在 0.05mg/L 范围内。对 Fe(OH)₃ 反应池而言，有较少的数据点处于 ≤0.01mg/L 的范围内，而对于 FeCl₃ 反应池和 FMBO 反应池，有更多的数据点处于 ≤0.01mg/L 的范围内，但 FeCl₃ 反应池出水磷浓度明显比 FMBO 反应池波动大，部分浓度高达 0.06mg/L；对照池中，原水经过自身的沉降及微生物分解等作用对磷的去除也有一定效果，但是效果不好，大部分出水磷浓度在 0.01mg/L 以上。

为进一步验证 Fe^{2+}-KMnO₄ 工艺的中试效果，于 2012 年下半年(2012 年 9 月 8 日~2012 年 9 月 22 日)进行了新生态 FMBO 与 Fe^{2+}-KMnO₄ 工艺现场中试试验，两种工艺对 TDP 的去除结果示于**图 7-6**(其他水质指标的处理效果本书暂略)。可见，两种工艺中，Fe^{2+}-KMnO₄ 工艺对 TDP 的去除效果明显好于 FMBO，Fe^{2+}-KMnO₄ 工艺的效果最好，去除率比 FeCl₃ 稳定，在试验进行的 15d 内，基本能将反应池出水磷控制在 0.02mg/L 以内。

总体而言，从磷的去除效果和稳定性看，Fe^{2+}-KMnO₄ 工艺效果最好，FMBO 次之，FeCl₃ 和 Fe(OH)₃ 则居后。

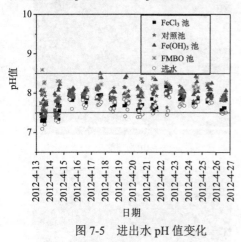

图 7-5　进出水 pH 值变化

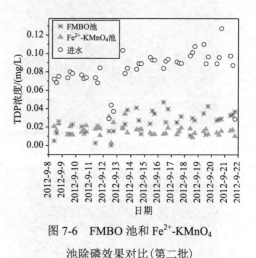

图 7-6　FMBO 池和 Fe^{2+}-KMnO₄
池除磷效果对比(第二批)

7.2.2　对浊度的去除效果

新生态 FMBO 反应池、对照池、FeCl₃ 反应池、Fe(OH)₃ 反应池中进出水的浊度变化如**图 7-7** 所示。可见，FeCl₃ 对浊度的去除效果最好，出水浊度基本在 5 NTU 左右，这是因为铁盐在水中主要起混凝作用，对水中引起浊度的颗粒物质具有较好的脱稳作用。对照池中，水体本身的沉降对浊度的去除也有一定的效果；在 4 月 19 日中午取样点处浊度明显增大，有一个峰值，这是因为在这一天藻类突然大量生长(**图 7-8**)，但

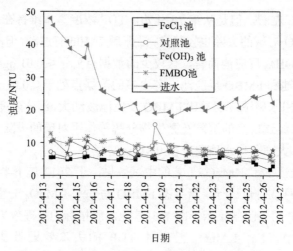

图 7-7 不同反应池对浊度的去除效果

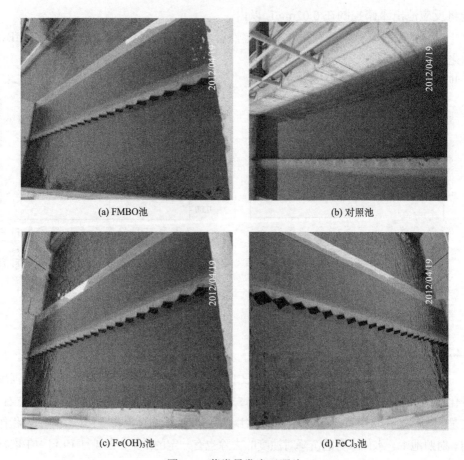

图 7-8 藻类暴发当天照片

是在之后的一周内浊度逐渐变好，这是因为藻类逐渐消退。$Fe(OH)_3$ 和 FMBO 对浊度也有较好的去除效果，比对照池的自净效果好，但是不如 $FeCl_3$。FMBO 池的出水浊度呈现由高到低的趋势，在溢流初期浊度较高，现场的现象表现为水体浑浊，呈红色，透明度较低，但是在溢流 10d 以后，水体逐渐变清澈，红色消失，浊度也明显变小。原因可能为 FMBO 的粒径较小，沉淀速率小，因而沉降需要更长的时间。

综上所述，从浊度的去除效果看，$FeCl_3$ 效果最好，FMBO 和 $Fe(OH)_3$ 次之。

7.2.3　水体透明度的变化

湖库透明度是描述湖库光学的一个重要参数[1]，能直观反映水体清澈和混浊程度，生物学家经常利用海水透明度盘深度来估算真光层深度用于计算湖库初级生产力。水体透明度与水中悬浮物含量密切相关[2]，国内外的一些研究表明[3, 4]，水体中悬浮物浓度增加是影响水下光强和初级生产力的主要因素，悬浮物浓度增加时透明度下降，可能降低叶绿素 a 的含量，对抑制藻类生长也有促进作用。

因此，中试试验对每个反应池沿池长进水 25m 处和 50m 处（出水处）的透明度进行了测定，结果如图 7-9 和图 7-10 所示。可见，在池长 25m 处和 50m 处的透明度变化基本相似，$FeCl_3$ 池透明度最好，且随着后期逐步稳定，透明度更好，现场现象表现为非常清澈；对照池的透明度从 4 月 18 日开始先减小后增大，在 4 月 19 日中午取样点处浊度明显增大，有一个峰值，这是因为在这一天藻类突然大量生长，主要因为从 4 月 18 日开始底层有藻类出现，到 4 月 19 日藻类上浮，使

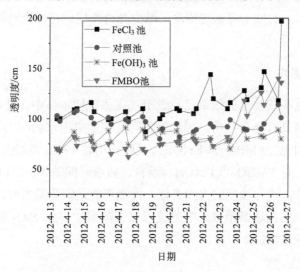

图 7-9　25m 处各池透明度

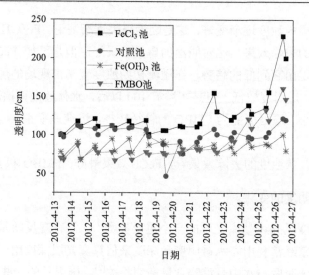

图 7-10　50m 处各池透明度

透明度变差，浊度变大，但随着藻类的消退，透明度逐步升高，说明藻类近期内不会再出现；Fe(OH)₃ 池透明度最差，表现为水体呈红色，外观较浑浊；对于 FMBO 池，刚开始溢流时，透明度非常低，但随着时间的推移，FMBO 逐渐沉降，水体透明度逐渐升高，尤其是出水 10d 以后，透明度增长迅速，这与浊度的实验结果一致。这可能也说明，与 $FeCl_3$ 相比，新生态 FMBO 随着时间的推移，逐渐凝聚，粒径变大，易于下沉，从而造成水体透明度升高。

　　以上分析说明，与投加 $FeCl_3$ 相比，投加吸附剂 FMBO 和 Fe(OH)₃，因反应池中颗粒数增多，有助于降低透明度，减少光合作用，可能会对抑制藻类生长具有一定的积极作用。

7.2.4　SiO_3^{2-} 的影响

　　前面实验室小试实验的结果已经表明，在弱碱性水体中，较高浓度的 SiO_3^{2-} 可能对工艺除磷具有竞争作用，因此对不同反应池进出水的 SiO_3^{2-} 浓度也做了测定（图 7-11）。可见，FMBO 和 Fe(OH)₃ 吸附作用较 $FeCl_3$ 混凝去除作用对 SiO_3^{2-} 的去除率要高；对 FMBO 和 Fe(OH)₃ 而言，随着时间的推移，SiO_3^{2-} 的去除率也呈逐渐增加趋势，这与浊度的去除类似，推测可能是因为随着时间的推移，反应池颗粒物吸附剂的量逐渐增多，吸附位点也逐渐增加，对 SiO_3^{2-} 的吸附容量逐渐变大，因而去除率增加。

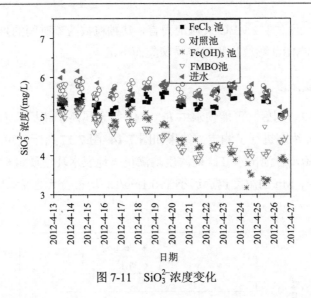

图 7-11　SiO_3^{2-} 浓度变化

7.2.5　粒径分布变化

　　对每个反应池池长 25m 处和 50m 处(出水处)的颗粒数($<$ 10μm)也进行了测定，结果如**图 7-12** 和**图 7-13** 所示。可见，随着时间的推移，水中颗粒数逐渐减少，说明水中颗粒物的沉降需要一个过程，并且因为各反应池药剂的投加，金属氧化物的生成使得各池颗粒数均比进水中颗粒数多，在池长 25m 处和 50m 处均呈现出类似的趋势。并且投加 FMBO 和 Fe(OH)$_3$ 的反应池中颗粒数总体上比 FeCl$_3$ 反应池中的颗粒数多，这与透明度的试验结果基本一致，颗粒数的增多会造成水

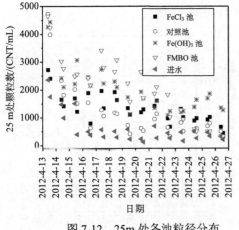

图 7-12　25m 处各池粒径分布

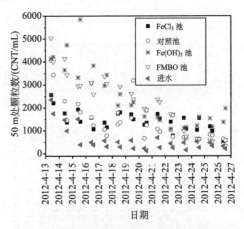

图 7-13　50m 处各池粒径分布

体透明度下降。且对于 FMBO 反应池而言，其颗粒数随着时间的推移，减少最明显，可能说明 FMBO 颗粒物相对容易聚集而下沉。

7.2.6 铁锰残留浓度

水体中投加药剂后，可能使水中 Fe、Mn 等金属离子超标，因此对各反应池进出水 Fe、Mn 浓度进行了测定，结果如**图 7-14~图 7-17**所示。可见，从 4 月 13 日溢流出水开始，各池出水 Fe 的浓度均满足《地表水环境质量标准》所规定的 0.3mg/L 的要求，Mn 的浓度也远远小于 0.1mg/L，均符合《地表水环境质量标准》的规定。

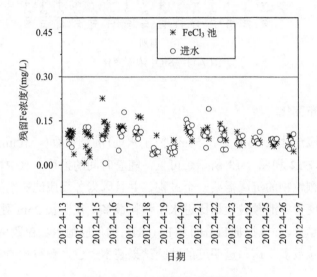

图 7-14　FeCl$_3$ 池进出水铁浓度

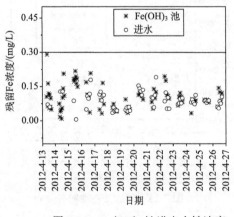

图 7-15　Fe(OH)$_3$ 池进出水铁浓度

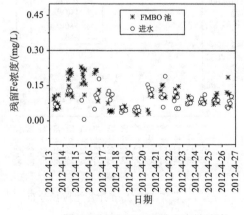

图 7-16　FMBO 池进出水铁浓度

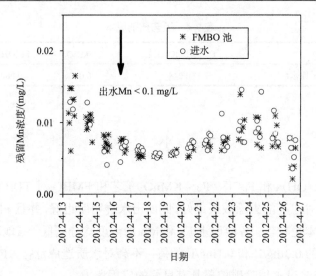

图 7-17　FMBO 池进出水锰浓度

7.3　药剂成本分析

水处理吸附材料在实际工程应用时，药剂成本是人们关注的一个重要因素，中试试验所用的药剂分别为 $KMnO_4$、$FeSO_4 \cdot 7H_2O$、$FeCl_3$、$NaOH$，均按工业级进行价格估算，其中 $FeSO_4 \cdot 7H_2O$、$FeCl_3$ 和 $NaOH$ 均按实际购买时价格计算，如**表 7-3** 所示。

表 7-3　药剂价格

药剂	$KMnO_4$	$FeSO_4 \cdot 7H_2O$	$FeCl_3$	$NaOH$
价格/(元/kg)	15	2.5	7	4.5

按照进水 TDP=0.1mg/L=0.003mmol/L 计，$FeCl_3$ 和 $Fe(OH)_3$ 按投药量 Fe/P=12 计，Fe^{2+}-$KMnO_4$ 工艺和 FMBO 按投药量 (Fe+Mn)/P=12 计。经计算后各工艺药剂成本如**表 7-4** 所示，可见，$FeCl_3$ 药剂成本最低，Fe^{2+}-$KMnO_4$ 工艺和 FMBO 工艺药剂成本较低，另外，由于实际进水水样中 TDP 的浓度基本围绕在 0.6~0.7mg/L，因此实际工程应用时，成本还有进一步降低的空间。结合前面各工艺的处理效果可知，Fe^{2+}-$KMnO_4$ 工艺和 FMBO 工艺在工程实际中有较好的应用前景。

表 7-4　工艺药剂成本

工艺	Fe^{2+}-$KMnO_4$工艺	FMBO	$Fe(OH)_3$	$FeCl_3$
成本/(元/ m^3 原水)	0.048	0.048	0.060	0.041

7.4　小　　结

相对于 $Fe(OH)_3$ 和 $FeCl_3$，Fe^{2+}-$KMnO_4$ 工艺和 FMBO 对 TDP 的去除效果相对较好；$FeCl_3$ 对浊度的去除效果最好，因而出水透明度也好，并且 FMBO 和 $FeCl_3$ 工艺的药剂成本也较低；各池出水 Fe 和 Mn 的浓度均分别低于《地表水环境质量标准》所规定的 0.3mg/L 和 0.1mg/L 的值，不会对水质造成危害，Fe^{2+}-$KMnO_4$ 工艺和 FMBO 工艺对水体除磷控藻具有良好的应用潜力。

参 考 文 献

[1] 张运林, 秦伯强, 陈伟民, 等. 太湖水体透明度的分析、变化及相关分析[J]. 海洋湖沼通报, 2003,(2): 30-36.

[2] 朱伟, 姜谋余, 赵联芳, 等. 悬浮泥沙对藻类生长影响的实测与分析[J]. 水科学进展, 2010, 21(2): 241-247.

[3] 张运林, 秦伯强, 陈伟民, 等. 悬浮物浓度对水下光照和初级生产力的影响[J]. 水科学进展, 2004, 15(5): 615-620.

[4] Duin E H S V, Blom G, Los F J, et al. Modeling underwater light climate in relation to sedimentation, resuspension, water quality and autotrophic growth[J]. Hydrobiologia, 2001, 444(1-3): 25-42.

第8章　研究展望

本书主要以水中常见的磷、铬为目标污染物，研究了以铁氧化物为主组分的二元和三元复合纳米金属氧化物、颗粒化纳米金属氧化物(负载法、浸渍法)的物化特征、深度除污染物性能及其机理，所研制的颗粒化纳米金属氧化物(NIOC)可用于中小型分散式水处理系统(如使用点等)，并针对工程应用中粉末状吸附剂的难以投加和混合等缺点，提出新生态铁锰复合氧化物和 Fe^{2+}-$KMnO_4$ 工艺的工程应用方法，构建了吸附剂的原位制备和投加系统，所提出的吸附剂应用方法简便易行，可广泛用于水体修复和水处理工艺，为吸附剂的工程化应用进行了新的有益探索。作者相信，本书提出的吸附技术应用原理可以为本领域研究人员提供一些有益启示，并以此为契机，进一步推动水处理吸附技术的发展。

近年来，纳米吸附剂净水新材料的研发日新月异。如前所述，在水处理领域得到应用或被研究者广泛关注的纳米金属氧化物主要包括铁氧化物、铝氧化物、锰氧化物、钛氧化物、锆氧化物、锌氧化物、铈氧化物、镧氧化物等，以这些金属氧化物为主体，如何开发吸附容量大、吸附速率快和选择性强的复合吸附材料，是未来研究应该关注的一个重要问题。目前，这些金属氧化物已被广泛研究用于去除水中的重金属、磷、氟、腐殖质和染料等污染物。此外，随着水质检测技术的不断发展，各种新型污染物如药物和个人护理用品、激素、藻毒素、全氟化合物等也层出不穷，加之水质标准的日益严格，传统水处理技术对一些新型污染物往往无能为力，而纳米材料吸附技术则可以有效去除很多新型污染物，在未来水处理技术的革新方面具有很大的应用潜力，如分散式水处理系统、使用点装置等。这也给纳米吸附剂净水新材料的研发提出了新的挑战，例如，针对复杂水质条件下的多元共存污染物，如何高效并同步去除多元污染物，也是吸附材料研发亟须解决的重要问题。以作者之见，在金属氧化物类吸附剂的研发方面，未来研究人员还应该在如下几个方面进一步强化。

8.1　纳米金属氧化物的规模化生产与应用

纳米材料与传统水处理技术具有很好的相容性，是有潜力的新型水处理技术，但纳米工程材料很少规模化用于水处理工艺，其中生产成本是制约其应用的一个重要因素。纳米金属氧化物制备方法众多(共沉淀法、水热法、溶剂热法、微乳液法等),如何降低制备用母体材料的成本,优化简化纳米金属氧化物制备方法,降低生产成本,实现纳米金属氧化物的规模化生产,推进质优价廉的纳米吸附材料的市场化,放大水处理系统,考察其净水效果,是未来研究中应该考虑解决的重要问题。一般来说,共沉淀法是常用的制备纳米铁氧化物的最简单有效的方法,其主要优点是易于批量生产铁氧化物,缺点是颗粒尺寸控制受限。

8.2　纳米金属氧化物的安全性评价和生命周期分析

纳米金属氧化物长期滞留水中,可能产生毒性。例如,纳米氧化铁的毒性被认为与其植物毒性和抑制种子萌发有关;纳米 ZnO 颗粒的毒性则主要来源于所溶解的 Zn^{2+} 的毒性。纳米金属氧化物除了自身的毒性外,在其制备时采用的有机金属前驱体、反应物或溶剂等,也是其主要的毒性来源,为减少其健康风险,有必要建立国家甚至国际规范与法规。在美国,为发展纳米技术,已有数十亿美元被用于科研以推进纳米新材料和工艺的市场化。因此,水处理用纳米金属氧化物材料在商业化之前,需进一步考察其在水中的长期稳定性和释放性,并进行毒性试验、生命周期分析、水体中纳米材料的路径和处置等以获知其健康风险。

8.3　纳米金属氧化物的多功能性设计

与传统水处理技术相比,纳米金属氧化物的一个突出特点是其容易通过表面改性,被赋予多种性质,强化纳米金属氧化物的多功能性,提高其吸附容量和吸附速率,从而有效去除水中的污染物。

8.3.1　氧化性与还原性

TiO_2 是常用的吸附剂和半导体紫外光催化剂,纳米 TiO_2 具有比表面积大、反应位点多及量子效应等特点,有利于吸附和光催化反应,在紫外光存在时可将 As(III) 氧化为 As(V),TiO_2 本身又是良好的 As(V) 吸附剂,因而可以同步有效去除水中的 As(III) 和 As(V)。TiO_2 也可将甲基砷(MMA)和二甲基砷(DMA)光催化氧化为 As(V),进而使 As(V)被吸附在 TiO_2 表面。但 TiO_2 带隙较宽,只能利用太阳光中占比较低的紫外光,导致其光生电子和空穴的再复合率高,影响其光催化效率,因此利用窄带隙半导体(约 2~3eV)光催化剂以激发可见光吸收效应是近年来研究者关注的重要方法之一,特别是窄带隙铁、铜、钨等金属氧化物的开发是人们关注的热点。

铁氧化物是吸收可见光的良好的光催化剂，如 Fe_2O_3 的带隙为 2.2eV，属于 n 型半导体材料。很多铁氧化物类型，如 α-Fe_2O_3、γ-Fe_2O_3、α-FeOOH、β-FeOOH、γ-FeOOH 等，均被认为可以通过光催化效应来降解水中的有机物，但是氧化物表面的电子-空穴电荷再复合可能导致其光催化活性降低。

MnO_2 是一种具有氧化能力的金属氧化物，可氧化水中的 As(III)、Fe(II) 和 Mn(II) 等离子。利用 MnO_2 的氧化性质，并将其与其他金属氧化物吸附剂复合，可以制备出一系列的具有吸附-氧化功能的复合金属氧化物吸附剂。例如，铁锰复合氧化物、铝锰复合氧化物等已被报道可有效实现对水中 As(III) 和 As(V) 的同步去除。但该法也存在一些问题，例如，因吸附反应过程吸附剂中的 MnO_2 组分被还原为 Mn^{2+}，而产生吸附剂的溶解，造成有效组分 MnO_2 的损失，因此，吸附剂再生过程中如何实现 MnO_2 的有效复活是研究人员应该关注的一个重要问题。

类似于上述的 MnO_2 基于吸附-氧化机理除 As(III)，也可以基于吸附-还原机理强化对氧化性污染物如 Cr(VI) 的去除，已被报道的还原性物质或基团主要有零价铁(ZVI)、Fe(II)、Sn(II)、硫醇基(—SH)、聚吡咯、聚苯胺(含有还原性基团氨基)、壳聚糖(含有还原性基团醇羟基)等，高毒性 Cr(VI) 被还原为低毒的 Cr(III) 后，可以进一步通过吸附络合或者后续的化学沉淀法去除。

8.3.2　杀菌性

纳米材料杀菌技术为防治水传疾病提供了一条新的思路，与传统化学消毒技术相比，纳米技术不会产生消毒副产物，因此逐渐成为去除水中微生物的首选技术。纳米金属氧化物(TiO_2、ZnO、CuO、MgO、Ce_2O_4 等)均具有很好的杀菌性，无强氧化性，因而形成消毒副产物的趋势很低。金属氧化物基纳米材料已被报道可以去除水中的大肠杆菌、葡萄球菌、枯草杆菌、粪肠球菌、脊髓灰质炎病毒等。然而关于纳米金属氧化物对广谱微生物的去除效能的研究仍很缺乏，未来的研究应该更多关注于水中共存细菌、病毒的同步去除，另外纳米金属氧化物没有持续消毒作用也是一个普遍的缺点。

关于纳米金属氧化物的杀菌机理一般认为是所产生的活性氧(ROS)的杀菌性，可能的机理包括：①有毒纳米粒子的释放，从而有效破坏微生物的蛋白质，抑制 DNA 的复制；②纳米颗粒、微生物和污染物之间的相互作用产生的活性氧；③纳米颗粒直接吸附在微生物表面，改变或破坏细胞壁或细胞膜；④纳米颗粒的吸收并在胞内积累，导致微生物失活。

8.4　纳米金属氧化物的工程应用方式

一方面，纳米金属氧化物呈粉末状，用于水处理时易于发生聚集，降低其吸附效率；另一方面，粉末状纳米金属氧化物也存在难以固液分离的困难。将纳米金属氧化物颗粒化和赋磁有望解决粉末状金属氧化物难以从水中分离和多次重复使用的问题。

8.4.1　颗粒化

将纳米金属氧化物通过浸渍或负载等方法制备成颗粒化材料，可以大大改善纳米金属氧化物的渗透性和分离性，用于水处理时可以将颗粒化吸附材料装入吸附柱中，吸附过程压力降不会太大，很容易实现吸附剂的工程化应用。常用的纳米金属氧化物的支撑材料主要是一些多孔的毫米级粒径的大颗粒材料，主要包括膨润土、石英砂、锰砂、沸石、氧化铝、活性炭、生物炭、树脂等，一些生物聚合物也经常作为支撑材料，如壳聚糖、纤维素、海藻酸盐、环糊精等，这些聚合物除作为支撑材料外，本身往往也是重金属等污染物的净水药剂，因此聚合物基纳米金属氧化物复合吸附剂可有效耦合两种母体材料的优点，显示出高效净水功能。但当前研究多集中于吸附材料的吸附性能方面，未来的研究应重点关注载体与纳米氧化物之间的相互作用、颗粒化材料长期使用的稳定性和重复利用性。

8.4.2　磁分离

将纳米金属氧化物进行赋磁制备成磁性吸附剂，是纳米材料用于水处理工程的另一种可行方法，磁性吸附剂具有内在的超磁性质，可以通过外磁场的作用实现与水的分离，再生后可以达到重复利用的目的。磁性铁氧化物(γ-Fe_2O_3、Fe_3O_4等)已被报道可作为吸附剂去除水中的疏水性化合物、天然有机物和含氧阴离子。磁分离方法简单，其可以利用外部磁场回收吸附剂，磁场可以通过各种来源产生，如永磁场或交流电流等。磁分离克服了现有过滤、离心和重力分离的很多问题，总体而言，磁分离只需较少的能量即可获得高水平分离。

磁性纳米金属氧化物表面容易通过表面改性实现其功能化，而不影响其对外部磁场的相应能力，然而关于磁性纳米金属氧化物吸附剂的尺寸、形状、结构与物化性能的构效关系至今尚不清晰，此外，如何保证并改善磁性纳米金属氧化物在水中的稳定性和活性位点的有效性及其规模化应用仍需进一步的研究。

编 后 记

　　《博士后文库》是汇集自然科学领域博士后研究人员优秀学术成果的系列丛书。《博士后文库》致力于打造专属于博士后学术创新的旗舰品牌，营造博士后百花齐放的学术氛围，提升博士后优秀成果的学术和社会影响力。

　　《博士后文库》出版资助工作开展以来，得到了全国博士后管委会办公室、中国博士后科学基金会、中国科学院、科学出版社等有关单位领导的大力支持，众多热心博士后事业的专家学者给予积极的建议，工作人员做了大量艰苦细致的工作。在此，我们一并表示感谢！

《博士后文库》编委会